基础杂环化学

李兴海　　张 杨　　秦培文　主编

JICHU ZAHUAN
HUAXUE

化学工业出版社

·北京·

本书在概述杂环化合物的应用、分类、命名法等内容的基础上，按照环的大小和类型特点，分别详细介绍了三员、四员、五员、六员、七员五类单杂环以及苯并杂环和杂环并杂环两类稠杂环等典型杂环化合物的结构、化学性质、合成方法、衍生物与合成应用实例等内容。

全书条理清 应用实例有机结合，适合作为应用化学、制药工程、有机化学相关专业学 作为有机合成、药物合成等领域的研究人员使用。

图书在版编目（CIP）数据

基础杂环化学/李兴海，张杨，秦培文主编. —北京：
化学工业出版社，2018.11（2022.9 重印）
ISBN 978-7-122-33073-4

Ⅰ.①基… Ⅱ.①李… ②张… ③秦… Ⅲ.①杂环化
合物 Ⅳ.①O626

中国版本图书馆 CIP 数据核字（2018）第 216736 号

责任编辑：刘 军　　　　　　　　　文字编辑：向 东
责任校对：杜杏然　　　　　　　　　装帧设计：王晓宇

出版发行：化学工业出版社（北京市东城区青年湖南街 13 号　邮政编码 100011）
印　　装：北京科印技术咨询服务有限公司数码印刷分部
710mm×1000mm　1/16　印张 21　字数 388 千字　2022 年 9 月北京第 1 版第 3 次印刷

购书咨询：010-64518888　　售后服务：010-64518899
网　　址：http://www.cip.com.cn
凡购买本书，如有缺损质量问题，本社销售中心负责调换。

定　　价：88.00 元　　　　　　　　　　　　　　　版权所有　违者必究

本书编写人员名单

主编：李兴海　张　杨　秦培文

编写人员名单（按姓名汉语排序）

郭龙玉　李兴海　秦培文

王闽龙　张　坤　张　杨

前 言 PREFACE

　　有机化学发展迅速，随着有机合成技术的进步，每天都有大量的新化合物被发现、合成，其中杂环化合物越来越受到关注。杂环化合物的数量巨大、种类丰富、性能多样、应用广泛，特别是在药物化学中有重要的地位。国内的高校多在研究生阶段开设杂环化学相关的课程，而本科阶段是学习基础知识的最佳时期，杂环化学的知识内容对于学生的未来工作和深造学习很有帮助。为此，我们在10年前就为应用化学专业开设了杂环化学课程，经过多年的教学实践，学生反映良好。目前，还没有一本完全适合本科教学的杂环化学教材，为此，我们在多年教学经验的基础上，编写了《基础杂环化学》这本教材，希望能起到抛砖引玉的作用。本书在对杂环化合物的分类、命名基础知识介绍的同时，重点对典型杂环化合物的结构、性质、合成、衍生物、应用方面的知识进行了详细的介绍。通过这些内容的学习，学生可以对杂环化合物的知识体系有一个全面的了解，使得他们的有机化学知识体系更加完备。本书第1章、第2章、第5章、第8章、第9章由李兴海完成，第3章、第4章、第7章由张杨、李兴海完成，第6章由秦培文、李兴海完成。王闽龙、张珅和郭龙玉完成了画图、文字编辑以及部分编写工作。全书由李兴海统稿完成。

　　在本书的编写和出版过程中得到了化学工业出版社编辑的大力支持，在此表示感谢。

　　由于时间和水平所限，书中存在遗漏和不足在所难免，请广大读者多提宝贵意见。

编者

2018 年 10 月

目 录 CONTENTS

7　七员杂环 / 200

1 绪论

1.1 杂环化合物的应用简介

　　杂环化合物的种类繁多，数量占到已报道化合物的 50% 以上，而且许多杂环化合物具有优异的性能，特别是在天然产物、药物当中广泛存在。

　　青霉素和头孢类药物的核心结构青霉烷和头孢烯即是双杂环结构，用于疟疾防治的青蒿素是含有多个氧原子的多杂环化合物。

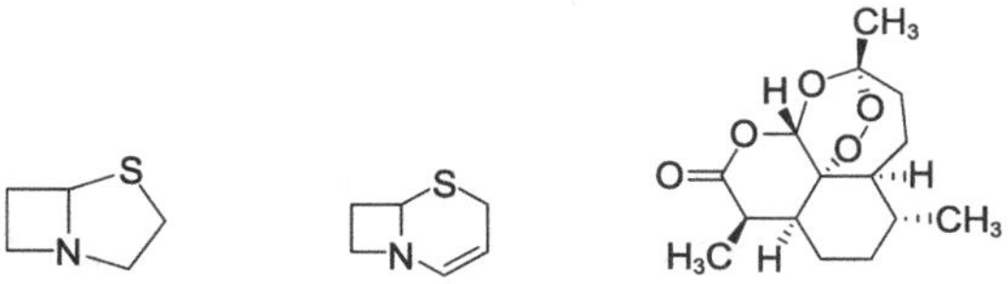

青霉烷　　　　头孢烯　　　　　　青蒿素

　　烟碱是广泛存在于烟叶当中的生物碱类天然产物，本身具有杀虫活性，以其为先导化合物开发出了第一代新烟碱类杀虫剂吡虫啉。

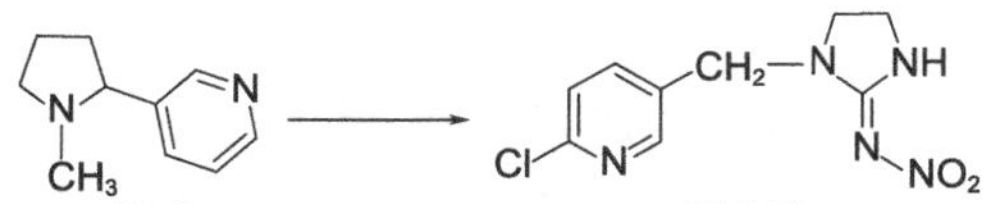

烟碱　　　　　　　　　　吡虫啉

　　嘌呤和嘧啶是存在于生物体内的最广泛的杂环化合物，嘌呤与特定的嘧啶碱基在一起时，是 DNA 和 RNA 的组成成分，在生命过程中极其重要。

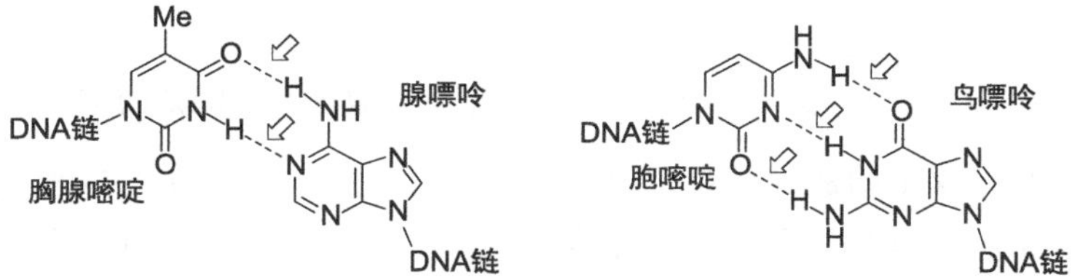

DNA中的碱基通过氢键作用配对(AT，GC)

叶绿素 a 和血红素是含有吡咯的最重要的天然物质，前者催化植物完成光合作用释放氧气，后者是动物输送氧气的重要物质。

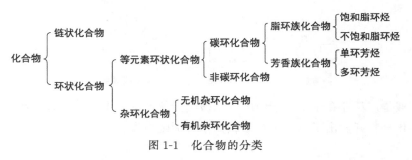

叶绿素a　　　　　血红素

1.2　杂环化合物的概念

分子是构成化学物质的基本单位，有机分子的结构主要由原子的个数、类型和原子之间的共价键决定。从三维结构或共价键的连接情况看，化合物的类型有两类：链状和环状。化合物的分类见图 1-1。

图 1-1　化合物的分类

在环状有机化合物中，如果构成环的原子相同称为等元素环状化合物，当原子为碳原子时叫作碳环化合物，它们是最常见的等元素环状化合物，例如脂环族化合物环己烷、环己烯，芳香族化合物苯环、萘环等。氮环化合物五氮唑是非碳环的等元素环状化合物。

环己烷　　　环己烯　　　苯　　　萘　　　N-(4-二甲氨基苯基)五氮唑

至少由两种原子构成的环状化合物称为杂环化合物，环本身叫作杂环。只要环中含有碳原子，就叫作有机杂环化合物，环中的其他原子统称为杂原子。例如呋喃、4H-1,4-噻嗪。除了常见的有机杂环化合物之外，还有不含碳原子的杂环化合物称为无机杂环，例如 2,4,6-三氮杂环己硼烷。有机杂环化合物的种类多样、数量庞大、应用广泛，是有机化学中最活跃的研究领域。

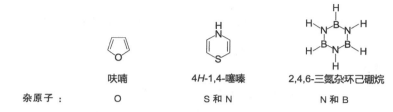

呋喃	4H-1,4-噻嗪	2,4,6-三氮杂环己硼烷
杂原子：O	S 和 N	N 和 B

最常见的杂原子有氮（N）、氧（O）、硫（S），其次有磷（P）和硒（Se），还有一些含有碲（Te）、砷（As）、锑（Sb）、铋（Bi）、硅（Si）、锗（Ge）、锡（Sn）、铅（Pb）、硼（B）杂原子的杂环。理论上讲，除了碱金属原子，其他原子都可以作为环原子。

1.3 杂环化合物的分类

1.3.1 按照构成杂环的原子数目分类

分为三员、四员、五员、六员、七员、八员和更大的杂环，如氧杂环丙烷、氧杂环丁烷、呋喃、吡喃鎓离子、氧杂环庚三烯、氮杂环辛四烯、氮杂[14]轮烯和卟啉环，其中五员和六员杂环最重要。

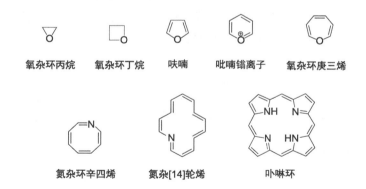

氧杂环丙烷　氧杂环丁烷　呋喃　吡喃鎓离子　氧杂环庚三烯

氮杂环辛四烯　氮杂[14]轮烯　卟啉环

1.3.2 按照分子结构中环的数目、性质和连接方式分类

分为单杂环、稠杂环、桥杂环、连杂环，如吡咯、吲哚、头孢烷、百草枯。

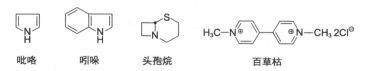

吡咯　吲哚　头孢烷　百草枯

1.3.3　按照杂环结构的不饱和度分类

可分为杂环烷烃、杂环烯烃、杂环轮烯，它们可以分别看作碳环上的 CH_2 或 CH 被杂原子取代衍生出的杂环化合物。

1.3.3.1　杂环烷烃

例如环己烷上的一个 CH_2 分别被杂原子氧（O）、硫（S）、氮（N）取代，分别得到杂环化合物噁烷、噻烷、哌啶；如果两个 CH_2 分别被两个相同的杂原子氧（O）、硫（S）、氮（N）取代，分别得到杂环化合物1,4-二噁烷、1,4-二噻烷、哌嗪；如果两个 CH_2 分别被两个不相同的杂原子氧（O）、氮（N）取代，得到杂环化合物吗啉。杂环烷烃也叫作饱和杂环，其物理化学性质与开链化合物醚、硫醚、胺的性质相似。

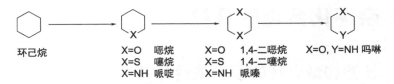

环己烷　　　X=O　噁烷　　　　X=O　1,4-二噁烷　　X=O,Y=NH 吗啉
　　　　　　X=S　噻烷　　　　X=S　1,4-二噻烷
　　　　　　X=NH　哌啶　　　X=NH　哌嗪

1.3.3.2　杂环烯烃

环己烯上的 CH_2 分别被一个杂原子氧（O）、硫（S）、氮（N）取代，可以衍生出 3,4-二氢-2H-吡喃、3,4-二氢-2H-噻喃、1,2,3,4-四氢吡啶；当杂原子分别取代 CH 时可以衍生出环状的锌盐、锍盐、亚胺。这类杂环也叫作不饱和杂环体系，其性质与开链化合物烯烃的性质类似。

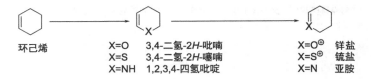

环己烯　　　X=O　3,4-二氢-2H-吡喃　　　X=O⊕　锌盐
　　　　　　X=S　3,4-二氢-2H-噻喃　　　X=S⊕　锍盐
　　　　　　X=NH　1,2,3,4-四氢吡啶　　　X=N　亚胺

1.3.3.3　杂环轮烯

轮烯是具有多个共轭双键的单环共轭烯烃，其名称为 [n] 轮烯，n 为环碳原子数，例如反芳香性的 [4] 轮烯、芳香性的 [6] 轮烯、非芳香性的 [8] 轮烯，也分别叫作环丁二烯、苯和环辛四烯。从杂环的大小看，由轮烯可以衍生出两类杂环化合物，一类是与轮烯大小相同的杂环，另一类是比轮烯少一个碳原子的杂环。例如苯环上的一个 CH 分别被一个杂原子氧（O）、硫（S）、氮（N）取代，可以衍生出与苯环大小相同的杂环，如吡喃鎓盐、硫杂苯鎓盐、吡啶。如果一个杂原子取代两个 CH，将衍生出一类比苯环少一个碳原子的杂环，如呋喃、噻吩、吡咯，具有芳香性的五员杂环也可以看作是由环戊二烯负离子衍生得来的。

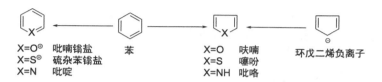

X=O⊕ 吡喃鎓盐
X=S⊕ 硫杂苯鎓盐
X=N 吡啶

苯

X=O 呋喃
X=S 噻吩
X=NH 吡咯

环戊二烯负离子

1.3.4 按照芳香性分类

轮烯又可以衍生出芳香性杂环与非芳香性杂环。芳香性杂环体系 π 电子数等于 $4n+2$，n 为整数（包括 0），符合休克尔规则（Hückel rule）。例如苯环衍生出的吡喃鎓盐、硫杂苯鎓盐、吡啶、呋喃、噻吩、吡咯，这类杂环有着与苯类似的化学性质，比较稳定。六员杂环中的杂原子只提供了一个电子参与共轭，如吡啶；五员杂环中的杂原子则提供了一对电子参与共轭体系，如吡咯。含氮原子杂环中，氮原子分为类吡啶氮原子和类吡咯氮原子两种类型，它们有着不同的化学性质。

非芳香性杂环体系的 π 电子数等于 $4n$，n 为整数（包括 0）。例如 [8] 轮烯衍生出的氧杂䓬、硫杂䓬、$1H$-氮杂䓬、吖辛因。这类化合物的稳定性较低，有着类似于烯烃的高反应活性。八员杂环中的杂原子只提供了一个电子参与共轭，七员杂环中的杂原子则提供了一对电子参与共轭体系。

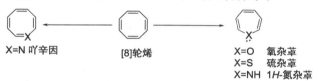

X=N 吖辛因

[8]轮烯

X=O 氧杂䓬
X=S 硫杂䓬
X=NH 1H-氮杂䓬

按照不同的标准可以把杂环化合物分成不同的类型，如图 1-2 所示。每种分类方法都有自己的优点，相比较而言首先按照环大小来分类在此基础上再按照芳

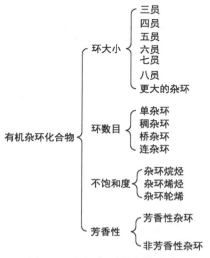

图 1-2　有机杂环化合物分类

香性分类，并结合单杂环、稠杂环、桥杂环的分类方法进行学习，层次分明、思路清晰，将有助于掌握杂环化学的知识。

1.4 芳香共振能

常见的非芳香族杂环化合物主要含有氧、硫、氮杂原子，其化学性质与合成方法与对应的链状化合物中的醚、硫醚、胺类物质相似。相比较而言，芳香性杂环化合物更加重要，其结构、性质、合成、应用也更加丰富广泛。因为芳香族化合物不仅具有非常好的稳定性，同时还拥有优良的性能，如医药与农药生物活性、各种功能材料等。

共振能是环状共轭体系与其非共轭结构相比的能量损失，能量差越大越稳定，是芳香性的定量标准。可以用理论计算，也可以通过实验测定，前者称为德瓦共振能（Dewar resonance energy），后者称为经验共振能（empirical resonance energy）。所谓的德瓦共振能是基于脂肪族多烯，如1,3,5-己三烯和苯，以及二乙烯醚和呋喃的比较而得。由于不同实验室采用不同的方法，测定的经验共振能数值也有所不同，无论是德瓦共振能还是经验共振能都显示出吡啶、噻吩、吡咯、呋喃的芳香性小于苯。

	苯	吡啶	噻吩	吡咯	呋喃
经验共振能/(kJ/mol)：	150.2	134	120	100	80
德瓦共振能/(kJ/mol)：	94.6	87.5	27.2	22.2	18.0

1.5 常见的芳香族杂环体系

在芳香族杂环化合物中五员、六员、双环稠合体系的结构最为常见和重要。芳香性杂环体系上的电子云分布是环系6电子大π键共振效应与杂原子诱导效应共同作用的结果，在含一个杂原子的五员杂环体系中，共振作用使杂原子向环上碳原子给出电子，而诱导作用与之相反为吸电子，在吡咯杂环中给电子的共振效应大于吸电子的诱导效应，在呋喃与噻吩杂环中诱导效应大于共振效应。在含一个杂原子的六员杂环中，共振效应与诱导效应的方向相同，都是导致电子云偏向杂原子。由于电子云的分布不均导致杂环骨架每个原子上的电荷分布不均，从而导致不同的位置易于发生亲电反应或是亲核反应。一些常见的芳香族杂环体系结构有吡咯、呋喃与噻吩、唑系结构、吡啶、二嗪、吡啶鎓与相关正离子、吡啶酮与吡喃酮、吲哚与喹啉等。

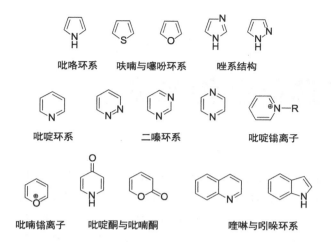

吡咯环系　　呋喃与噻吩环系　　唑系结构

吡啶环系　　　二嗪环系　　　　吡啶鎓离子

吡喃鎓离子　　吡啶酮与吡喃酮　　　喹啉与吲哚环系

思考题

1. 芳香性、非芳香性与反芳香性杂环的区别是什么?
2. 非苯芳烃有哪些?
3. 稠环芳烃有哪些?
4. 查阅资料寻找带有杂环结构的医药或农药。

2 杂环化合物的命名

对每一个杂环化合物都可以回推出它的母环，所谓母环是指环中的环原子只连有氢原子。对于有俗名的杂环化合物，母环的命名采用音译法，即在外文译音的名字旁加上一个"口"字旁，例如：呋喃（furan）、噻吩（thiophen）、吡啶（pyridine）、吲哚（indole）。但是对于一些结构复杂的杂环化合物则采用系统命名法来命名。杂环化合物的系统命名是基于化合物的结构。其命名规则是由国际纯粹与应用化学联合会（International Union of Pure and Applied Chemistry，IUPAC）委员会制定的。在写毕业论文、学术演讲、发表文章及申请专利等正式场合时都应该遵从该命名规则。IUPAC 规则有两种命名方式，对于三员到十员杂环化合物，一般用 Hantzsch-Widman 命名法，对更大的杂环可用置换命名法。

2.1 Hantzsch-Widman 命名法

2.1.1 杂原子的种类与排序（词头）

在杂环化合物命名时，首先要明确杂原子的种类与名称，也就是词头的表示方法，表 2-1 中列出了常见的杂原子的种类与名称。在命名时，表中杂原子是有先后排序的，词头应按照前者优先、顺次递减的原则列出。

表 2-1　常见的杂原子的种类与名称

杂原子	名称（prefix）	杂原子	名称（prefix）
O	噁，氧杂（oxa）	Bi	铋杂（bisma）
S	噻，硫杂（thia）	Si	硅杂（sila）
Se	硒杂（selena）	Ge	锗杂（germa）
Te	碲杂（tellura）	Sn	锡杂（stanna）
N	吖，氮杂（aza）	Pb	铅杂（plumba）
P	磷杂（phospha）	B	硼杂（bora）
As	砷杂（arsa）	Hg	汞杂（mercura）
Sd	锑杂（stibs）		

2.1.2 环的大小表示方法（词尾）

对于非芳香性杂环的命名，环的大小可用表 2-2 中的名称来表示。环的大小有 3～10 员环，又分为饱和环与不饱和环两类。有一些音节是由拉丁数字衍生来的，如 ir 由 tri 而来，et 由 tetra 而来，ep 由 hepta 而来，oc 由 octa 而来，on 由 nona 而来，ec 由 deca 而来。

表 2-2　环的大小与名称

环的大小/员	饱和环	不饱和环
3	丙烷(irane 或 irine)	丙(irine)
4	丁环(etane 或 etidine)	丁(ete)
5	戊环(olane 或 olidine)	戊(ole)
6	己环(ane 或 inane)	己(ine 或 inine)
7	庚烷(epane)	庚(epine)
8	辛烷(ocane)	辛(ocine)
9	壬烷(onane)	壬(onine)
10	癸烷(ecane)	癸(ecine)

2.1.3 单环体系的命名

两个双键按照其位置的不同分为三类：①累积双键，两个双键连在一个碳原子上；②隔离双键，两个双键被两个或两个以上单键隔开，其性质与单烯烃类似；③共轭双键，两个双键被一个单键隔开，例如 1,3-丁二烯，其结构中 4 个 π 电子离域到整个分子内，形成大 π 键共轭体系，也叫作 π-π 共轭体系，因为共轭分子能量降低，所降低的能量叫作共轭能。对于大小相同的单杂环化合物，将含有非累积双键最多的杂环化合物作为母环，母环中的双键以共轭双键为主，这一概念在系统命名中非常重要。单杂环体系的命名分为三种情况。

（1）对于有俗名的母环

可用俗名命名，一般情况下俗名优先使用。

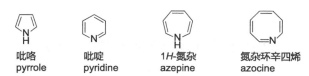

吡咯　　　吡啶　　　1H-氮杂　　　氮杂环辛四烯
pyrrole　　pyridine　　azepine　　　azocine

（2）对于没有俗名的母环

其命名由表 2-1 中的词头与表 2-2 中的词尾结合组成。

1H-氮杂环丙烯
azirine

氮杂环丁二烯
azete

（3）对于部分饱和与完全饱和的杂环化合物

首先要确定其母环，在母环名称后面加上表 2-2 中的词尾来命名，也可以在前面加上词头二氢、三氢、四氢等来命名，氢的位置用 1、2、3、4 等表示出来。

吡啶（母环）　　　　　　　1,4-二氢吡啶　　　　　　　六氢吡啶（哌啶）

2.1.4　含一个杂原子单环体系的编号规则

对于结构比较简单的杂环体系从杂原子开始编号，杂原子应编为 1 号。当结构式中杂原子在上面时一般按照顺时针方向顺序编号，当杂原子在下面时按照逆时针方向顺序编号。

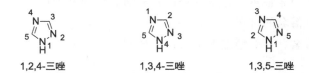

顺时针方向顺序编号　　　　　　　　逆时针方向顺序编号

2.1.5　含两个或多个相同杂原子的单环体系编号规则

杂原子的个数用二、三、四等表示，用 1、2、3、4……标出杂原子的相对位置。按照杂原子编号尽可能最小的原则进行编号，如果所有杂原子编号的总和相等，则次一个杂原子编号小的优先。如下面的三唑（triazole）有三种编号方法，1,2,4 就应优先于 1,3,4 和 1,3,5。

1,2,4-三唑　　　　　　　　1,3,4-三唑　　　　　　　　1,3,5-三唑

2.1.6　含两个或多个不同杂原子的单环体系的命名

按照表 2-1 中的排序先后列出杂原子，同样应尽可能保持所有杂原子的编号最小。

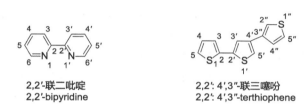

1,3-噻唑（1,3-thiazole）　　　　1,4,2-二硫嗪

2.1.7　相同杂环由单键连接的环系的命名

因为是相同的杂环，所以环的个数可用词头二、三、四等来表示，并在其前面加上一个"联"字表示。第一个环上原子的编号用 1、2、3……表示，第二个环上原子编号用 $1'$、$2'$、$3'$……表示，第三个环上原子编号用 $1''$、$2''$、$3''$……表示，依此类推。连接两个杂环的单键用两个环上的原子编号表示出来，仍然遵守编号最小原则。

2,2'-联二吡啶　　　　　　　　2,2': 4',3"-联三噻吩
2,2'-bipyridine　　　　　　　 2,2': 4',3"-terthiophene

2.1.8　含一个苯环的双环体系（苯并稠杂环体系）的命名

至少有两个相邻的原子被两个或更多个环所共用的体系称为稠环体系。稠杂环体系的命名相对要复杂一些，首先要确定"基本环"，这是命名的关键。苯并稠杂环体系的命名格式是"苯并［x］基本环"，按照如下三种情况来命名。

2.1.8.1　苯并稠杂环有俗名

一般用俗名命名即可。

吲哚　　　　　　　　　喹啉
indole　　　　　　　　quinoline

2.1.8.2　只有杂环有俗名

将苯并稠杂环拆分成苯环和杂环两部分，将杂环定为基本环。稠杂环名称为"苯并［x］杂环俗名"，方括号中的字母 x 表示两个环共用的键在基本环中的编号，该编号用字母 a、b、c……来标记，遵循编号顺序最小原则。

苯并[b]呋喃　　拆分　　　　基本环

二苯并[1,4]二噁烷　　　　　　　1,4-二噁烷

2.1.8.3 杂环无俗名

将环系放在直角坐标系上整体编号，杂环在坐标系中的位置按照如下规则放置。

① 使尽可能多的环放在横坐标上。

② 尽可能使环中最大的编号放在纵坐标的最上边。

③ 按顺时针方向，从离纵坐标尽可能远的最上边的非参加稠合的原子开始编号。

④ 共用的碳原子不编号，而杂原子编号。

⑤ 按照表 2-1 中杂原子的排序先后列出杂原子，将杂原子的位置放在词头苯并的前边。

⑥ 遵循编号最小原则。

1,2,4-苯并二硫嗪

2.1.9 含两个或多个杂原子的双环和多环体系的命名

命名的格式类似苯并杂环体系，首先是确定多环体系中的基本环，将整体分子拆分成多个组分，然后按照如下规则依次推定基本环。

① 只有一个含氮组分时，含氮的组分作为基本环。

② 当没有含氮杂环时，选择含有在表 2-1 中先列出的杂原子的环系作为基本环。

③ 选择含环尽可能多，并有俗名的组分作为基本环。

④ 选择最大的环作为基本环。

⑤ 选择含杂原子数最多的环作为基本环。

⑥ 选择含杂原子类型最多的环作为基本环。

⑦ 选择含杂原子数最多，且杂原子在表 2-1 中先行列出的环作为基本环。

⑧ 选择环中所有杂原子标号最小的环为基本环。

例如吡啶与嘧啶形成的两个稠杂环同分异构体的命名过程如下：

① 将整体分子拆分成 2 个组分，对照确定基本环的规则，推至第⑤条规则时，可以确定基本环为嘧啶环。

② 将基本环中的键用字母 a、b、c……来编号。

③ 将稠合环上的原子按照 2.1.4~2.1.6 的规则用 1、2、3……进行编号。

④ 命名的格式为"稠合环名字 [1，2，3……-a，b，c……] 基本环名字"，被两个环共用的原子用稠合环的编号和基本环中稠合键的次序放在方括号中表示，稠合环的编号在前，基本环中稠合键的次序在后，中间用一短线分开。

⑤ 对整个环系进行编号。

注意基本环中键序号的走向，方括号内标明的稠合环中共用原子的编号顺序必须要与其走向一致，所以"吡啶并[2,3-d]嘧啶"和"吡啶并[3,2-d]嘧啶"是完全不同的两个结构。

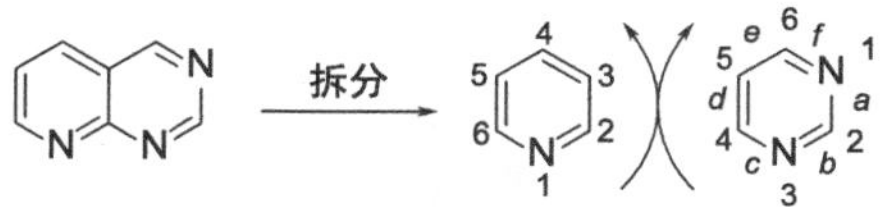

吡啶并[2,3-d]嘧啶 　　拆分 　　稠合环 　　基本环

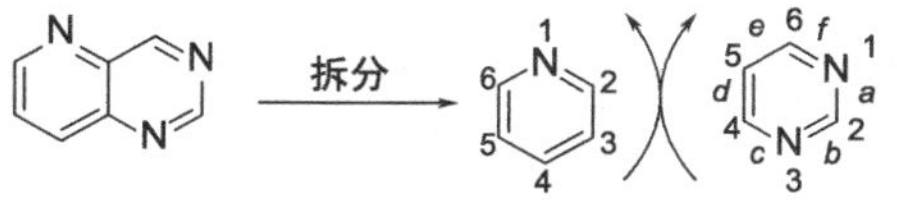

吡啶并[3,2-d]嘧啶 　　拆分 　　稠合环 　　基本环

2.1.10　标记氢原子的表示

在杂环化合物结构中，常常由于环上所连氢原子的位置不同就会产生同分异构体，该氢原子被称为标记氢。命名时通过在杂环名字的前边标出对应的氢原子的位置，再接一个斜体大写 H 来表示，使其编号尽可能最小。

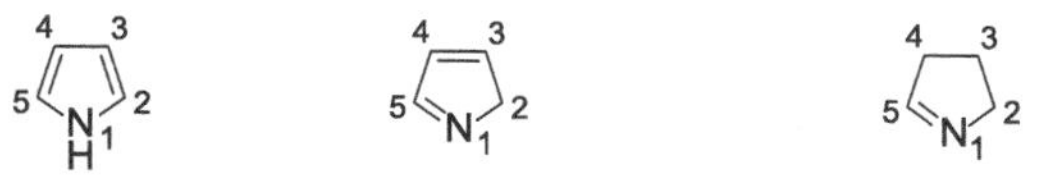

1H-吡咯　　　　　2H-吡咯　　　　　3,4-二氢-2H-吡咯
pyrrole　　　　　 2H-pyrrole　　　　3,4-dihydro-2H-pyrrole

杂环中的羰基命名方法与标记氢命名方法类似，用酮来表示。

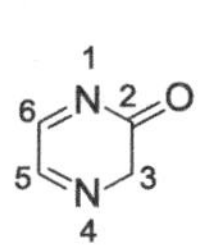

吡嗪-2(3H)-酮
pyrazine-2(3H)-one

2.1.11 Hantzsch-Widman 命名实例

这是一个比较复杂的由四个环组成的稠杂环体系，适合按照 Hantzsch-Widman 法命名。

① 稠杂环可以拆分成 2 个苯环、1 个吡唑环、1 个八员环。

② 推至④条规则，最大的八员环 1,3-二氮杂芳辛环组分为基本环，2 个苯环与吡唑环都是稠合环，分别与基本环共用不同的稠合键。

③ 按照 2.1.9 的规则命名为二苯并[*e*,*g*]吡唑并[1,5-*a*][1,3]二氮杂芳辛。

④ 将杂环体系放在直角坐标系中进行整体编号，将杂环和取代基放在适当位置，最后命名为二苯并[*e*,*g*]吡唑并[1,5-*a*][1,3]二氮杂芳辛-10(9*H*)-酮。

注意命名中的数字与字母的区别，放在方括号中的表示在单个小环体系中的编号，不用方括号括起来的是在整个稠杂环体系中的编号，它们是按照不同的规则进行编号的，相互独立，不要混淆。

| 杂环 | 基本环：1,3-二氮杂芳辛 | 二苯并[*e*, *g*]吡唑并[1,5-*a*][1,3]
-二氮杂芳辛-10(9*H*)-酮 |

这里有一条规则：整体共用杂原子编号最小原则。下面这种在直角坐标系中整体编号的方法中共用"N"的编号为 6，而上面的编号为 5，所以应该按照上面的编号来命名。

二苯并[*e*, *g*]吡唑并[1,5-*a*][1,3]二氮杂芳辛-1(2*H*)-酮

2.2　置换命名法

在置换命名法中首先要找到与杂环对应的碳环，碳环是通过用 CH_2、CH 或 C 替代杂环中的每一个杂原子得来的，如果碳环化合物有俗名用置换命名法将会很方便。

2.2.1　单环体系

杂原子的位置和词头放在对应碳环的名字前边。杂原子的次序和编号符合 2.1 节中给出的规则。

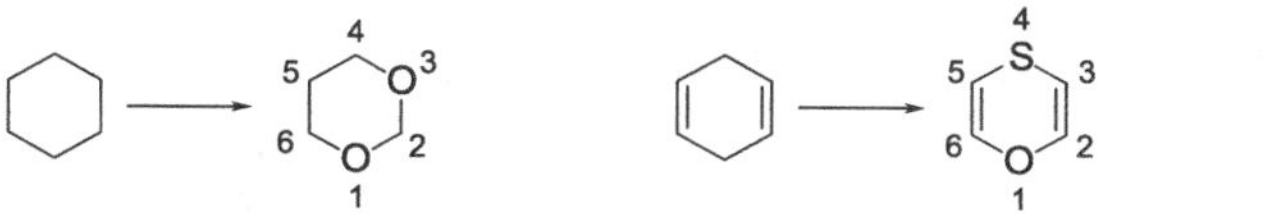

1,3-二氧杂环己烷
1,3-dioxane

1,4-氧硫杂环己二烯
1,4-oxathiine

2.2.2　稠杂环体系

与单杂环体系的命名方法相同，首先找到对应的碳环，然后将杂原子的位置和词头放在碳环名字前边。

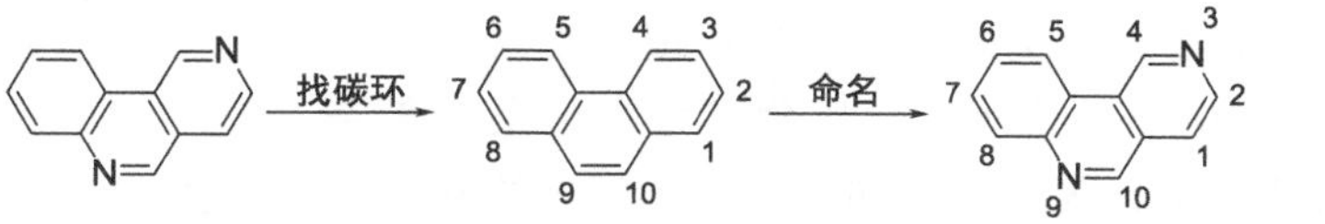

杂环

菲
phenanthrene

3,9-二氮杂菲
3,9-diazaphenanthrene

上面的杂环也可以用 Hantzsch-Widman 命名法命名，基本环为喹啉，稠合环为吡啶，所以命名为吡啶并[4,3-c]喹啉。

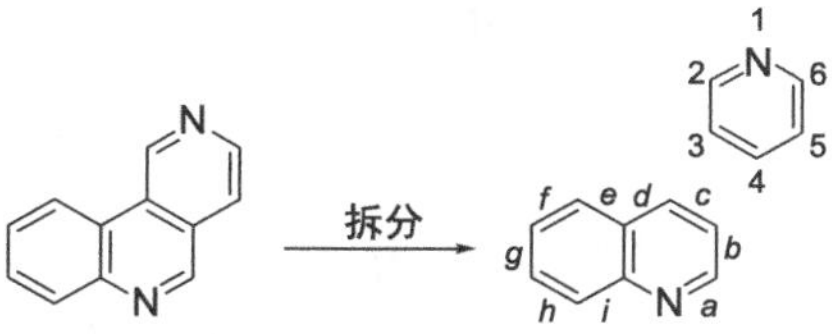

吡啶并[4,3-c]喹啉
pyridine[4,3-c]quinoline

如果在杂环上含有取代基时，需要将其放到直角坐标系中进行整体编号，可以确定取代基的位置。注意整体编号不用放到方括号中，与稠合环命名时放到方括号中的编号是有区别的。例如下面的杂环结构中含有羰基时，其 Hantzsch-

Widman 命名为吡啶并[4,3-c]喹啉-3(4H)-酮。如果按照上面的置换命名法则应该是 3,9-二氮杂菲-2(1H)-酮。

吡啶并[4,3-c]喹啉-3(4H)-酮   3,9-二氮杂菲-2(1H)-酮

2.2.3 桥杂环体系

对于桥杂环类化合物多用置换命名法来命名。同样找到对应的桥环烃并命名，将杂原子的位置和词头写在桥环烃名字的前面。

桥杂环   二环[4.2.1]壬-7-烯   9-氧杂二环[4.2.1]壬-7-烯

2.2.4 置换命名法举例

阿莫西林是一种青霉素族的抗生素类药物，阿莫西林只是它的通用名，并不是系统名。其核心骨架为一个桥杂环，按照置换命名法，首先推得其对应的碳环为双环[3.2.0]庚烷，从而桥杂环命名为 4-硫杂-1-氮杂双环[3.2.0]庚烷。其他的甲基、取代氨基、羰基、羧基都看作杂环上的取代基，一般是按照取代基的大小排序先后标出，最后命名为酸，即可写出阿莫西林的系统名称。

阿莫西林   4-硫杂-1-氮杂双环[3.2.0]庚烷   双环[3.2.0]庚烷

(1) 核心骨架   (2) 置换命名

(3) 标出取代基位置

3,3-二甲基-6-[2-氨基-2-(4-羟基苯基)乙酰氨基]-7-氧代-4-硫杂-1-氮杂双环[3.2.0]庚烷-2-甲酸

对于复杂杂环体系的系统命名中还有许多特殊的规则，这需要进一步学习。

在以上的两种系统命名中杂环都是基本环，但在某些情况下，也可将常见的杂环作为一个取代基，命名更加方便，例如吡啶杂环。

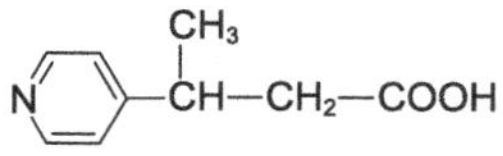

3-(吡啶-4-基)丁酸
3-(4-pyridyl)butyric acid

思考题

1. 完成下面结构的命名。

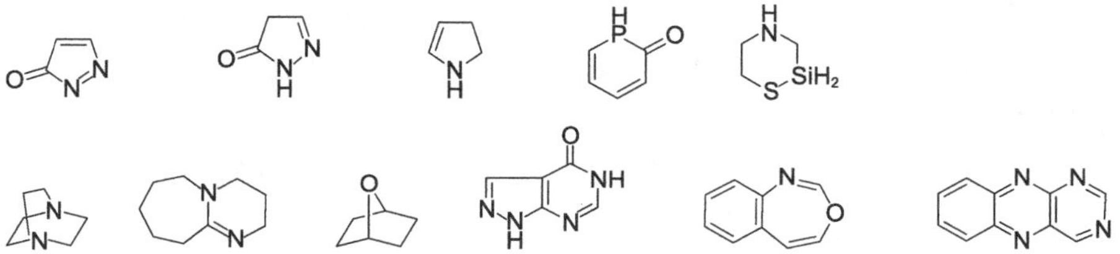

2. 写出头孢拉定和诺氟沙星的系统名称。

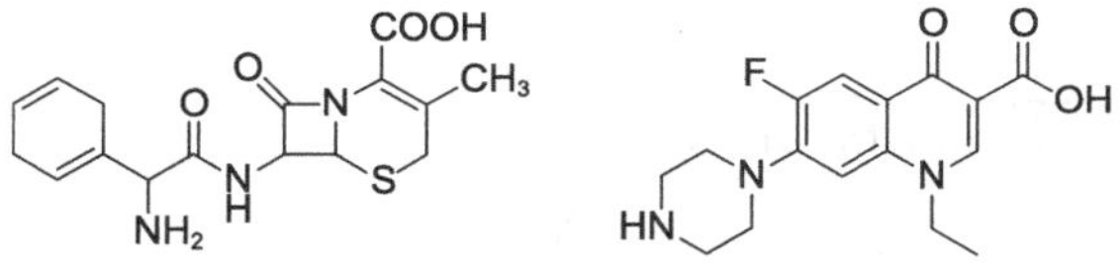

3. 查阅资料，列举一个带有杂环结构的医药或农药，并分析其命名的组成。

3 三员杂环

三员杂环化合物是一类常见的有机化合物，由于其独特的结构和性质，它们在许多领域中有着非常广泛和重要的用途。三员杂环不但存在于许多天然产物中，如维生素、激素、抗生素、生物碱，也存在于医药、农药和其他重要的化工产品中，如缓释剂、抗衰老药物、敏化物、稳定剂等。并且，有关它们的性质和应用的研究越来越受到重视。

三员杂环具有大的键角张力（拜尔张力），导致了化合物的高反应活性。典型的化学性质是开环形成链状产物。

3.1 氧杂环丙烷

3.1.1 氧杂环丙烷的结构

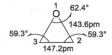

氧杂环丙烷俗名称作环氧乙烷，其结构接近于等边三角形，C—C 键长为 147.2pm，C—O 键长为 143.6pm。氧杂环丙烷的张力焓是 114kJ/mol。离子电位是 10.5eV，电子从氧原子的非共用电子对上消除。偶极矩是 1.88D，氧原子一端为负极。气态氧杂环丙烷的紫外光谱 $\lambda_{max}=171nm$（$lg\varepsilon=3.34$）。核磁共振的化学位移为 $\delta_H=2.54$，$\delta_C=39.7$。

3.1.2 氧杂环丙烷的化学性质

氧杂环丙烷类化合物的化学性质主要与其结构具有非常强的环张力有关，容易发生亲核开环反应。另外因为氧杂原子上非成键电子对的存在，杂环表现出明显的 Brönsted 与 Lewis 碱性，可以与酸反应。重要的反应类型如下。

3.1.2.1 亲核开环反应

（1）生成氨基醇

因为环张力较大，氧杂环丙烷与亲核试剂氨或胺反应，可生成开环产物氨基醇，其中二乙醇胺也叫做胺醇，是常见的化工原料。具体的反应原理如下所示：

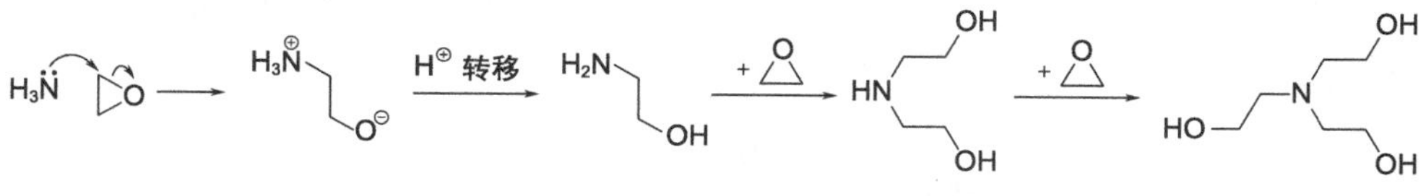

乙醇胺　　　　　二乙醇胺　　　　　三乙醇胺

带有取代基的氧杂环丙烷通过 S_N2 机理可发生立体选择性开环反应。由 *cis*-2,3-二甲基氧杂环丙烷可得到（±）-*threo*-3-氨基-2-丁醇外消旋对映异构体，"*threo*"为苏式结构，表示两个大基团位于主碳链的两侧。

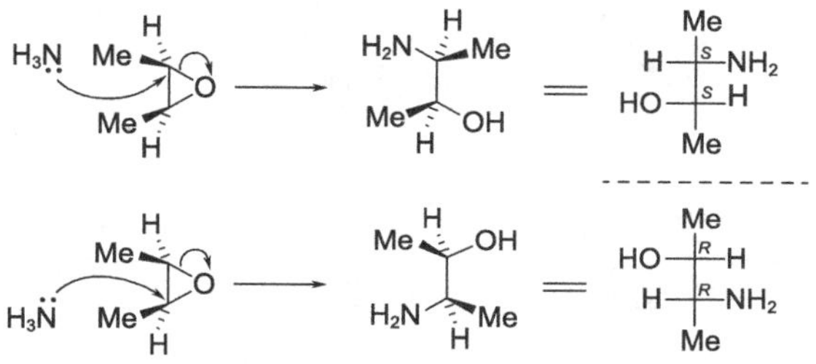

cis-2,3-二甲基氧杂环丙烷　（±）-*threo*-3-氨基-2-丁醇外消旋对映异构体

由 *trans*-2,3-二甲基氧杂环丙烷则得到（±）-*erythro*-非对映异构体，"*erythro*"为赤式结构，表示两个大基团位于主碳链的同侧，实际上生成的是相同的产物。

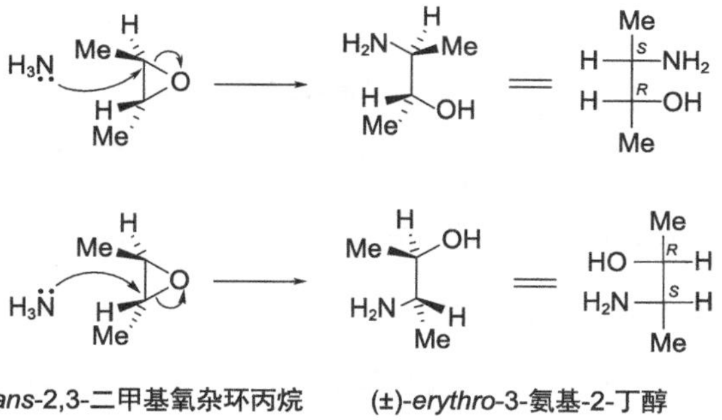

trans-2,3-二甲基氧杂环丙烷　（±）-*erythro*-3-氨基-2-丁醇

（2）生成 2-卤代乙醇类化合物

卤素负离子与氧杂环丙烷类化合物可以发生亲核开环反应。例如，氧杂环丙烷在三苯基膦存在下与碘反应，生成 2-碘代乙醇，其原理是生成了碘负离子。

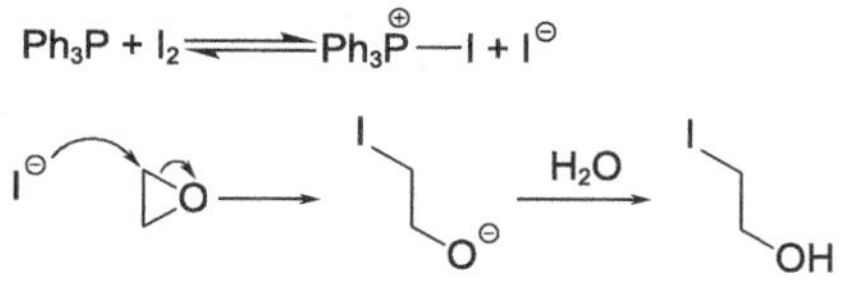

$$Ph_3P + I_2 \rightleftharpoons Ph_3\overset{\oplus}{P}-I + I^{\ominus}$$

（3）酸催化水解生成 1,2-二醇

在该反应中，氧杂原子首先质子化生成锌盐，该结构稳定性进一步降低，更容易被水进攻发生亲核开环反应。

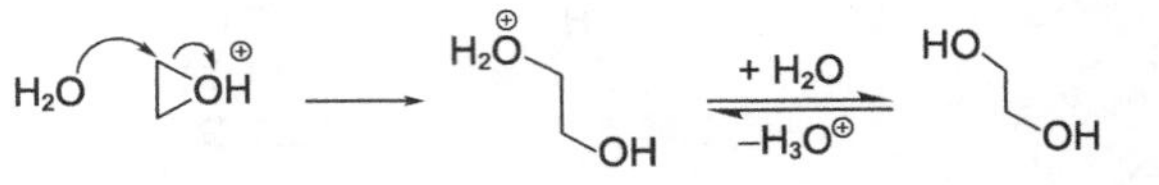

这是一个立体选择性的反应。由 *cis*-2,3-二甲基氧杂环丙烷可得到（±）-2,3-丁二醇，即为外消旋体。

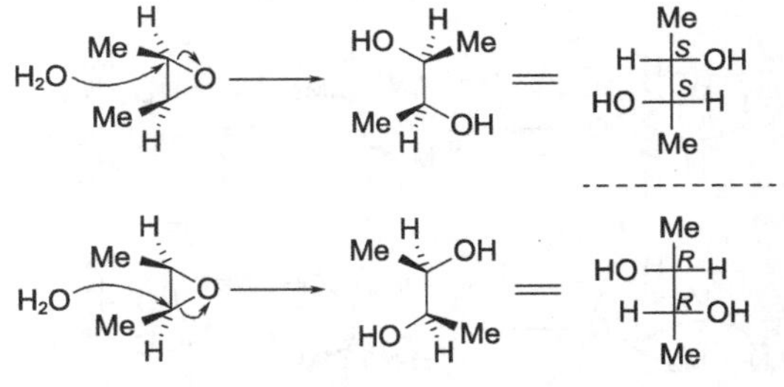

cis-2,3-二甲基氧杂环丙烷　　　　**（±）-2,3-丁二醇**

由 *trans*-2,3-二甲基氧杂环丙烷可得到 *meso*-2,3-丁二醇，即为内消旋体。

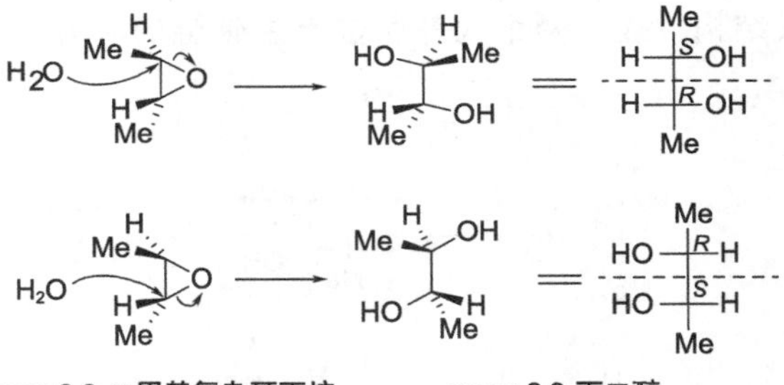

trans-2,3-二甲基氧杂环丙烷　　　　**meso-2,3-丁二醇**

3.1.2.2　异构化成羰基化合物

在催化量的 Lewis 酸 BF_3、MgI_2 等存在下，氧杂环丙烷类化合物可异构化成羰基化合物。氧杂环丙烷本身生成乙醛。取代的氧杂环丙烷生成醛和酮的混合产物，在 $NiBr_2(PPh_3)_2$ 存在下，可区域选择性地生成醛。

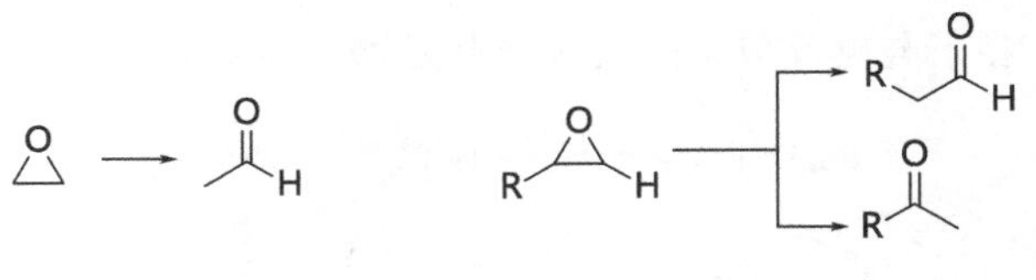

3.1.2.3 还原成醇

氧杂环丙烷用硼氢化钠乙醇溶液还原得到链状醇，带有取代基时会生成两种产物，该反应可以看作是硼氢化钠解离出的氢负离子作为亲核试剂的开环反应。

3.1.2.4 脱氧成烯

许多试剂都可以使环氧化物脱氧生成烯烃。*trans*-环氧化物在 200℃下用三苯基膦处理，生成对应的(*Z*)-烯烃。反应的原理是三苯基膦对氧杂环丙烷进行亲核开环反应，生成的开环中间体发生单键旋转，而后生成四员环过渡态，最后在高温下发生电环化开环分解成(*Z*)-烯烃和三苯基氧膦。

3.1.3 氧杂环丙烷的合成

氧杂环丙烷最重要的合成原理是醇与酮邻位的离去基被分子内亲核取代，即碱性条件下氧负离子分子内取代 2-碳上的离去基，其中卤素原子是最常见的离去基团。

3.1.3.1 由 2-卤代醇合成

在碱性条件下，2-卤代醇脱质子生成对应的共轭碱，进而发生分子内亲核取代反应成环，反应在室温下仍能顺利进行。1859 年，Wurtz 通过氢氧化钠作用于 2-氯乙醇首次制得氧杂环丙烷。

3.1.3.2 由 2-卤代酸酯与羰基化合物合成

在碱性条件下，2-卤代酸酯与羰基化合物反应生成氧杂环丙烷的反应叫作 Darzens 反应。反应的第一步是 2-卤代酸酯在碱的作用下脱质子化生成对应的碳负离子，然后该碳负离子对羰基化合物进行亲核加成，最后一步是氧负离子分子内取代卤原子成环。当原料为非对称性酮时生成的产物为顺、反结构的环状化合物。

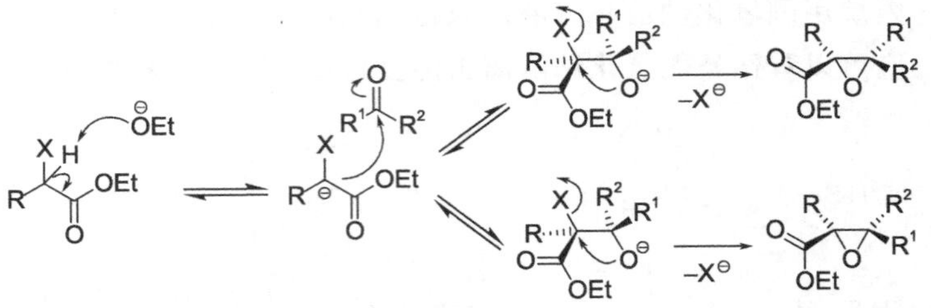

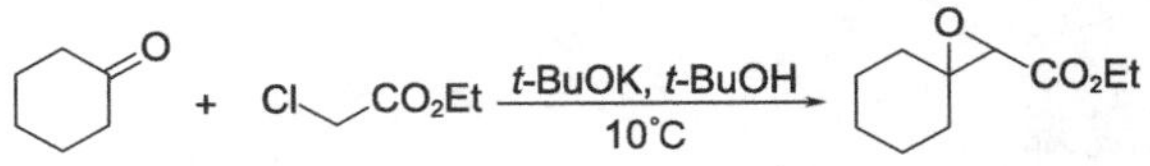

3.1.3.3　由 S-叶立德与羰基化合物合成

由卤化三烷基锍盐或卤化三烷基亚砜盐衍生的 S-叶立德与羰基化合物反应生成氧杂环丙烷的反应叫作 Corey-Chaykovsky 合成法。

S-叶立德

在反应中 S-叶立德提供了一个 "CH₂" 参与成环，反应机理如下：

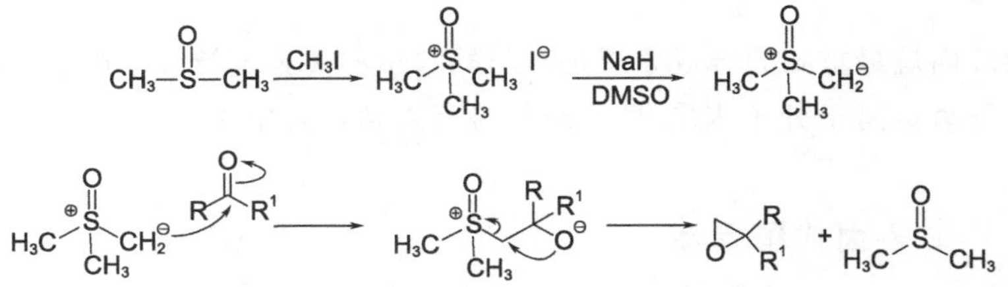

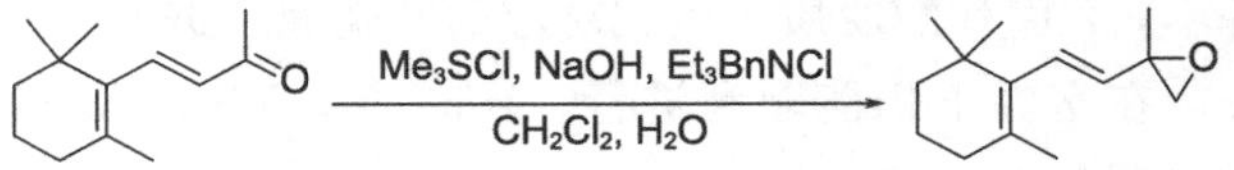

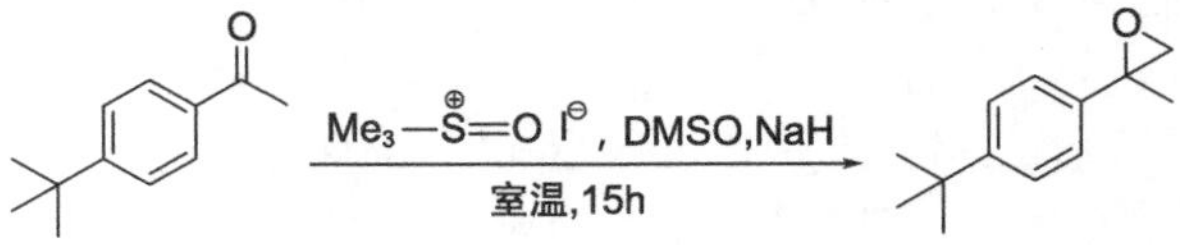

3.1.3.4　由烯烃与过氧化物合成

烯烃经过氧酸氧化生成氧杂环丙烷类化合物。常用的是过氧苯甲酸、间氯过氧苯甲酸或单过氧邻苯二甲酸。在弱极性溶液里按协同方式进行的。过氧酸具有很强的分子内氢键，协同反应是立体选择性的，（Z）-烯烃生成 cis-氧杂环丙烷，（E）-烯烃生成 trans-氧杂环丙烷。

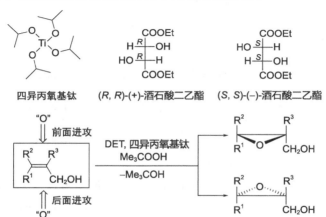

在过氧叔丁醇、四异丙氧基钛和光学纯酒石酸二乙酯（DET）条件下将烯烃氧化成氧杂环丙烷的反应叫作 Sharpless 环氧化反应。(R,R)-（+）-或(S,S)-（-）-酒石酸二乙酯存在下，取代烯丙醇与该试剂反应，选择性地生成氧杂环丙烷对映异构体，这是该类化合物重要的不对称合成方法。

3.1.4　氧杂环丙烷的衍生物

氧杂环丙烷　　甲基氧杂环丙烷　　羟甲基氧杂环丙烷　　氯甲基氧杂环丙烷

（1）氧杂环丙烷

氧杂环丙烷为无色、溶于水、剧毒性气体，沸点 10.5℃。工业上由乙烯在银催化下用空气直接氧化制备，是一种有毒的致癌物质，以前被用来制造杀菌剂。氧杂环丙烷易燃易爆，不易长途运输，因此有强烈的地域性，广泛应用于洗涤、制药、印染等行业。在化工相关产业可作为清洁剂的起始剂。氧杂环丙烷是石油化工的重要中间体，世界年产量大约为 2750 万吨。氧杂环丙烷产量的 60% 制成乙二醇，13% 用于制成其他二醇类甘醇，还可制备很多有机产品，包括工业用溶剂、洗涤剂、增塑剂、纺织助剂、农药乳化剂、选矿浮悬剂、石油添加剂、原油破乳剂、熟料溶解剂、仓库熏蒸剂。

（2）甲基氧杂环丙烷

是一种无色、与水互溶的液体，沸点 35℃。工业上由丙烯在乙酰丙酮钼存在下与过氧叔丁醇反应制得。用于生产聚醚、丙二醇、表面活性剂、起泡剂、破乳剂、选矿药剂等。

（3）羟甲基氧杂环丙烷

羟甲基氧杂环丙烷也叫作缩水甘油，它的工业制法是在钨酸氢钠存在下，烯丙醇与过氧化氢发生氧化反应。它是许多有机合成的起始原料。

（4）氯甲基氧杂环丙烷

由烯丙基氯与次氯酸反应生成 2,3-二氯丙醇后，经分子内亲核取代反应生成氯甲基氧杂环丙烷。

氯甲基氧杂环丙烷与 2,2-二（4-羟基苯基）丙烷（即双酚 A）反应可以制备环氧树脂，环氧树脂可用作表面胞衣材料、薄板材料及胶黏剂等。

环氧树脂

（5）含氧杂环丙烷的天然产物

环氧化物很少能从天然产物中分离得到，主要原因是其不稳定，在分离过程中很容易水解成二羟基化合物。天蛾蠹（sphinx math）的虫卵发育素（juvenile hormone）是一种多烯环氧化合物。在生物碱莨菪烷中含有氧杂环丙烷的结构，其衍生物东莨菪碱存在于茄科植物中，具有抗晕船、晕车等作用。

天蛾蠹虫卵发育素

莨菪烷

（6）含氧杂环丙烷的药物

竹桃霉素（oleandomycine）是从抗生链霉菌（*Streptomyces antibioticus*）的培养液中分离出来的碱性大环内酯类抗生素，属于红霉素族。

狄氏剂是开发较早的含氧杂环丙烷结构的有机氯类杀虫剂，对大多数昆虫具有高的触杀活性和胃毒活性，用于防治地下害虫和稻黑蟓、稻飞虱、螟虫、食心虫等。氟环唑是具有良好杀菌活性的含氧杂环丙烷的三唑类甾醇生物合成抑制剂。

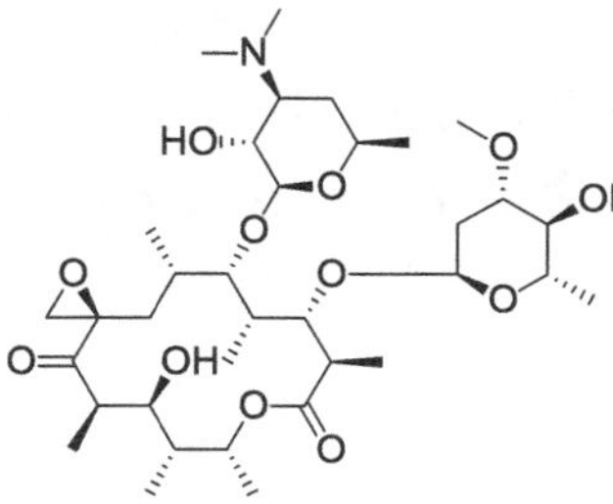

竹桃霉素 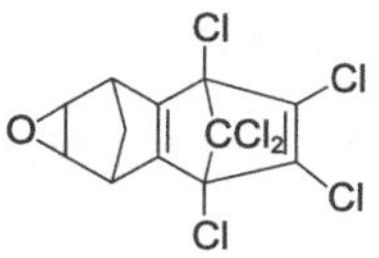　　　　　　　狄氏剂 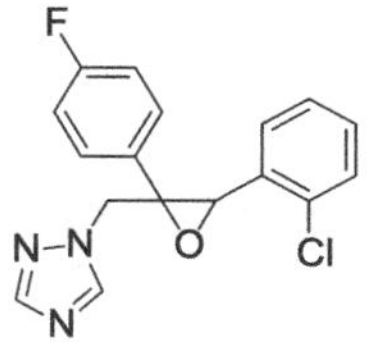　　　　　氟环唑

3.1.5　氧杂环丙烷的合成应用实例

　　氧杂环丙烷类化合物是多步立体选择性合成多羟基手性分子的重要中间体。手性己糖全合成的第一步就是一个很好的例子。通过乙炔与甲醛反应生成丁炔-1,4-二醇，经选择还原三键制得（E）-2-丁烯-1,4-二醇，用苄氯保护其中的一个羟基后，在（R,R）-（+）-酒石酸存在下发生 Sharpless 环氧化反应，生成羟甲基氧杂环丙烷中间体，其在氢氧化钠条件下发生分子内亲核反应生成新的羟甲基氧杂环丙烷，再与苯硫酚发生亲核开环反应生成 L-己糖，其具有 3 个手性碳（4-碳、5-碳和 6-碳）。若在（S,S）-（-）-酒石酸存在下完成 Sharpless 环氧化反应，则得到 D-己糖中间体。

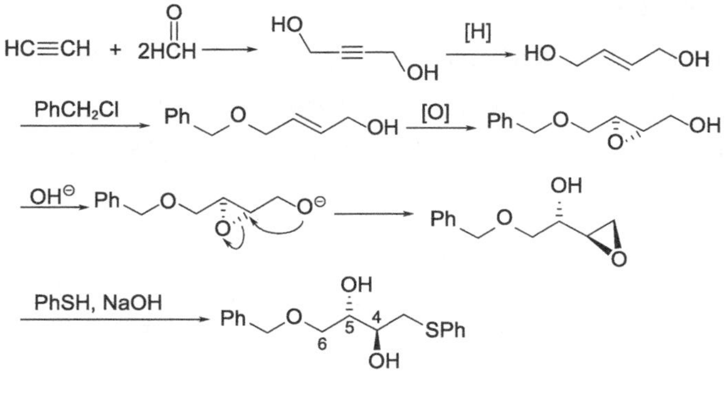

3.2　硫杂环丙烷

3.2.1　硫杂环丙烷的结构

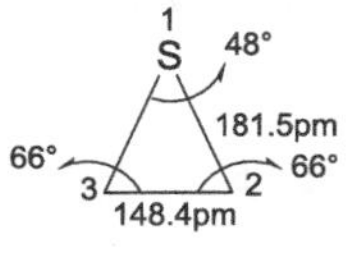

硫杂环丙烷也叫环硫乙烷。与氧杂环丙烷相比，由于硫原子的原子半径较大，3 个原子形成一个锐角三角形。硫杂环丙烷的张力焓为 83kJ/mol，离子电位为 9.05eV，偶极矩为 1.66D，核磁共振谱的化学位移为 $\delta_H = 2.27$，$\delta_C = 18.1$。以上数值均低于氧杂环丙烷，这是由杂原子性质决定的。

3.2.2 硫杂环丙烷的化学性质

尽管硫杂环丙烷的张力焓比氧杂环丙烷低，但热稳定性却不如氧杂环丙烷，在室温下，很容易开环聚合形成线性大分子，取代的硫杂环丙烷热稳定性较高。

3.2.2.1 亲核开环反应

氨、伯胺或仲胺与硫杂环丙烷反应开环生成 2-氨基硫醇，反应机理与氧杂环丙烷相同。

浓盐酸与硫杂环丙烷反应生成 2-氯代硫醇。

3.2.2.2 脱硫成烯烃

三苯基膦、脂肪族亚磷酸三酯、正丁基锂等试剂可使硫杂环丙烷类化合物发生立体选择性脱硫反应，生成烯烃。三价的磷原子对杂原子的亲电进攻与氧杂环丙烷脱氧成烯的反应不同。*cis*-硫杂环丙烷生成（Z）-烯烃，*trans*-硫杂环丙烷生成（E）-烯烃。

3.2.2.3 氧化反应

与氧杂环丙烷类化合物相比，硫杂环丙烷类化合物中的硫原子容易被高碘酸钠或过氧酸氧化生成对应的亚砜。该类化合物在高温下分解成烯烃和一氧化硫。

3.2.3 硫杂环丙烷的合成

3.2.3.1 由 2-卤代硫醇的环化合成

与氧杂环丙烷类化合物的制备方法相似，2-卤代硫醇在碱作用下发生分子内亲核取代反应可以得到硫杂环丙烷类化合物，但是分子间聚合反应非常容易发生，所以产率较低。

3.2.3.2 由 2-巯基乙醇与光气合成

用 2-巯基乙醇在吡啶催化下与光气反应生成 1,3-氧硫杂环戊烷-2-酮后，加热到 200℃时则可脱去二氧化碳生成硫杂环丙烷。

3.2.3.3 由氧杂环丙烷类化合物合成

由一类杂环生成另一类杂环的反应称为环转化反应，这是杂环化合物合成中常用的一种方法。氧杂环丙烷类化合物与硫氰酸钾在乙醇水溶液中反应生成对应的硫杂环丙烷。反应机理是通过亲核开环和分子内亲核加成反应生成不稳定的亚胺负离子，再经重排开环和分子内亲核取代反应生成硫杂环丙烷。

3.2.4 硫杂环丙烷的衍生物

硫杂环丙烷为无色液体，微溶于水，沸点为 55℃。具有强烈的刺激性、致癌。可由 2-巯基乙醇在乙酸乙酯和吡啶溶液中通入光气后热解制得，可用于合成多种医药、农药及化工中间体。

硫杂环丙烷-2-羧酸是从龙须菜中分离出来的天然产物。

3.2.5 硫杂环丙烷的合成应用实例

硫杂环丙烷类化合物重要的应用之一是通过其脱硫化开环反应可使 C—C 偶合。吡咯烷-2-硫酮与溴代丙二酸二乙酯发生 S-烷基化反应生成稳定的亚胺盐，在碱性条件下发生分子内亲核反应得到硫杂环丙烷，经加热脱硫生成烯键，即制得 C—C 偶合化合物。

3.3 氮杂环丙烷

3.3.1 氮杂环丙烷的结构

氮杂环丙烷接近等边三角形。N 原子上的非键电子对和 N—H 键所处的平面与氮杂环丙烷环的平面相互垂直。氮杂环丙烷的张力焓（113kJ/mol）和偶极矩（1.89D）几乎与氧杂环丙烷相同，离子电位为 9.8eV，核磁共振位移为 $\delta_H=1.5$（CH），$\delta_H=1.0$（NH），$\delta_C=18.2$。

由于 2-甲基氮杂环丙烷的非对映立体异构体的翻转活化焓（$\Delta G'=70$kJ/mol）较小，在室温下仍可快速翻转，导致非对映立体异构体不能分离。如果是 1-氯-2-甲基氮杂环丙烷（$\Delta G'=112$kJ/mol）混合的立体异构体可以分开。

3.3.2 氮杂环丙烷的化学性质

氮杂环丙烷类化合物与胺的结构类似，表现出胺的化学性质。又因为环张力的存在，其容易发生开环反应。大多数化合物的毒性都较大，使用时必须小心。

3.3.2.1 酸碱反应

N 原子上没有取代和有取代的氮杂环丙烷类化合物的性质分别与仲胺和叔胺相似，它们与酸反应生成对应的铵盐。成盐后环的稳定性降低，更有利于与亲核试剂发生开环反应。

3.3.2.2 亲核开环反应

如上所述，氮杂环丙烷在酸催化下容易水解生成氨基醇，反应机理与氧杂环丙烷类化合物的反应相似。但是氮杂环丙烷本身与盐酸容易发生剧烈的聚合反应。

氨和伯胺与氮杂环丙烷类化合物反应生成1,2-二胺。

3.3.2.3 与亲电试剂的反应

氮杂环丙烷类化合物是亲核试剂，可发生饱和碳原子上的亲核取代反应。

$$\triangleright NH + Cl-CH_2COOEt \xrightarrow[-HCl]{NEt_3} \triangleright N-CH_2COOEt$$

还可以与连有氰基的烯烃发生 Michael 加成反应。

$$\triangleright NH + H_2C=CH-C\equiv N \longrightarrow \triangleright N-CH_2-CH_2-C\equiv N$$

Michael 加成反应的原理是共轭加成，是亲核试剂与 α,β-不饱和体系进行的 1,4-加成。

烯醇化物

3.3.2.4 脱胺成烯烃

N 原子上没有取代基的氮杂环丙烷类化合物与亚硝酰氯反应，经中间体 N-亚硝基化合物，立体选择性地脱氨得到烯烃。

3.3.3 氮杂环丙烷的合成

氮杂环丙烷类化合物主要由取代的胺或烯烃制备。

3.3.3.1 由 2-取代胺合成

一般以 2-氨基乙醇为原料，经过三条途径合成氮杂环丙烷。第一种，2-氨基乙醇与二氯亚砜反应生成 2-氯乙胺，而后在碱金属氢氧化物作用下关环得到氮杂环丙烷。第二种，2-氨基乙醇与硫酸反应得到的硫酸酯用碱处理也可以生成氮杂环丙烷。在这两种情况下，离去基 Cl^- 和 HSO_4^- 被 C-2 位上的氨基通过分子内亲核反应所取代。

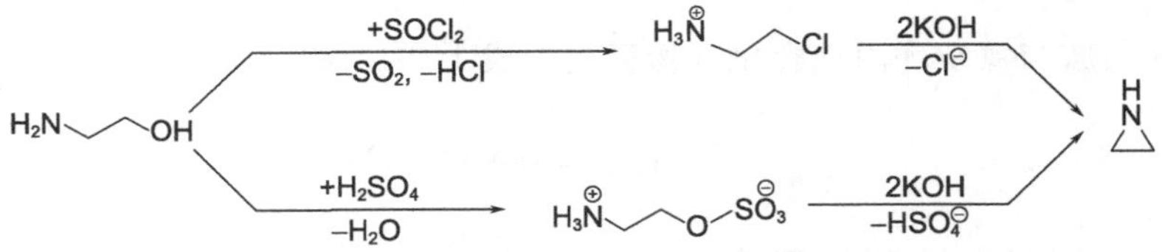

第三种，利用 Mitsunobu 试剂（三苯膦-偶氮二羧酸二乙酯）可以使 2-氨基乙醇直接环化脱水。

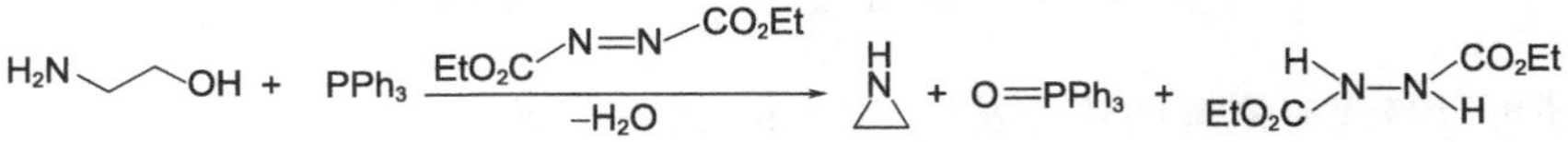

反应原理是醇被进行 S_N2 亲核取代。

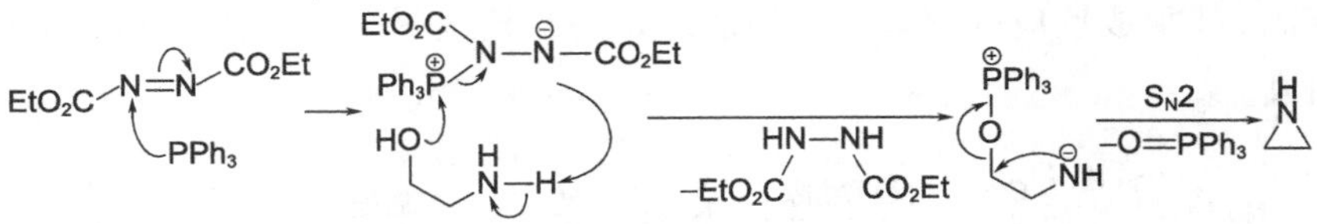

3.3.3.2 由叠氮化合物与烯烃合成

芳基叠氮化物与烯烃发生 [3+2] 环加成反应生成 4,5-二氢-1,2,3-三氮唑，该中间体经热解或光照失去一分子氮生成相应的氮杂环丙烷类化合物。

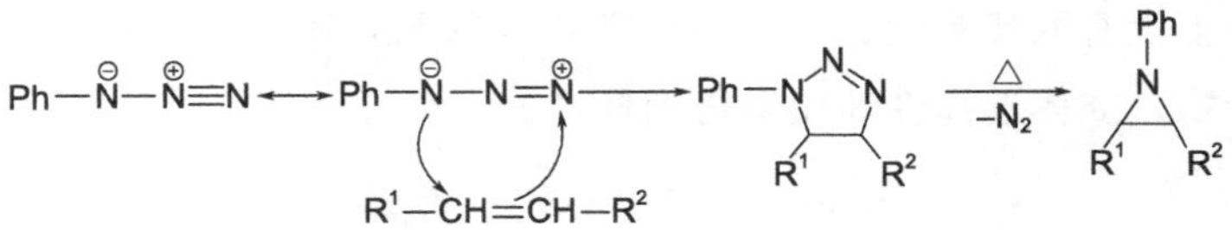

叠氮甲酸乙酯热解失去一分子氮生成乙氧羰基氮烯，该中间体与烯烃发生 [2+1] 环加成反应生成氮杂环丙烷类化合物。

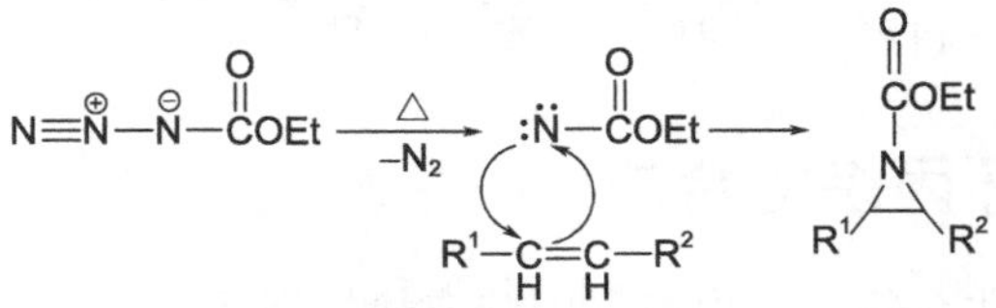

3.3.4 氮杂环丙烷的衍生物

氮杂环丙烷类化合物的一些衍生物在医药方面有巨大的应用，在医药工业上主要用于制备磺胺、青霉素、金霉素、可的松、驱虫剂、局部麻醉剂、胶片感光剂等，在农业上可制备氮肥增效剂和除草剂等。其衍生物中具有高生物活性的一些物质，可用于血管扩张、降低血脂。氮杂环丙烷衍生物作为有机合成中间体可以用来合成多官能团的胺、氨基醇、氨基酸、生物碱等化合物。

（1）氮杂环丙烷

氮杂环丙烷是一种无色、溶于水、有氨气味的毒性液体，沸点 57℃，热稳定性较好，一般加入氢氧化钠冷藏。

（2）含氮杂环丙烷的天然产物

许多天然产物中含有氮杂环丙烷结构，它们具有抗菌活性、抗肿瘤及昆虫激素等生物活性。丝裂毒素中的氮杂环丙烷结构是具有抑制细胞增殖和抗肿瘤作用的关键药效团。

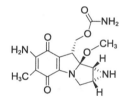

丝裂霉素

（3）含氮杂环丙烷的药物

氮杂环丙烷类化合物的一些衍生物在医药方面有广泛的应用，化合物 1 与化合物 2 可以作为抗白血病的药物用于临床研究。

化合物1

化合物2

这类药物的作用原理是利用了其亲核开环反应的性质。DNA 中鸟嘌呤碱基的氨基与氮杂环丙烷发生亲核开环反应，反应可以在其他双螺旋的 DNA 链的鸟嘌呤碱基上重复发生，结果使两条 DNA 链发生交叉链接，从而阻止肿瘤细胞的 DNA 复制。

3.4 其他三员杂环

3.4.1 二氧杂环丙烷

$$\underset{3}{\triangle}\underset{O_2}{\overset{1}{O}}$$

二氧杂环丙烷 1980 年后才被发现，结构非常不稳定。3,3-二甲基二氧杂环丙烷在三氟化硼催化下异构化成酯。

$$H_3C \underset{H_3C}{\overset{}{\bigtriangleup}}O \xrightarrow{BF_3} H_3C-\overset{O}{\overset{\|}{C}}-OCH_3$$

3,3-二甲基二氧杂环丙烷还可以作为氧化剂将烯烃和伯胺分别氧化成环氧化物和硝基化合物。

$$R-NH_2 + 3 \overset{O}{\underset{O}{\bigtriangleup}} \longrightarrow R-NO_2 + 3 \overset{O}{\underset{}{\diagup\diagdown}} + H_2O$$

3,3-二甲基二氧杂环丙烷由丙酮经过氧硫酸氢钾氧化合成得到。

$$\overset{O}{\underset{}{\diagup\diagdown}} \xrightarrow{KHSO_5} \overset{O}{\underset{O}{\bigtriangleup}}$$

3.4.2 氧氮杂环丙烷

$$\underset{3}{\triangle}\underset{2}{\overset{1}{O}}NH \qquad =N-OH \qquad =\overset{O}{\overset{\|}{N}}-H$$
$$\text{肟} \qquad\qquad \text{硝酮}$$

氧氮杂环丙烷是肟和硝酮的异构体。在加热条件下氧氮杂环丙烷化合物容易异构化成硝酮，硝酮经过光照发生可逆反应生成氧氮杂环丙烷化合物。

$$\overset{R^1}{\underset{R^2}{\diagup}}\overset{O}{\underset{}{\triangle}}N-R^3 \underset{h\nu}{\overset{\triangle}{\rightleftharpoons}} \left[\overset{R^1}{\underset{R^2}{\diagup}}C=\overset{\overset{O^-}{|}}{\overset{+}{N}}-R^3 \longleftrightarrow \overset{R^1}{\underset{R^2}{\diagup}}C=\overset{O}{\overset{\|}{N}}-R^3\right]$$

2-烷基-3-苯基氧氮杂环丙烷通过酸催化水解发生亲核开环反应，生成苯甲醛和 *N*-烷基羟胺。

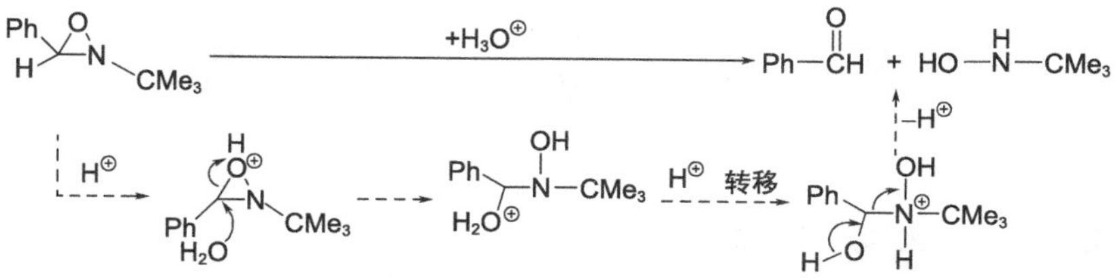

利用这一反应可以制备 *N*-羟基氨基酸酯。

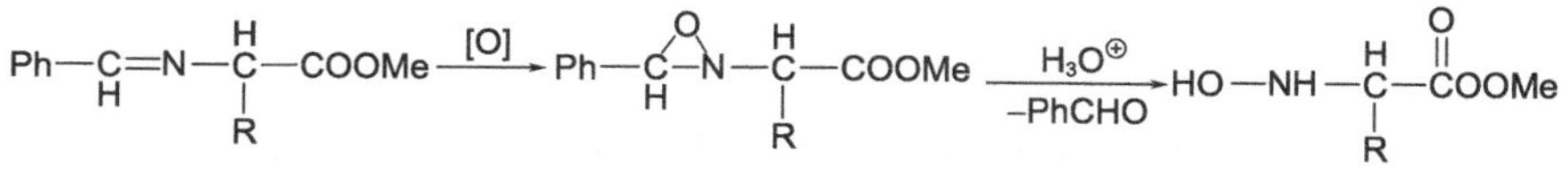

由于氧杂原子的存在，氧氮杂环丙烷可作为氧化剂，将硫醚氧化成亚砜，杂环被还原成亚胺。

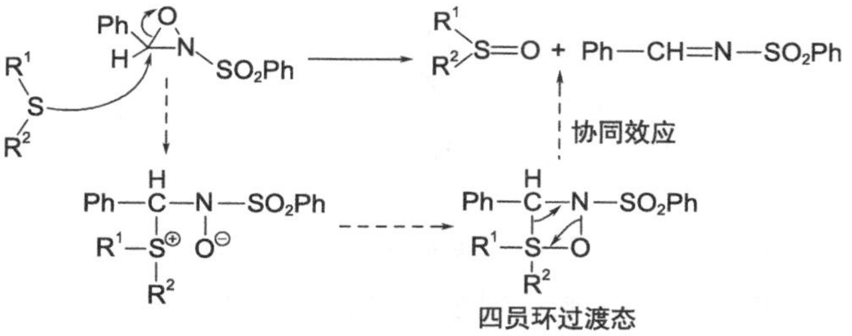

四员环过渡态

氧氮杂环丙烷可以由亚胺经过氧酸氧化得到，该方法与烯烃的环氧化原理一致，生成的产物是氮杂环丙烷的对映异构体。

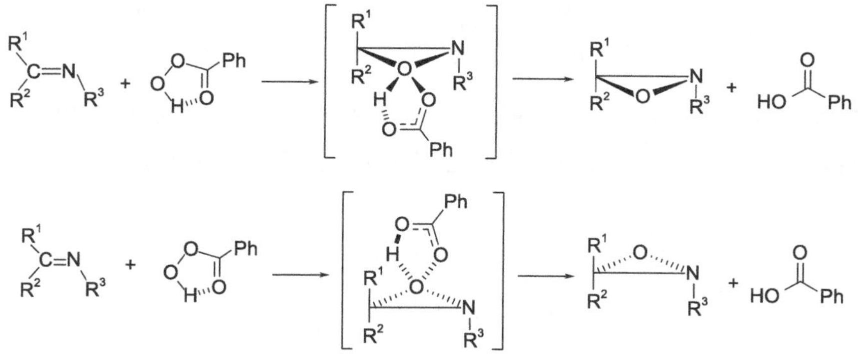

羰基化合物与羟胺-*O*-磺酸在碱性条件下发生亲核加成和分子内取代反应生成氧氮杂环丙烷类化合物。其中羟胺-*O*-磺酸是由硫酸羟胺和三氧化硫制备得到的。

$$(NH_2OH)_2 \cdot H_2SO_4 + SO_3 \longrightarrow 2H_2N-O-SO_3H + H_2O$$

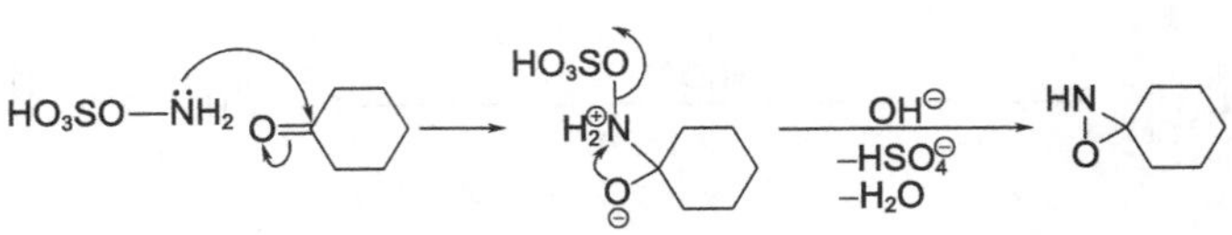

3.4.3　二氮杂环丙烷

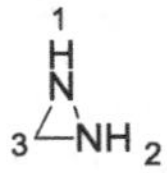

二氮杂环丙烷类化合物是一种结晶，呈弱碱性，被酸催化水解生成酮和肼。

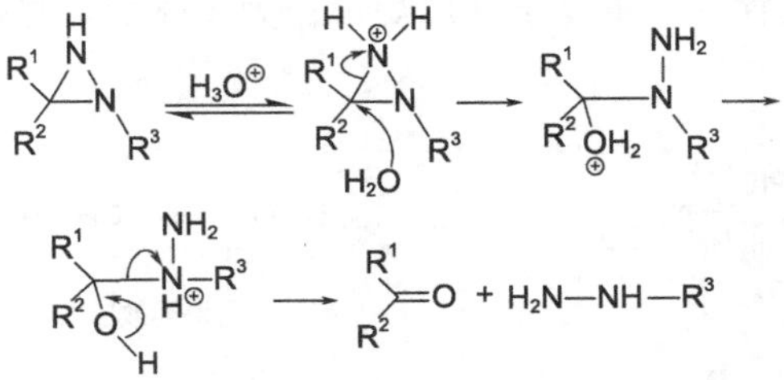

由氨和氯气与酮反应可以制得二氮杂环丙烷类化合物。反应过程中氨和氯气形成氯胺，而后可能的机理为氨与酮亲核加成后与氯氨缩合生成肼，最后脱水环合生成产物。

$$2NH_3 + Cl_2 \longrightarrow NH_2Cl + NH_4Cl$$

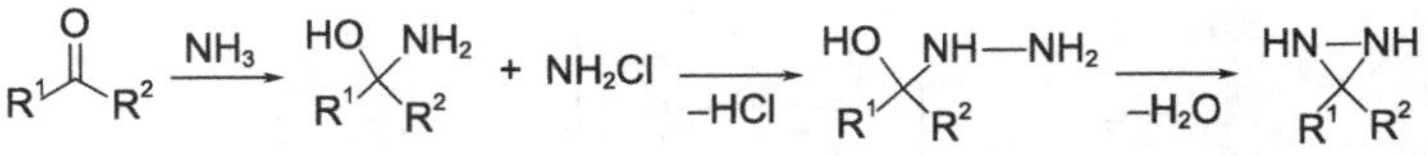

氨或伯胺和羟胺-O-磺酸与酮作用也可生成二氮杂环丙烷类化合物。类似于氧氮杂环丙烷类化合物的合成，反应过程先生成亚胺，然后与羟胺-O-磺酸反应生成产物。

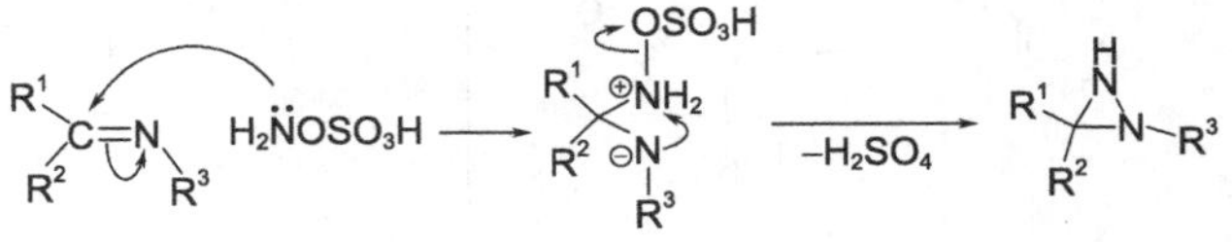

3.4.4　3H-二氮杂环丙烯

3H-二氮杂环丙烯是重氮烷烃的异构体。非常容易在加热或光照条件下发生互变异构反应。

$$\underset{3}{\overset{1}{N}}\diagdown\overset{1}{N}2 \qquad H_2\overset{\ominus}{C}-\overset{\oplus}{N}\equiv N \longleftrightarrow H_2C=N=N$$

重氮甲烷

3,3-二甲基-3H-二氮杂环丙烯非常容易在加热或光照条件下释放 N_2，经过碳烯中间体生成烯烃。

$$H_3C\diagup\overset{N}{\underset{N}{\diagdown}} \xrightarrow[-N_2]{\triangle\text{或}h\nu} H_3C-\ddot{C}-CH_3 \xrightarrow{\text{异构化}} H_3C-CH=CH_2$$

碳烯

N-未取代二氮杂环丙烷被 Ag_2O 或 HgO 氧化可以得到 3H-二氮杂环丙烯。

$$\overset{R^1}{\underset{R^2}{\diagup}}\diagup\overset{H}{\underset{N}{\diagdown}}NH + Ag_2O \xrightarrow[-H_2O]{-2Ag} \overset{R^1}{\underset{R^2}{\diagup}}\diagup\overset{N}{\underset{N}{\diagdown}}$$

脒经次氯酸钠氧化可以生成 3-氯-3H-二氮杂环丙烯类化合物。

$$R\diagdown\overset{NH}{\underset{NH_2}{}} + 2NaOCl \xrightarrow[-H_2O]{\substack{-NaCl\\-NaOH}} \overset{R}{\underset{Cl}{\diagup}}\diagup\overset{N}{\underset{N}{\diagdown}}$$

思考题

1. 由环己烯的环氧化得到的氧杂环丙烷化合物水解生成什么产物？
2. 如何将 (E)-烯烃转化成对应的 (Z)-烯烃？
3. 合成环氧树脂的反应机理是怎样的？
4. 试想氧杂环丙烷的相关反应及合成方法是否适合其他三员杂环化合物？
5. 查阅克罗烷类化合物的结构并了解其结构和功能。
6. 2-氨基乙醇是合成氮杂环丙烷的主要原料，分析一下其合成方法。
7. Mitsunobu 反应机理是什么？
8. 利用二氮杂环丙烷的化学性质设计肼的合成路线。
9. 三员杂环的化学性质主要取决于什么因素？
10. 三员杂环的典型化学性质是什么？
11. 分析三员杂环的酸碱性。
12. 总结三员杂环的异构化反应有哪些。
13. 哪些三员杂环可以脱掉杂原子生成烯烃？
14. 总结邻位的离去基被分子内亲核取代合成三员杂环的反应有哪些。
15. 总结合成三员杂环的反应类型有哪些。

4 四员杂环

　　四员杂环化合物及其衍生物具有广谱的生物活性，特别在杀菌活性方面表现突出。自从 20 世纪 40 年代 2-内酰胺类抗生素青霉素被首次应用于临床以来，先后开发了福米西林、阿莫西林、头孢丙烯、头孢地嗪、头孢噻肟、头孢吡肟等数十个品种。四员杂环化合物也常常作为杀虫剂、杀菌剂或除草剂的中间体使用。

　　四员杂环的许多性质与三员杂环类似，但张力相对较小，仍以开环反应为主。与对应的链状化合物（醚、硫醚、仲和叔胺、亚胺）的反应类似。

4.1 氧杂环丁烷

4.1.1 氧杂环丁烷的结构

　　氧杂环丁烷是一个稍微扭曲的正方形，氧原子的夹角为 92°。因为环的翻转非常快，可以认为其分子是一个平面结构。

4.1.2 氧杂环丁烷的化学性质

　　氧杂环丁烷类化合物发生开环反应的条件较剧烈，反应速度较慢。可以发生酸催化的亲核开环反应，氧杂环丁烷类化合物与卤化氢反应生成 3-卤代醇，酸催化水解生成 1,3-二醇。

$$\square^O + HX \longrightarrow HO\diagdown\diagup X$$

$$\square^O + H_3O^{\oplus} \longrightarrow HO\diagdown\diagup OH$$

　　氧杂环丁烷可以发生环化低聚和多聚反应，Lewis 酸三氟化硼能与氧原子的非键电子对加合，在二氯甲烷中，生成环化三聚物 1,5,9-三氧杂环十二烷。有水存在下，常形成线性聚合产物。

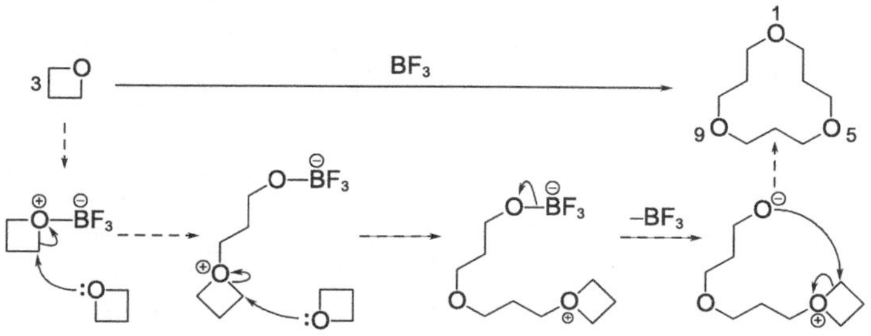

4.1.3 氧杂环丁烷的合成

氧杂环丁烷类化合物的合成方法主要有 3-取代醇的环化和 Paterno-Büchi 反应两种。

4.1.3.1 由 3-取代醇合成

3-位带有离去基的醇可以环化成氧杂环丁烷类化合物。由 3-卤代醇的环化脱卤化氢反应合成，还可以由 1,3-二醇经过单芳基磺酸酯合环制得。

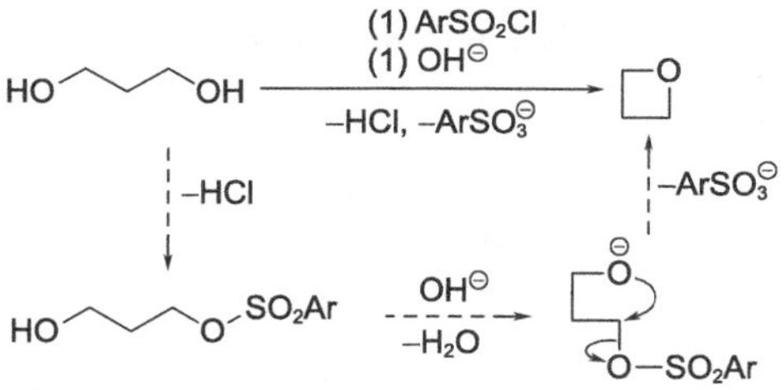

4.1.3.2 由羰基化合物与烯烃合成

羰基化合物与烯烃的光化［2＋2］环加成生成氧杂环丁烷的反应称作 Paterno-Büchi 反应。羰基化合物在光照下变成电子激发态（n→π* 过渡），由单线态转化成能量较低的三线态。

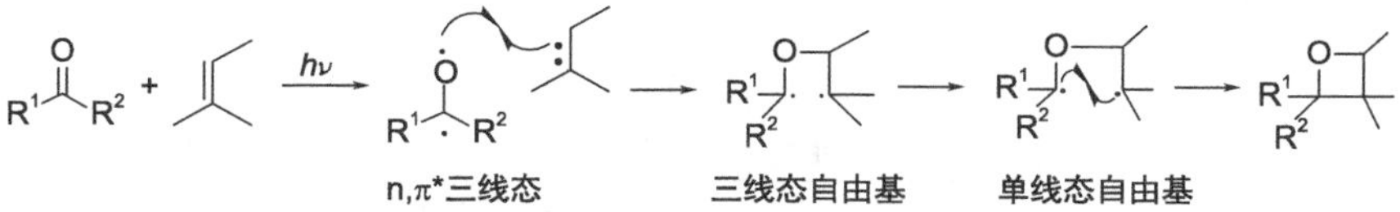

在与连有给电子取代基的烯烃反应时经过的是自由基中间体，生成 *cis*-和 *trans*-两种氧杂环丁烷产物。

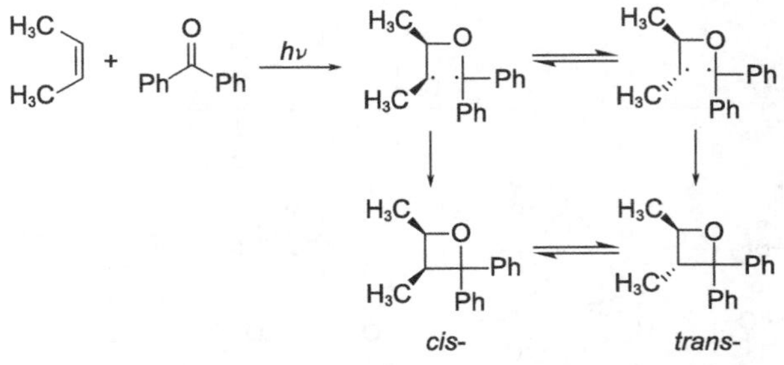

2,3-二甲基-4,4-二苯基氧杂环丁烷

相反，在与带有吸电子取代基的烯烃反应时生成 *cis*-氧杂环丁烷。

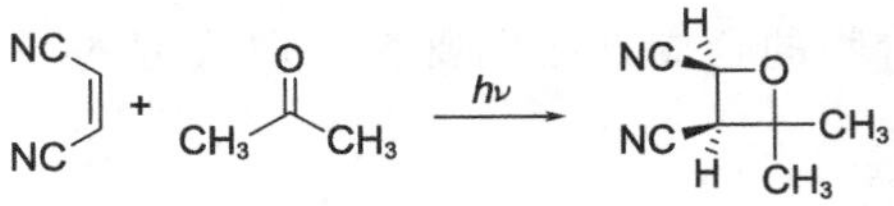

4.1.4 氧杂环丁烷的衍生物

（1）氧杂环丁烷

氧杂环丁烷为无色、易与水互溶的液体，沸点 48℃。可以由乙酸-3-氯丙酯在浓氢氧化钾作用下合环制得。

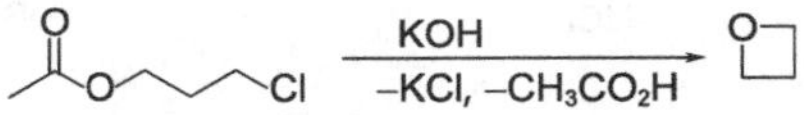

（2）氧杂环丁烷-2-酮

氧杂环丁烷-2-酮类化合物也称作 β-内酯类化合物。可以由 β-羟基酸与苯磺酰氯在吡啶存在下发生环化反应制得。

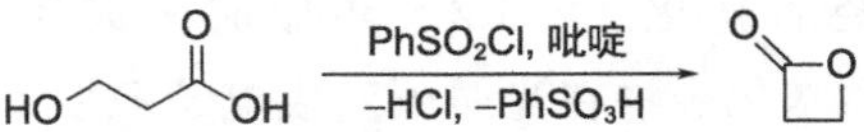

还可以由醛与烯酮在 Lewis 酸催化下发生 [2+2] 环加成反应制得。β-内酯类化合物加热脱羧生成烯烃。

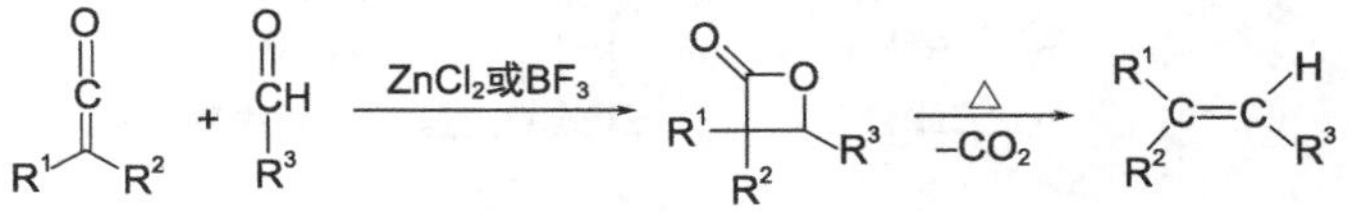

4-亚甲基氧杂环丁烷-2-酮叫作双烯酮，由烯酮二聚形成，烯酮可由丙酮或乙酸热解得到。双烯酮在乙醇作用下，亲核试剂进攻羰基的碳原子，开环生成乙酰乙酸乙酯。

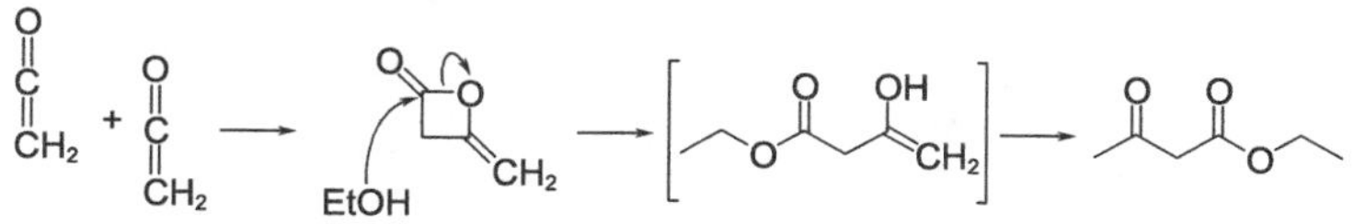

（3）含氧杂环丁烷的天然产物

紫杉醇（paclitaxel）是 1971 年从太平洋天然红豆杉的树皮中分离得到的双萜醇类化合物。其结构中含有氧杂环丁烷，该化合物有很强的抗肿瘤活性和抗白血病活性。紫杉醇在植物体内含量最高只有万分之二，因为资源有限，主要以合成为主。

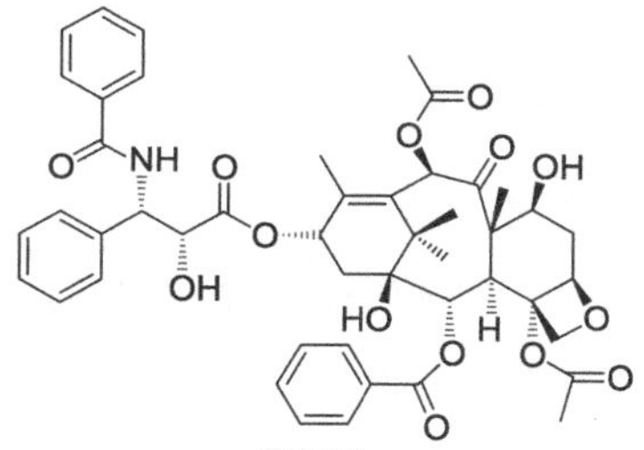

紫杉醇

4.2 硫杂环丁烷

4.2.1 硫杂环丁烷的结构

硫杂环丁烷为无色、不溶于水的液体，沸点 94℃，在室温下可缓慢聚合，在光照下聚合加速。硫杂环丁烷的张力焓为 80kJ/mol，环翻转的活化能为 3.28kJ/mol，环上原子处于两个平面上，二面角为 26°。

4.2.2 硫杂环丁烷的化学性质

硫杂环丁烷相对比较稳定，在室温下不能与氨或胺反应，说明硫杂环丁烷与亲核试剂的反应活性低。亲电试剂可以进攻 S 原子导致开环，与卤代烃发生 S 烷基化反应生成锍盐，因为 S 杂原子带正电荷使环的稳定性降低，更容易被亲核试剂进攻发生开环反应。

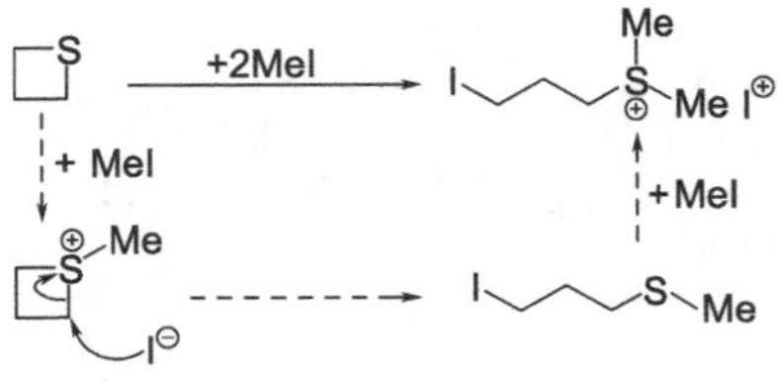

与硫杂环丙烷类似，过氧化物可将硫杂环丁烷类化合物氧化成对应的1,1-二氧化物，也叫作环砜，反应经过中间体1-氧化物。

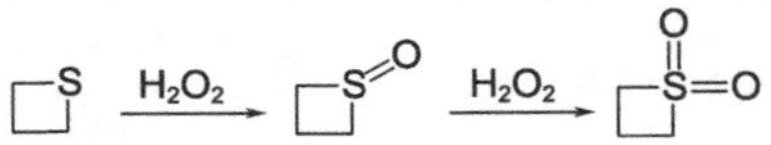

4.2.3　硫杂环丁烷的合成

4.2.3.1　由3-卤代硫醇合成

与氧杂环丁烷的合成类似，3-卤代硫醇或它们的乙酰化衍生物在碱作用下环化即可制得硫杂环丁烷类化合物。

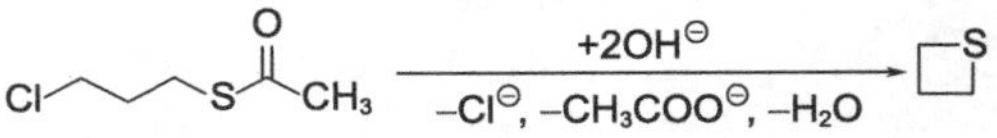

4.2.3.2　由1,3-二卤代烷烃与硫化钠或硫化钾合成

在反应过程中脱掉了两分子NaBr。

4.2.3.3　由1,3-二卤代烷烃与硫脲合成

1-溴-3-氯丙烷与硫脲先转化成3-氯丙基异硫脲，然后在碱性条件下发生水解、环化反应会得到产率更高的产物。

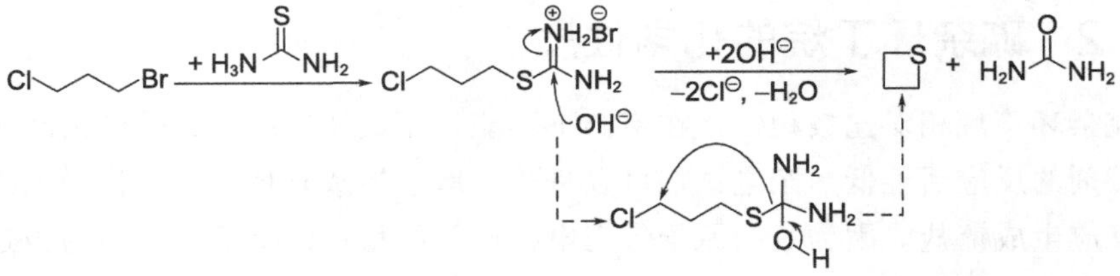

4.3 氮杂环丁烷

4.3.1 氮杂环丁烷的结构

$$\overset{4}{\underset{3}{\square}}\overset{NH^1}{\underset{2}{}}$$

氮杂环丁烷以前被称作三亚甲基亚胺，是无色液体，易与水互溶，沸点 61.5℃，有氨的气味，在空气中有发烟现象。环翻转的活化能是 5.5kJ/mol，N—H 键为平伏键的构象异构体能量较低。

4.3.2 氮杂环丁烷的化学性质

相对于氮杂环丙烷，氮杂环丁烷类化合物是热力学稳定的，当 N 原子带上正电荷时，环的稳定性降低。在酸催化下能发生亲核开环反应，与氯化氢反应生成 3-氯代胺，相反，碱和还原剂都不能使氮杂环丁烷类化合物开环。

氮杂环丁烷的 pK_a 值为 11.29，碱性强于氮杂环丙烷（$pK_a=7.98$），也强于二甲胺（$pK_a=10.73$）。氮杂环丁烷与卤代烃反应生成 1-烷基氮杂环丁烷，进一步与卤代烃反应得到 1,1-二烷基氮杂环丁烷卤化物，该季铵盐类化合物经加热异构化成 3-卤代叔胺。

氮杂环丁烷类化合物与酰卤反应得到对应的酰胺产物，与亚硝酸反应得到对应的 1-亚硝基化产物。

4.3.3 氮杂环丁烷的合成

4.3.3.1 由 3-取代胺合成

类似氧杂环丁烷的合成，由 3-卤代胺在碱作用下脱卤化氢可以制得氮杂环丁烷类化合物。

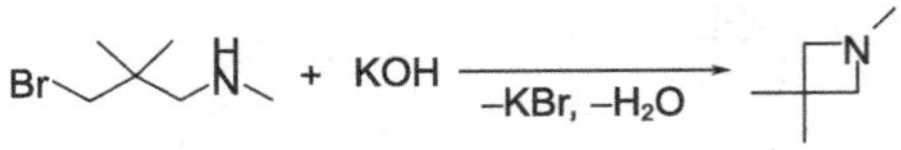

类似氮杂环丙烷的合成，也可用 3-氨基醇类化合物经 Mitsunobu 反应合成氮杂环丁烷。

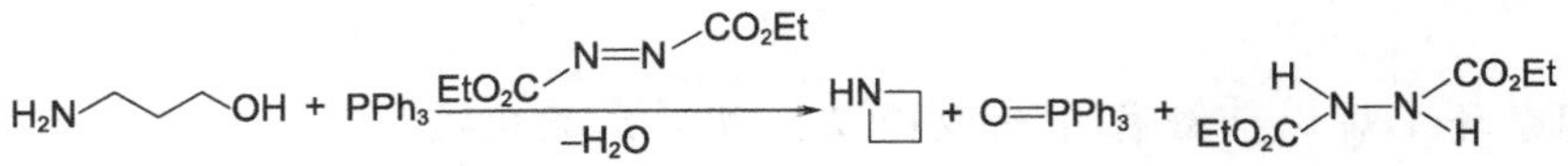

4.3.3.2　由对甲苯磺酰胺与 1,3-二卤代烃合成

对甲苯磺酰胺与 1,3-二卤代烃首先发生 N 烷基化反应生成对甲苯磺酰胺，通过还原反应将对甲苯磺酰基从氮杂环丁烷的 N 上除去。

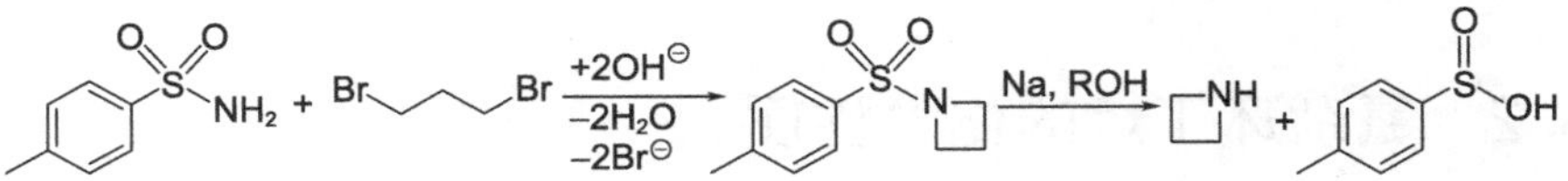

4.3.4　氮杂环丁烷的衍生物与合成应用实例

氮杂环丁烷-2-酮也叫作 β-内酰胺，是非常重要的氮杂环丁烷类衍生物。由于环张力影响，β-内酰胺类化合物反应活性强。例如，它们在碱的作用下裂解成对应的 β-氨基酸盐；在酸催化下水解生成 β-羧基铵盐。氨或胺与 β-内酰胺反应，也发生开环反应生成 β-氨基酰胺。

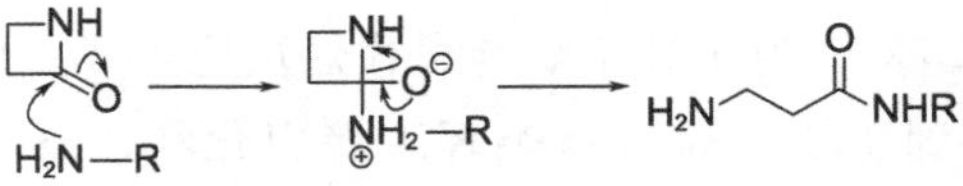

β-内酰胺可以由 β-氨基酸环化脱水制得，反应以乙腈为溶剂，在 CH_3SO_2Cl 和 $NaHCO_3$ 作用下实现。

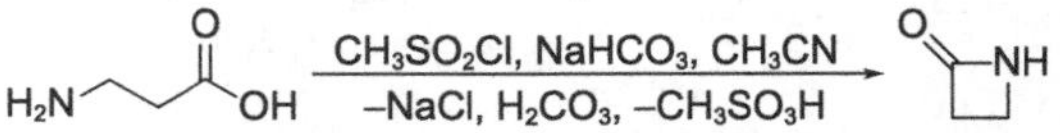

若以 β-氨基酸乙酯为原料，则要在 2,4,6-三硝基苯基溴化镁作用下完成。

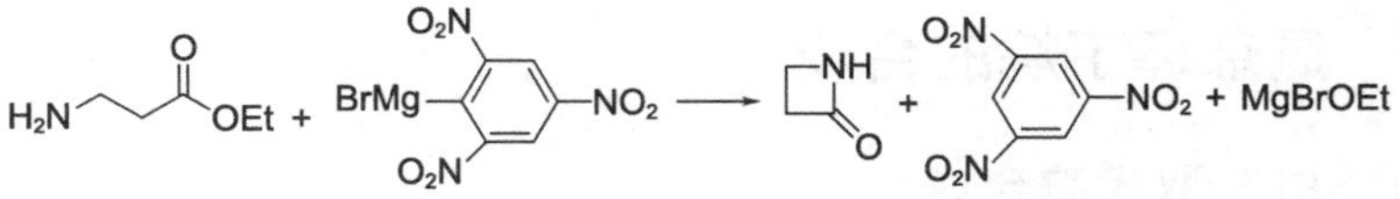

[2+2] 环加成反应也是制备 β-内酰胺类化合物的重要方法。例如，亚胺与

烯酮发生 [2+2] 环加成反应生成 β-内酰胺。

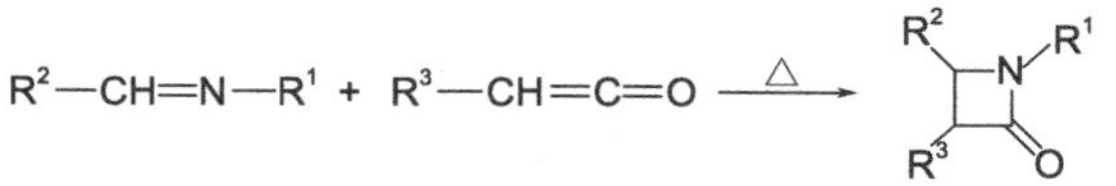

亚胺与酰氯在三乙胺催化下反应也可以生成 β-内酰胺类化合物。首先酰氯与三乙胺会生成中间体烯酮，而后与亚胺发生 [2+2] 环加成反应。

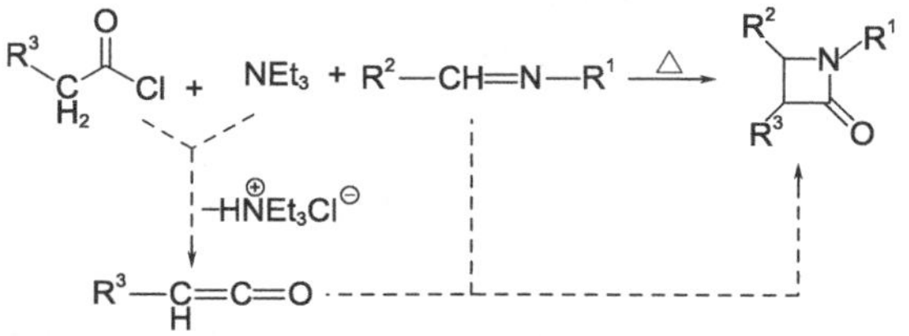

氯磺酰基异氰酸酯与烯烃发生 [2+2] 环加成反应生成 1-氯磺酰基-β-内酰胺类化合物，1-位上的氯磺酰基可在苯硫酚的作用下脱去。环化反应是立体选择性的，Z-烯烃形成的是 cis-β-内酰胺，利用这一反应可以实现 β-氨基酸的立体选择性合成。

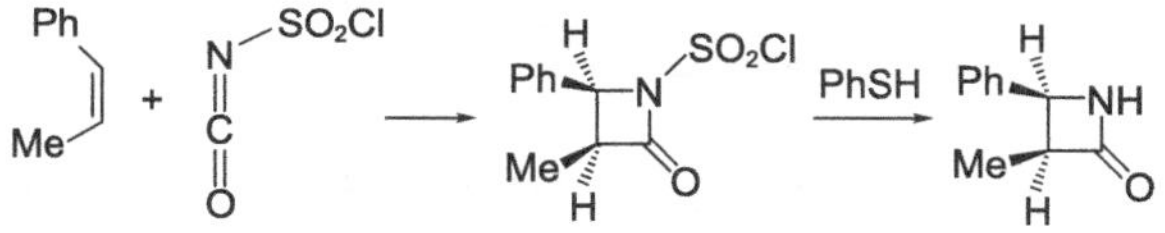

β-内酰胺骨架存在于青霉素和头孢菌素类药物的结构中，青霉烷和头孢烯是这类药物的核心骨架。β-内酰胺类抗生素能阻止细菌细胞壁的生物合成。

4.4 其他的四员杂环

4.4.1 1,2-二氧环丁烷

在 1,2-二氧环丁烷的结构中存在过氧键，其键能较低，环张力较大，所以这类化合物是一类高吸热性化合物。

1,2-二氧环丁烷类化合物的典型反应是热分解，并伴随化学发光现象。例如，四甲基 1,2-二氧环丁烷为黄色结晶，熔点 76～77℃，在苯中加热温度稍高于熔点时就会发射出蓝光。分解过程中产生两分子丙酮，其中有一分子处于电子激发态的丙酮（用＊标记）生成，随着光子的发射，分子恢复到基态。

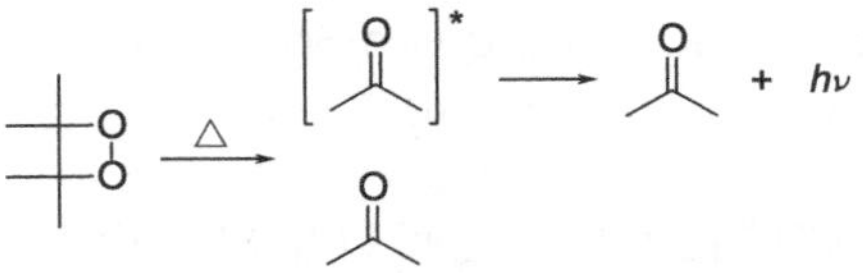

供电子取代的烯烃与单线态氧很容易发生［2＋2］环加成反应生成1,2-二氧环丁烷类化合物。用光照射敏化染料甲基蓝，将氧气通入烯烃的溶液中即生成单线态氧，并直接与烯烃发生加成反应。

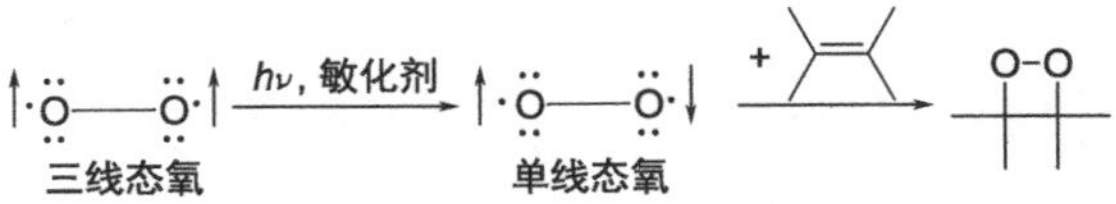

1,2-二氧环丁烷-3-酮类化合物也称作 α-过氧内酯。在低温下，通过 α-过氧羟基羧酸与二环已基碳二亚胺（DCC）发生缩合反应可以制得它们的溶液。这种溶液在室温下可分解成酮和二氧化碳，并伴随化学发光。

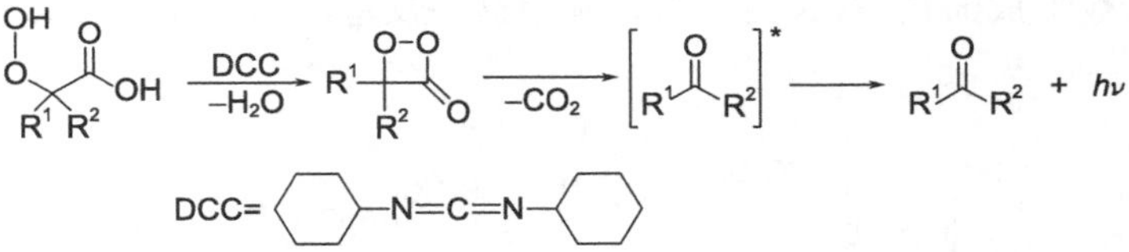

萤火虫的生物发光就是1,2-二氧环丁烷-3-酮类化合物分解的结果。

4.4.2　1,2-二氮杂环丁烷

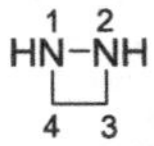

1,2-二氮杂环丁烷母环至今也没有制得，然而，已知的衍生物却很多。芳基取代的1,2-二氮杂环丁烷类化合物和1,2-二氮杂环丁烷-3-酮类化合物对热都很稳定。它们在强热下会分解成偶氮化合物和烯烃或烯酮，或两分子的亚胺，或亚胺和异氰酸酯。

1,2-二氮杂环丁烷-3-酮类化合物与亲核试剂反应发生开环，例如，与甲醇反应生成 α-肼基酸类化合物。

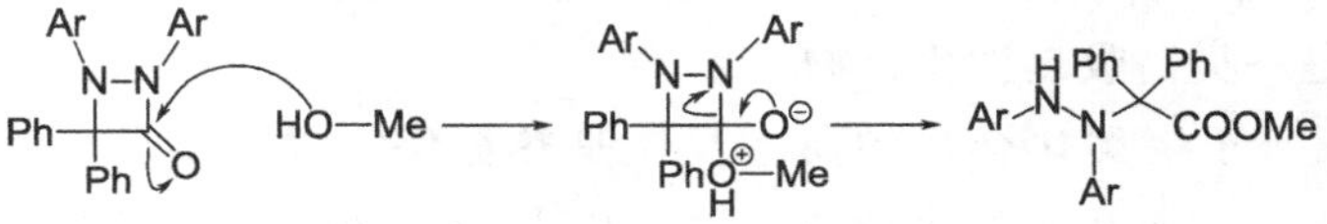

1,2-二氮杂环丁烷类化合物标准的合成方法是富电子的烯烃（如烯醇醚）或烯胺与偶氮化合物发生［2＋2］环加成反应。

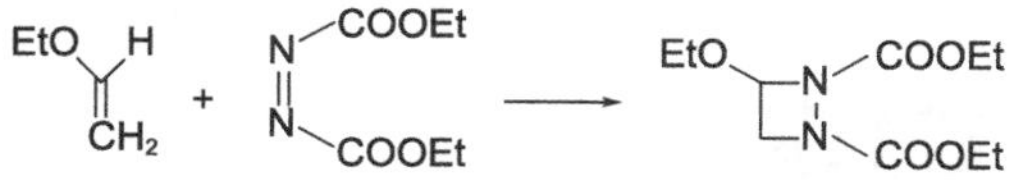

烯酮与偶氮化合物发生［2＋2］环加成反应可生成1,2-二氮杂环丁烷-3-酮。

思考题

1. 四员杂环的化学性质与哪些因素有关？

2. 设计由 2-羟基酸或烯酮和醛反应制备烯烃的反应。

3. 当用氢氧化钠处理 β-内酯时，形成的是什么产物？

4. 列举［2＋2］环加成反应合成四员杂环化合物的反应。

5. 如何利用四员杂环的反应来合成烯烃？

6. 如何用氮杂环丁烷-2-酮类化合物合成 β-氨基酸？

5 五员杂环

五员杂环是杂环化合物中的一个大类，有着广泛的应用。与三员和四员杂环相比，它们几乎没有环张力，因此，很少发生开环反应。对于五员杂环化合物，重点应考虑的是它们属于芳香性杂环还是属于杂环烷烃或杂环烯烃。是否具有芳香性、杂原子的性质和数量是影响五员杂环化合物化学性质与合成方法的关键因素。

5.1 呋喃

5.1.1 呋喃的结构

呋喃是无色、不溶于水的液体，有芳香气味，沸点32℃。氢醌或其他酚可抑制呋喃在室温下的缓慢聚合。其商业用途主要是作为四氢呋喃（THF）的原料。呋喃是由糠醛（呋喃-2-甲醛）气相催化脱羰基或糠酸（呋喃-2-甲酸）在铜粉催化下于喹啉中脱羧制备得到的。

通常将呋喃环中氧原子的邻位标记为 α 和 α'，与其相邻的碳原子标记为 β 和 β'。呋喃失去一个氢后叫呋喃基，呋喃环上的所有原子共平面，形成一个略微变形的正五角形，C-3 和 C-4 之间的键略长于 C-2 和 C-3 之间的键。键角相差不大。

呋喃的碳原子与氧原子的 sp^2 杂化的核外电子分布见图 5-1。与碳原子相比，氧原子不等性杂化，3 个 sp^2 杂化轨道中两个杂化轨道只有 1 个电子，另一个杂化轨道有 2 个电子。然后氧原子的两个单电子的 sp^2 杂化轨道和碳原子 sp^2 杂化轨道形成 σ 键。

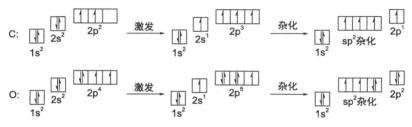

图 5-1　呋喃的碳原子和氧原子 sp² 杂化的核外电子分布

呋喃的每个碳原子及氧原子上均有一个 p 轨道，互相平行，在四个碳原子的 p 轨道中有 1 个电子，在氧原子的 p 轨道中有 2 个电子，形成一个环形封闭的五中心 6π 电子的共轭体系，符合休克尔的 $4n+2$ 规则，因此呋喃具有与苯类似的性质，属于芳杂环。另外氧原子还有一对孤对电子位于环平面的 sp² 杂化轨道上，不参与共轭体系。

呋喃的偶极矩为 0.71D，是环系共轭效应与杂原子诱导效应平衡的结果，这两种效应的方向相反，分别使环上电子偏离 O 和偏向 O。因为 O 的电负性较大，共轭作用不足以克服朝向杂原子的诱导极化作用，所以负电荷位于氧原子上。与之相比，四氢呋喃的偶极矩却是 1.75D，这是因为环系无共轭效应存在，只是 O 的诱导效应起主要作用。呋喃分子的偶极矩小也说明氧上的一个孤电子对通过共轭而离域化了。

呋喃的偶极矩　　　　四氢呋喃的偶极矩

呋喃的核磁共振数据出现在典型的苯类化合物数据区，分子中存在反磁环流，具有环状共轭体系的芳香性特征。紫外（UV）及核磁共振（NMR）数据如下。

① UV（乙醇），λ（lgε）：208nm（3.99）；

② ^{1}H NMR（DMSO-d_6），δ：H-2/H-5（7.46），H-3/H-4（6.36）；

③ ^{13}C NMR（DMSO-d_6），δ：C-2/C-5（143.6），C-3/C-4（110.4）。

苯和呋喃的经验共振能分别是 150.2kJ/mol 和 80kJ/mol。苯和呋喃的德瓦共振能分别为 94.6kJ/mol 和 18.0kJ/mol。共振能说明呋喃的芳香性小于苯。由于 6 个电子分布在 5 个原子上，π 电子分布在每个原子上的密度大于 1，因此呋喃是富 π 电子杂环体系，因为氧杂原子的存在，与苯相比呋喃环上电子的分布不均匀，具体分布如下：

呋喃有 5 个稳定的共振式，也表明环上的电子分布是不均匀的，这些结构的重要性是不同的，重要性顺序是 1＞3,5＞2,4。环上电子分布对其化学性质有重要影响。

呋喃的共振结构

5.1.2　呋喃的化学性质

以苯类推，呋喃应该易发生亲电取代反应，但根据反应试剂和条件的不同，呋喃也可以发生加成和开环反应。

5.1.2.1　亲电取代反应

亲电取代反应机理是加成消除机制。呋喃提供一对 π 电子与亲电试剂 E^+ 结合，首先形成 π 络合物，再慢慢转化为中间体正离子 σ 络合物，此时，呋喃环上与亲电试剂 E^+ 结合的碳原子的杂化轨道由 sp^2 转变为 sp^3，芳香烃的大 π 键遭到破坏。由于大 π 键具有特殊的稳定性，分子有恢复它的强烈倾向，因此体系中的负离子不是与正碳离子结合，而是夺取苯环上的一个质子，恢复苯环的大 π 键体系，完成取代反应。芳香族亲电取代反应一般都按照以上两步机制进行，其中形成 σ 络合物这一步决定反应的速率。

同样的反应条件下呋喃发生亲电取代反应的速度比苯快约 10^{11} 倍。可以从两方面来理解：①呋喃的芳香性小于苯环，环状 6π 电子共轭体系相对能量较高，共轭的大 π 键更容易被破坏；②呋喃环上每个原子的 π 电子密度大于 1，更易于被亲电试剂进攻进行 π-络合物—σ-络合物这一反应过程。

呋喃的亲电取代反应选择性地发生在 2-位，若 2-位有取代基，则发生在 3-

位。原因是正电荷在σ-络合物 II 中的离域化更有效，因为其离域化没有被氧原子阻断。主要的亲电取代反应有卤化、硝化、磺化、氯汞化，与苯比较这些反应的条件都比较温和。呋喃遇浓硫酸或 AlCl$_3$ 之类 Lewis 酸则立刻分解。

（1）卤代反应

呋喃在室温下与氯及溴发生剧烈反应生成多卤代产物，但与碘不反应。在 −40℃时，呋喃氯代生成 2-氯呋喃和 2,5-二氯呋喃。在 −5℃时，用二氧六环·溴的复合物进行溴化反应生成 2-溴呋喃，它可能是从 1,4-二溴-1,4-二氢呋喃得来的。室温下在 N,N-二甲基甲酰胺（DMF）中与溴反应易得 2-溴呋喃和 2,5-二溴呋喃。

（2）硝化反应

呋喃对浓硝酸敏感，易发生开环反应，所以硝化反应是在乙酸酐中用发烟硝酸在 −10～−20℃下反应，生成 2-硝基呋喃。在浓硝酸与乙酸酐在 −5℃条件下反应，首先生成阳离子中间体 1，乙酸根亲核加成到阳离子中间体的 C-5 上生成 2-硝基-5-乙酰氧基-2,5-二氢呋喃 2，加入吡啶之类的弱碱消去乙酸得到硝基取代产物。2-硝基呋喃进一步的硝化可生成主产物 2,5-二硝基呋喃。

（3）磺化反应

在室温下吡啶·SO$_3$ 或二氧六环·SO$_3$ 复合物将呋喃转化成呋喃-2-磺酸，进一步反应得呋喃-2,5-二磺酸。

（4）酰化反应

在 Lewis 酸三氟化硼的存在下呋喃与羧酸酐或酰卤可以发生 Friedel-Crafts 酰基化反应，而三氟乙酸酐可单独反应。三氯化铝催化的呋喃乙酰基化反应速率表明，α 位比 β 位的活性大 7×10^4 倍。传统的 Friedel-Crafts 烷基化对呋喃系列化合物通常无实用价值，因为既发生催化聚合又发生多烷基化反应。

（5）汞化反应

氯化汞（Ⅱ）和乙酸钠在乙醇水溶液中与呋喃反应很容易生成相应的汞盐。

5.1.2.2 加成反应

在上面的亲电取代反应过程中如果碱 Y^- 不是夺取质子，而去进攻环上的碳正离子，则与烯烃一样，应得加成产物。呋喃类化合物被催化氢化生成四氢呋喃类化合物。在某些反应中呋喃的性质类似于 1,3-二烯烃。

（1）1,4-加成反应

呋喃的甲醇溶液在乙酸钾存在下和溴发生 1,4-加成反应，生成 2,5-二甲氧基-2,5-二氢呋喃。该反应表明呋喃和 1,3-丁二烯的性质类似。对其烯键进行还原得到 2,5-二甲氧基四氢呋喃，这是一个有用的 1,4-二羰基合成物，类似于丁二醛。

（2）［4+2］加成反应

呋喃的 Diels-Alder 反应已被仔细研究。呋喃和马来酸酐能发生 Diels-Alder 反应，表明呋喃和 1,3-丁二烯的性质类似。反应是非对映异构选择性的，在 40℃ 的乙腈溶液中反应，以动力学控制为主，但如果反应时间足够长，产物的形成由热力学控制为主，即由内向加成产物（endo）转化成更稳定的外向加成产物（exo）。

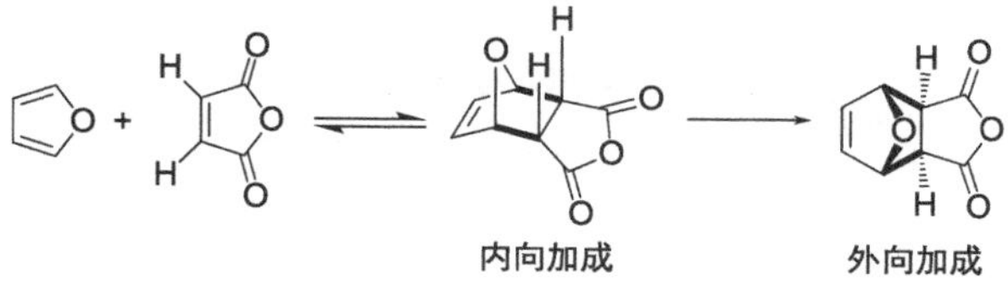

内向加成　　　　　　外向加成

　　呋喃和丁炔二羧酸酯反应，形成的加成产物经酸催化异构化生成酚。加成产物选择性加氢后，再经过逆 Diels-Alder 裂环反应可生成 3,4-二取代呋喃。

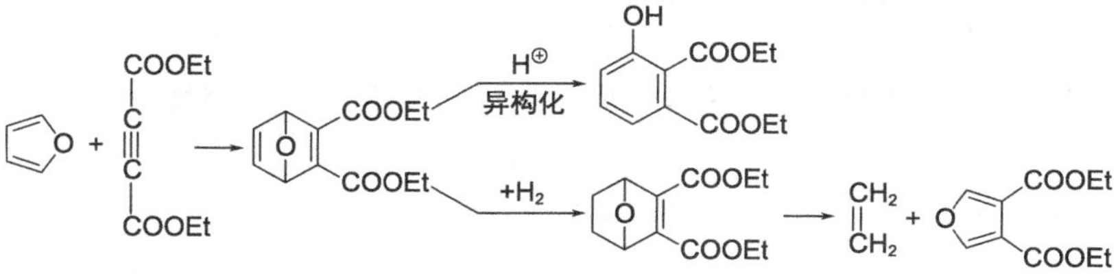

　　（3）［2＋2］加成反应

　　呋喃的一个双键也能在 Paterno-Büchi 反应条件下发生［2＋2］环加成反应。呋喃与酮反应生成 2a,5a-二氢-2H-氧杂环丁烷并［2,3-b］呋喃。

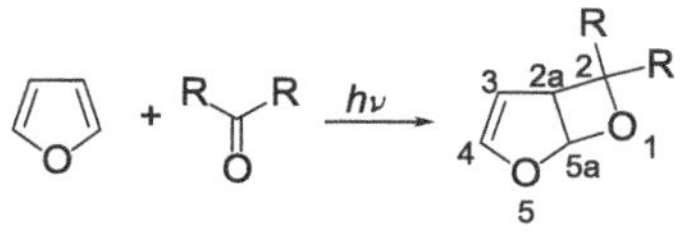

5.1.2.3　金属化反应

　　（1）与金属锂试剂的反应

　　正丁基锂在乙醚溶液中可使呋喃 2-位金属化，在较高温度下，进一步反应可生成 2,5-呋喃二锂化物。这主要是一个酸碱反应，呋喃被强碱——丁基夺去质子所致。

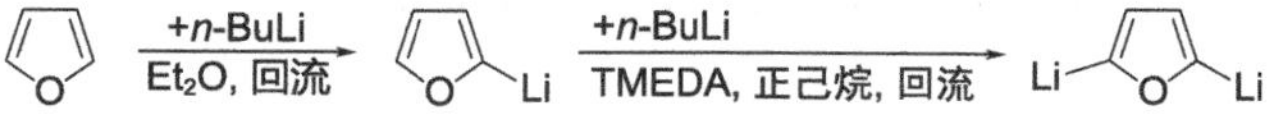

　　3-呋喃基锂一般从 3-溴呋喃与正丁基锂发生金属/卤素互换得到，如果温度上升会转化为更稳定的 2-锂化呋喃。

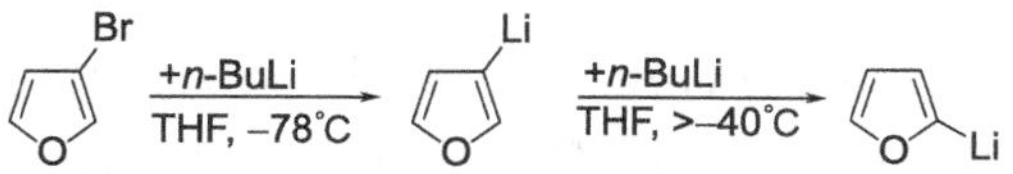

　　呋喃基锂是一个非常有用的反应中间体，可以合成一些用亲电取代反应无法完成的产物，例如，3-酰基化呋喃的合成。

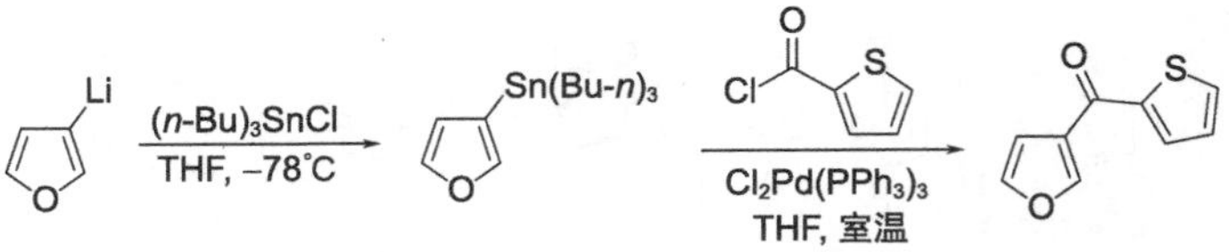

（2）与金属钯试剂的反应

在 Pd 催化剂作用下，溴代苯与呋喃偶合将苯基引入到呋喃的 2-位上。

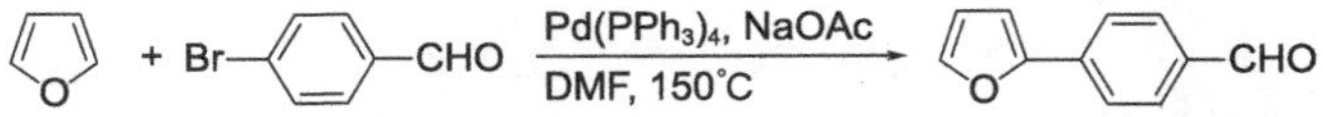

在呋喃 2-位通过 Heck 型烯基化反应生成呋喃基丙烯酸类化合物。

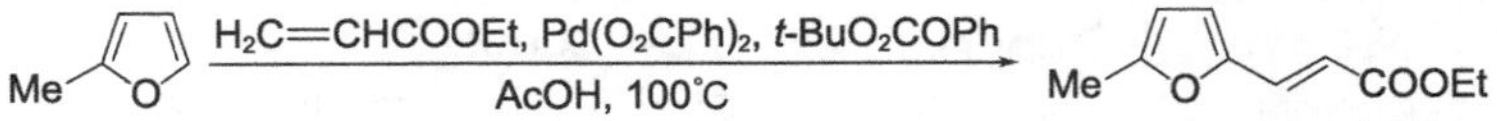

3-呋喃硼酸衍生物与溴代苯发生 Suzuki 偶合反应生成呋喃联苯类化合物。

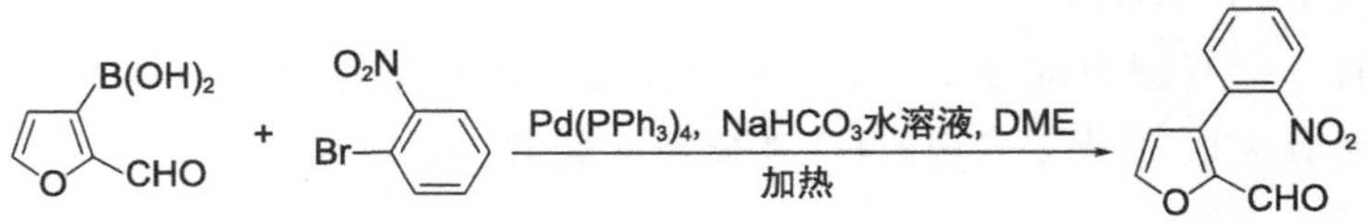

5.1.2.4 质子化与开环反应

呋喃与质子酸作用可在 2-位或 3-位发生质子化。高浓度的硫酸或高氯酸会引发阳离子聚合。而在稀酸如高氯酸的 DMSO 水溶液中，水可对 3-位质子化呋喃的 2-位发生亲核进攻，生成的 2-羟基-2,3-二氢呋喃发生开环反应（逆 Paal-Knorr）得到 1,4-二羰基化合物。

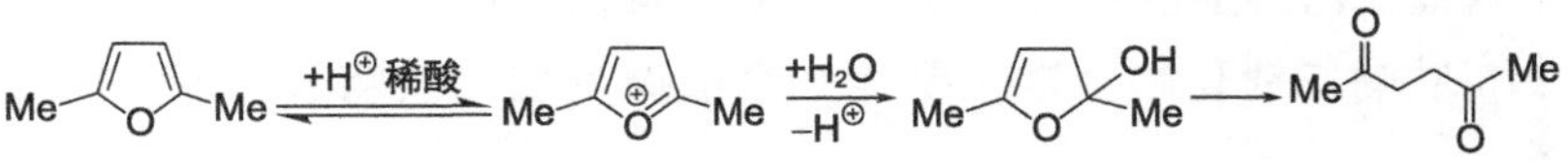

2-甲基呋喃在 HCl 醇溶液中可以生成缩醛类化合物。

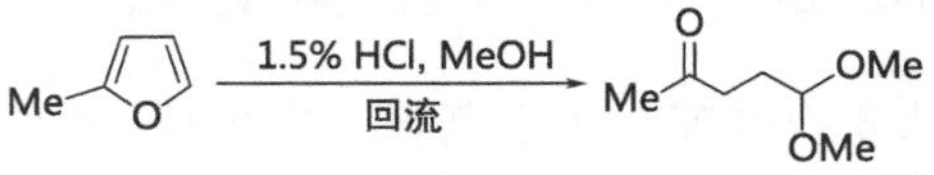

5.1.2.5 Mannich 反应

具有烯醇式或潜在烯醇式结构的化合物与醛（通常为甲醛）在酸催化下，与伯胺、仲胺反应，生成胺甲基化衍生物的反应称为 Mannich（曼尼希）反应。该反应广泛用于有机合成。单烷基取代呋喃通常可直接发生 Mannich 反应。

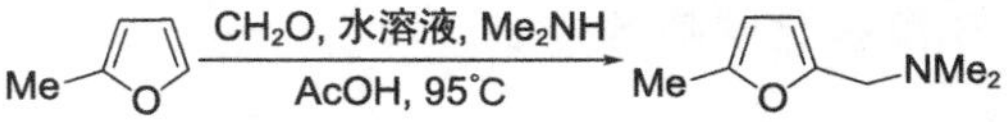

二甲胺和甲醛预制的亚胺盐与呋喃更容易发生反应，通常得到 2-取代产物。

$$\text{（furan）} + Me_2\overset{\oplus}{N}=CH_2Cl^{\ominus} \xrightarrow{\text{AcCl, MeCN, 室温}} \text{（2-取代产物）}\!-\!NMe_2$$

5.1.3 呋喃的合成

20 世纪 60 年代末，美国哈佛大学 Corey 教授创立了逆合成分析法（retrosynthetic analysis），从目标结构开始采用一系列逻辑推理方法，推出起始原料及合成路线。这种逻辑方法的产生及完善对复杂分子的合成有很大帮助。按照逆合成分析，呋喃可看成是一个双烯醇生成的醚，因此可有如下两种合成路线（Ⅰ、Ⅱ）。

逆合成路线 Ⅰ 按照步骤①～④发生：

① 水加成到呋喃的 C-2/C-3 键上，羟基在 C-2 位。

② O/C-2 之间的键断裂、开环，生成烯醇酮。

③ 烯醇异构为酮式，推导出 1,4-二羰基化合物，即由其脱水环合生成呋喃环。

④ 进一步对 1,4-二羰基化合物进行逆合成分析，可得到 α-卤代羰基化合物和羰基化物。

按照逆合成路线 Ⅰ 的推导，合成呋喃的第一步是 α-卤代羰基化合物和羰基化物发生烷基化反应，生成 1,4-二羰基化合物，然后烯醇化中间体通过分子内亲核加成反应关环生成 2-羟基-2,3-二氢呋喃，再经脱水生成呋喃。

逆合成路线 Ⅱ 按照步骤⑤～⑦发生：

⑤ 水同样加成到呋喃的 C-2/C-3 键上，但羟基在 C-3 上。

⑥ O/C-2 之间的键断裂、开环，生成 4-卤代-3-羟基酮中间体。

⑦ 由逆羟醛缩合反应可回推出和逆合成路线 Ⅰ 相同的起始原料。

按照逆合成路线 Ⅱ 的推导，合成呋喃的第一步是 α-卤代羰基化合物和羰基化物发生醇醛缩合反应，然后烯醇化中间体通过分子内亲核取代反应环化生成 3-羟基-2,3-二氢呋喃，再经脱水生成呋喃。

5.1.3.1 由 1,4-二羰基化合物合成

1,4-二羰基化合物在酸的催化下脱水环合生成呋喃的反应被称为 Paal-Knorr 呋喃合成法。常用的酸有浓硫酸、多聚磷酸、对甲苯磺酸、SnCl₂ 等。在 Brönsted 或 Lewis 酸作用下，1,4-二羰基体系中的一个羰基被质子化，另一个羰基发生烯醇化，而后发生分子内亲核加成关环反应，最后发生 β-消除脱水生成呋喃。

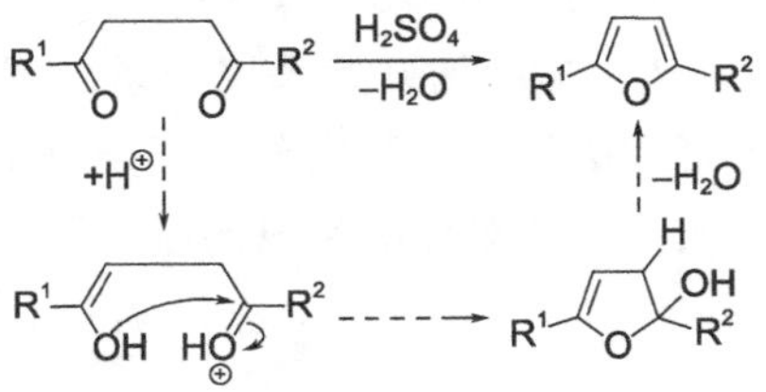

因为 1,4-二羰基化合物可以通过多种方法合成得到，所以 Paal-Knorr 合成法是应用最广泛的合成呋喃的反应。例如，合成呋喃-3,4-二羧酸二乙酯所必需的二醛（单乙缩醛）可通过丁二酸二乙酯与甲酸乙酯连续两次的 Claisen 缩合得到。

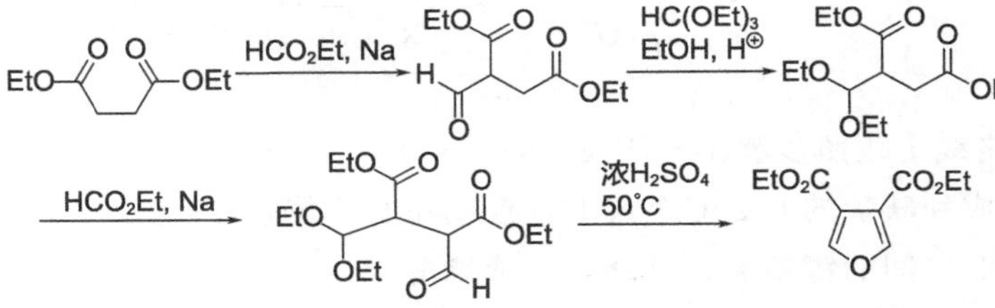

5.1.3.2 由 α-卤代羰基化合物和 β-酮羧酸酯合成

由 α-卤代羰基化合物和 β-酮羧酸酯在碱催化下发生环缩合反应生成 3-呋喃酸的反应叫作 Feist-Bénary 呋喃合成法。它经过多步反应，主要是 α-卤代羰基组分的羰基碳上发生初始的羟醛缩合，再通过烯醇式氧对卤原子进行分子内的亲核取代而完成闭环。中间体 3-羟基-2,3-二氢呋喃甲酸在某些情况下可分离出来。

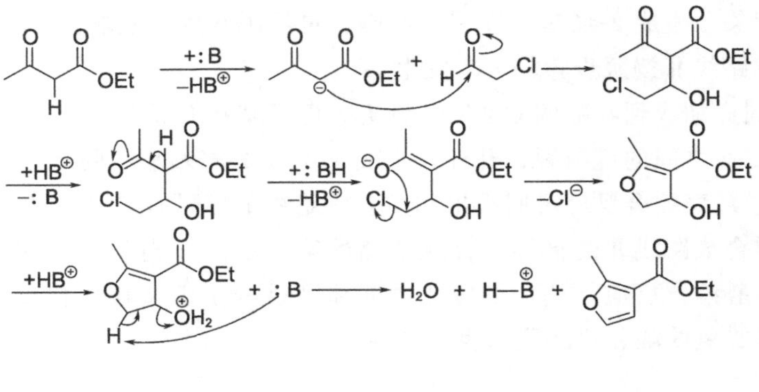

开链化合物通过消除水、卤化氢或其他小分子量的化合物形成环状化合物的反应叫环缩合反应，它是合成五员、六员及大环杂环化合物的重要方法。

环状的 1,3-二羰基化合物也可以发生 Feist-Bénary 反应，例如 1,3-环己二酮与氯代乙醛反应生成呋喃衍生物 6,7-二氢苯并呋喃 4(5H)-酮。

在 β-酮酸酯和 α-卤代酮的反应中，存在碳-烷基化（Paal-Knorr 反应）和羟醛缩合（Feist-Bénary 反应）之间的竞争，因此可能生成呋喃衍生物的混合物。在某些情况下，通过控制反应条件可以提高其区域选择性。如氯丙酮和乙酰乙酸乙酯之间的反应，在不同的反应条件下，可分别得到 2,5-二甲基-3-羧酸酯和 2,4-二甲基-3-羧酸酯两种呋喃衍生物。

5.1.3.3 由噁唑环与活泼的炔烃合成

通过噁唑环与活泼的炔烃进行 Diels-Alder 反应形成呋喃环的反应叫作环转化法。如 4-甲基-噁唑和丁炔二酸二甲酯发生〔4＋2〕环合反应，生成不易分离的中间体 3-甲基-7-氧杂-2-氮杂双环〔2.2.1〕庚-2,5-二烯-5,6-二甲酸酯，经过〔4＋2〕开环反应生成呋喃-3,4-二羧酸酯。开环反应不是〔4＋2〕环合反应的逆反应，因为生成的是热力学更加稳定的乙腈和呋喃衍生物。

5.1.4 呋喃的衍生物

（1）糠醛

糠醛是无色、有毒、水溶性的液体，沸点 162℃，在空气中会慢慢变黄。工业上，糠醛是由富含戊糖的玉米心、稻糠、花生壳、大麦壳、高粱秆等的农副产品残渣为原料，用稀硫酸处理，然后用水蒸气蒸馏制得。糠醛最初就是在 1831 年以这种方法制得的，糠醛的英文名字 furfural 来源于糠的拉丁文 furfur。1870 年呋喃也以同样的词根命名。糠醛常被用作聚合物制备过程中的溶剂或合成中的起始原料。随着对再生原材料的重视，糠醛作为化工原料将更为重要。

糠醛的化学性质与苯甲醛一样，能发生 Cannizzaro 反应、Perkin 反应、Knocevenagel 缩合等反应。糠醛经催化加氢生成 2-羟甲基四氢呋喃，其在酸催化下经过亲核性 1,2-重排生成 3,4-二氢-2H-吡喃。

（2）呋喃甲酸

呋喃甲酸为无色晶体，熔点 134℃。pK_a 值为 3.2，酸性强于苯甲酸（pK_a＝4.2）。由 D-半乳糖二酸（黏酸）干馏制得。

（3）四氢呋喃

四氢呋喃简写为 THF，也叫作氧杂环戊烷，其不是平面结构，有扭曲式和信封式的构象，能够通过假旋转快速转化。四氢呋喃看作是呋喃非芳香性衍生物，为无色、可溶于水的液体，沸点 64.5℃，吸入蒸气会导致严重中毒，暴露于空气中，四氢呋喃可自氧化成氢过氧化物。是常用的醚类有机溶剂，可以用于格氏反应和低温的正丁基锂的反应当中。

与氧杂环丙烷、氧杂环丁烷相比，五员杂环四氢呋喃没有环张力。它具有典型的二烷基醚结构，其性质与呋喃明显不同，其化学性质主要是发生开环反应。与氧杂环丙烷相似，四氢呋喃与盐酸一块加热发生亲核开环反应，得到 4-氯丁基-1-醇。

正丁基锂也会导致四氢呋喃开环。首先，形成四氢呋喃-2-锂，它在室温下会通过逆 ［3＋2］ 环合过程缓慢分解，生成乙烯和乙醛的烯醇锂。所以常温正丁基锂参与的反应尽量不使用四氢呋喃作溶剂。

与氧杂环丁烷相比，用 1,4-二醇脱水合成四氢呋喃衍生物是最简单的方法。

四氢呋喃可以由 4,5-不饱和醇合成，此反应通过碘和烯键加成，再进行分子内亲核取代反应实现环合，在环形成过程中引入了碘甲基。该反应选择性地生成了 trans-2,5-二取代四氢呋喃。

（4）含呋喃结构的天然产物

芳香性的呋喃环体系，在动物代谢物中未被发现，但在植物的次级代谢物中广泛出现。某些含有呋喃环的天然产物有浓烈的气味，如萜类化合物紫苏烯，与萜的结构类似的玫瑰呋喃是玫瑰油的成分之一，薄荷醇呋喃则存在于薄荷油中，2-呋喃基甲硫醇是在烘咖啡中发出的香味。通过水蒸气蒸馏，从 Carline 蓟（Carlina acaulis）的根中可得到朝鲜蓟炔。维生素 C，即抗坏血酸，是三羟基呋喃的氧化物，它以不饱和内酯的互变异构体形式存在。

紫苏烯　　　　玫瑰呋喃　　　　薄荷醇呋喃

2-呋喃基甲硫醇　　　朝鲜蓟炔　　　维生素C

（5）含呋喃结构的药物

5-硝基糠醛的腙衍生物是一类很重要的药物，呋喃西林是消毒防腐的外用药，被用于抗感染。呋喃唑酮也叫作痢特灵，是用于治疗胃肠道疾病的抗生素。雷尼替丁是用来治疗胃溃疡的一种药物。呋虫胺是一种结构新颖的含四氢呋喃环的新烟碱类杀虫剂。

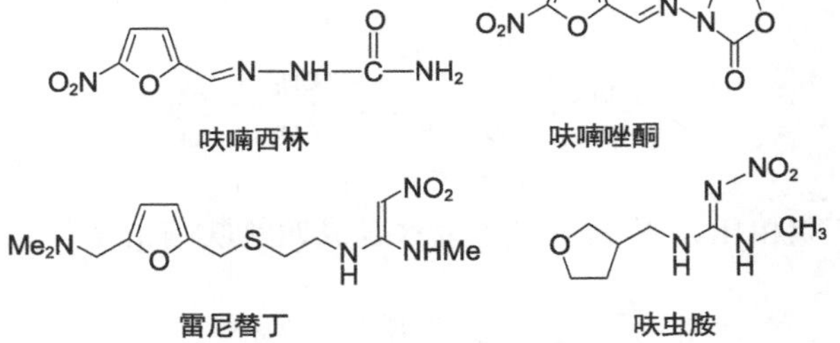

呋喃西林　　　　　　　　呋喃唑酮

雷尼替丁　　　　　　　　呋虫胺

5.1.5　呋喃的合成应用实例

（1）（Z）-茉莉酮的合成

利用呋喃的酸催化水解开环反应可以合成（Z）-茉莉酮，这是一种自然界存在的芳香性物质。反应过程是由 2-甲基呋喃与正丁基锂发生金属锂化反应，再和（Z）-1-溴己基-3-烯发生烷基化反应，烷基化产物在酸性水溶液中开环生成 1，4-二酮，然后在碱催化下发生分子内羟醛缩合脱水生成（Z）-茉莉酮。

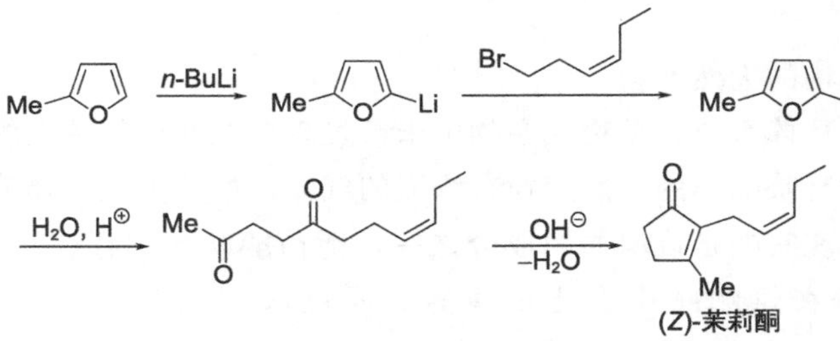

(Z)-茉莉酮

（2）合成 4-羰基戊酸酯类化合物

呋喃甲醇在乙醇的 HCl 溶液中开环，生成 4-羰基戊酸酯，此反应实际上涉及 ROH 加成、异构化及水解开环的离子机制。

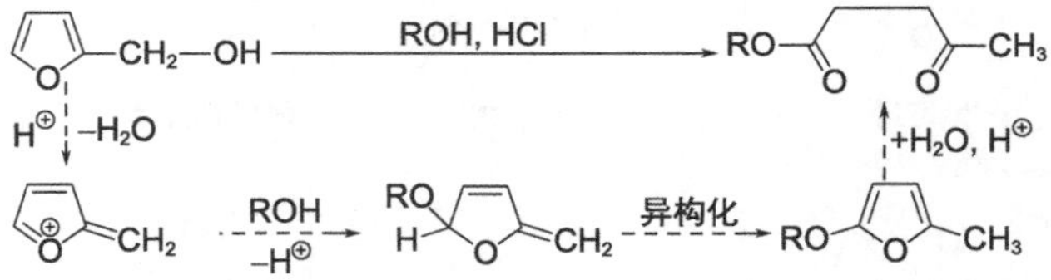

5.2　噻吩

5.2.1　噻吩的结构

噻吩是无色不溶于水的液体，有苯的气味，熔点$-38℃$，沸点$84℃$，存在于煤焦油中。在煤焦油蒸馏过程中，噻吩残留在苯的馏分中，可通过冷H_2SO_4洗涤除去。噻吩可使靛红（吲哚-2,3-二酮）的浓H_2SO_4溶液变蓝，用此方法可检验噻吩的存在。

噻吩环像呋喃环一样是共平面的，由于S原子半径较大，导致硫与碳原子之间的键比呋喃中的键长35.2pm。偶极矩为0.52D，比呋喃小，是因为氧原子电负性大于硫原子电负性。有2个明显的紫外吸收峰，核磁共振的化学位移在典型的芳香环区域，数值如下。

① UV（乙醇），λ（$\lg\varepsilon$）：215nm（3.8），231nm（3.87）；

② ^1H NMR（丙酮-d_6），δ：H-2/H-5（7.18），H-3/H-4（6.99）；

③ ^{13}C NMR（CS_2），δ：C-2/C-5（125.6），C-3/C-4（127.3）。

5.2.2 噻吩的化学性质

噻吩是π电子过剩芳香性杂环，其芳香性大于呋喃，而小于苯。噻吩与呋喃类似，易于发生亲电取代反应，也可以发生加成和开环反应，除此之外还可发生硫原子上的氧化反应和脱硫反应。

5.2.2.1 亲电取代反应

噻吩的亲电取代反应比呋喃慢得多，但比苯快，其反应活性和苯甲醚相近。反应机理与呋喃相同，一般取代反应发生在2-位或2,5-位。

（1）卤代

噻吩能被Cl_2或SO_2Cl_2氯化生成2-氯代噻吩。

溴化反应以溴的乙酸溶液或NBS（N-溴代丁二酰亚胺）为试剂，生成2-溴代噻吩。

（2）硝化

硝化反应以浓硝酸的乙酸溶液为试剂在10℃下进行，进一步硝化主要生成2,4-二硝基噻吩。

（3）磺化

磺化反应用 96％的 H_2SO_4，30℃时几分钟即可完成，而苯在此条件下反应极慢，从煤焦油中提取苯时，就用浓 H_2SO_4 来脱掉杂质噻吩。

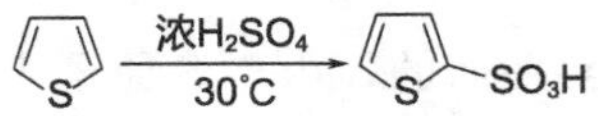

（4）酰化

噻吩可有效地发生 Vilsmeier-Haack 甲酰化反应生成噻吩-2-甲醛。在四氯化锡催化下与酰氯反应生成 2-酰基噻吩。噻吩的烷基化产率常常很低。

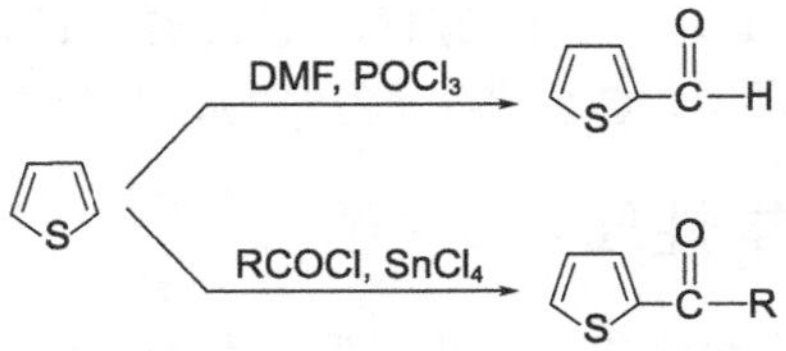

Vilsmeier-Haack 试剂即氯代亚胺盐，由 DMF 与三氯氧磷反应产生，是一个弱的亲电试剂，可以和芳香性杂环发生亲电取代反应，然后水解得到 2-甲酰化产物，具体的反应原理如下：

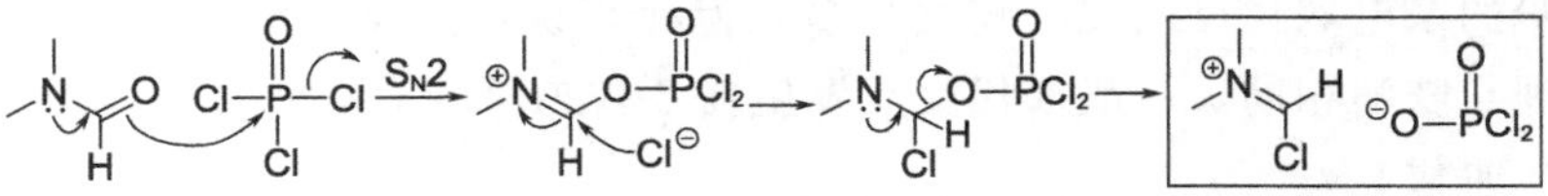

氯代亚胺盐

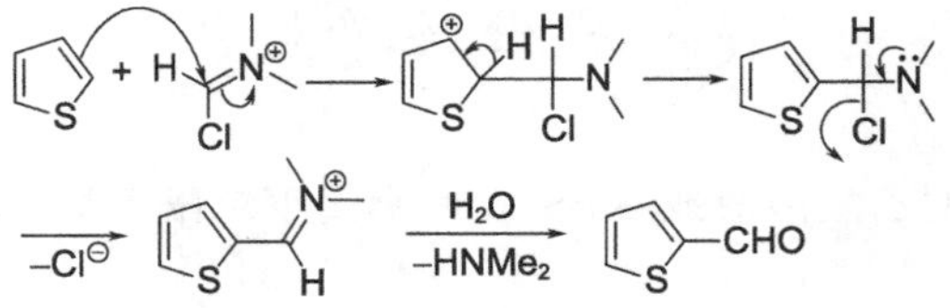

（5）汞化

和呋喃一样，噻吩可与二氯化汞发生汞化反应。

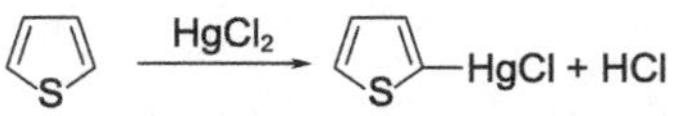

5.2.2.2　金属化反应

正丁基锂可使噻吩 2-位金属化，2-噻吩基锂与卤代烃反应生成 2-烷基噻吩。

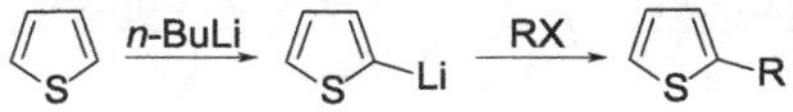

5.2.2.3　加成反应

（1）还原

噻吩经钯催化氢化生成四氢噻吩（硫杂环戊烷）。

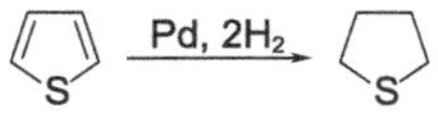

（2）Diels-Alder 反应

噻吩作为二烯体反应活性比呋喃低，一般只有很活泼的亲二烯体（芳炔和带有吸电子基团的炔烃）或高压条件下才能发生 [4＋2] 环加成反应生成双环产物，经脱硫反应得到 1,2-二取代苯类化合物。

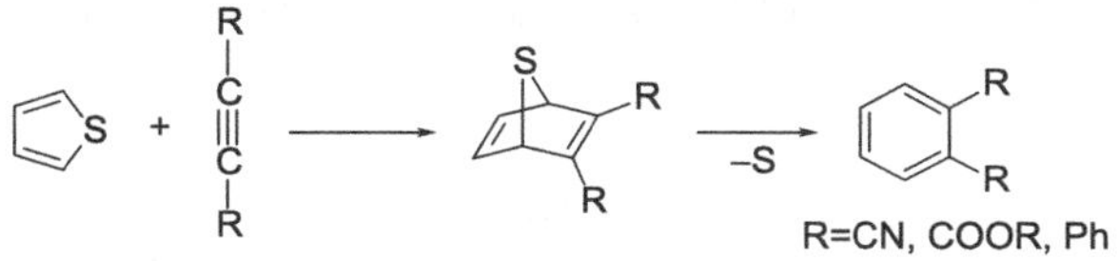

R=CN, COOR, Ph

（3）[2＋2] 环加成

噻吩也可与活泼炔烃发生 [2＋2] 环加成反应，例如四甲基噻吩与二氰基乙炔反应生成 1,3,4,5-四甲基-6,7-二氰基-2-硫杂双环[3.2.0]庚-3,6-二烯。

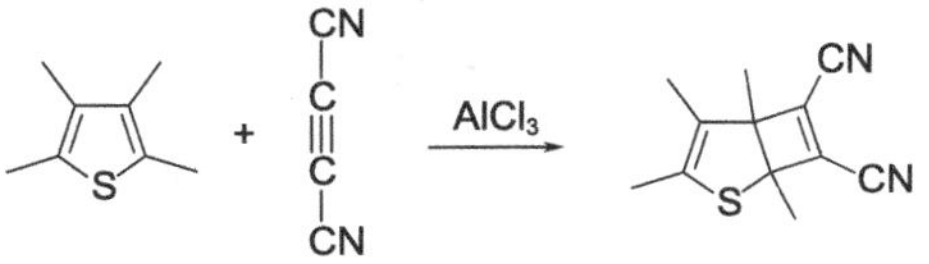

如果在噻吩环 3-位存在氨基时，是一种隐含的烯胺结构，容易发生 [2＋2] 环加成反应。生成的双环产物经由电环化开环异构化为单环产物硫杂䓬，脱硫后生成取代苯类产物。

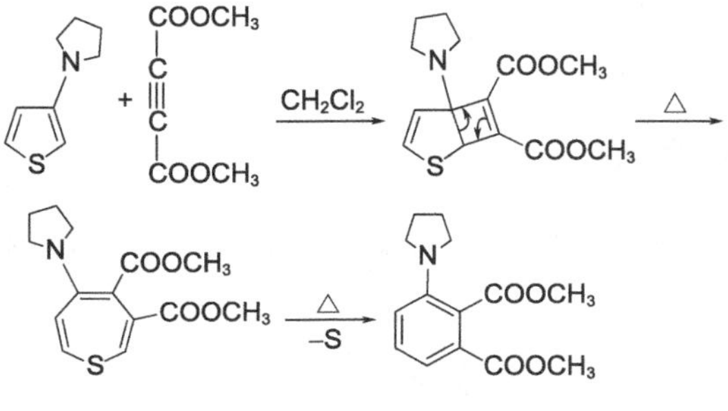

（4）[2＋1] 环加成

噻吩和卡宾可发生 [2＋1] 环加成反应生成 2-硫杂双环[3.1.0]己-3-烯。

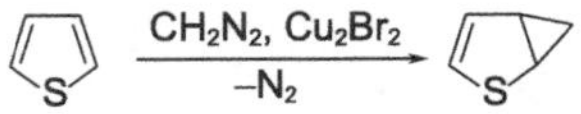

5.2.2.4 开环反应

噻吩相比呋喃环在稀酸和中等浓度的酸溶液中稳定，不发生开环反应。在特殊的金属催化剂条件下可以发生开环反应，如 [NiCl$_2$(PPh$_3$)$_2$]/PhMgBr 催化噻吩开环生成 1,4-二苯基-1,3-丁二烯。

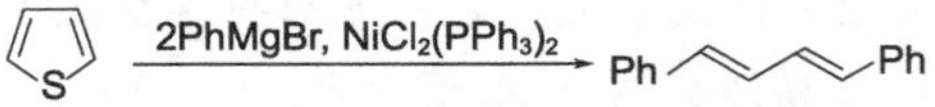

在乙醇中用雷尼镍（Raney Ni）还原脱硫生成烷烃。以钼或钨作为催化剂，则可用氢气还原噻吩，这一氢化脱硫反应是除去石油中的噻吩或其他含硫化合物的重要方法。

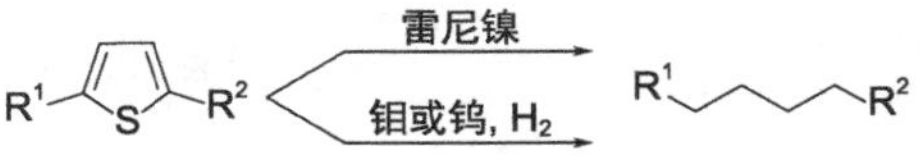

5.2.2.5 氧化反应

噻吩用过氧酸氧化生成 1-氧噻吩，进一步氧化生成 1,1-二氧噻吩，这些化合物比噻吩更易发生加成反应。用过量的 3-氯过氧苯甲酸氧化噻吩时生成 1-氧噻吩和 1,1-二氧噻吩的 [4+2] 环加成产物。

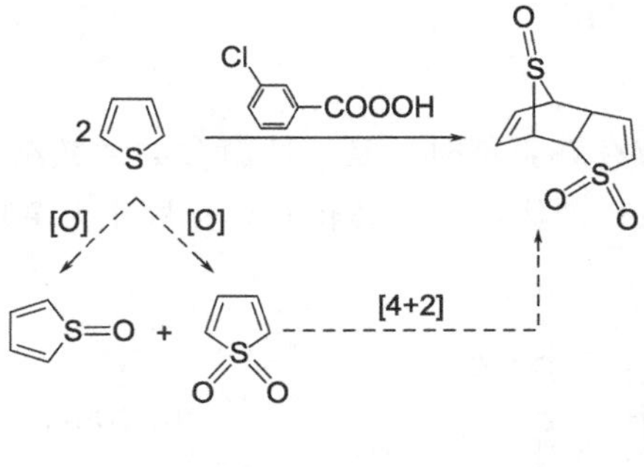

5.2.3 噻吩的合成

与呋喃相比，在噻吩的合成中需要引入元素硫，常用的含硫原料有 H$_2$S、P$_4$S$_{10}$、S$_8$ 等。

5.2.3.1 由 1,4-二羰基化合物合成

1,4-二羰基化合物用 H$_2$S 或 P$_4$S$_{10}$ 硫化后再环化脱水是最简单的方法，生成 2,5-二取代噻吩，该方法类似于呋喃的 Paal-Knorr 合成。

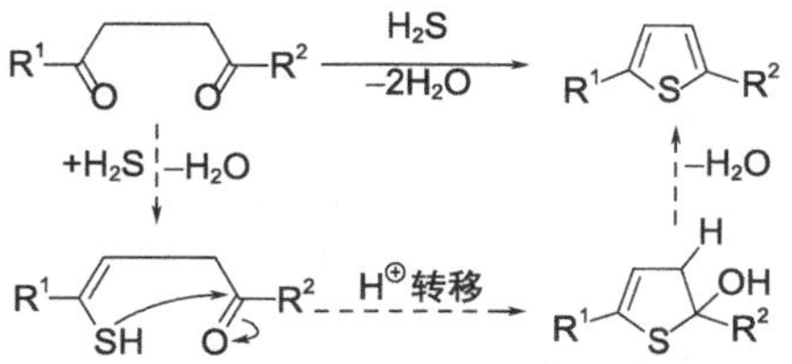

5.2.3.2　由 1,3-二羰基化合物与带有活泼亚甲基的硫醇合成

例如 α-亚甲基酮在 DMF/POCl₃ 作用下发生 Vilsmeier-Haack-Arnold 反应合成得到 2-氯丙烯醛，2-氯丙烯醛在吡啶中和巯基乙酸酯反应生成噻吩-2-羧酸酯，反应是经过 Michael 加成，消除 HCl，分子内羟醛缩合三步反应生成噻吩-2-羧酸类化合物。

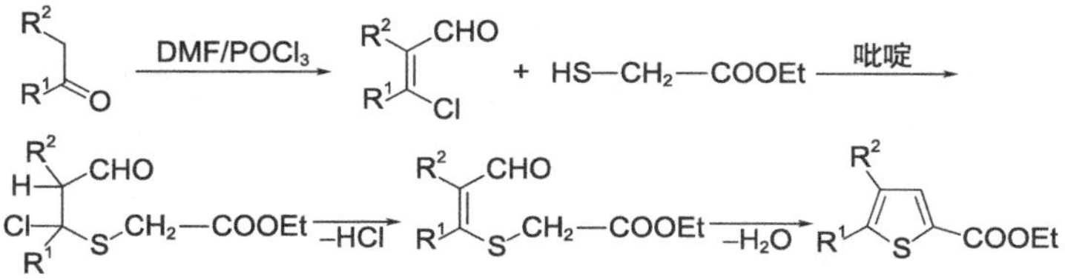

5.2.3.3　由 1,2-二羰基化合物与 3-硫杂戊二酸酯合成

反应是在碱催化下通过 1,2-二羰基化合物与两个活泼 CH₂ 发生双羟醛缩合反应生成取代的噻吩二羧酸酯，再经碱水解、酸化、脱羧得到 3,4-二取代噻吩，此方法应用广泛而且收率很高。

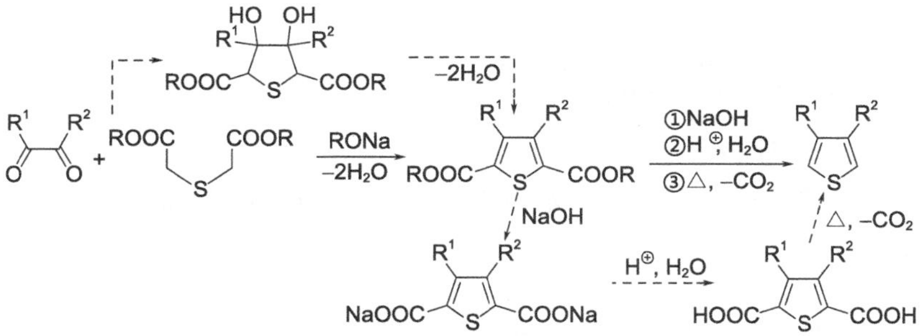

5.2.3.4　由酮、氰基乙酸酯和元素硫合成

α-亚甲基羰基化合物与氰基乙酸酯及硫在碱的催化下发生环缩合反应生成 2-氨基噻吩，叫作 Gewald 合成。首先，是羰基化合物和活泼亚甲基化合物之间发生 Knoevenagel 缩合，生成的 α,β-不饱和腈再和硫发生环化反应生成 2-氨基噻吩。Knoevenagel 缩合是指羰基化合物和活泼的亚甲基化合物在胺催化下的脱水

缩合反应。

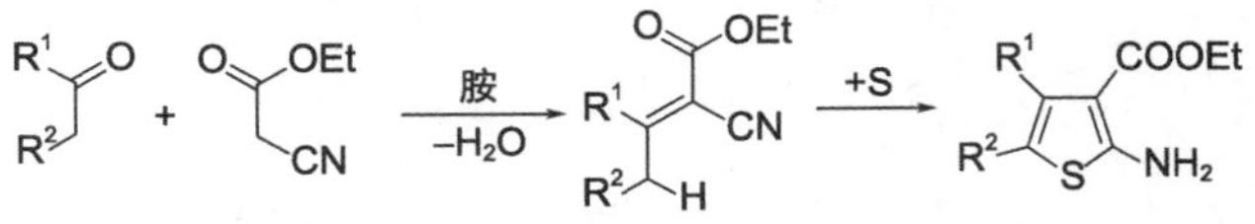

其中的硫元素以多硫化物（如 S_8）的形式存在，硫化反应生成噻吩的反应机理如下：

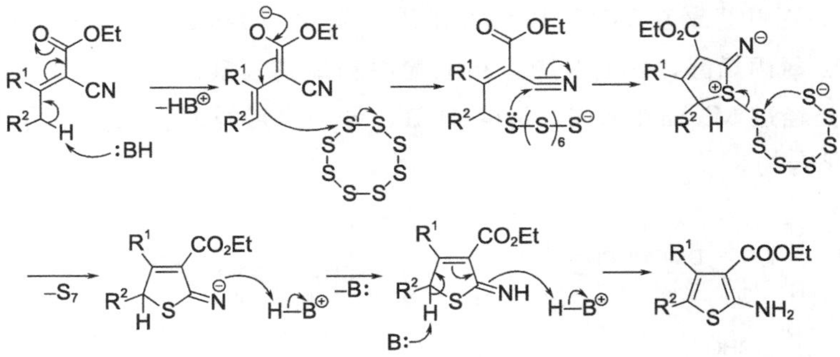

5.2.3.5　由烷烃或烯烃合成

丁烷或更大的烷烃及其相应的烯烃及 1,3-二烯烃，在气相条件下发生脱氢加硫反应形成噻吩。在相似条件下，乙炔以及 1,3-二炔和 H_2S 反应也能生成噻吩。

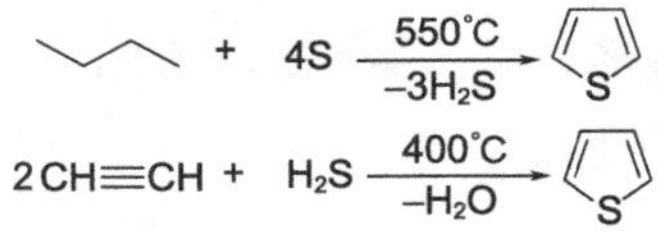

5.2.4　噻吩的衍生物

（1）2,5-二氢噻吩

2,5-二氢噻吩可以由 2-巯基酮和乙烯基磷酸盐通过 Michael 加成和 Witting 反应得到。

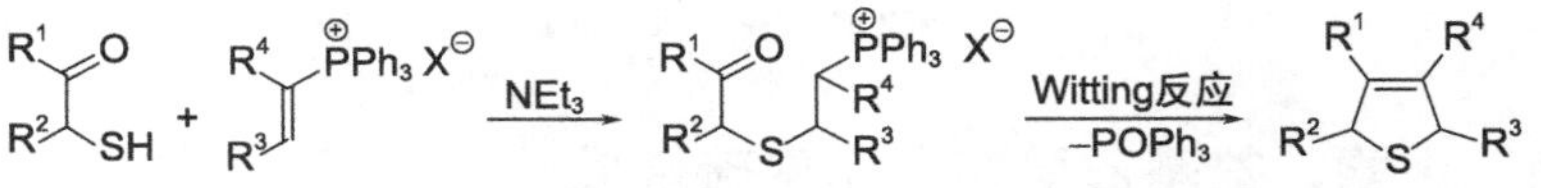

2,5-二氢噻吩在有机合成中有很重要的应用，它被过氧苯甲酸氧化后生成的 1,1-二氧化物是潜在的 1,3-二烯结构，用于 Diels-Alder 加成反应的二烯体。2,5-二取代-2,5-二氢噻吩-1,1-二氧化物在加热条件下分解成 1,3-二烯和二氧化硫，反应具有立体选择性，顺式 2,5-二取代结构生成 E,E-1,3-二烯，反式 2,5-二取

代结构生成 E,Z-1,3-二烯。

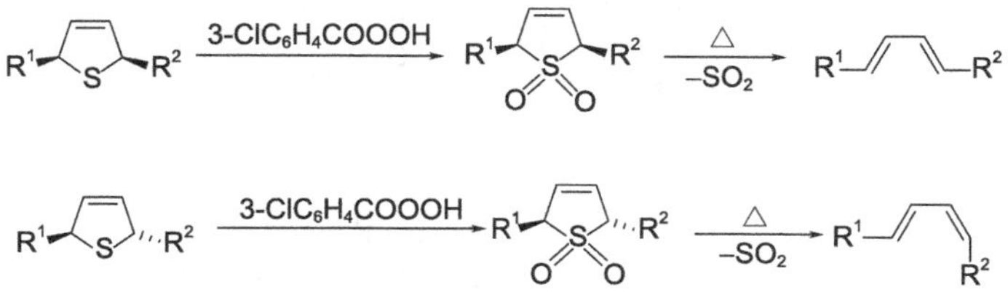

（2）四氢噻吩

四氢噻吩又叫作硫杂环戊烷，是无色、不溶于水的液体，沸点 121℃，有与煤气相似的气味。环是非平面的，构象容易翻转。容易和卤代烃生成硫鎓盐，类似硫杂环丙烷和硫杂环丁烷，容易发生亲核开环反应，而后继续甲基化生成的二甲锍盐的 α-碳容易被亲核试剂进攻，发生亲核取代反应，消除二甲硫醚，得到取代环戊烷。

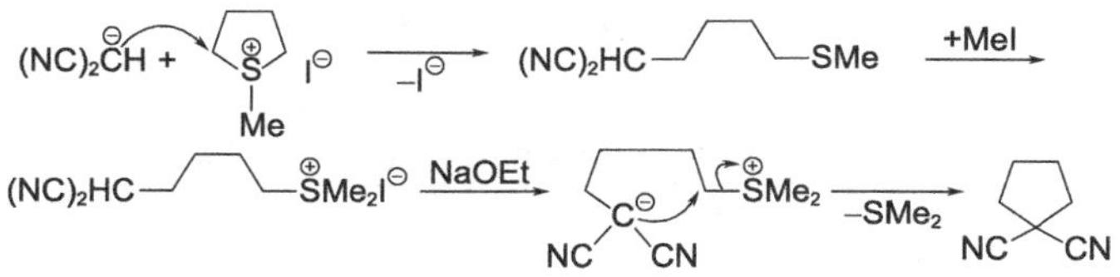

同样四氢噻吩也可被氧化成亚砜和砜。1,1-二氧化四氢噻吩俗称噻吩砜，为无色晶体，熔点 27.5℃，沸点 285℃，可溶于水，是极性非质子性溶剂。

主要的合成方法是由 1,4-二溴、1,4-二碘烷烃与硫化钠反应制备得到，收率高。也可以通过四氢呋喃在三氧化二铝催化下与硫化氢硫化得到。

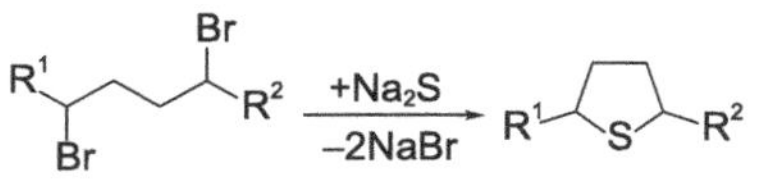

（3）含噻吩结构的天然衍生物

化合物 5-丙炔基噻吩-2-甲醛存在于真菌中。2,2'-联二噻吩衍生物存在于菊科植物中，具有杀线虫活性。

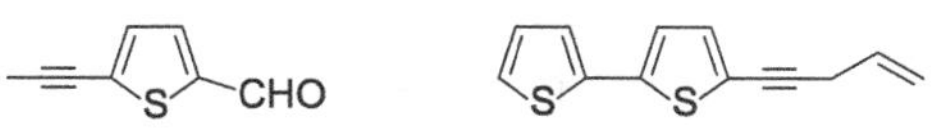

（4）含噻吩结构的药物

噻吩或噻吩甲基与苯基或苄基是生物等排性体，抗组胺剂美沙芬林和抗炎药噻洛芬酸是噻吩的衍生物。硅噻菌胺是用于种子处理的杀菌剂，噻吩磺隆是大豆、小麦、玉米田的超高效除草剂。

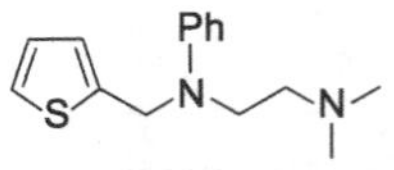

美沙芬林

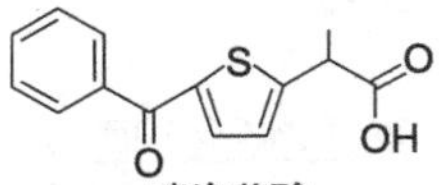

噻洛芬酸

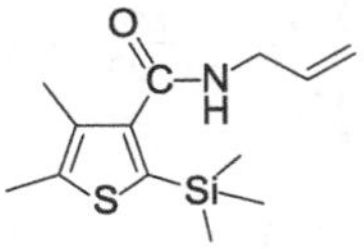

硅噻菌胺

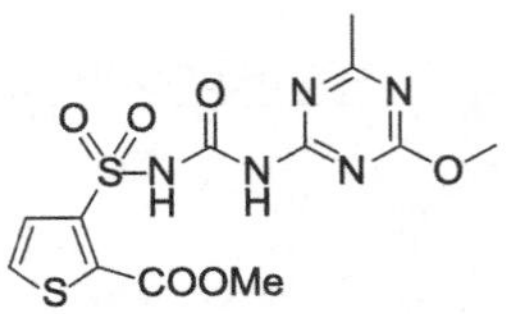

噻吩磺隆

5.2.5 噻吩的合成应用实例

主要的应用是还原脱硫后，合成饱和的 C 系列化合物，例如麝香酮的合成。以 3-甲基化噻吩为起始原料，经过金属锂化、烷基化、氰基化、水解、噻吩环付克酰基化、雷尼镍还原开环一系列反应生成麝香酮。

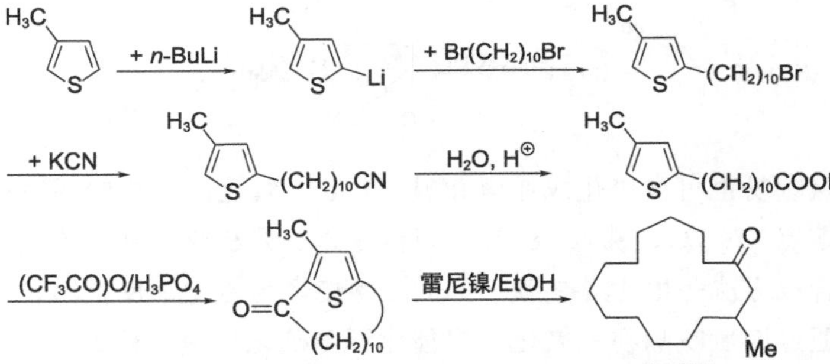

麝香酮

5.3 吡咯

5.3.1 吡咯的结构

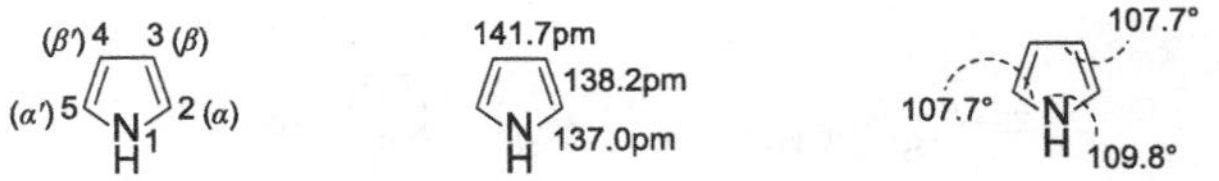

吡咯为无色液体，有和氯仿类似的特殊气味，熔点 $-24℃$，沸点 $131℃$，微溶于水，在空气中迅速变黄。1834 年吡咯第一次从煤焦油中分离得到，然后在 1857 年从骨头的干馏物（骨焦油）中得到。在气相中呋喃与氨在氧化铝催化下，可合成吡咯。它也可由 D-半乳糖酸（黏酸）的铵盐干馏制备。

吡咯的命名规则与呋喃和噻吩相同，从键长和键角可以看出，吡咯是规则的五角形，为平面结构。偶极矩 1.58D，氮原子是偶极矩的正端，而呋喃和噻吩中的杂原子是偶极矩的负端，是因为吡咯氮原子上没有了剩余电子对。四氢吡咯的偶极矩为 1.57D，方向与吡咯相反，是因为只存在诱导效应。

吡咯的碳原子与氮原子的 sp^2 杂化的核外电子分布见图 5-2。与碳原子相同，氮原子等性杂化，3 个 sp^2 杂化轨道中都有 1 个电子。然后氮原子的两个单 sp^2 杂化轨道和碳原子 sp^2 杂化轨道形成 σ 键，另一个 sp^2 杂化轨道和 H 原子形成 σ 键。每个碳原子及氮原子上均有一个 p 轨道，互相平行，在 4 个碳原子的 p 轨道中有 1 个电子，在氮原子的 p 轨道中有 2 个电子，形成一个环形封闭的五中心 6π 电子的共轭体系，属于芳杂环。与呋喃中的氧原子相比，氮原子没有一对孤对电子位于环平面的 sp^2 杂化轨道上。

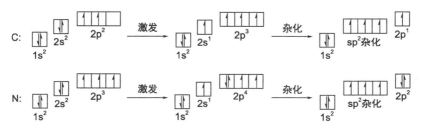

图 5-2　吡咯的碳原子和氮原子 sp^2 杂化的核外电子分布

吡咯的 ^{1}H NMR 和 ^{13}C NMR 光谱的化学位移数值在芳香性化合物的范围内，N—H 质子的化学位移值与所用的溶剂有关，数值如下。

① UV（乙醇），λ（lgε）：210nm（4.20）；

② ^{1}H NMR（丙酮-d_6），δ：H-2/H-5（6.68），H-3/H-4（6.22）；

③ ^{13}C NMR（CS_2），δ：C-2/C-5（118.2），C-3/C-4（109.2）。

吡咯与呋喃一样属于 π 电子过剩的杂环，杂环上每个碳原子上的电子云密度大于 1。

苯、呋喃、噻吩、吡咯的经验共振能分别是 150kJ/mol、80kJ/mol、120kJ/mol、100kJ/mol，以共振能来比较芳香性大小，则大小趋势为呋喃＜吡咯＜噻吩＜苯。若以孤对电子的离域化程度来决定芳香性的大小趋势仍然为呋喃＜吡咯＜噻吩＜苯。这与氧（3.5）、氮（3.0）、硫（2.5）和碳（2.6）的电负性相一致，杂原子电负性越大，它的孤对电子离域参与 6π 共轭的程度就越低。

5.3.2 吡咯的化学性质

5.3.2.1 酸碱反应

吡咯的分子具有典型二级胺结构"NH"，吡咯的碱性远小于二甲胺，原因是 N 上的孤对电子离域化降低了 N 上的电子云密度，降低了给电子能力。一般吡咯的质子化 80% 发生在 C-2 上、20% 发生在 C-3 上，质子化后，很快发生阳离子聚合，因为破坏了环状 6π 电子体系，芳香性被破坏。

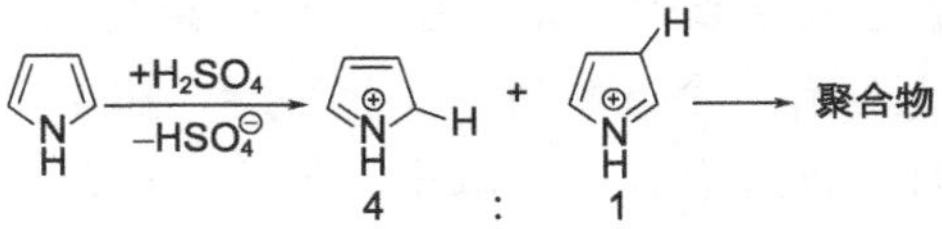

吡咯 NH 也显酸性，吡咯中的"活性氢"可以和钠、氢化钠或钾在惰性溶剂中反应，并可在液氨中与氨基钠反应生成吡咯钠化合物。

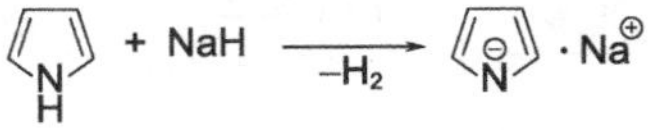

也可以与甲基碘化镁反应生成吡咯-1-基碘化镁。

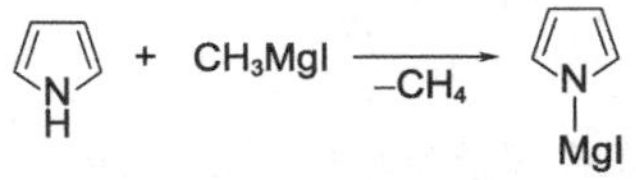

与呋喃和噻吩不同，吡咯与正丁基锂反应生成 1-吡咯基锂。

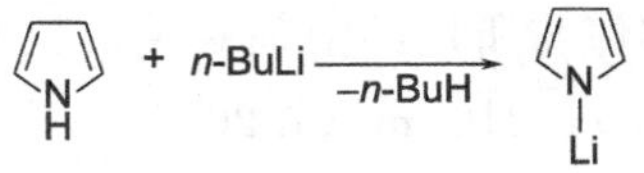

5.3.2.2 碳原子上的亲电取代反应

相同条件下吡咯的亲电取代反应比呋喃快 10^5 倍，比苯快 10^{16} 倍。主要是因为在亲电取代反应过程中生成了"碳正离子-亚胺正离子"互变异构体，使其 σ-络合物更加稳定。在多数亲电取代反应中，吡咯的 2-位优先反应。

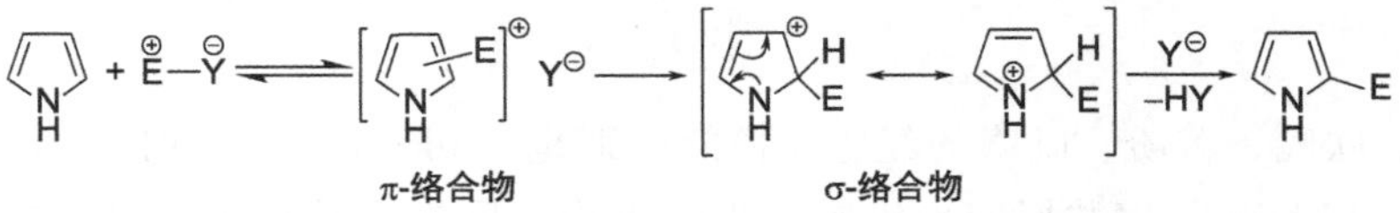

（1）卤代

吡咯和 N-氯琥珀酰亚胺（NCS）反应生成 2-氯吡咯，而在 SO_2Cl_2 或

NaOCl 水溶液中则生成 2,3,4,5-四氯吡咯。

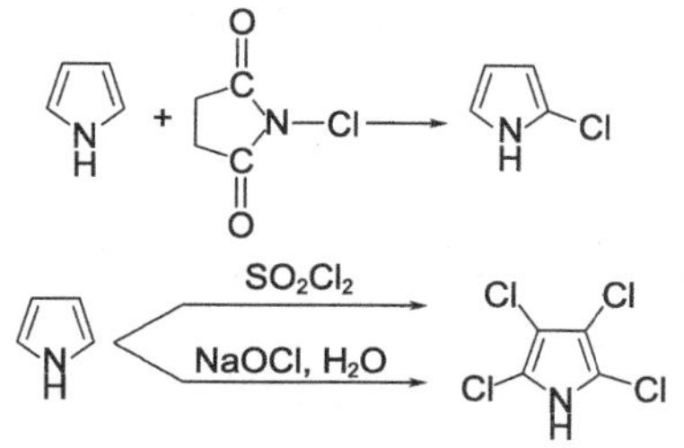

与 *N*-溴代琥珀酰亚胺（NBS）反应生成 2-溴吡咯，与溴反应生成 2,3,4,5-四溴吡咯。

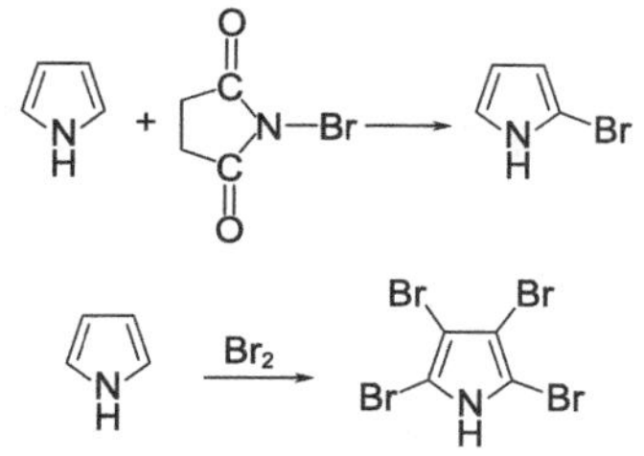

（2）硝化

在 −10℃ 下，吡咯与乙酸酐-硝酸反应生成 2-硝基吡咯。

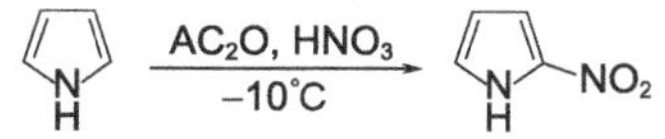

（3）磺化

在 100℃ 下，吡咯与吡啶·SO_3 复合物反应则生成相应的吡咯-2-磺酸。

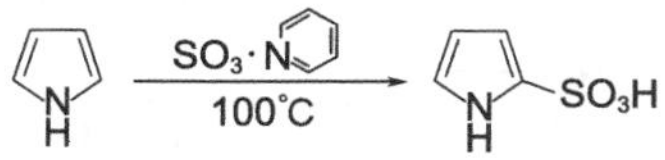

（4）Vilsmeier-Haack 反应

吡咯可有效地发生 Vilsmeier-Haack 甲酰化反应，高产率地产生吡咯-2-甲醛。

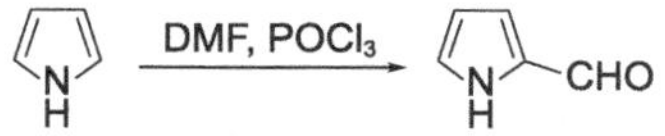

（5）Houben-Hoesch 酰化

在氯化氢存在下吡咯与腈反应，生成 2-酰基吡咯。

$$R-C\equiv N + HCl \rightleftharpoons R-\overset{\oplus}{C}=NH + Cl^{\ominus}$$

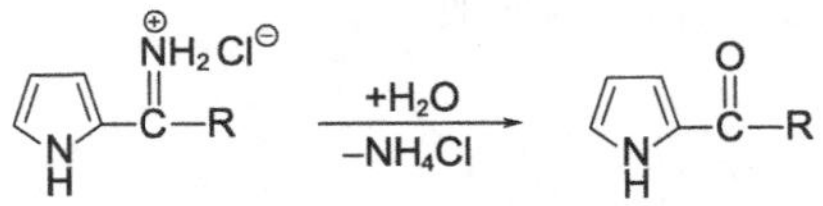

（6）偶氮化反应

吡咯和芳烃的重氮盐很容易反应生成偶氮化合物。

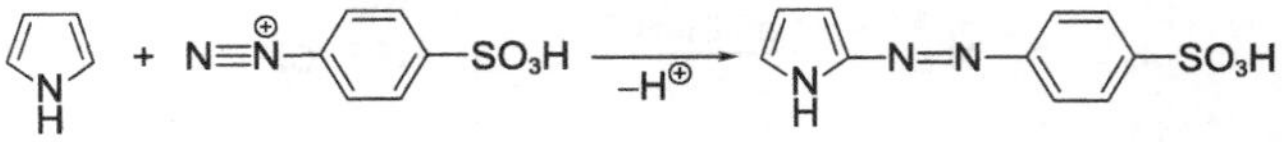

（7）2-位羟甲基化反应

吡咯和羰基化合物在 2-位发生羟甲基化反应，进一步反应生成二吡咯甲烷。

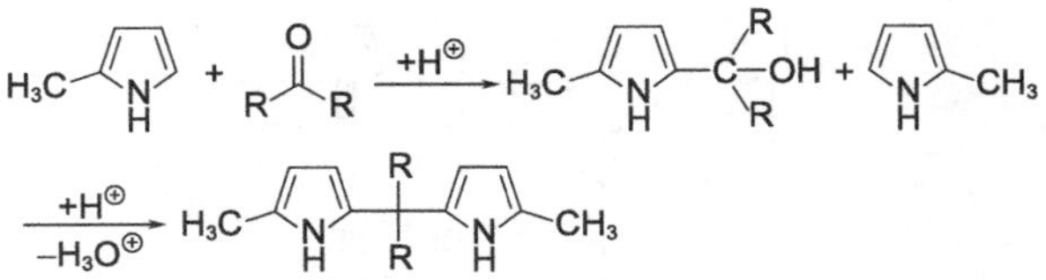

偶氮化反应和 2-位羟甲基化反应说明吡咯比呋喃和噻吩更容易发生亲电取代反应。

5.3.2.3 氮的亲电取代反应

主要是吡咯钠盐和钾盐与卤代烃、酰卤、磺酰卤、三甲基氯硅烷反应，生成 1-位取代的吡咯。

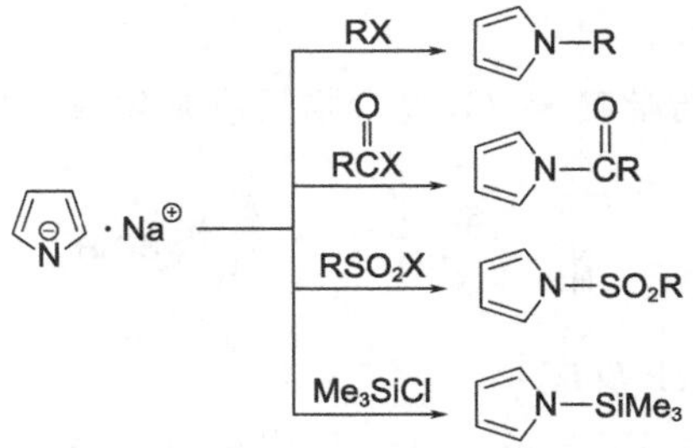

1-位取代的吡咯在合成吡咯衍生物时有很大的用处。吡咯-1-基碘化镁和碘甲烷反应生成 2-甲基吡咯。

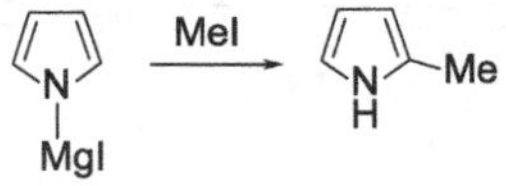

1-苯磺酰基吡咯在 3-位发生 Friedel-Crafts 酰化反应，生成 3-酰基吡咯。

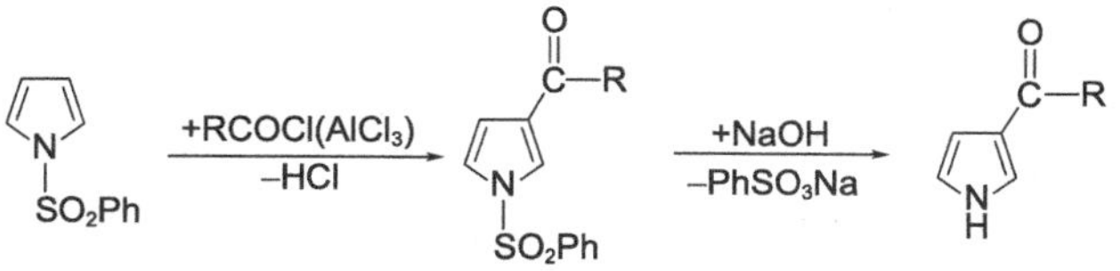

正丁基锂与 1-位被取代的吡咯反应生成 2-位锂盐，它们可用于 2-取代吡咯的合成。

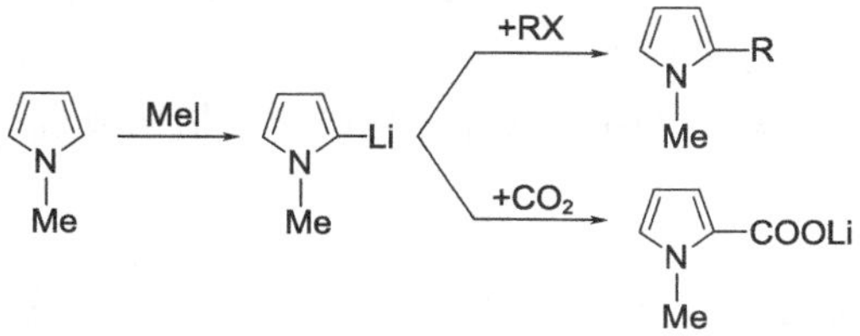

5.3.2.4　加成反应

与呋喃和噻吩相比吡咯不易发生加成反应，与马来酸酐不发生 Diels-Alder 加成反应，而发生亲电取代反应。在高温高压条件下可以发生氢化反应还原成四氢吡咯。

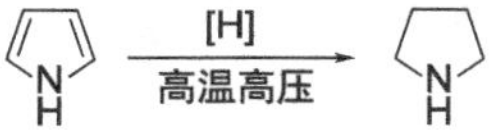

吡咯进行的 Paterno-Büchi 反应生成的中间体氧杂环丁烷异构化生成 3-（羟烷基）吡咯。

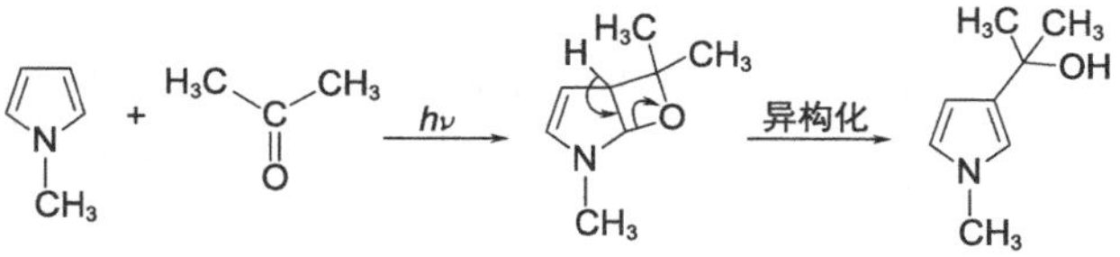

在弱碱性介质中三氯乙酸钠加热生成二氯卡宾，吡咯和二氯卡宾发生 [2＋1] 环加成反应，加成产物消除氯化氢转化成 3-氯吡啶。

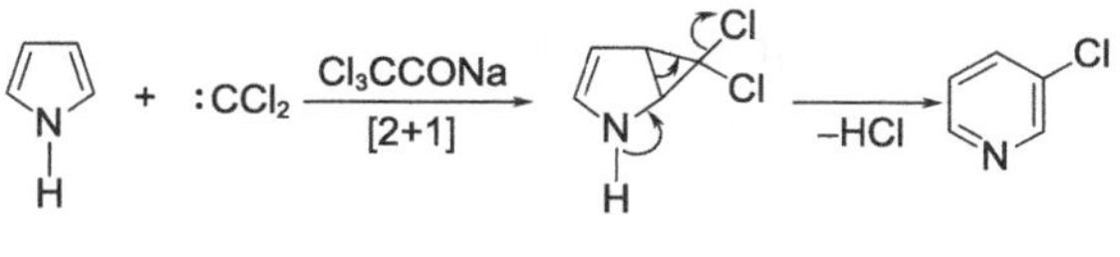

5.3.3　吡咯的合成

参照呋喃的逆合成分析，吡咯含有双烯胺的结构，推导出的起始原料有如下几组：第一组为 1,4-二羰基化合物与 NH_3，第二组为 α-卤代酮和烯胺，第三组为 α-氨基羰基化合物和亚甲基酮。

第一组：

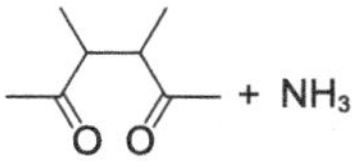

第二组：

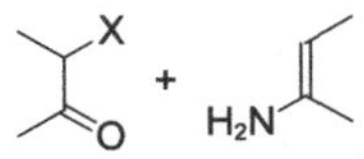

第三组：

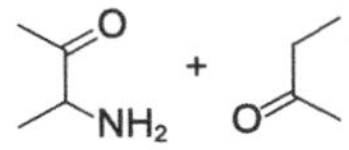

5.3.3.1　由 1,4-二羰基化合物合成

类似呋喃合成中的 Paal-Knorr 合成法，1,4-二羰基化合物己烷-2,5-二酮和 NH_3 在乙醇或乙酸中反应生成 2,5-二甲基吡咯，反应经过双半缩醛中间体分步消除两当量的水分子，得到吡咯。也可以与铵盐、伯胺或烷基铵盐反应生成吡咯化合物。

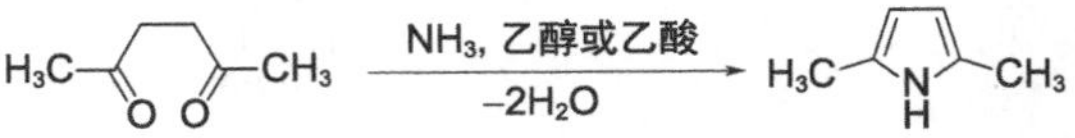

5.3.3.2　由 1,3-二羰基化合物与 α-卤代羰基化合物合成

β-酮酸酯或 1,3-二酮与 α-卤代羰基化合物及氨或伯胺反应，分别生成 3-烷氧羰基或 3-酰基吡咯衍生物，该方法叫作 Hantzsch 合成法。反应可生成 1,2,3,5-四取代吡咯和 1,2,3,4-四取代吡咯两种产物，这与其反应历程有关，产物结构由烷基化反应的位置决定。

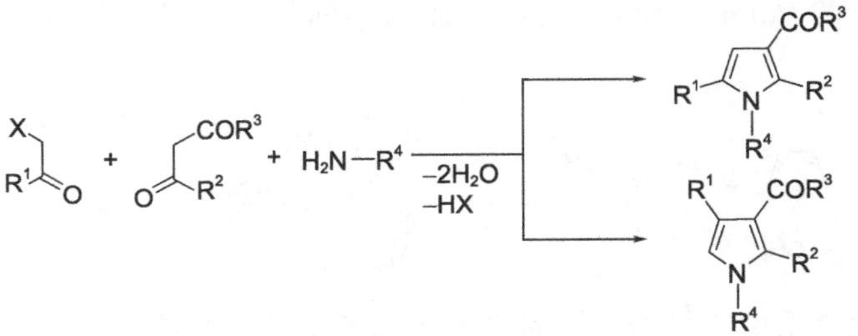

碳烷基化反应过程：首先，伯胺与 1,3-二羰基化合物缩合生成 β-氨基丙烯酸酯中间体，随后 α-卤代羰基化合物与它发生氮烷基化反应，碳烷基化产物进行分子内亲核关环反应，生成 5-羟基-4,5-二氢吡咯化合物，经过脱水生成 1,2,3,5-四取代吡咯化合物。

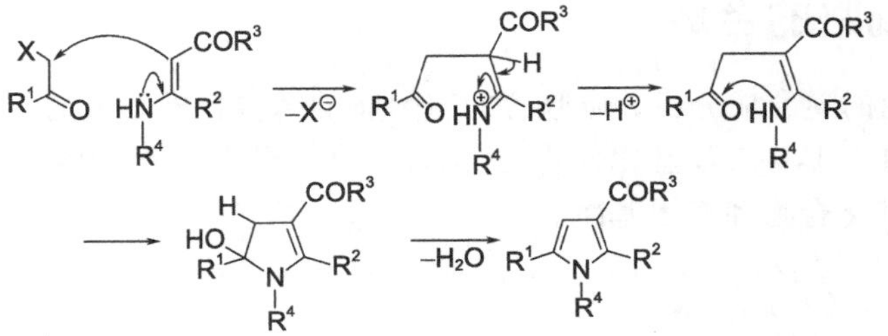

氮烷基化反应过程：如果 α-卤代羰基化合物与 1,3-二羰基化合物发生氮烷基化反应，生成的中间体再进行分子内亲核关环反应，生成 4-羟基-氮杂环戊烯亚胺正离子，经过脱水生成氮杂环戊二烯亚胺正离子，再经过脱氢异构化，生成产物 1,2,3,4-四取代吡咯。

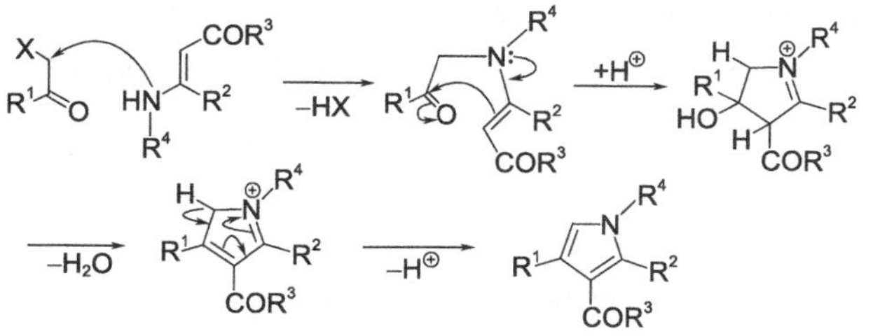

5.3.3.3 由 1,3-二羰基化合物与 α-氨基酮合成

2-酮酸酯或 1,3-二酮与 α-氨基酮发生环缩合反应生成 3-烷氧基或酰基取代吡咯，称为 Knorr 合成。α-氨基酮可以由酮与亚硝酸酯发生 Claisen 缩合生成 α-亚硝基酮，它异构化生成肟，再经还原得到。

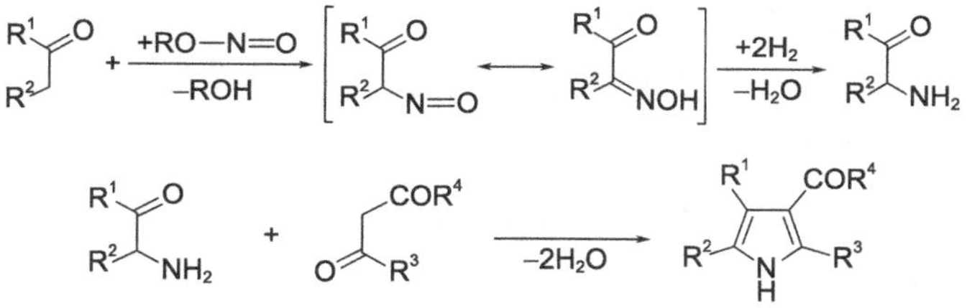

5.3.3.4 由 N-对甲苯磺酰甘氨酸酯和乙烯甲基酮合成

N-对甲苯磺酰甘氨酸酯和乙烯甲基酮反应生成 2-羧酸酯吡咯的反应叫作 Kenner 合成法。通过 Michael 加成和分子内醇醛缩合，首先生成四氢吡咯-2-羧酸酯，再通过消除水和磺酸基生成吡咯。

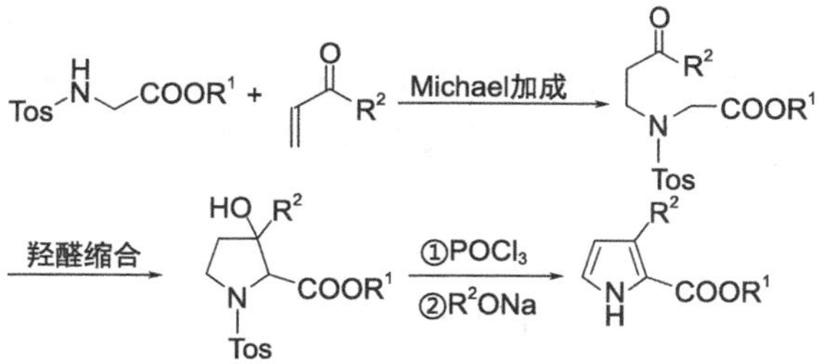

5.3.4 吡咯的衍生物

（1）四氢吡咯

无色液体，溶于水，具有胺类气味，沸点 89℃，在空气中与二氧化碳反应生

成盐，有发烟现象。四氢吡咯具有仲胺的性质，其可以与羰基化合物反应生成烯胺结构，在有机合成中有着广泛的应用。四氢吡咯由四氢呋喃和氨气在 300℃下用氧化铝催化进行环转化反应制得。

四氢吡咯-2-酮叫作吡咯烷酮，N-甲基吡咯烷酮可溶于水，沸点 206℃，是一种常用的有机溶剂。含有四氢吡咯的天然产物也很多，有脯氨酸和一些生物碱，如古豆碱。丁咯地尔是血管扩张药，卡托普利是抗高血压药。

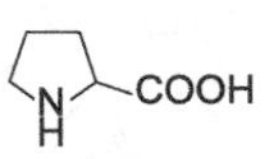

脯氨酸 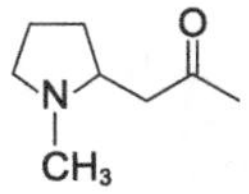　　　　　　　古豆碱

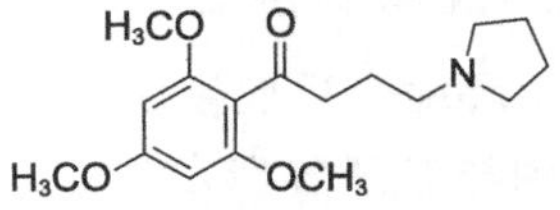

丁咯地尔 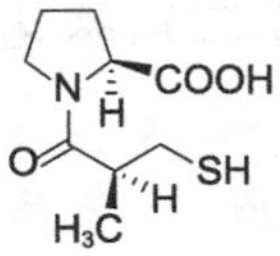　　　　　　卡托普利

（2）含吡咯环结构的天然产物

含有吡咯环的重要天然产物是叶绿素和血红素。

（3）含吡咯结构的医药和农药

镇痛和抗炎药佐美酸含有吡咯的结构，化学名称为 5-(4-氯苯甲酰基)-1,4-二甲基-吡咯-2-乙酸。

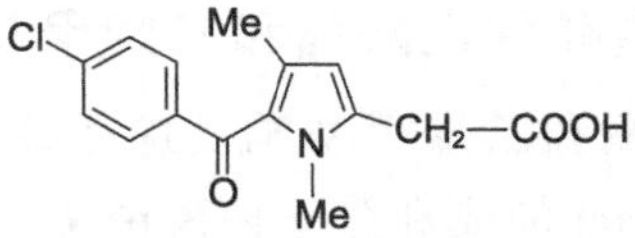

佐美酸

硝吡咯菌素是一种天然的抗生素，1965 年其化学结构被报道。以其为先导化合物，1984 年咯菌腈被开发出来，其是一种具有极高杀菌活性的化合物，用于种子处理，防治土传病害，对灰霉病也有很好的防治效果。溴虫腈是一种高效、广谱的杀虫杀螨剂。

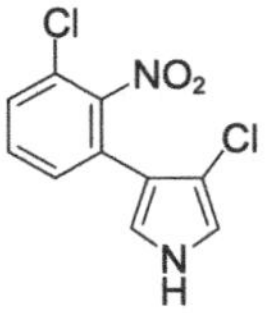

硝吡咯菌素 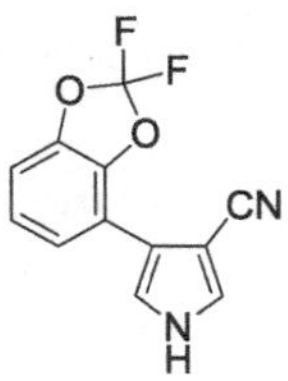　　　　　咯菌腈 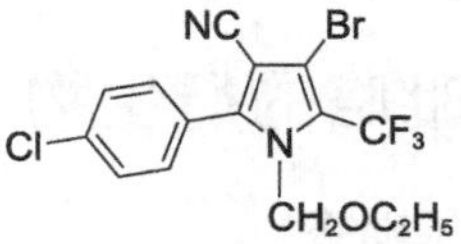　　　　　　　溴虫腈

5.3.5 吡咯的合成应用实例

胆色素原是合成叶绿素和血红素这两种物质的原料，胆色素原可以通过化学全合成的方法获得，起始原料为 2-甲氧基-4-甲基-5-硝基吡啶。

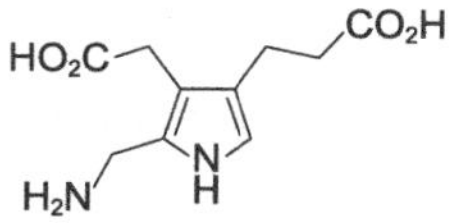

胆色素原

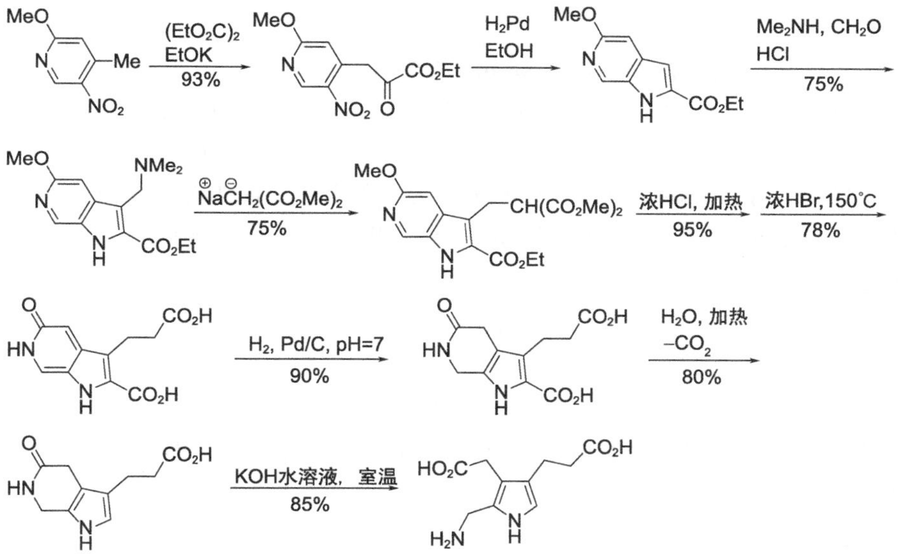

5.4 噁唑

5.4.1 噁唑的结构

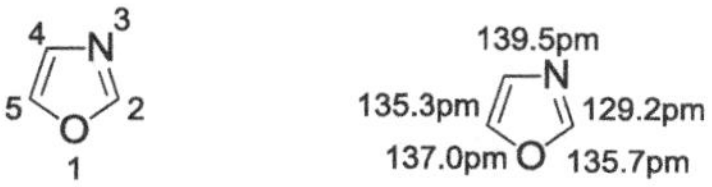

噁唑为无色液体，气味同吡啶类似，沸点 $69 \sim 70 \, ℃$，溶于水。在噁唑的分子中含有一个氧原子和一个类吡啶氮原子，分子为平面结构，是一个变形的五边形。类吡啶和类吡咯氮原子的 sp^2 杂化的核外电子分布见图 5-3。

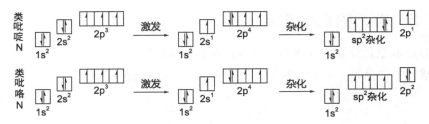

图 5-3　类吡啶和类吡咯氮原子 sp^2 杂化的核外电子分布

噁唑的一些结构参数如下。

① 电离能 9.83eV；

② 偶极矩 1.5D；

③ UV（乙醇），λ（lgε）：205nm（3.59）；

④ ^{1}H NMR（丙酮-d_6），δ：H-2（7.95），H-4（7.09），H-5（7.69）；

⑤ ^{13}C NMR（CS_2），δ：C-2（150.6），C-4（125.4），C-5（138.1）。

噁唑环具有芳香性，环上所有原子均为 sp^2 杂化。因为存在类吡啶氮原子，有两对孤电子对分别在氧原子（见图 5-1）上和氮原子上，每个原子上的电子密度都超过了 1。

$$
\begin{array}{c}
1.058 \quad \text{N} \quad 1.115 \\
1.076 \quad\quad 1.021 \\
1.730
\end{array}
$$

从中可以看出碳上的亲电取代反应发生在 5-位或 4-位，而 2-位易发生亲核取代反应。

5.4.2　噁唑的化学性质

噁唑的反应活性与呋喃相近，相同点是易发生开环反应和［4+2］环加成反应，不同点是 2-位易发生亲核取代反应，芳香性小于呋喃。

5.4.2.1　成盐反应

因类吡啶氮原子的存在，噁唑类化合物是弱碱，$pK_a=0.8$。氮原子可被强酸质子化，质子化后，比噁唑环易发生亲核取代反应。

$$
\text{（H}_3\text{C}\text{—噁唑）} + \text{H}_2\text{SO}_4 \rightleftharpoons \text{（质子化噁唑）} + \text{HSO}_4^\ominus
$$

噁唑可以与卤代烷等烷基化试剂反应生成 N-季铵盐产物，其 2-位很容易受到亲核试剂的进攻而发生开环反应。例如，2,5-二苯基噁唑与对甲苯磺酸甲酯（TsOMe）反应生成的季铵盐，在室温下与氨水发生开环、水解反应生成 N-甲基-N-（2-氧代-2-苯基乙基）苯甲酰胺。

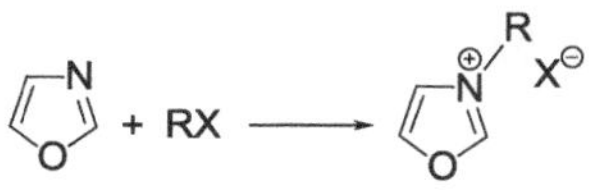

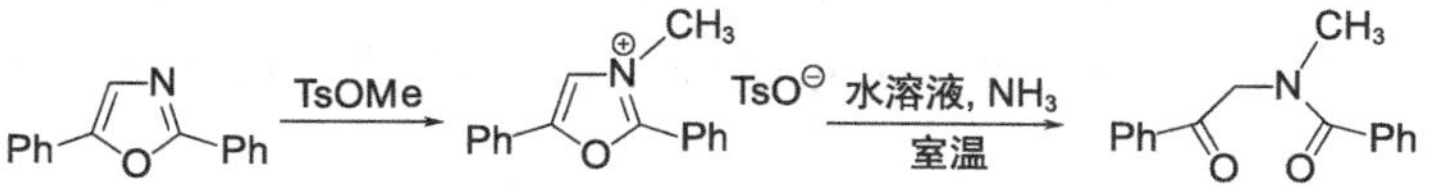

5.4.2.2　金属化

噁唑环 2-位没有取代基时，锂化生成 2-噁唑基锂，其容易开环形成烯醇盐结构 2-异氰基乙烯醇锂。2-噁唑基锂与 DMF 作用可生成 2-甲酰基噁唑。

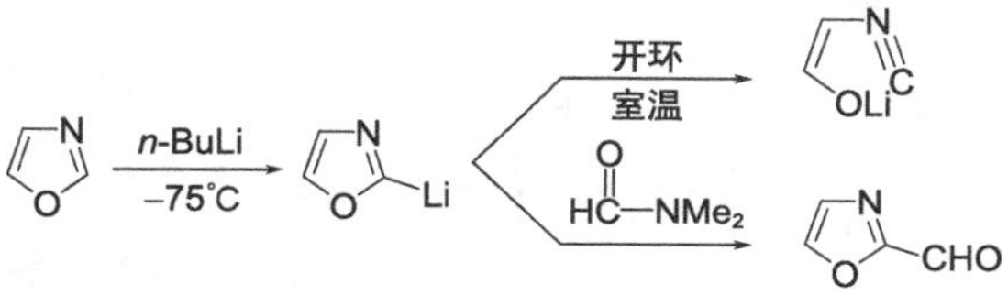

烷基噁唑的 2-位烷基上的质子具有相对较强的酸性，容易与二异丙基氨基锂（LDA）发生锂化反应。侧链锂化衍生物能与羰基等亲电试剂反应。

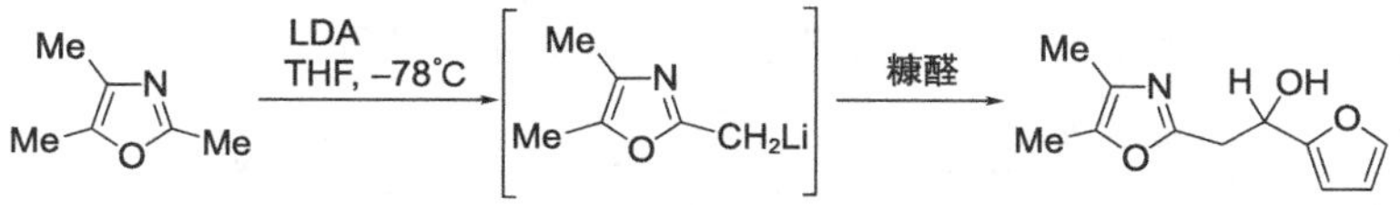

5.4.2.3　与亲电试剂的反应

噁唑发生 C-亲电取代反应的活性比较低，当 5-位与 4-位没有取代基时与 Br$_2$ 或 NBS 反应生成 5-溴代和 4-溴代产物。

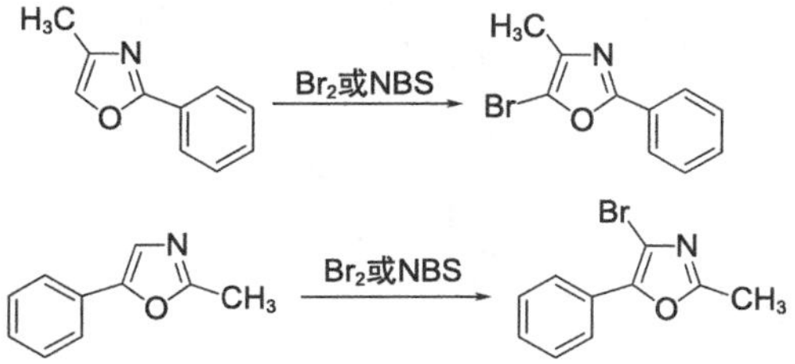

当 4-位与 5-位有取代基时，先与乙酸汞生成 2-位乙酰氧汞化产物后，再与 Br$_2$ 反应生成 2-溴代产物。

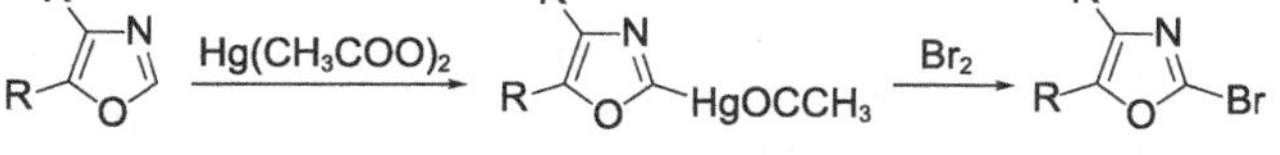

因噁唑环中的类吡啶氮原子阻碍了硝化反应的进行，苯基取代噁唑的硝化反

应在苯环上进行。

5.4.2.4 与亲核试剂的反应

（1）亲核取代反应

相比于与亲电试剂的反应，噁唑与亲核试剂的反应在合成上更加重要。亲核反应只发生在 2-位。如果 2-位有吸电子取代基时容易发生亲核取代反应。

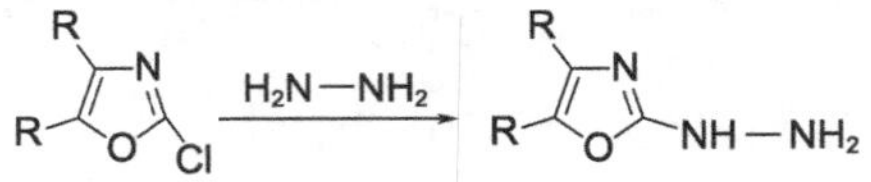

（2）亲核加成反应

噁唑在亲核试剂作用下一般先开环，而后再关环生成新的杂环。噁唑与 NH_3、伯胺或甲酰胺一起加热，可转化为咪唑。

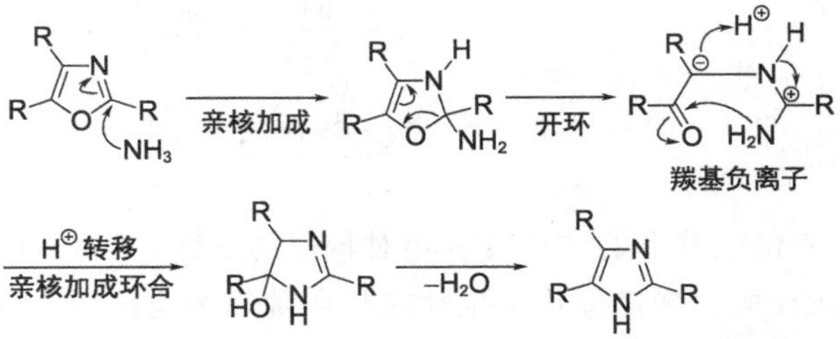

4-苯基噁唑与甲酰胺加热反应转换成 4-苯基咪唑杂环。

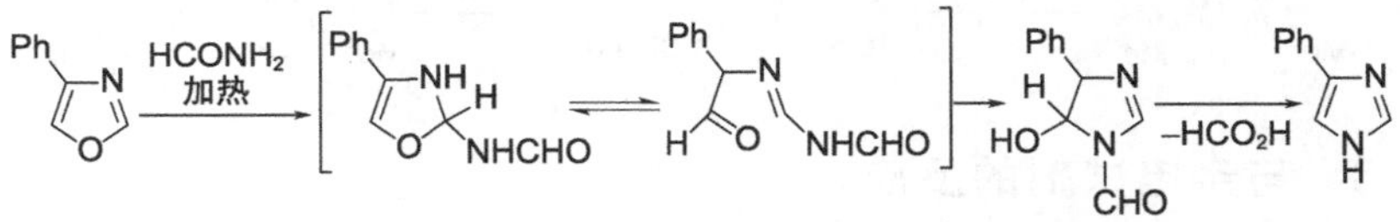

2,4,5-三苯基噁唑在酸催化下亲核开环水解生成苯甲醛、苯甲酸、氯化铵。

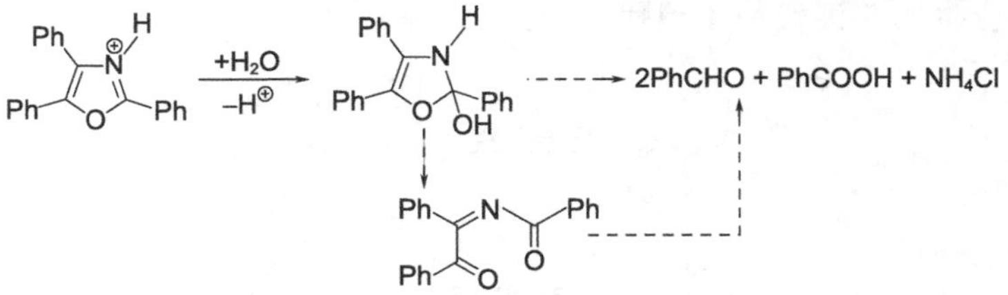

5.4.2.5 加成反应

噁唑可作为 1,3-二烯体与亲二烯体发生 Diels-Alder 环加成反应。如 5-甲基-4 苯基噁唑与丙烯酸加成后的产物脱水生成吡啶-4-甲酸类化合物。噁唑与炔酸酯反应可以制备呋喃类化合物（见 5.1.3.3）。

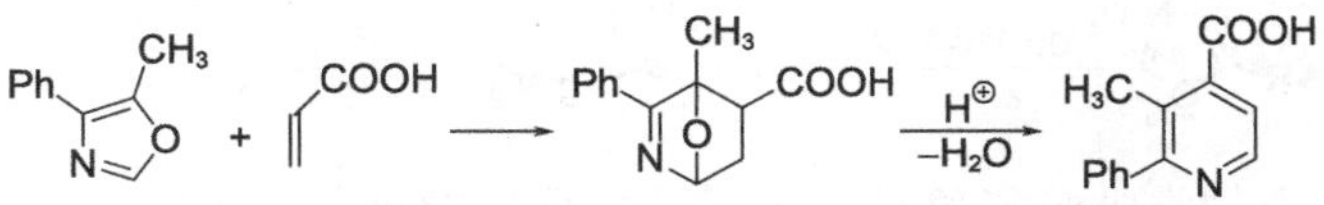

5.4.2.6　电环化重排反应

4-位上连有羰基的噁唑加热时可发生异构化，噁唑 5-位的取代基会与羰基上的基团互换位置，该反应叫作 Cornforth 重排。反应经过腈内鎓盐中间体重排生成产物。

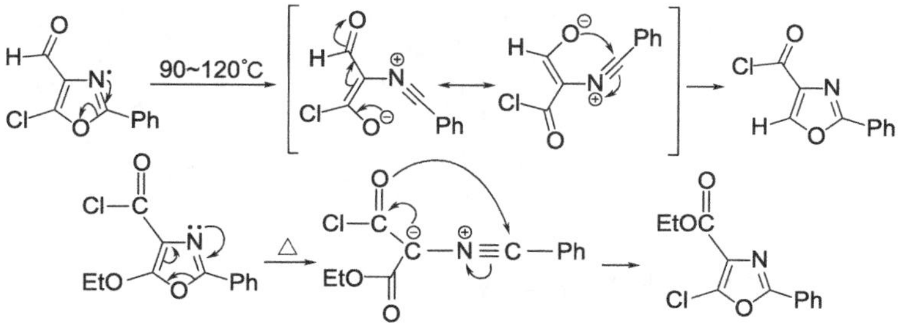

5.4.3　噁唑的合成

参照呋喃、噻吩和吡咯的逆合成分析方法，经分析可以推导出噁唑的合成原料有如下几组。

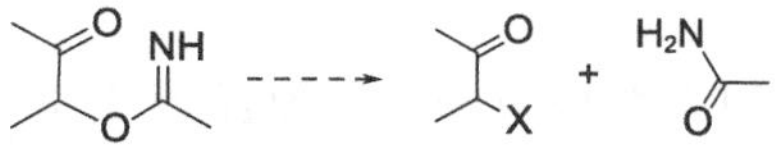

5.4.3.1　由 α-酰氨基羰基化合物合成

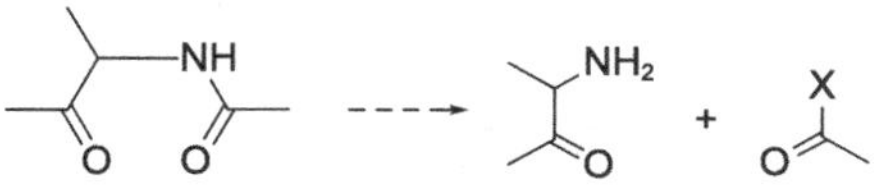

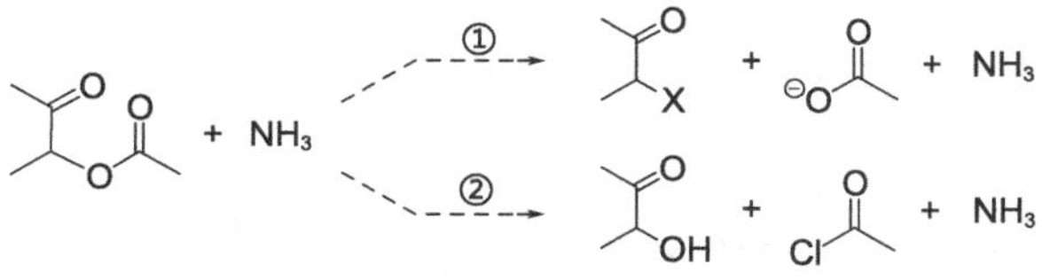

α-酰氨基酮、酯或酰胺在硫酸或多聚磷酸作用下环化脱水生成噁唑的方法叫作 Robinson-Gabriel 合成法，这是合成噁唑的重要方法。

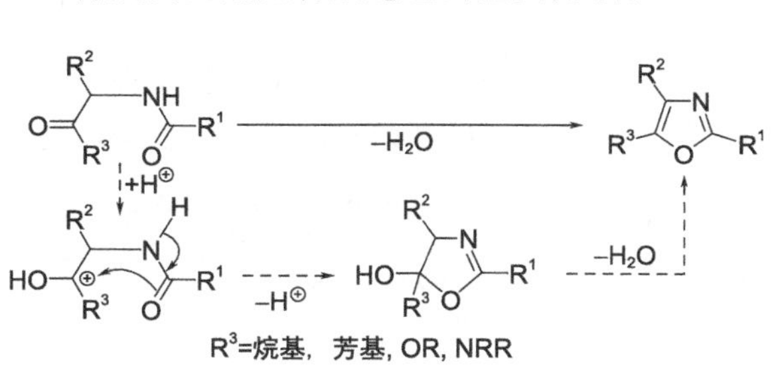

R³=烷基，芳基，OR，NRR

5.4.3.2 由 α-酰氧基酮与氨合成

由 α-卤代酮和羧酸盐反应制备得到 α-酰氧基酮,其与 NH₃ 反应经过烯胺中间体环化、脱水生成噁唑。

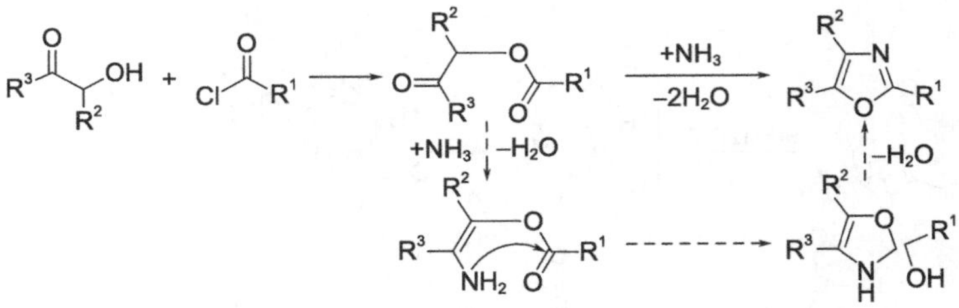

5.4.3.3 由 α-卤代酮与酰胺合成

α-卤代酮与酰胺首先发生 O-烷基化反应,然后环合脱水生成噁唑的方法叫作 Blümlein-Lewy 合成法。

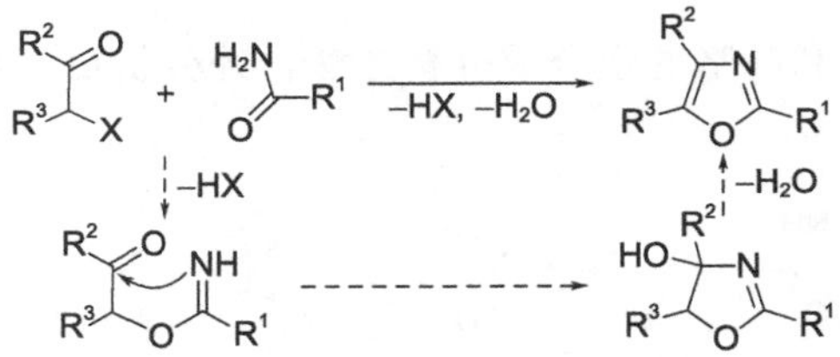

如果用脲代替酰胺,可以合成 2-氨基噁唑。

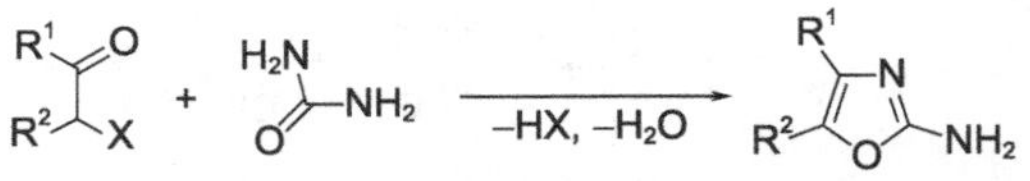

也可以用 α-羟基酮代替 α-卤代酮来合成噁唑,与氰胺反应也可以合成 2-氨基噁唑。

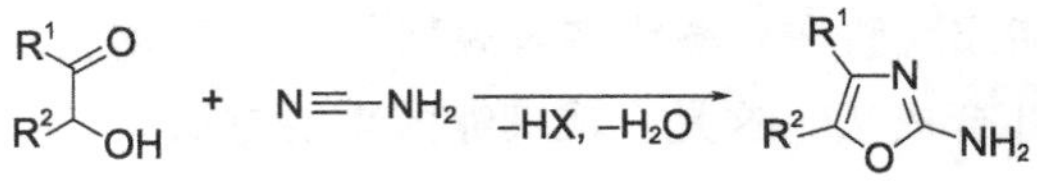

由 2-羟基-3-氧代-丁二酸二乙酯与甲酰胺在加热条件下发生 Blümlein-Lewy 反应生成 4,5-二甲酸乙酯噁唑,而后经碱水解,加热脱羧可制得噁唑母环。

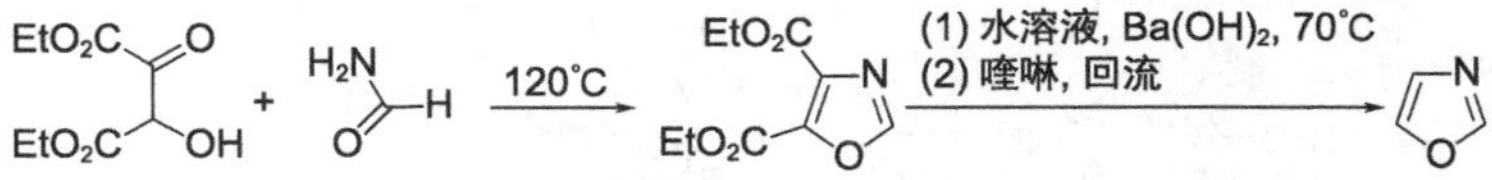

5.4.3.4 由异腈为原料合成

异腈可以由伯胺与氢氧化钾和氯仿在加热条件下反应得到，是具有毒性和特殊强烈恶臭的液体，在碱性条件下稳定存在，在酸性条件下生成聚合物。用异腈作为起始原料合成噁唑是非常有制备价值的。

$$R\!-\!NH_2 + CHCl_3 + 3KOH \xrightarrow[\triangle]{\substack{-3KCl\\-3H_2O}} \left[R\!-\!\overset{\oplus}{N}\!\equiv\!\overset{\ominus}{C} \longleftrightarrow R\!-\!N\!=\!C\!: \right]$$

对甲苯磺酰甲基异腈（TosMIC）是常见的异腈化合物，它与醛在碳酸钾碱性条件下发生加成反应，首先生成 4,5-二氢-1,3-噁唑，经加热失去对甲苯亚磺酸盐生成噁唑。

由异腈基负离子与酰氯反应可以制备 4,5-二取代噁唑。

5.4.4 噁唑的衍生物

（1）4,5-二氢噁唑

4,5-二氢噁唑是重要的噁唑衍生物，结构为平面结构，可看作环状亚胺酯，即羧酸衍生物，也叫作 2-噁唑啉或 Δ^2-噁唑啉。

4,5-二氢噁唑呈弱碱性，可与强酸成盐，在水溶液中可水解得到 2-氨基醇的盐和羧酸。反应机理是首先生成 N-质子化的 2-噁唑啉，亲核进攻发生在 2-位，而后发生质子转移与 C2—C3 键的断裂，开环生成 2-氨基醇的羧酸酯，最后水解得到 2-氨基醇的盐和羧酸。

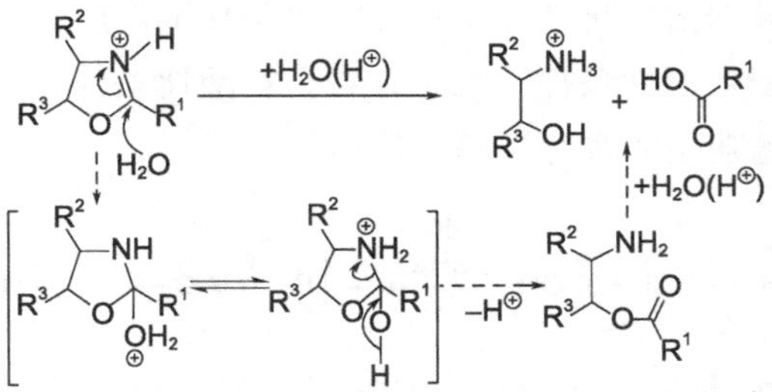

4,5-二氢噁唑的这一反应在有机合成中有着比较重要的应用，主要是合成一些羧酸类化合物。2,4,4-三甲基-4,5-二氢噁唑与正丁基锂反应生成 2-烷基锂化合物，与卤代烃发生烷基化反应后，发生酸性条件下的水解开环反应可用于合成碳链增长的羧酸。

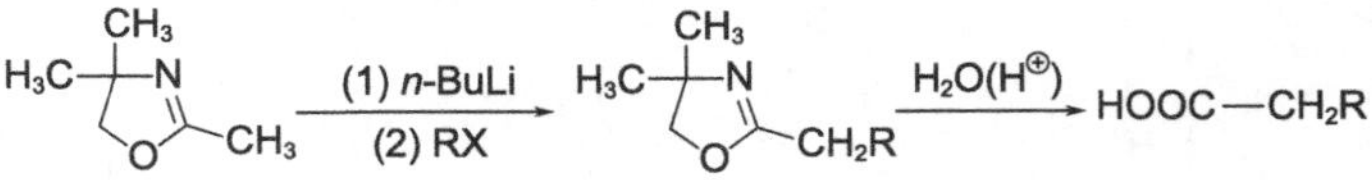

利用 2-烷基上 CH 酸性的性质与醛缩合生成烯烃，而后发生酸性条件下的水解开环反应可合成 2-烷基-3-芳基丙烯酸，即肉桂酸类化合物。

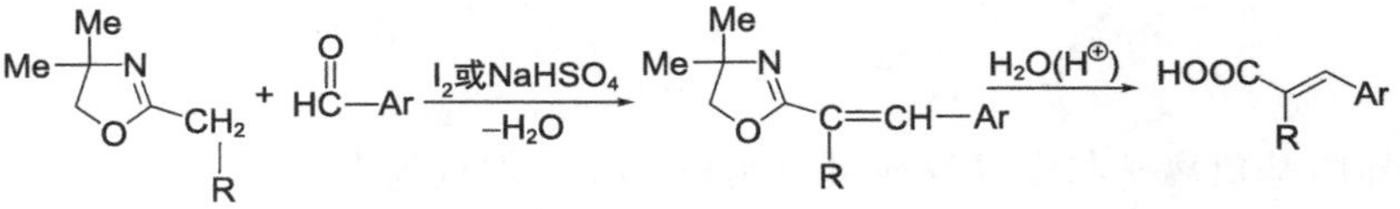

可以用于取代苯甲酸的合成，4,4-二甲基-2-苯基-4,5-二氢噁唑与正丁基锂发生苯环邻位的锂化反应，再经烷基化反应后水解开环生成 2-取代苯甲酸。如果在水解开环之前再次进行锂化、烷基化反应后水解开环可合成 2,6-二取代苯甲酸。

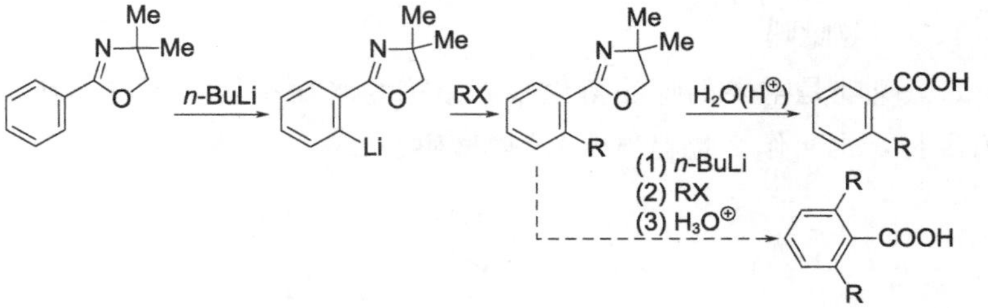

（2）含噁唑结构的药物

含噁唑结构的天然产物与药物都比较少。在农药中恶霜灵是一种具有保护和治疗活性的杀真菌剂，对霜霉病有特效。环戊噁草酮是一种水稻田除草剂，用于禾本科与阔叶杂草的防除。

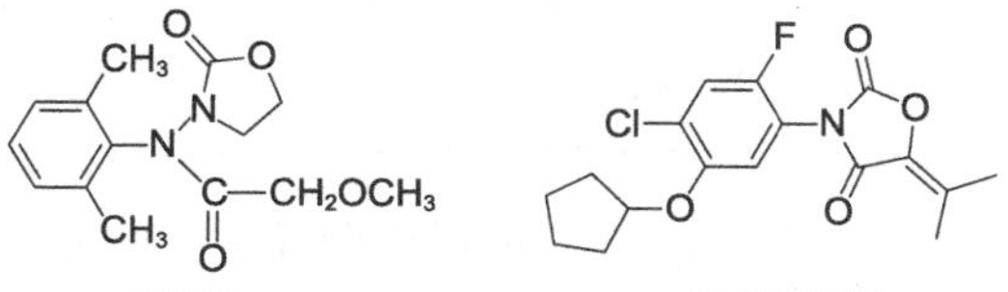

恶霜灵   环戊噁草酮

5.4.5　噁唑的合成应用实例

（1）维生素 B_6 的合成

4-甲基-5-烷氧基噁唑和马来酸酐反应生成的产物经消除、还原反应可以制备 3-羟基吡啶，即维生素 B_6。

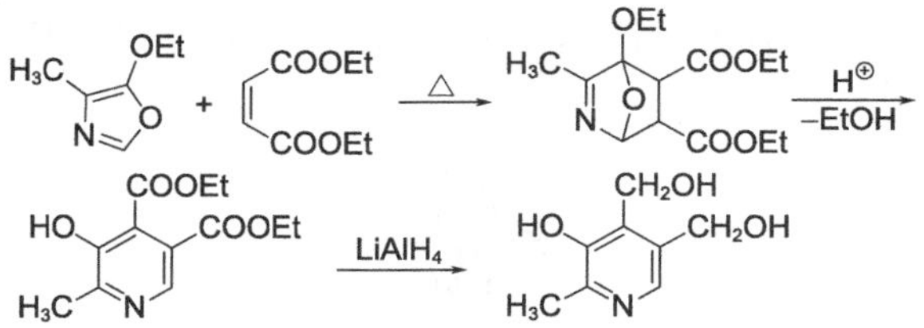

（2）α-氨基酸的合成

噁唑-5($4H$)-酮俗称二氢唑酮，由 N-酰基甘氨酸在乙酸酐中环化脱水得到。其 4-位是 CH 酸性的，与醛发生缩合反应生成 4-取代亚甲基噁唑-5($4H$)-酮，经催化氢化还原后，水解开环生成新的 α-氨基酸。

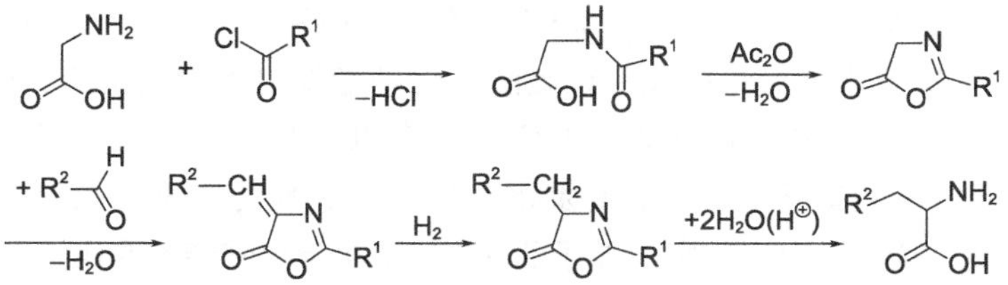

5.5　异噁唑

5.5.1　异噁唑的结构

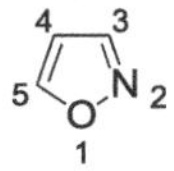

异噁唑也叫作 1,2-噁唑，有和吡啶相似的气味，无色液体，沸点 94.5℃，室温下可溶于 6 倍量的水中。在异噁唑结构中含有一个 N—O 键，键能 200kJ/mol，远远低于 N—C 键能 304.3kJ/mol，O—C 键 357.4kJ/mol，所以比较易断裂。杂原子对 π 电子离域化的影响比噁唑更大。与噁唑相比，紫外吸收与噁唑接近；因杂原子位置的变化，异噁唑的偶极矩要明显大于噁唑；杂原子的去极化作用导致 4-位的核磁氢谱与碳谱明显偏向高场，而 5-位则偏向低场。一些结构参数和光谱数据如下。

① 电离能 10.17eV；

② 偶极矩 2.75D；

③ UV（乙醇），λ（lgε）：211nm（3.60）；

④ ^{1}H NMR（CCl$_4$），δ：H-3（8.19），H-4（6.32），H-5（8.44）；

⑤ ^{13}C NMR（CDCl$_3$），δ：C-3（149.1），C-4（103.7），C-5（157.9）。

异噁唑环也具有芳香性，为富 π 电子的杂环化合物，其环上电子云分布如下：

从电子分布看，亲电取代反应发生在 4-位，亲核取代反应发生在 3-位。

5.5.2　异噁唑的化学性质

与噁唑的反应相比，因异噁唑中的 N—O 键相对较弱而容易断裂开环。异噁唑不能与亲二烯体发生 Diels-Alder 反应。

异噁唑呈弱碱性，其 pK_a = −2.97，碱性低于噁唑（pK_a = 0.8）。异噁唑 N 原子上可发生质子化，能与卤代烃或硫酸二烷基酯发生季铵化反应，生成的鎓盐非常容易发生开环反应。也能发生 4-位碳的亲电取代反应，如卤化、硝化、磺化、Vilsmeier-Haack 反应、乙酸氧汞化反应。异噁唑的亲电取代反应活性比呋喃低，比苯高，这是因为类吡啶 N 原子的存在降低了异噁唑亲电取代反应的活性。

5.5.2.1　与亲核试剂的反应

异噁唑在碱的催化下发生亲核开环反应，与噁唑不同，亲核试剂在 3-位发生亲核进攻，进攻的是氢而不是碳，N—O 键断裂开环，由（Z）-氰基烯醇中间体转化成 α-氰基酮。

利用该反应还可以合成环状 2-氰基环烷基酮化合物 2-氰基环己酮。

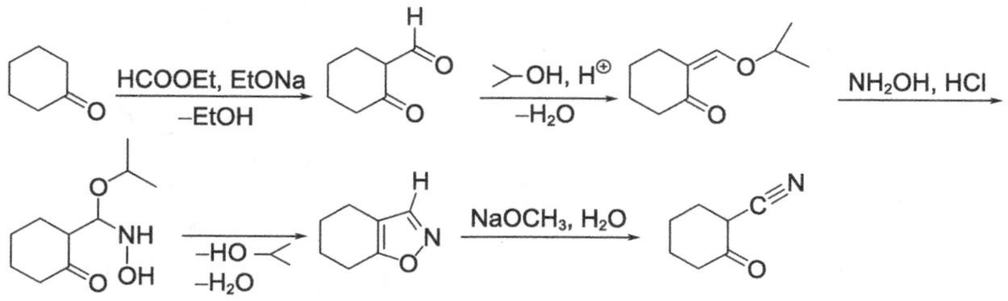

5.5.2.2　还原开环反应

异噁唑在不同的还原剂作用下生成的都是开环产物，在雷尼镍（Raney Ni）催化氢化作用下开环生成 β-烯胺酮，进一步水解可以制备 1,3-二羰基化合物。

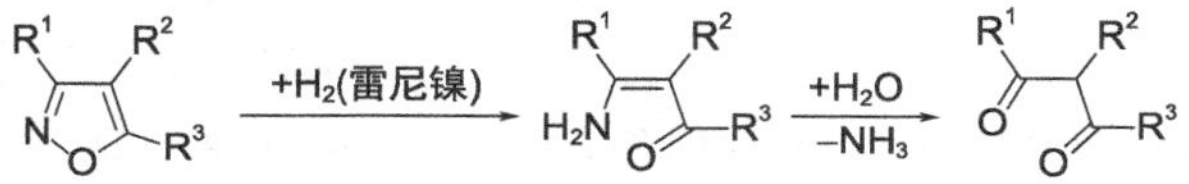

利用这一性质可以制备嘧啶酮类化合物。

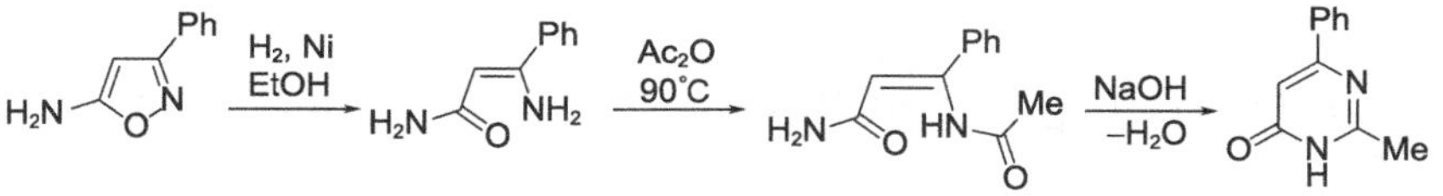

用金属钠和液氨在叔丁醇中可以将异噁唑还原成 β-氨基酮，相对还原的比较彻底。经进一步加热脱掉氨气可以生成 α，β-不饱和酮类化合物。

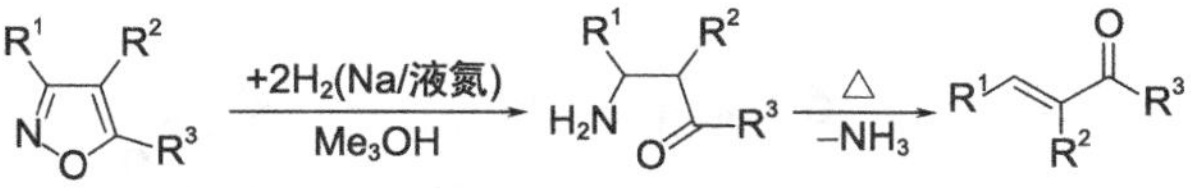

5.5.3　异噁唑的合成

在异噁唑杂环中含有肟烯醇醚结构，容易推导出起始原料 1,3-二酮与羟胺，另外还可以用腈氧化物与带有离去基团的烯烃或者炔进行环加成反应制备。

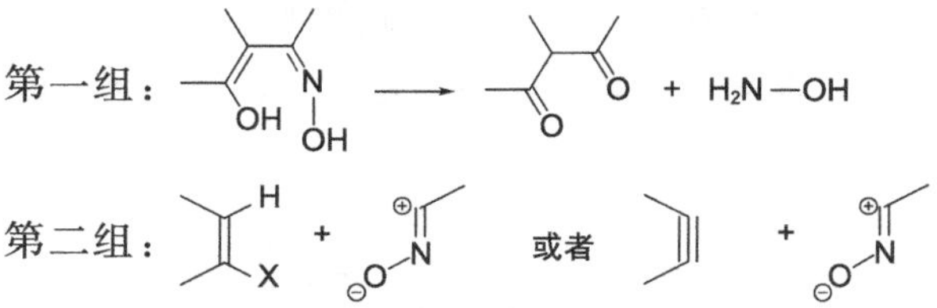

第一组：

第二组：　　或者

5.5.3.1　由 1,3-二酮和羟胺合成

1,3-二酮与羟胺发生缩合反应，经单肟中间体脱水环合生成 3,5-二取代异噁

唑的方法叫作 Claisen 合成法。对称性的 1,3-二酮会生成单一产物，而不对称的 1,3-二酮则生成两种产物，主产物由羰基的亲电性和反应条件来决定。

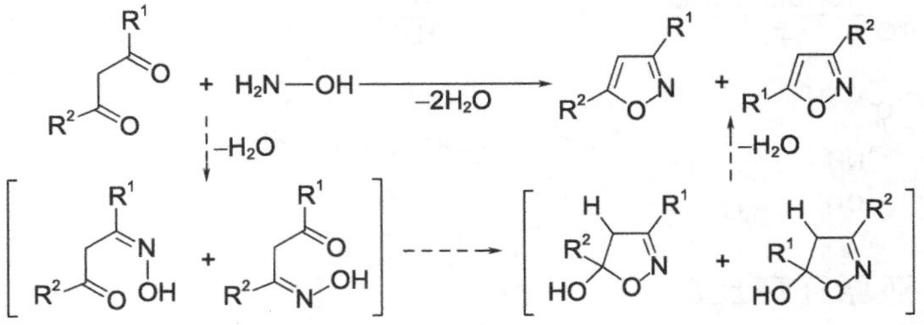

5.5.3.2 由腈氧化物和炔合成

腈氧化物是由 α-卤代肟在碱性条件下脱卤化氢，或硝基烷烃化合物脱水制备得到的。其与炔发生 [3+2] 环加成反应生成异噁唑的方法叫作 Quilico 合成法。腈氧化物的 1,3-偶极式与非对称炔烃反应生成两种产物，区域选择性取决于取代基的性质，例如吸电子基团还是给电子基团，当 $R^2 = H$ 时，生成 3,5-二取代异噁唑。

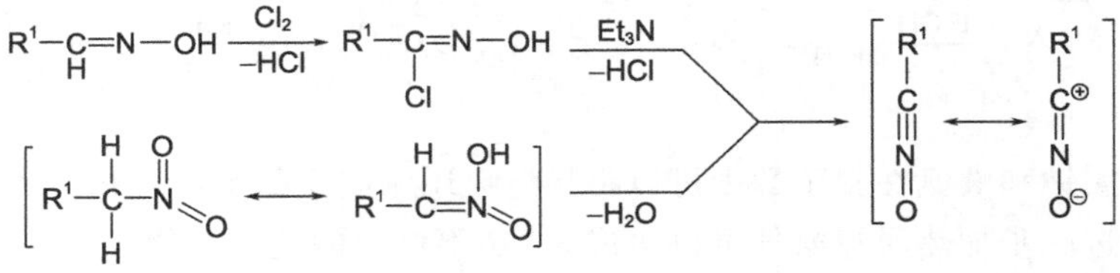

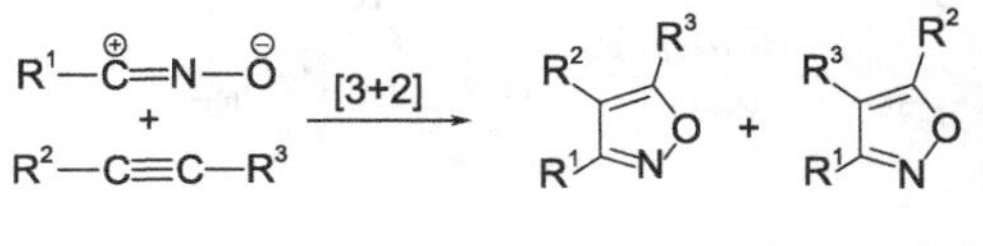

5.5.4 异噁唑的衍生物

（1）4,5-二氢异噁唑

4,5-二氢异噁唑也叫作 2-异噁唑啉，或者 Δ^2-异噁唑啉。其可在雷尼镍（Raney Ni）或钯碳（Pd/C）催化氢化下开环生成 β-羟基亚胺，经水解生成 β-羟基酮。

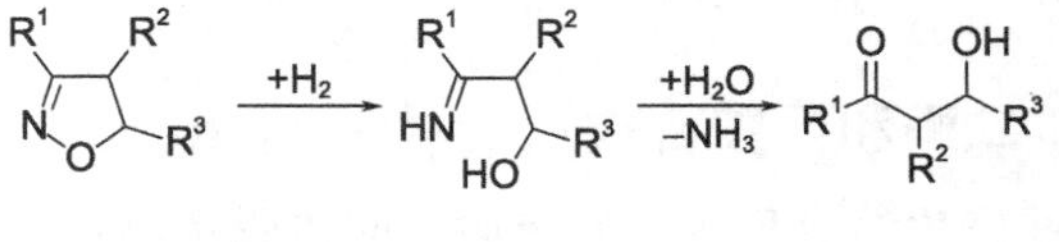

其合成方法有两种，可以由 α,β-不饱和酮与羟胺缩合，也可以用腈氧化物与烯烃发生［3＋2］环加成反应得到。

4,5-二氢异噁唑在有机合成中有着广泛的应用，主要用于黄酮类化合物、高单糖、立体构型高烯丙胺的合成。

（2）2,3-二氢异噁唑

2,3-二氢异噁唑也叫作 4-异噁唑啉或 Δ^4-异噁唑啉，在卤代烃作用下季铵化后开环生成 α,β-不饱和酮，可以由硝酮与炔合成得到。

（3）含异噁唑的天然产物与药物

蝇蕈醇是神经递质 4-氨基丁酸的拮抗剂。磺胺甲基异噁唑是一个长效抗菌药物，用于治疗人体尿路感染、呼吸道感染、肠道感染等疾病。恶霉灵是一个用于土传病害防治的杀菌剂。

蝇蕈醇   磺胺甲基异噁唑   恶霉灵

5.5.5 异噁唑的合成应用实例

异噁唑在有机合成中有着重要的应用，主要是开环反应可生成 1,3-二羰基化合物。

（1）增环合成十氢萘酮

以 3,5-二甲基-4-氯甲基异噁唑与环己酮为起始原料，经一系列反应制备得到十氢萘酮，这是一个环烷酮的增环反应。首先在 EtONa 催化下发生环己酮羰基 α-碳的烷基化反应，H_2（Pd/C）氢化还原异噁唑开环生成烯胺酮，烯胺与环己酮羰基缩合生成环己烯并哌啶环，在强碱水溶液中开环脱掉一分子乙酸生成 1,5 二羰基化合物，经羟醛缩合反应生成环己烷并环己烯酮，最后经选择性催化氢化将烯键还原生成十氢萘酮。

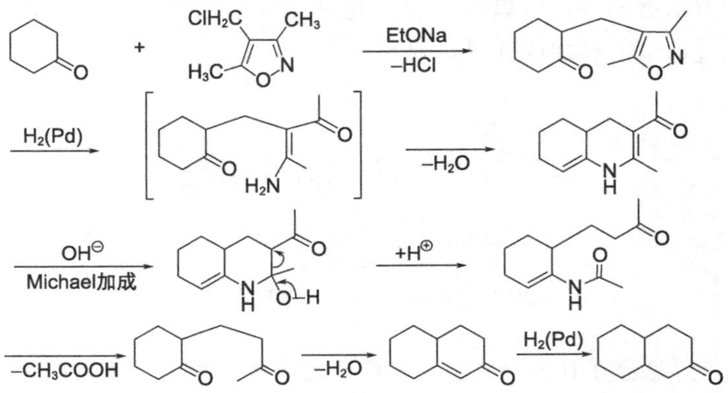

（2）烯键与羰基异位合成 β-大马烯酮

由 β-紫罗酮经一系列反应转变成 β-大马烯酮。首先 β-紫罗酮羰基与羟氨缩合生成肟，肟在碘的催化下脱氢关环生成异噁唑杂环，在钠/液氨条件下还原开环生成 β-氨基酮，最后经加热脱氨气得到烯键与羰基异位的 α,β-不饱和羰基化合物 β-大马烯酮。

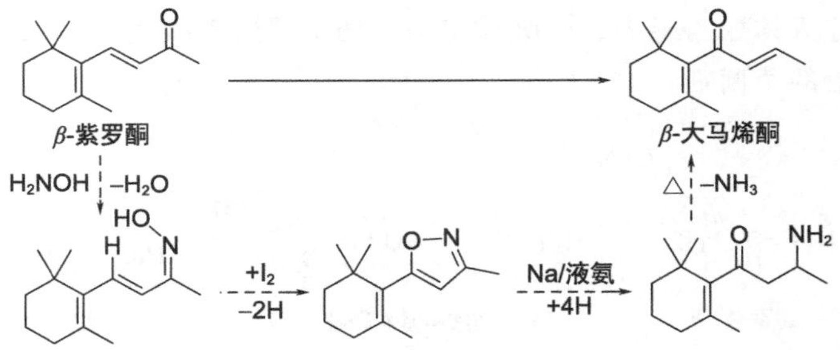

5.6　噻唑

5.6.1　噻唑的结构

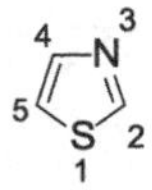

一般将结构中含有一个氮原子和一个硫原子的五员杂环叫作噻唑，噻唑也叫作 1,3-噻唑。噻唑在室温下是一种可溶于水的无色或淡黄色液体，易挥发，吸湿，其具有吡啶一样的特殊腐臭气味，易溶于乙醇、乙醚及丙酮等有机溶剂，熔点 $-33℃$，沸点 $118℃$。

噻唑分子为平面结构，其硫与碳原子之间的键长 171.3pm，与噻吩相似。噻唑的 π 电子分布比噁唑更为均匀，因此噻唑的芳香性大于噁唑，类似于噻吩＞吡咯＞呋喃。一些结构和光谱数据如下。

① 电离能：9.5eV；

② 偶极矩：1.61D；

③ UV（乙醇），λ（lgε）：207.5nm(3.41)，233.0nm(3.57)；

④ ^{1}H NMR（CDCl$_3$），δ：H-2(8.77)，H-4(7.86)，H-5(7.27)；

⑤ ^{13}C NMR（CH$_2$Cl$_2$），δ：C-2（153.6），C-4（143.3），C-5（119.6）。

5.6.2 噻唑的化学性质

噻唑属于富 π 电子化合物，π 电子主要集中在杂原子上，且由于类吡啶氮原子的存在，其吸电子性质降低了 2-位碳原子的电子密度。由此，从噻唑环上的电子云分布可以看出，其在 2-位易被亲核试剂进攻，在 5-位易发生亲电取代反应，其次亲电取代反应也发生在 4-位。噻唑与噁唑不同，不能作为 1,3-二烯体发生［4＋2］的环加成反应。

5.6.2.1 成盐反应

噻唑中的氮原子上有一对孤对电子，可以与质子结合，因此其具有碱性。噻唑的碱性强于噁唑，弱于吡啶，也比一般胺的碱性弱。

	(CH$_3$)$_3$NH	异噁唑	吡唑	噁唑	噻唑	咪唑
pK$_a$	10	−2.3	2.52	1.3	2.4	7.0

1,3-唑类化合物在热的强酸中是稳定的。噻唑质子化反应发生在氮原子上，与噁唑不同，噻唑可以形成晶状的、结构稳定的盐，如苦味酸盐。

噻唑可与卤代烷发生烷基化反应，生成 3-烷基化噻唑盐，其与亲核试剂反应速度加快。微波辐射技术可大大加快烷基化反应速度。

5.6.2.2 金属化反应

2-位无取代基时，噻唑可和格氏试剂及有机锂试剂反应形成金属化合物，而后可进一步与亲电试剂（卤代烷、二氧化碳、羰基化合物等）反应生成相应的2-取代噻唑类化合物。

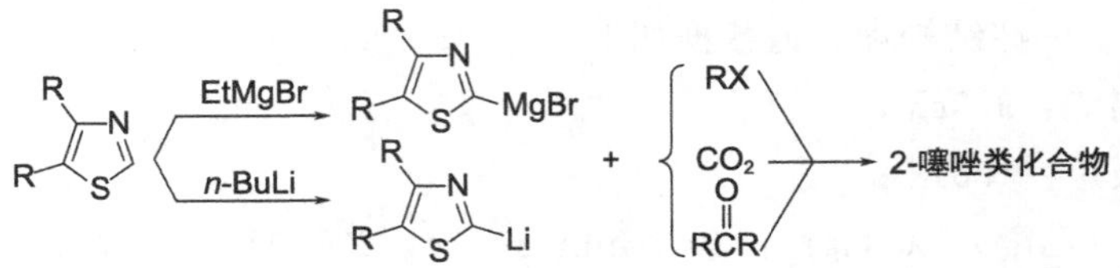

5.6.2.3 与亲电试剂的反应

从噻唑上的 π 电子云的分布来看，亲电试剂可进 5-位碳。

（1）卤化反应

因 N 原子降低了亲电取代反应的活性，噻唑自身不和卤素发生反应，但当噻唑环上有给电子取代基时，可增加其亲电取代反应的活性。

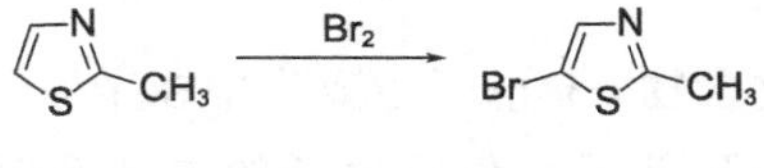

（2）硝化反应

噻唑同样也不发生硝化反应，但当噻唑上有给电子取代基时则可发生硝化反应，且随着给电子取代基的增多，硝化反应速度加快。

（3）磺化反应

噻唑可在乙酸汞催化下，以发烟硫酸作磺化试剂发生磺化反应生成噻唑-5-磺酸，反应在 250℃ 下发生。

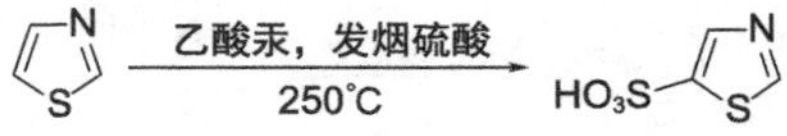

（4）乙酸汞化

噻唑在乙酸/水溶液中可以和乙酸汞发生反应，逐步生成 5-乙酸汞噻唑、4,5-二乙酸汞噻唑、2,4,5-三乙酸汞噻唑。

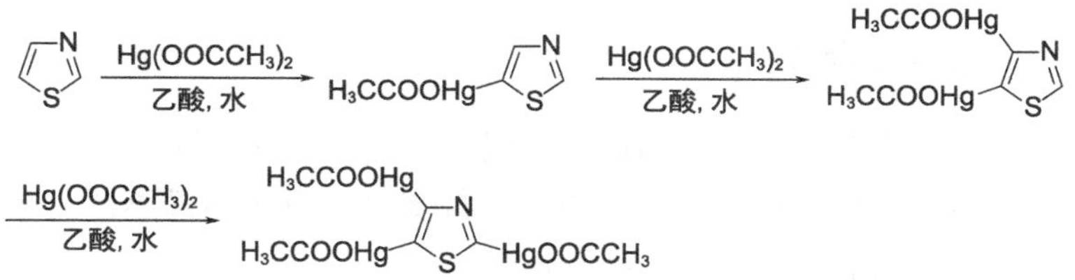

5.6.2.4 与亲核试剂的反应

噻唑的亲核取代反应一般只在 2-位上发生，而且需要强亲核试剂。

当噻唑 2-位存在易离去基团时，亲核取代反应发生的速度则会加快：

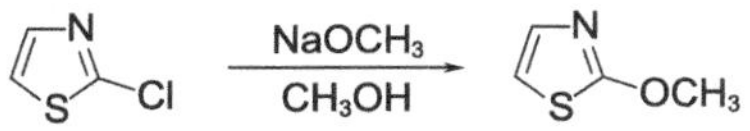

在三乙胺催化下，季铵化噻唑的 2-位去质子化形成"氮正离子-碳负离子"结构即 N-叶立德，可以通过重水交换反应推测出该中间体的存在。

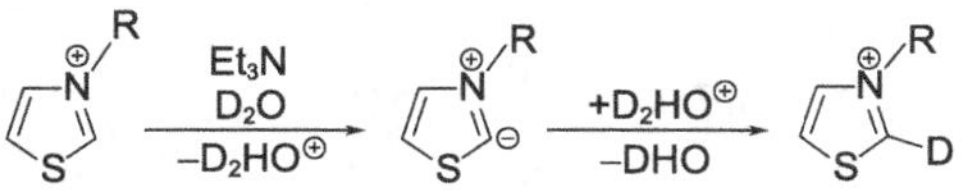

季铵化可以增强噻唑与亲核试剂的反应活性。类似噁唑，在碱性溶液中，季铵化噻唑在 2-位发生亲核加成反应，所生成的中间体可发生开环反应。

5.6.2.5 氧化反应

噻唑可在过氧酸存在下形成氮氧化物，然后与 NBS 或 NCS 反应在 2-位卤化。

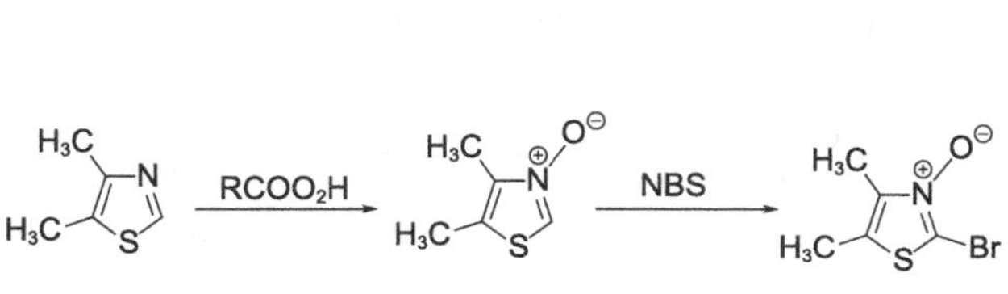

5.6.2.6 2-烷基噻唑的反应

2-烷基噻唑的烷基上的质子是酸性的，因此其可以被强碱消除，从而形成非常稳定的碳负离子，可和羰基化合物发生加成反应。

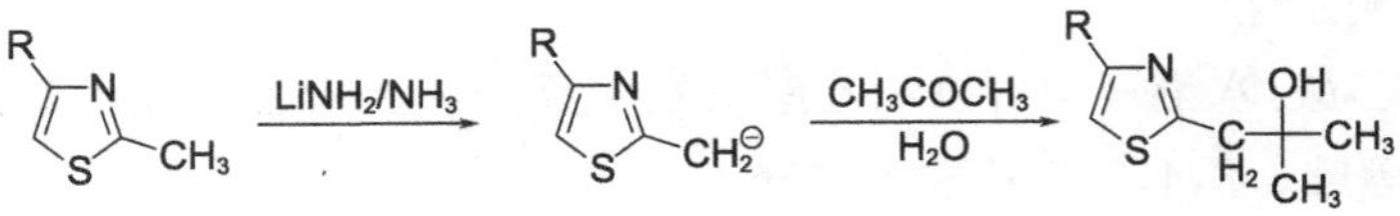

5.6.3 噻唑的合成

噻唑与噁唑类化合物的合成相似。参照噁唑的逆合成分析方法，可以推导出噻唑的合成原料为 2-卤代酮和硫代酰胺，除此之外还有 2-酰胺基酮与硫化试剂。

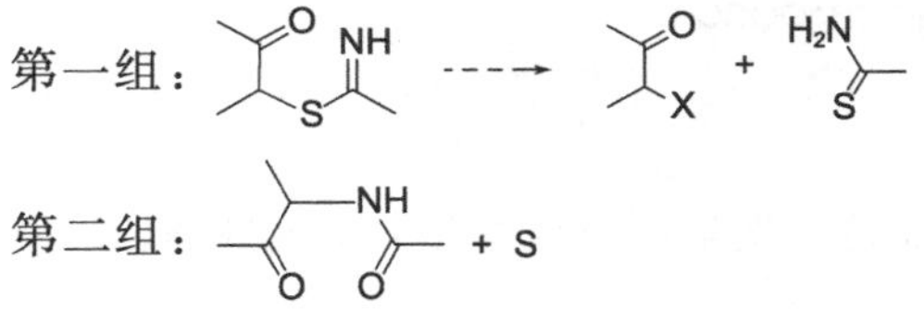

第一组：

第二组：

5.6.3.1 由 α-卤代羰基化合物和硫代酰胺合成

α-卤代羰基化合物和硫代酰胺环化缩合生成噻唑的方法叫作 Hantzsch 合成法。这是合成噻唑类化合物的重要方法。首先硫原子进攻卤原子相连的碳原子发生亲核取代反应，生成烷基硫亚胺盐，随后发生质子转移、分子内亲核加成、脱水等反应生成噻唑。

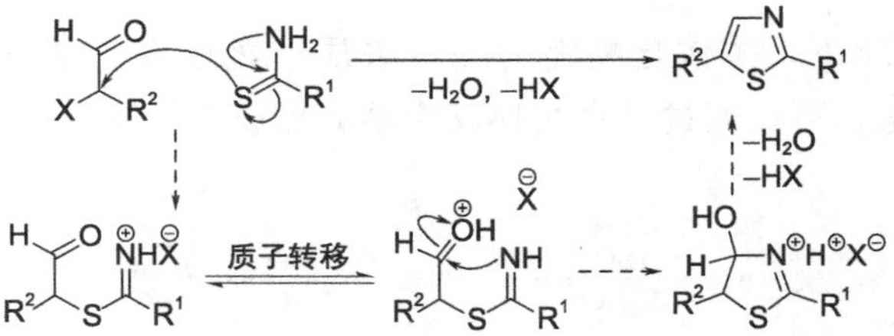

由 2-氯代丙酮与硫代乙酰胺反应可以制备 2,4-二甲基噻唑。

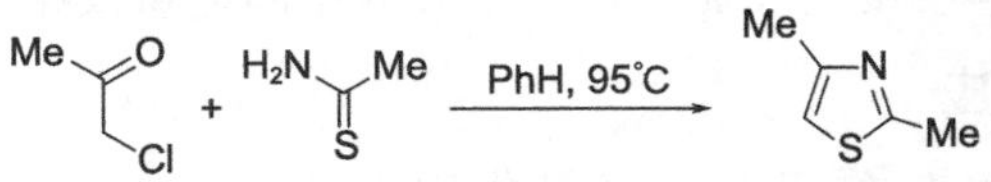

以二硫代氨基甲酸盐为原料可以制备 2-巯基噻唑。

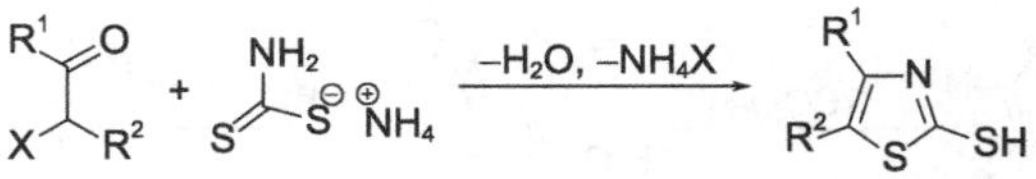

2-氯乙醛与二硫代氨基甲酸甲酯反应生成 2-甲硫基噻唑。

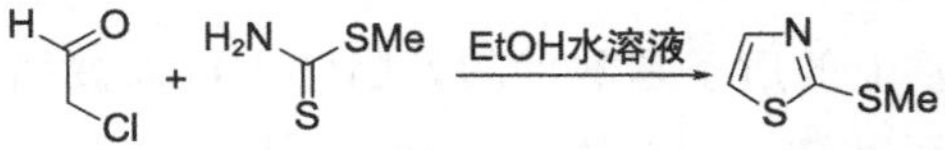

5.6.3.2 由 α-氨基氰化物与 CS₂ 合成

由 α-氨基氰化物在温和条件下同 CS_2、COS、R—N=C=S、二硫代甲酸盐或酯等反应可生成 2,4-二取代的 5-氨基噻唑，该方法叫作 Cook-Heilbron 合成法。反应经过了两步加成反应与异构化后生成产物。

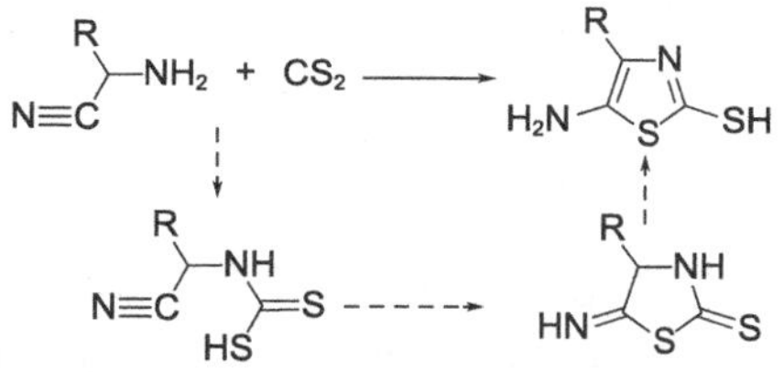

5.6.3.3 由 α-酰氨基酮和 P₄S₁₀ 合成

α-酰氨基酮和 P_4S_{10} 反应硫化环合生成噻唑的方法叫作 Gabriel 合成法，该法可制备多取代噻唑化合物。

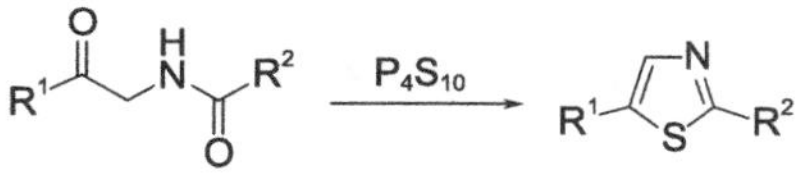

5.6.4 噻唑的衍生物

（1）2-氨基噻唑

2-氨基噻唑为无色晶体，沸点 90℃，其性质与芳胺类似，可与羰基化合物进行缩合反应，亲电取代反应也较易进行，并可与重氮盐反应生成重氮化合物。2-氨基噻唑与亚硝酸钠盐酸溶液反应生成重氮盐，经次磷酸还原生成噻唑。

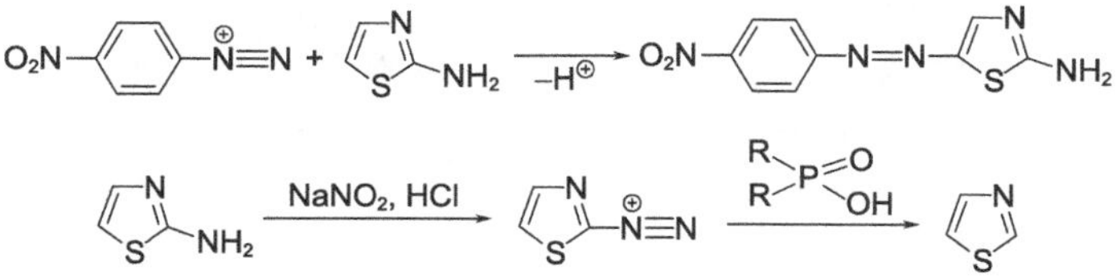

（2）含噻唑结构的天然衍生物

硫胺素，即维生素 B_1，主要存在于酵母、稻壳和其他的谷类中，缺乏后会导致脚气病并损坏神经系统，成人每天的摄入量应该在 1mg。

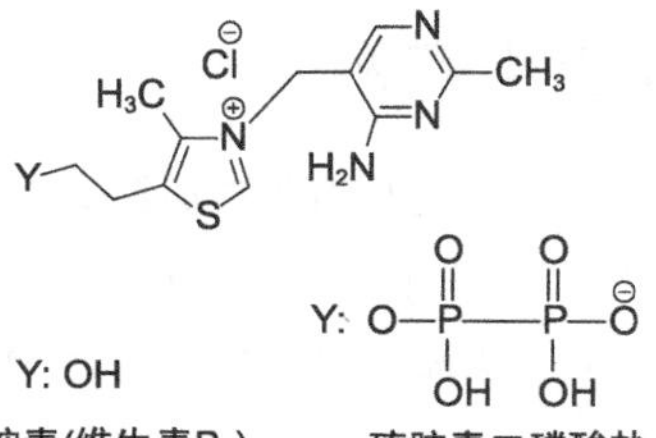

Y: OH

硫胺素(维生素B₁)　　硫胺素二磷酸盐

青霉素的核心结构是一个含有 1,3-噻唑烷和氮杂环丁烷的桥杂环，叫作青霉素烷（Penam）。由于 R 结构的不同，有多种青霉素，如青霉素 F、青霉素 G、氨苄西林等。

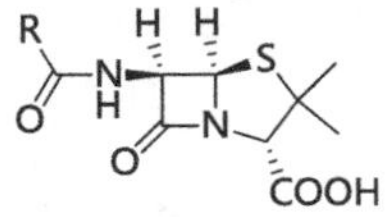

青霉素 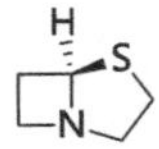　　　　　　青霉素烷

在自然界中存在的噻唑类化合物一般都具有特殊的芳香味。例如，4-甲基-5-乙烯基噻唑是可可豆及西番莲中的香味成分，2-异丁基噻唑是西红柿当中的香味成分，烤肉的香味成分之一是 2-乙酰基噻唑。

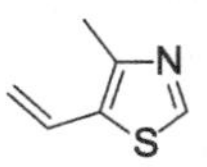

4-甲基-5-乙烯基噻唑 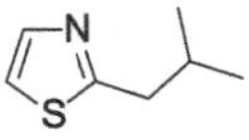　　　　2-异丁基噻唑 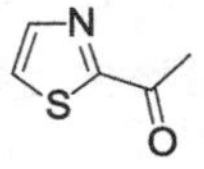　　　　2-乙酰基噻唑

（3）含噻唑结构的药物

噻唑衍生物一般都具有生物活性，例如法莫替丁（famotidine）是用于治疗胃溃疡的药物，硝咪唑是治疗血吸虫病的药物，噻虫嗪是广谱的第二代新烟碱类杀虫剂，噻菌灵是一个广谱的杀真菌剂。

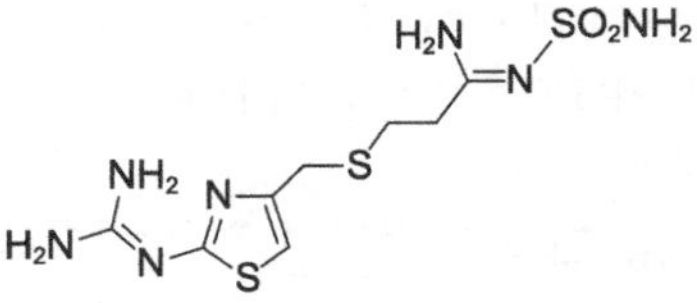

法莫替丁 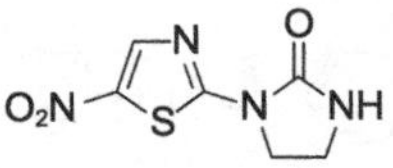　　　　　　　　　　硝咪唑

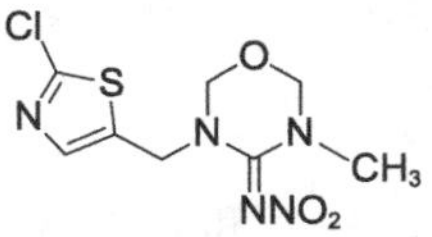

噻虫嗪 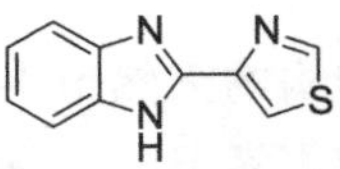　　　　　　　　　　噻菌灵

5.6.5　噻唑的合成应用实例

硫胺素二磷酸盐衍生物可用于脱羧酶的辅酶，用于催化丙酮酸脱羧来生成乙醛的反应。在碱性细胞催化下硫胺素脱氢生成氮叶立德，其对丙酮酸酮羰基进行亲核加成，经过脱羧生成 2-(1-羟基乙基)噻唑，脱氢分解成乙醛和氮叶立德。

5.7 异噻唑

5.7.1 异噻唑的结构

异噻唑在室温下为无色液体，具有吡啶一样的特殊气味，微溶于水，易溶于乙醇、苯等有机溶剂，沸点113℃。

异噻唑分子为平面结构。相对于噻唑而言，异噻唑也称为1,2-噻唑，分子中的S原子和N原子直接相连，形成的σ键是分子中最弱的键，易断裂开环。结构参数如下。

① 电离能：9.42eV；

② 偶极矩：2.4D；

③ UV（乙醇），λ（lgε）：244nm（3.72）；

④ ^{1}H NMR（CCl$_4$），δ：H-3（8.54），H-4（7.26），H-5（8.72）；

⑤ ^{13}C NMR（CCl$_4$），δ：C-3（157.0），C-4（123.4），C-5（147.8）。

5.7.2 异噻唑的化学性质

异噻唑属于芳香性化合物，类似于噻吩的芳香性大于呋喃，异噻唑的芳香性大于异噁唑。其π电子分布与异噁唑相似，所以亲电取代反应发生在4-位，亲核取代反应则发生在3-位。

5.7.2.1 成盐反应

两个杂原子直接相连会明显减弱分子的碱性，因此异噻唑的碱性明显低于噻唑，其pK$_a$值为−0.51，比噻唑大约小3。异噻唑属于弱碱，与强酸高氯酸反应在其N原子上可以发生质子化，且质子化后的异噻唑由液态变为固体。

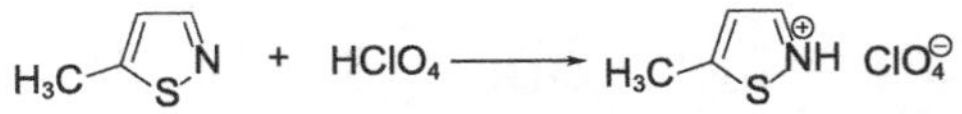

5.7.2.2 金属化反应

当异噻唑的 5-位无取代基时，异噻唑可与有机锂试剂反应形成金属化合物，而后可进一步与亲核试剂（卤代烷、二氧化碳、羰基化合物等）反应生成相应的 5-取代异噻唑类化合物。

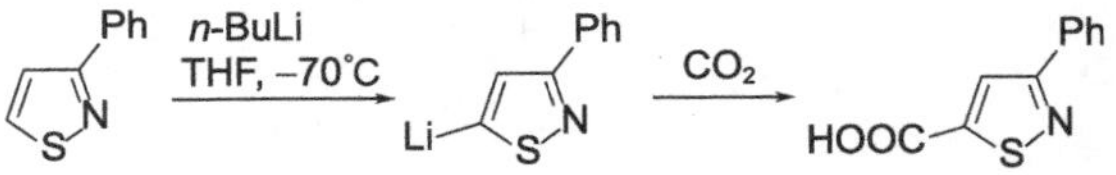

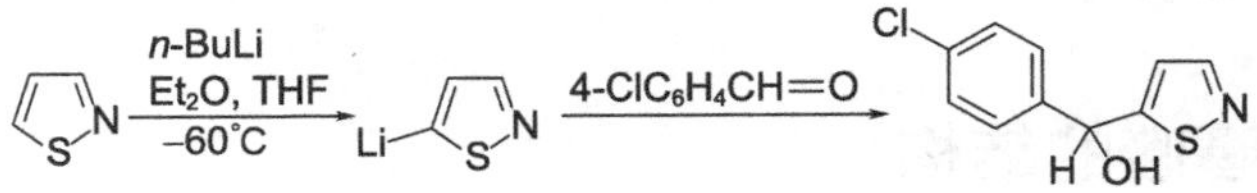

5.7.2.3 与亲电试剂的反应

异噻唑环上的氮原子降低了其亲电取代反应的能力，因此，异噻唑的亲电取代反应要比噻吩慢，但比苯快。一般情况下，异噻唑可发生 N-烷基化反应，其卤化、硝化和磺化反应可区域选择性地发生在 4-位。

（1）N-烷基化反应

与噻唑相比，异噻唑的季铵化更困难，可与异噻唑发生季铵化的试剂有：碘代烷、二烷基硫酸酯、三烷基氧鎓、四氟硼酸盐以及重氮甲烷。微波辐射可以提高异噻唑 N-烷基化反应的速率。

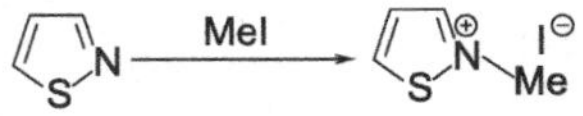

（2）卤化反应

异噻唑的卤化反应产率非常低，但和噻唑类似，当环上有给电子取代基时，可增加其亲电取代反应的活性，获得较好的卤化反应收率。

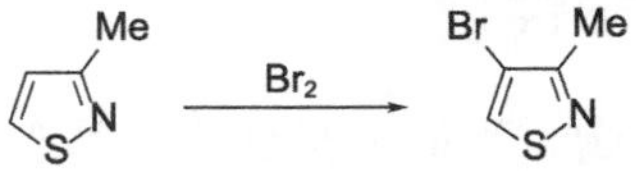

（3）硝化反应

异噻唑可以在 4-位直接发生硝化反应，当环上存在甲基之类的活化基团时，异噻唑硝化反应的速率和收率都会提高。

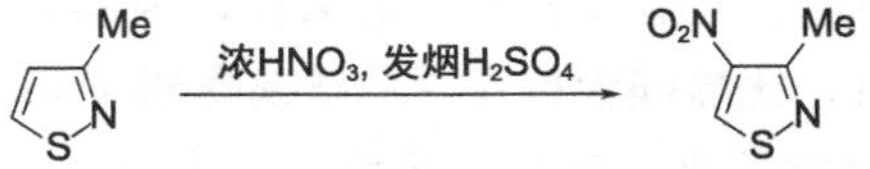

（4）磺化反应

异噻唑的磺化反应同样发生在 4-位，且需要发烟硫酸作磺化剂，在高温下发生磺化反应。当异噻唑环上连有给电子基团时，反应更易发生，且可获得较好的收率。

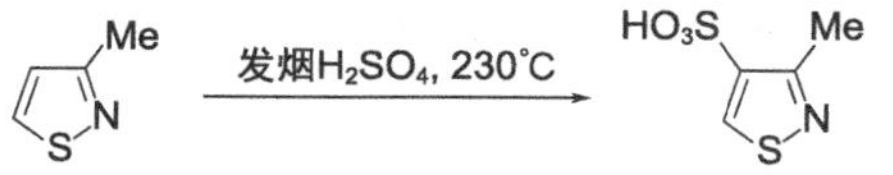

5.7.2.4　与亲核试剂的反应

同异噁唑相比，异噻唑环上电子密度高，因此异噻唑与亲核试剂的反应要比异噁唑慢，且反应不受碱金属氢氧化物或者醇盐的影响。

通常情况下，异噻唑不与亲核试剂发生氢的置换反应，当其 4-位上有类似羰基或氰基之类的活化基团时，异噻唑 5-位的离去基团可以被置换。

2-烷基异噻唑盐在碱金属的氢氧化物水溶液中可开环形成聚合产物。而碳负离子对硫原子的进攻也可导致异噻唑的开环反应。

例如，丙二酸单乙酯的钾盐脱羧形成乙氧羰基甲烷负离子，碳负离子进攻异噻唑的硫原子可导致 S—N 键的断裂，之后再关环，消除甲硫醇形成取代噻吩。

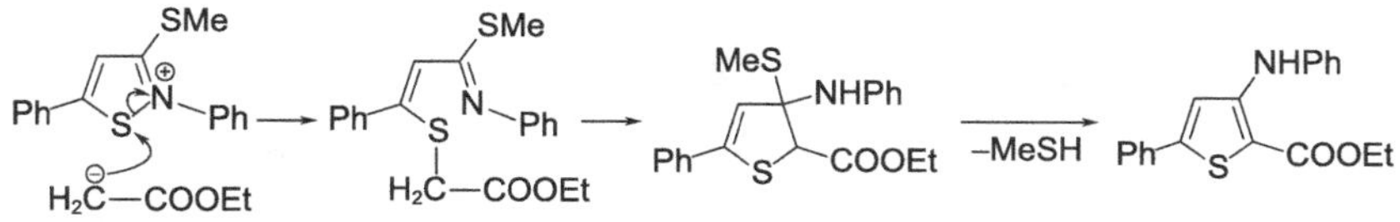

5.7.2.5　氧化反应

在过氧酸存在下，异噻唑可形成氮氧化物，而三取代的异噻唑则被氧化成 1-氧化产物，并可进一步反应生成 1,1-二氧化物。

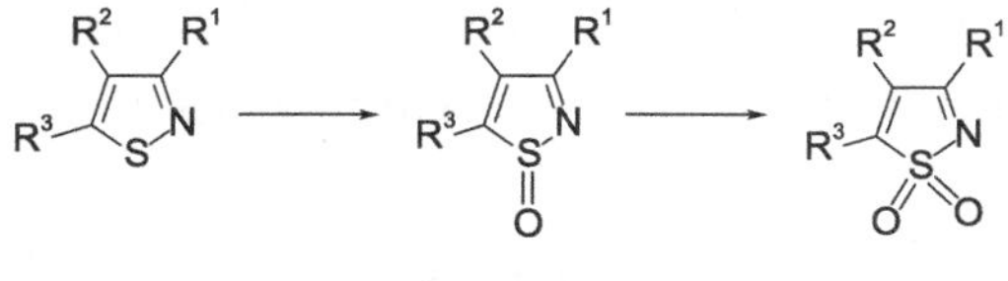

3-位无取代的异噻唑则可被过氧化氢氧化生成异噻唑-3(2H)-酮-1,1-二氧化物。

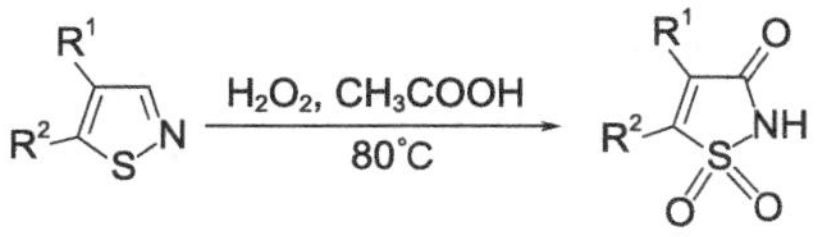

5.7.3 异噻唑的合成

5.7.3.1 由丙烯或丙炔醛与硫化物合成

无取代的异噻唑可直接通过丙烯或丙炔醛来合成，但反应条件较为苛刻，收率也不高。

由丙炔醛和硫代硫酸盐合成。

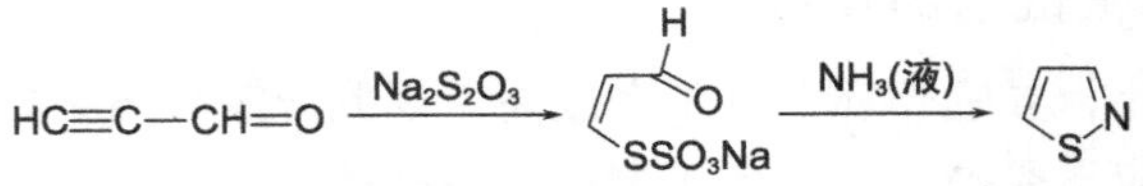

由丙烯与二氧化硫合成。

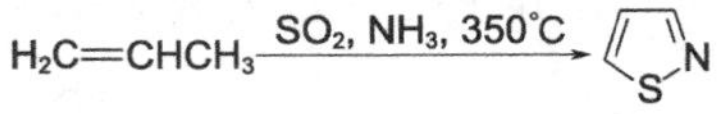

5.7.3.2 由 β-亚氨基硫酮合成

β-亚氨基硫酮经碘或过氧化氢的氧化可获得 3,5-二取代异噻唑。反应机理是基于 β-亚氨基硫酮和硫醇式的互变异构，而后通过中间体在硫原子上发生亲核取代反应关环。

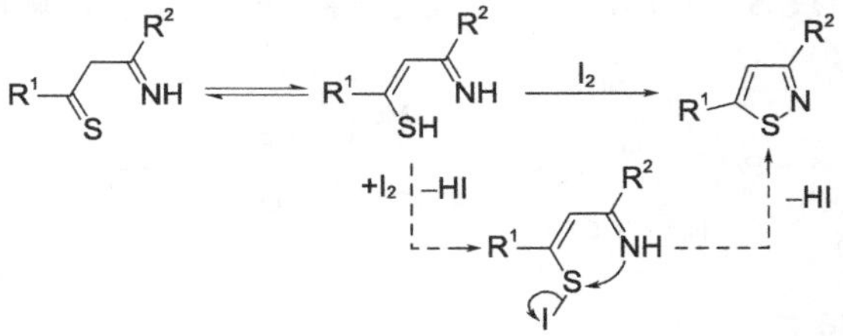

5.7.3.3 由 β-氯丙烯醛和硫氰酸铵合成

该反应需消耗 2mol 的硫氰酸铵。首先是 β-氯丙烯醛与硫氰酸铵经过 Michael 加成和消除反应形成中间体 3-氰硫基丙烯醛，而后与硫氰酸铵再次反应生成亚胺，随后同样在硫上发生分子内亲核取代反应关环生成异噻唑。

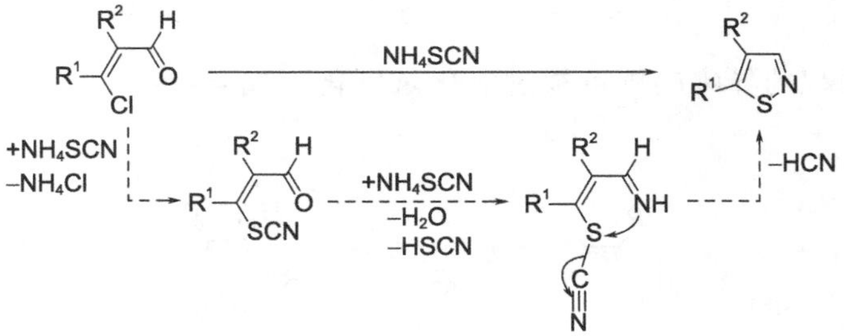

5.7.4 异噻唑的衍生物

含异噻唑结构的天然产物很少。一般含有异噻唑结构的化合物都具有生物活性，如杀菌剂 brassilexin，其是从十字花科植物芥蓝的叶子中分离提取到的异噻唑并吲哚衍生物。

糖精是由人工合成的最早的甜味剂，其也含有异噻唑结构，为 1,2-苯并异噻唑衍生物。糖精为晶体，几乎不溶于水，但其成盐后可溶于水，其甜度达到蔗糖的 300～500 倍。异噻菌胺是一个抗病诱导剂，对稻瘟病具有非常好的防治效果。

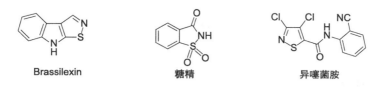

Brassilexin   糖精   异噻菌胺

5.8 咪唑

5.8.1 咪唑的结构

咪唑常温下为无色晶体，熔点 90℃，沸点 256℃，有氨气味。微溶于苯、石油醚，溶于乙醚、丙酮、氯仿、吡啶，易溶于水、乙醇，显弱碱性。

咪唑是分子结构中含有两个间位氮原子的五员杂环化合物，系统命名为1,3-二唑。咪唑分子中各键长比较平均，其分子为平面结构，接近正五边形。咪唑的1-位氮是一个类吡咯氮原子，3-位氮是一个类吡啶氮原子，类吡咯的氮原子为 6π 电子体系提供了两个电子，类吡啶氮原子和碳原子各提供了一个电子，因此咪唑是芳香性的。

气相中，咪唑的偶极矩为 3.70D，在液相中，咪唑能够形成广泛的分子间氢键，咪唑在室温下存在很快的互变异构平衡。这点从其核磁信号中可以看出来。

在快速的互变异构平衡中，核磁共振光谱所给出的是 4-位与 5-位氢和碳的平均位移核磁信号。波谱数据如下。

① UV（乙醇），λ（lgε）：207～208nm（3.70）；

② ^{1}H NMR（CDCl$_3$），δ：H-2（7.73），H-4（7.14），H-5（7.14）；

③ ^{13}C NMR（CDCl$_3$），δ：C-3（135.4），C-4（121.9），C-5（121.9）。

5.8.2 咪唑的化学性质

咪唑属于芳香性化合物，是富 π 体系，π 电子离域化程度很大，非键电子对存在于类吡啶氮原子上。从其电子云分布可以看出，亲电反应发生在 C-4、C-5 上，而亲核反应发生在 C-2 位上。

5.8.2.1 酸碱反应

咪唑环中 1-位氮原子的未共用电子对参与环状共轭，氮原子的电子密度降低，使这个氮原子上的氢易以氢离子形式离去。因而咪唑具有弱酸性，可与强碱形成盐。咪唑环中的 3-位氮原子的未共用电子对不参与共轭，而占据 sp^2 杂化轨道，可以接受质子，与强酸形成盐。咪唑的碱性略强于吡唑和吡啶。

（1）酸性

由于咪唑环中类吡咯氮原子的存在，1-位未取代的咪唑具有弱酸性，pK_a＝14.52，酸性大于相应的吡咯和乙醇。

咪唑阴离子具有对称性，是一个亲核试剂，与多种亲电试剂反应。当有取代基时，能改变其酸碱性。

（2）碱性

其碱性中等，共轭酸的 pK_a＝7.00，可以和盐酸、硝酸、草酸和苦味酸（2,4,6-三硝基苯甲酸）成盐，盐也是一个对称结构，盐与亲电试剂反应慢，而与亲核试剂反应快。

5.8.2.2 环的互变异构现象

4-取代咪唑和 5-取代咪唑之间的快速互变异构，是由于质子在 1、3 氮原子之间的快速迁移造成的；当 R＝CH₃ 时，4,5-位处于平衡状态；当 R＝NO₂ 时，4-硝基咪唑为主要存在形式；当 R＝OCH₃ 时，5-甲氧基咪唑为主要形式。4,5-二取代咪唑也有互变异构现象。

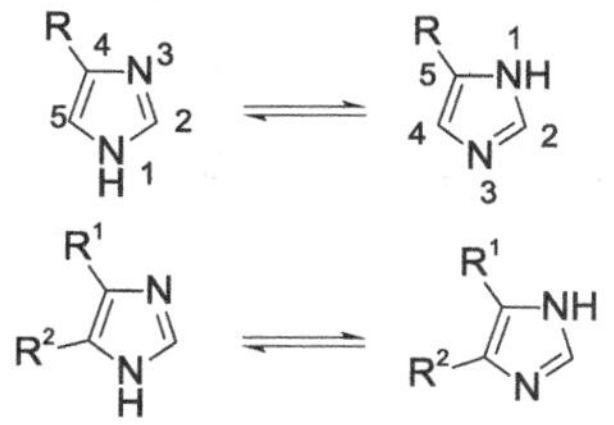

5.8.2.3 金属化反应

当咪唑的 1-位上有取代基时，与正丁基锂反应可生成相应的 2-咪唑基锂，而后可进一步与亲电试剂反应得到 1,2-二取代咪唑。

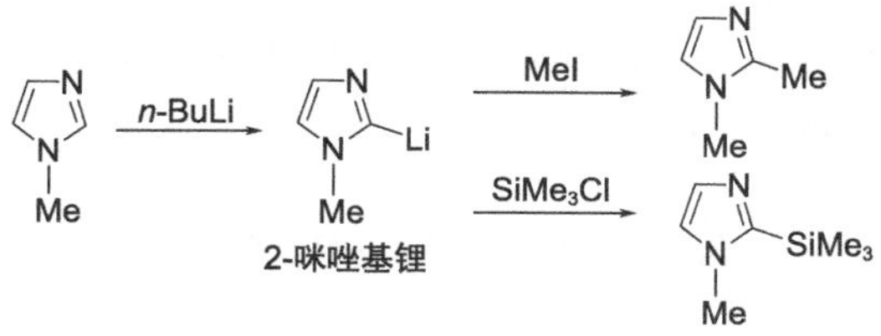

2-咪唑基锂

1,2-二取代咪唑的进一步锂化反应则发生在 5-位上。如下列反应，其中 SEM 为三甲基硅烷基乙氧基甲基（Me₃SiCH₂CH₂OCH₂），s-BuLi 为仲丁基锂。

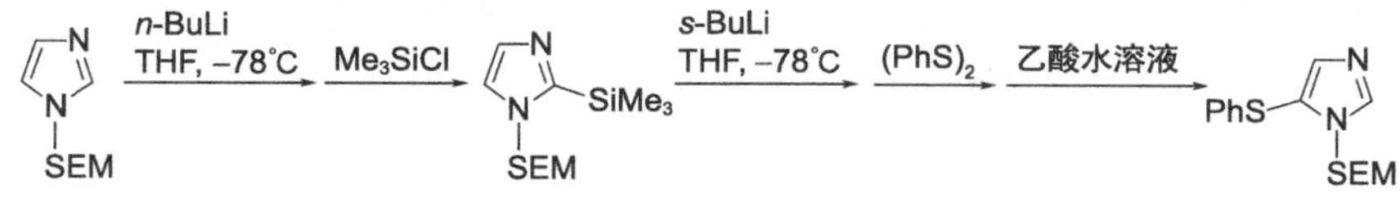

当咪唑 1-位无取代时，4 (5)-溴代咪唑可发生金属-卤素的交换反应，从而制得金属化咪唑。

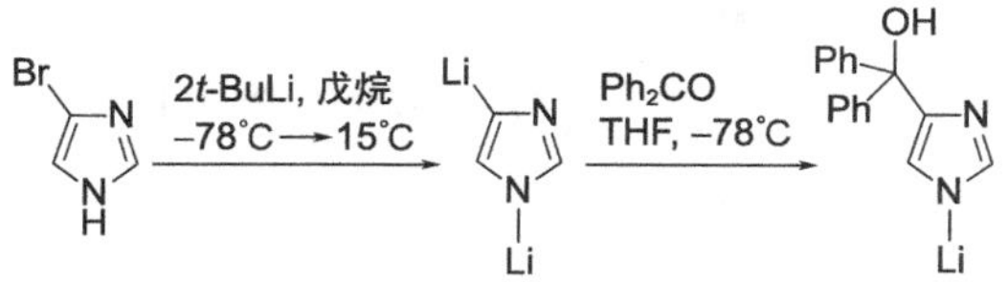

5.8.2.4 与亲电试剂的反应

咪唑的烷基化、酰基化、磺酰化和硅烷化反应都发生在氮原子上，而与硫酸、硝酸、卤素等试剂的亲电取代反应则发生在 C-4 和 C-5 上，由于环的互变异构现象，结构相同。

（1）烷基化反应

由于类吡啶氮原子的影响，咪唑在弱碱条件下就可以和卤代烷发生烷基化反应。首先生成的中间体是质子化的 N-烷基咪唑，然后脱去质子，得到 1-烷基咪唑，进而又可以与卤代烷反应生成 1,3-二烷基咪唑鎓盐。所以，在咪唑有一个 N-氢的条件下，与卤代烷发生反应所得到的是 3-烷基咪唑鎓盐、1-烷基咪唑以及 1,3-二烷基咪唑鎓盐的混合物，产物比较复杂。

在强碱条件下，咪唑首先与强碱反应转变为咪唑阴离子，而后咪唑阴离子与卤代烷反应生成 1-烷基咪唑。因此在强碱性溶液中反应，可减少咪唑与卤代烷发生的烷基化反应产物复杂的现象。

而当 4-位和 5-位有取代基时，咪唑负离子与卤代烷的反应得到的是两个 1-取代咪唑衍生物异构体。此外，咪唑负离子与酰氯、磺酰氯或三甲基氯硅烷在二氯甲烷溶液中可发生亲电取代反应，生成相应的 1-取代咪唑。

1-取代咪唑   1,4-;1,5-二取代的混合物

（2）卤化反应

咪唑可以发生卤化反应，且反应活性较高。用磺酰氯氯化或者在碱性溶液中用次氯酸盐氯化可得到 4,5-二氯咪唑；咪唑和 1-烷基咪唑用溴的水溶液可以在所有位置进行溴化反应；用碘的碱性水溶液则可以碘化获得 2,4,5-三碘咪唑。

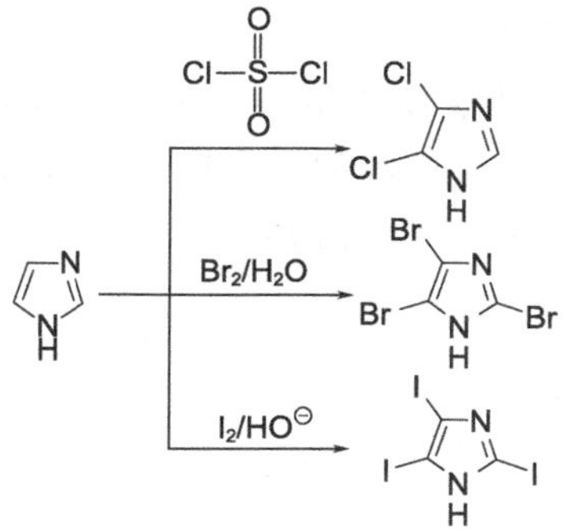

通过咪唑的溴代、还原、氯代反应可以合成得到4-溴-5-氯咪唑化合物。

（3）偶氮反应

咪唑阴离子与亲电试剂在碱性水溶液中可发生偶氮反应，反应发生在2-位上。

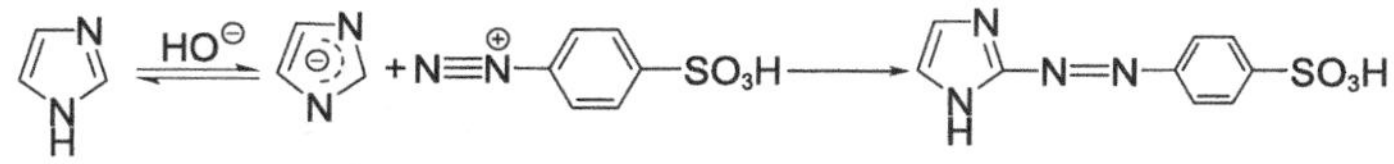

（4）硝化反应

咪唑的硝化反应一般发生在4-位上，且反应十分缓慢，主要原因是在硝化过程中首先生成的咪唑阳离子降低了亲电取代反应的活性，也可以生成4,5-二硝基咪唑。而在咪唑的2-位不发生硝化反应，即使是4,5-二甲基咪唑也难以进行硝化反应。

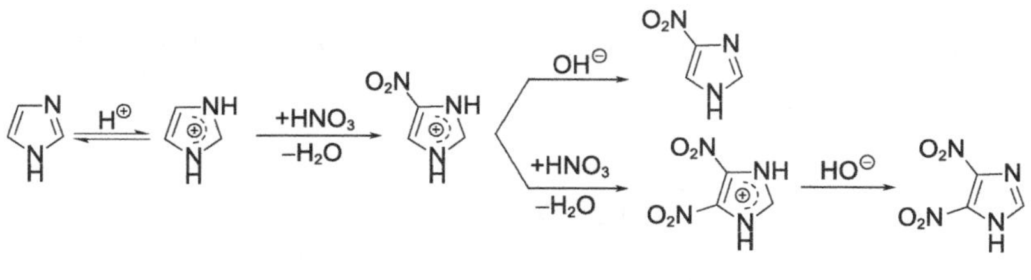

（5）磺化反应

咪唑的磺化反应活性也较低，但比噻唑高，通常需要在高温条件下进行，反应可发生在4-位或5-位上。

5.8.2.5 氮上的酰化反应

在有机合成中，咪唑与酰氯反应生成的1-酰基咪唑（酰咪唑）是一类重要的酰化试剂，应用非常广泛。酰咪唑的反应活性比 N,N-二烷基酰胺高，它可以有效地向乙醇、水、苯酚和胺上转移酰基。

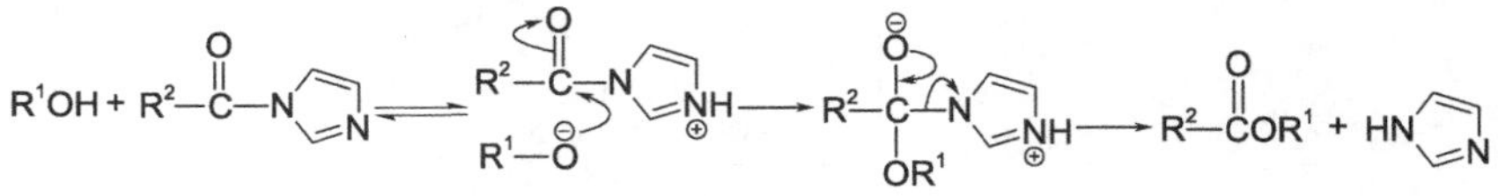

5.8.2.6 与亲核试剂反应

咪唑与亲核试剂的反应通常在2-位发生，但反应活性较低，反应进行缓慢，且一般需要在剧烈条件下进行。1-甲基-4,5-二苯基咪唑在氢氧化钾水溶液中于高温下反应会转变成咪唑-2(3H)-酮类化合物。

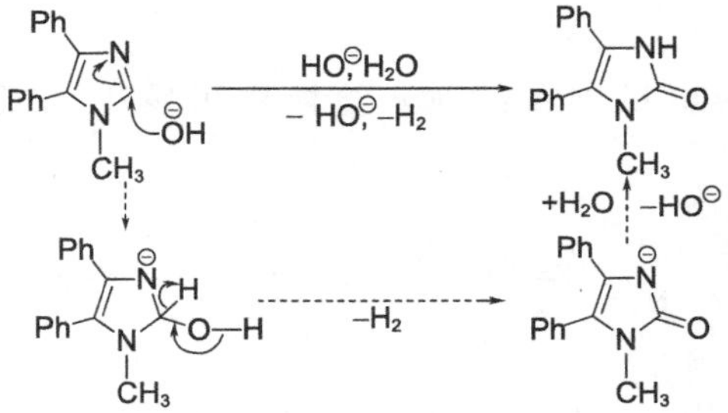

咪唑上的2-位卤素可以被亲核置换，但反应只有在剧烈条件下才能发生。

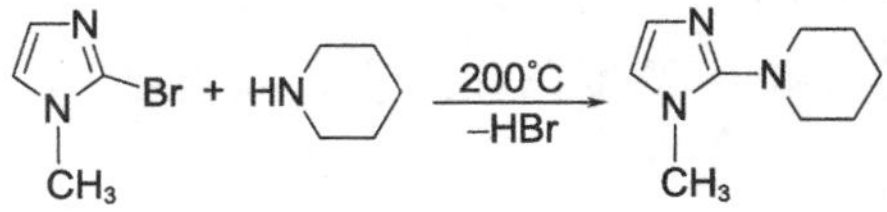

在特殊情况下，当咪唑的N上连有硝基时，硝基可以成为离去基团，从而发生5-位的亲核取代反应。

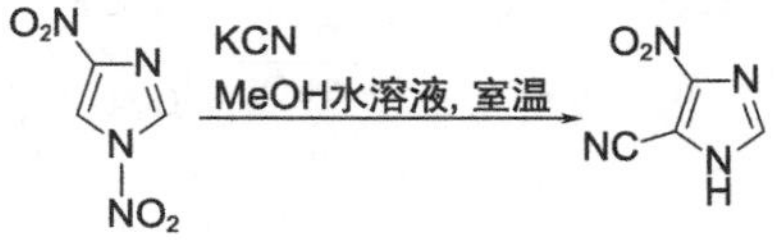

5.8.3 咪唑的合成

采用逆合成分析方法对咪唑结构进行分析，可以推断合成咪唑的基本合成子，进而可以推导出咪唑合成的主要原料为 α-氨基酮与酰氯和氨、α-卤代酮与脒、α-氨基酮与酰胺。

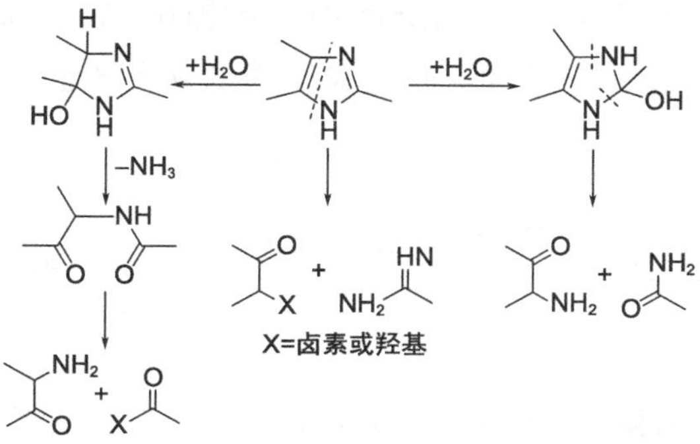

5.8.3.1 由 α-卤素或 α-羟基酮与脒合成

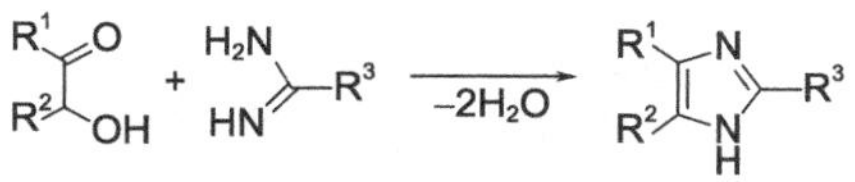

2-位无取代咪唑可以由 α-羟基酮和甲酰胺反应制得，这种合成方法也称为 Bredereck 合成法。

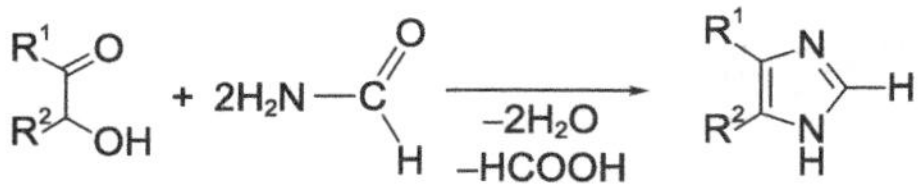

5.8.3.2 由 α-氨基酮和氨基腈合成

即 Marckwald 合成法，用于合成 2-氨基咪唑，但也可以延伸用于其他反应类型，得到多种咪唑衍生物。

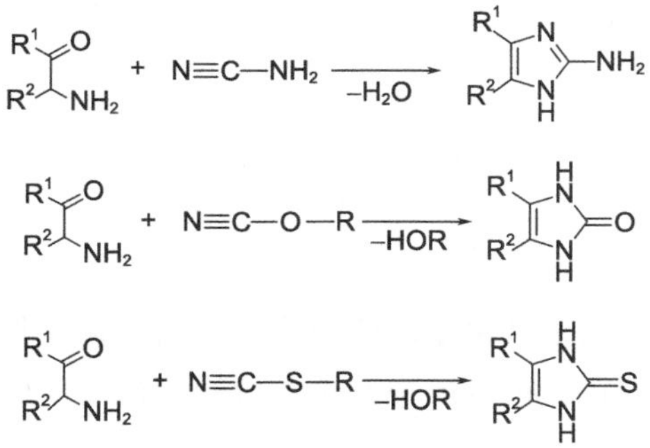

5.8.3.3 由 1,2-二羰基化合物、胺和醛合成

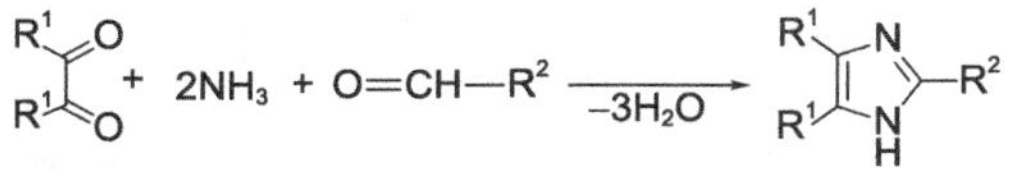

5.8.3.4 由醛亚胺与对甲苯磺酰基甲基异氰酸酯（TosMIC）合成

该反应在碳酸钾存在下发生，可生成 1,5-二取代咪唑，反应原理见噁唑的合成。

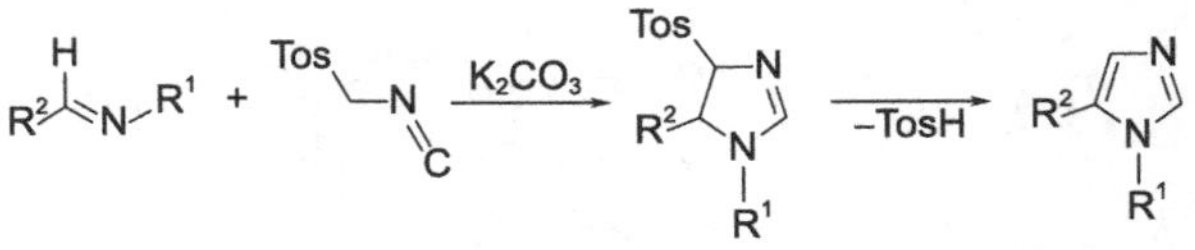

化合物 KK-42 对昆虫具有抗蜕皮激素合成的活性，采用柠檬醛与苄胺缩合生成的亚胺再与 TosMIC 环化得到。

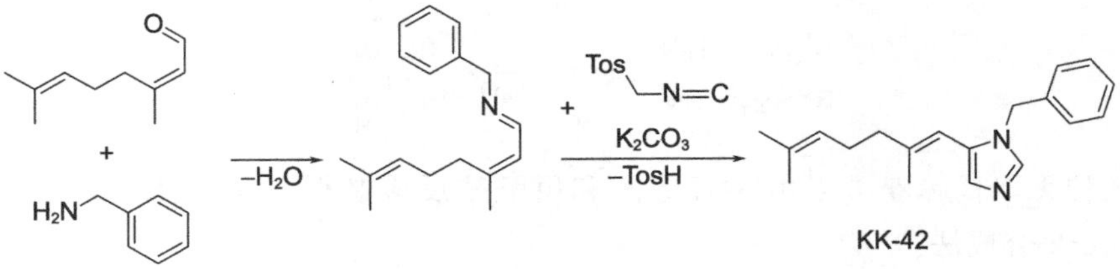

5.8.4 咪唑的衍生物

（1）咪唑

咪唑分子既是氢键供体又是氢键受体，且只能形成分子间氢键，因此咪唑的熔点和沸点相比于吡咯、噁唑、噻唑等化合物明显要高。与之相对比，1-甲基咪唑由于甲基的存在，破坏了分子间的氢键作用，1-甲基咪唑为液体，其熔点 −6℃，沸点 198℃，要明显比咪唑低。且咪唑类化合物是热力学稳定的化合物，咪唑在 500℃ 以上才会分解。

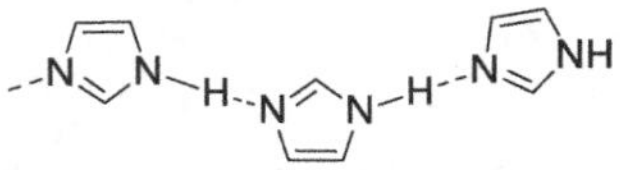

（2）咪唑烷

咪唑烷看作是咪唑完全氢化还原的产物，结构可以看作环状缩醛胺，是许多活性分子的构成部分，在有机合成中有重要应用。由乙二胺和脲在加热条件下可以合成咪唑烷-2-酮。

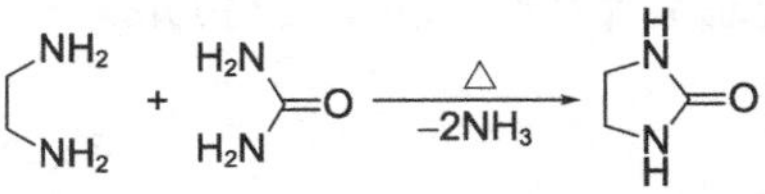

乙内酰脲，即咪唑烷-2,4-二酮，可由 α-氨基酸和氰酸钾经两步反应制得：

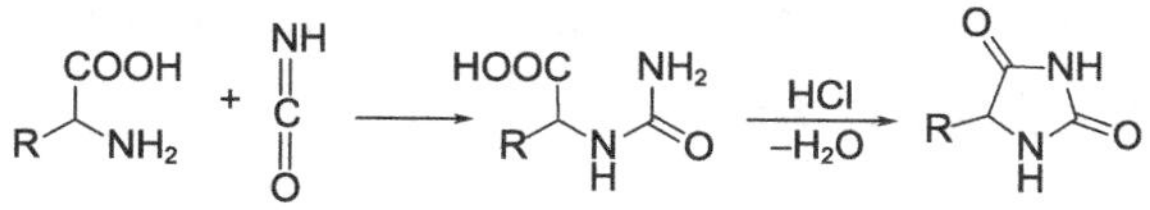

（3）含咪唑的天然产物

咪唑与天然化合物之间的关系极为密切，咪唑环广泛存在于多种天然产物结构中。例如与嘧啶环稠合后，得到嘌呤衍生物，除作为像 6-氨基嘌呤、鸟嘌呤等核酸的碱基外，还存在于生物体中的尿酸、咖啡碱和茶碱结构中。

组氨酸是最重要的由咪唑衍生的天然氨基酸。在蛋白质的组氨酸中，咪唑环可以同时作为游离碱和共轭酸，以此起到调节酸碱平衡的作用。组氨酸可以在酶的作用下脱羧形成组胺，而组胺则是一种血管扩张剂，它可以降低血压，还可以收缩平滑肌和调节胃酸分泌。但当组胺在血液中的水平太高时，会引起过敏症。

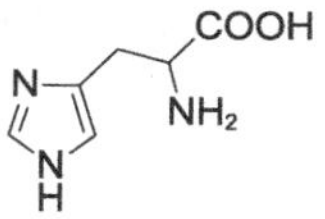

组氨酸 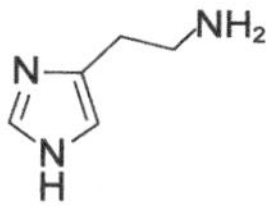　　　　　　　　　组胺

维生素 H 是一个含有咪唑烷环的重要天然物质，其存在于蛋黄和酵母中，可以促进微生物的生长。

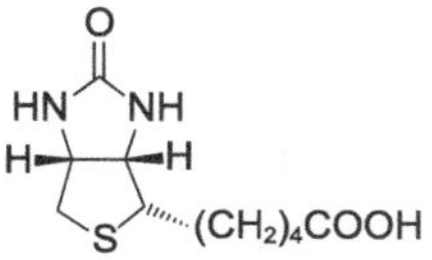

维生素H

（4）含咪唑结构的药物

无论是在农药还是医药中，许多药物结构中都含有咪唑环。在医药中，如甲氰咪胍（cimetidine）被用于治疗十二指肠溃疡和胃溃疡，伊普沙坦（eprosartan）可以用于治疗高血压。

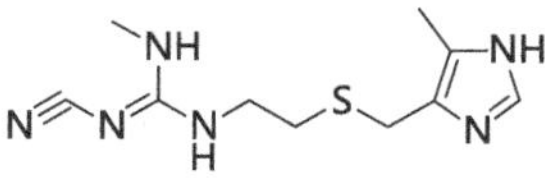

甲氰咪胍 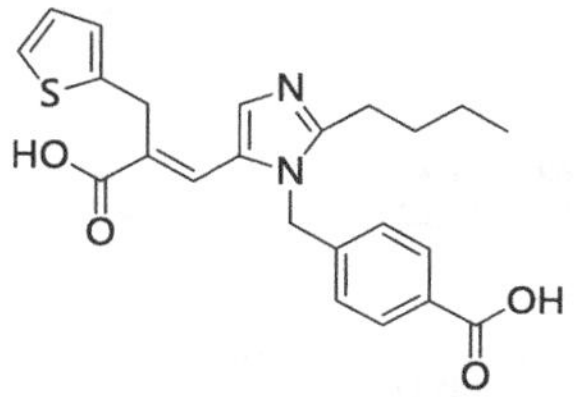　　　　　　　　　　　伊普沙坦

在农药中，咪鲜胺（prochloraz）可用于防治多种作物上由子囊菌和半知菌引起的病害，是一种广谱杀菌剂；抑霉唑（imazalil）是一种内吸性杀菌剂，对

侵袭水果、蔬菜和观赏植物的许多真菌病害都有防效。对柑橘、香蕉和其他水果喷施或浸渍，能防治收获后的腐烂。

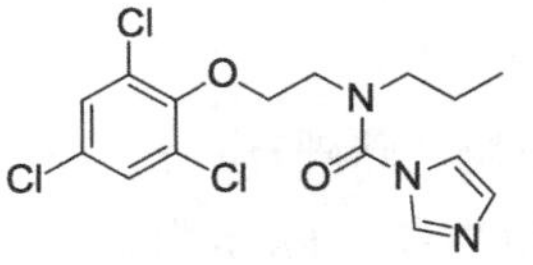

咪鲜胺

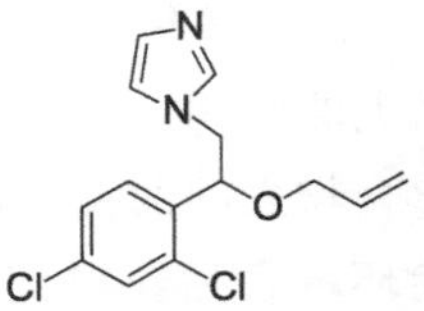

抑霉唑

5.8.5 咪唑的合成应用实例

在天然产物的合成过程中，有许多是以咪唑为主体框架，进一步衍生而获得复杂的天然产物，如格洛斯拉菌（grossularine-2）的合成：

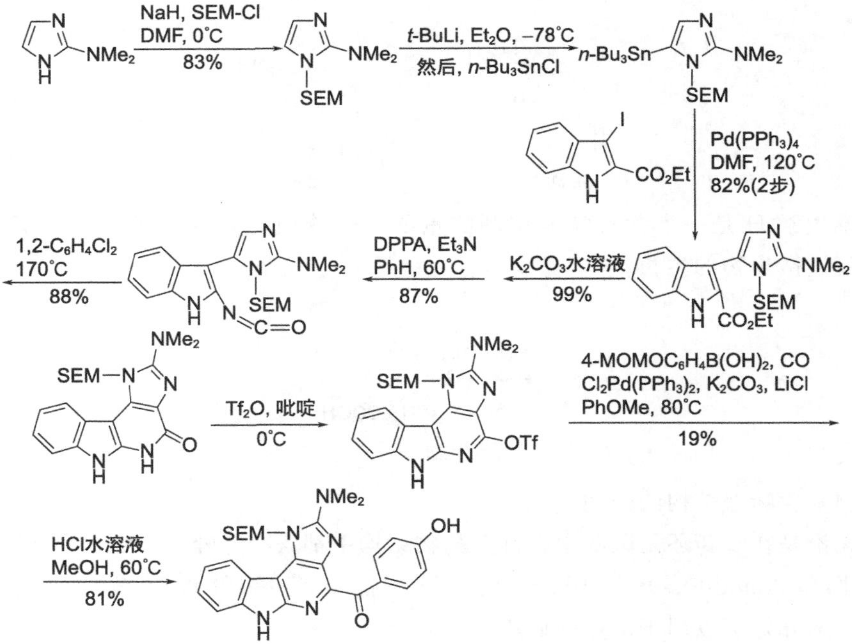

格洛斯拉菌

5.9 吡唑

5.9.1 吡唑的结构

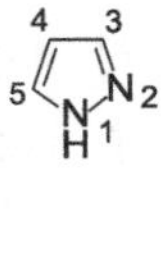

吡唑，即1,2-二唑，常温下为无色针状晶体，熔点70℃，沸点188℃，有似吡啶的臭味和刺激性。同咪唑类似，吡唑也为芳香性化合物，其分子中同样含有一个类吡咯氮原子和一个类吡啶氮原子。吡唑分子同样为平面结构，但其第三个和第四个原子之间的键较长。吡唑在苯中的偶极矩为1.92D，方向为从分子中心指向第二个和第三个原子之间的键。

吡唑在室温下存在很快的互变异构平衡，这点从其核磁信号中可以看出来。吡唑的波谱数据如下。

① UV（乙醇），λ（lgε）：201nm（3.53）；

② ^{1}H NMR（CCl$_4$），δ：H-1（12.64），H-3（7.61），H-4（6.31），H-5（7.61）；

③ ^{13}C NMR（CH$_2$Cl$_2$），δ：C-3（134.6），C-4（105.8），C-5（134.6）。

5.9.2 吡唑的化学性质

同咪唑类似，吡唑为富π体系化合物。从其电子云分布可以看出，亲电反应发生在C-4上，而亲核反应发生在C-3位和C-5位上。吡唑环中最弱的键为N—N键，其大多数反应和咪唑类似。

5.9.2.1 酸碱反应

同咪唑类似，吡唑环中的2-位氮原子的未共用电子对不参与环状共轭，可给出电子，与酸形成盐，因此吡唑具有碱性，但由于吡唑中两个杂原子直接相连，使得碱性减弱，故吡唑的碱性弱于咪唑。当吡唑环中1-位氮原子上的氢未被取代时，可给出质子，与碱反应，具有弱酸性。

（1）碱性

吡唑的质子化发生在2-位上。

（2）酸性

1-位未取代吡唑的pK_a＝14.21，可与钠反应生成钠盐，与硝酸银水溶液反应生成微溶于水的银盐。

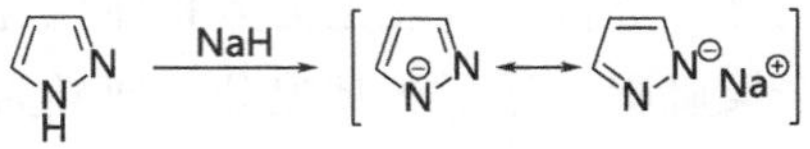

5.9.2.2　环的互变异构现象

1,2-位未取代的吡唑同样存在环的互变异构现象，在溶液中，互变异构体可迅速建立平衡。当 R=CH$_3$时，3-位取代的异构体为主要存在形式。

5.9.2.3　金属化反应

当吡唑的1-位上有取代基时，与正丁基锂反应可使5-位金属化。而后通过锂化物的亲电取代反应，可以获得多取代的吡唑。

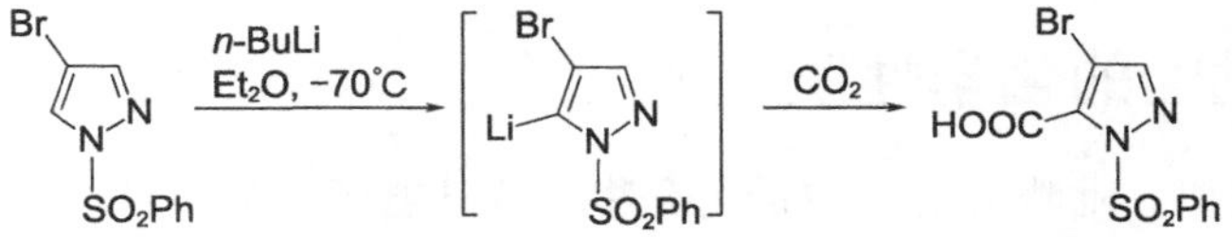

而当1-位的取代基为可离去基团时，如二甲氨基磺酰基，则可合成5-位取代的吡唑。

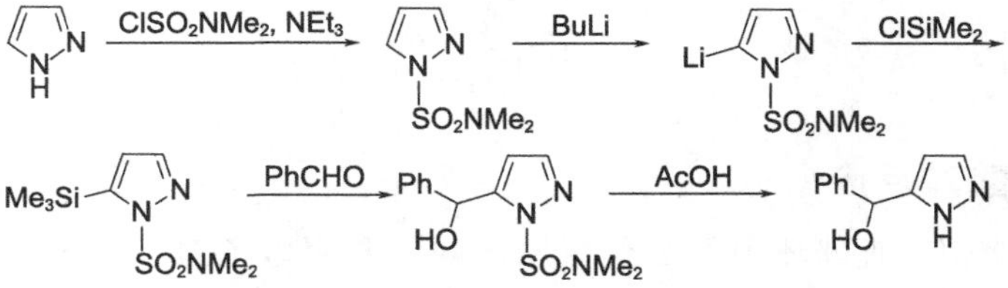

当吡唑1-位无取代时，4-溴吡唑可发生金属-卤素交换反应。如4-溴吡唑与二当量的正丁基锂反应生成1,4-二锂吡唑，C-4可与亲电试剂反应。

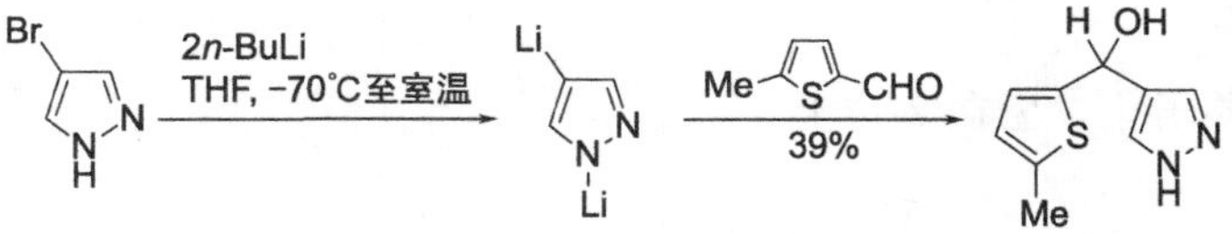

5.9.2.4　与亲电试剂的反应

同咪唑类似，吡唑的烷基化、酰基化、磺酰化和硅烷化反应一般都发生在氮原子上，而与硫酸、硝酸、卤素等试剂的亲电取代反应则一般发生在C-4上。

（1）烷基化反应

吡唑氮上烷基化反应最好的方法是通过其钠盐来进行。如吡唑甲基化通过其钠盐与碘甲烷或硫酸二甲酯反应来获得。吡唑氮上的苄基化、乙酰化、苯甲酰化、甲磺酰化和三甲基硅烷化均可通过此方法来制备。

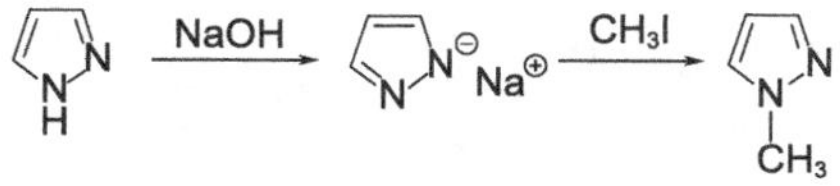

由于存在环的互变异构现象，3-位和5-位取代的吡唑可以生成 1,3-二取代和 1,5-二取代吡唑的混合物。

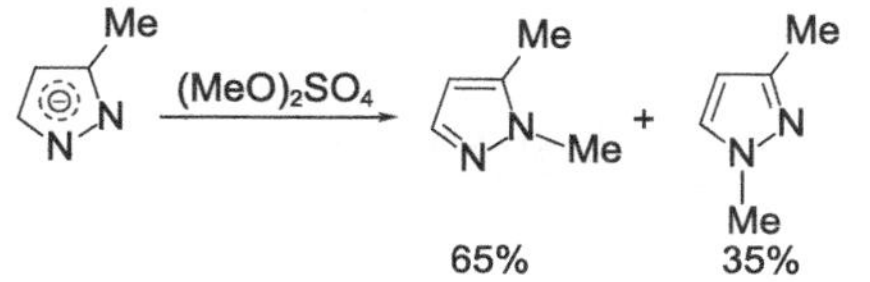

65%　　35%

吡唑的 N-烷基化反应也可以在强碱性或 4-二甲氨基吡啶（DMAP）中进行。

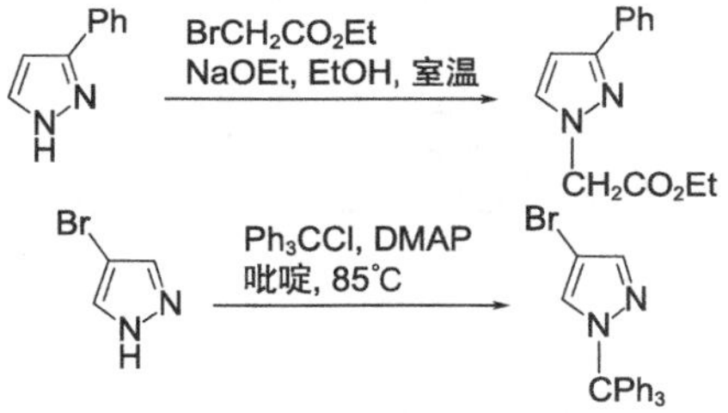

（2）卤化反应

吡唑与氯或溴在乙酸中反应可制得相应的 4-卤代吡唑，而在碱性溶液中，吡唑和溴反应则可以生成 3,4,5-三溴吡唑。

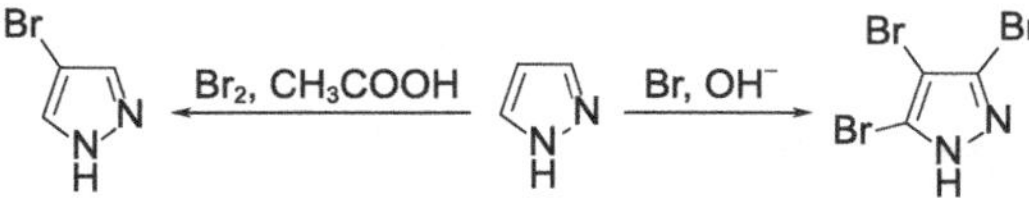

（3）重氮化反应

4-位和5-位氨基吡唑可发生重氮化反应，而后脱氢，生成稳定的重氮吡唑。

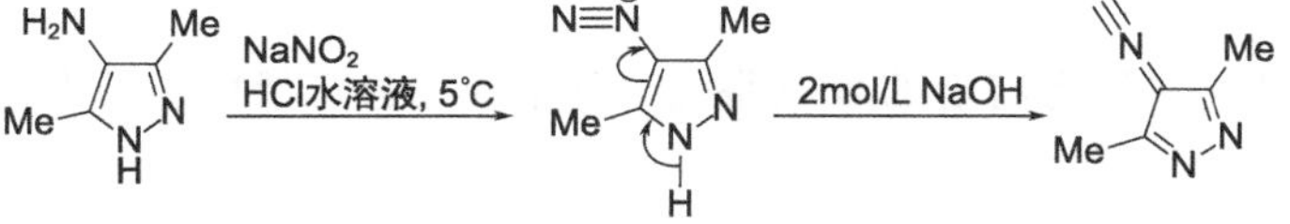

（4）硝化反应

吡唑的硝化反应可在 1-位上发生，也可发生在 4-位上。用硝酸乙酰酯或四氧化二氮与臭氧可得到 1-硝基吡唑。在低温酸性条件下，1-硝基吡唑可重排生成 4-硝基吡唑。

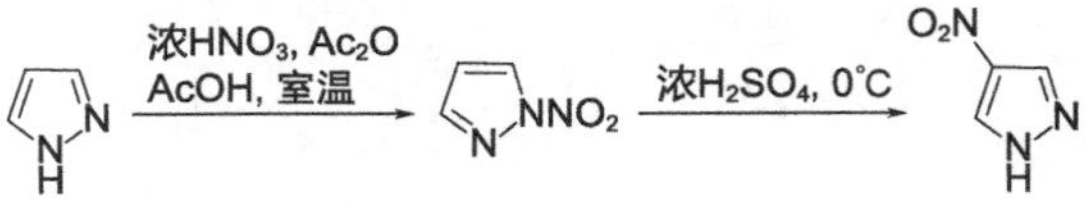

（5）磺化反应

吡唑的磺化需要在发烟硫酸中加热进行，反应生成吡唑-4-磺酸。

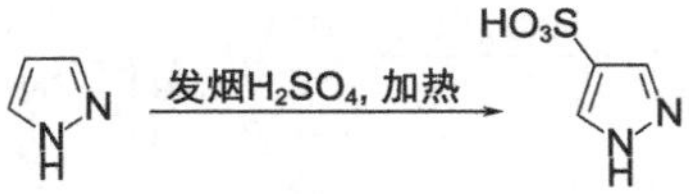

（6）酰基化反应

吡唑可发生酰基化反应，如 1-取代吡唑在发生甲酰化时生成吡唑-4-甲醛。

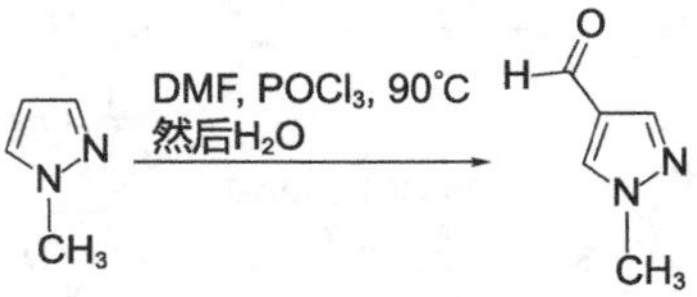

在吡唑的氮上也可引入酰基和苯磺酰基，反应通常是在弱碱性条件下如吡啶中进行，反应过程是由亚胺氮酰基化后消去质子，得到较稳定的产物。

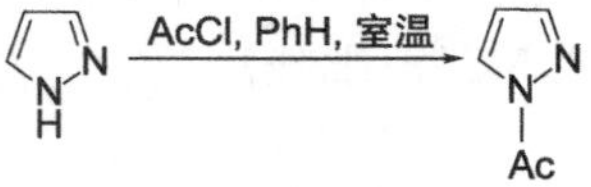

5.9.2.5　与亲核试剂反应

吡唑通常不与亲核试剂发生反应，即使反应进程也较为缓慢。3-位未取代的吡唑在碱性氢氧化物中加热可开环。

5.9.3　吡唑的合成

合成吡唑的方法有特定的合成路线，其中应用最广泛的主要有两种。

5.9.3.1　由 1,3-二羰基化合物和肼合成

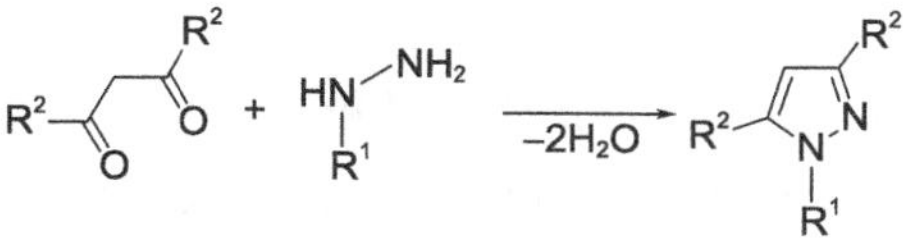

当反应中所使用的为不对称的 1,3-二羰基化合物时，通常会生成不同异构体的混合物。

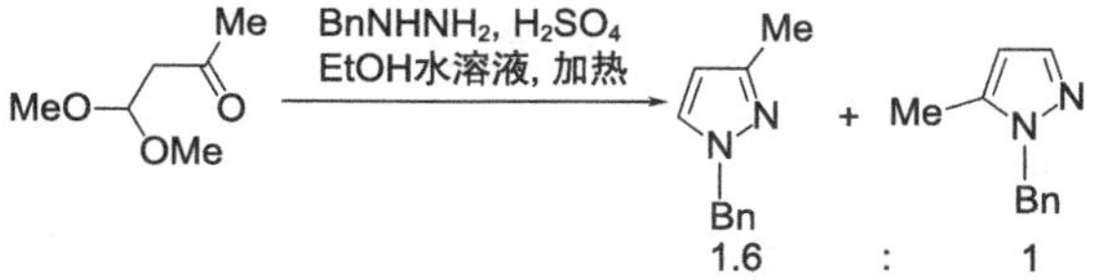

此外，该合成方法还可以利用乙炔酮作为双功能基反应物，反应经过 Michael 加成、分子内亲核加成、脱水过程生成吡唑。

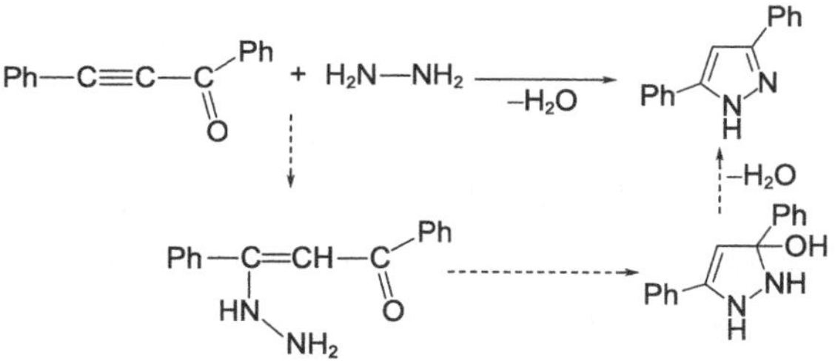

5.9.3.2　由重氮甲烷和炔合成

通过重氮甲烷与乙炔的 1,3-偶极环加成制备吡唑，反应先经协同的 [3+2] 环加成反应生成 3H-吡唑，而后快速异构化成吡唑。

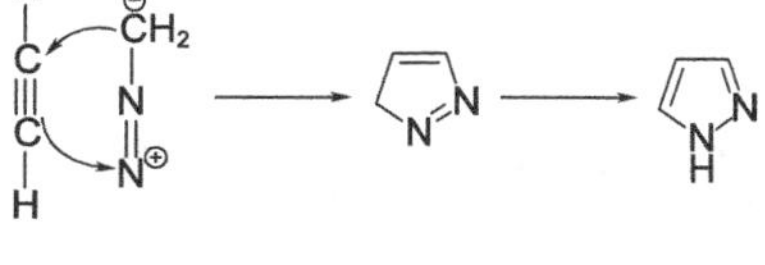

α-重氮乙酸乙酯与三正丁基锡基乙炔反应生成 3-锡基-吡唑-5-羧酸类化合物，这是 Stille 偶联反应的中间体。

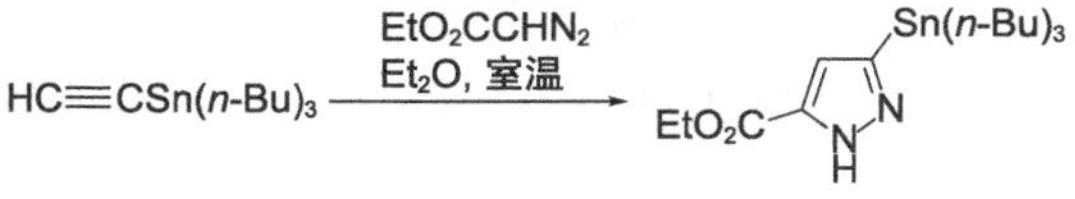

5.9.4 吡唑的衍生物

(1) 吡唑

吡唑可溶于水、醇、苯和醚，在固态和浓溶液中，通过两个分子间氢键以二聚态形式存在。因此，当吡唑环上氮原子上有取代基时，会破坏这种二聚态形式，相对应的化合物的熔点和沸点就会降低。而当环上碳原子有取代基时，沸点和熔点升高。吡唑吞入有毒，对眼睛、皮肤、呼吸道有刺激作用。

(2) 4,5-二氢吡唑

4,5-二氢吡唑，即 2-吡唑啉，其许多衍生物都具有生物活性。4,5-二氢吡唑可由 α,β-不饱和羰基化合物与肼、烷基肼或芳基肼发生环缩合反应制备。

(3) 吡唑酮

4,5-二氢吡唑类化合物最重要的是其氧代衍生物，通常被称为吡唑酮。吡唑酮存在环互变异构和侧链互变异构现象，互变异构平衡的位置取决于环上所连取代基的类型和所使用的溶剂。根据标记氢位置不同，可分为"NH-式""CH-式""OH-式"三种异构体。在气相和非极性溶剂中，2,4-二氢-3H-吡唑-3-酮为主要存在形式，而在某些溶液中，环系依赖其他取代基的性质可以百分之百的烯醇式存在。

| 1,2-二氢-3H-吡唑-3-酮 | 2,4-二氢-3H-吡唑-3-酮 | 5-羟基吡唑 |
| NH-式 | CH-式 | OH-式 |

2,4-二氢-3H-吡唑-3-酮的反应活性主要取决于其与亲电试剂反应的能力，依据取代基、试剂和反应条件的不同可在 C、N、O 原子上发生烷基化反应。如5-甲基-2-苯基-2,4-二氢-3H-吡唑-3-酮可与碘甲烷或硫酸二甲酯反应生成 1,5-二甲基吡唑酮类衍生物，即安替比林（antipyrine），而后可进一步发生甲酰化反应。

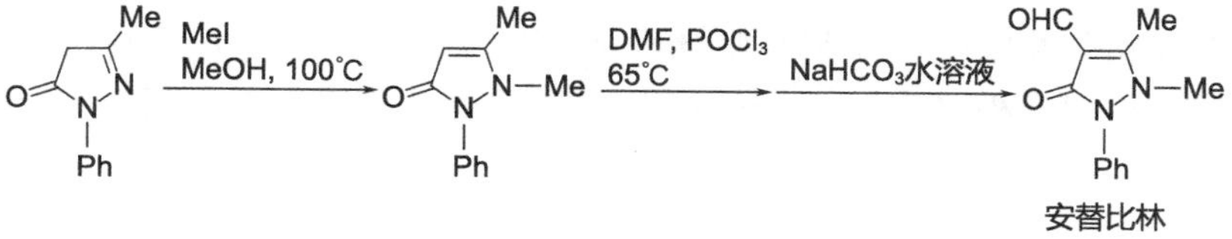

安替比林

2,4-二氢-3H-吡唑-3-酮可与醛进行醇醛型缩合，或与二硫化碳等亲电试剂进行反应。

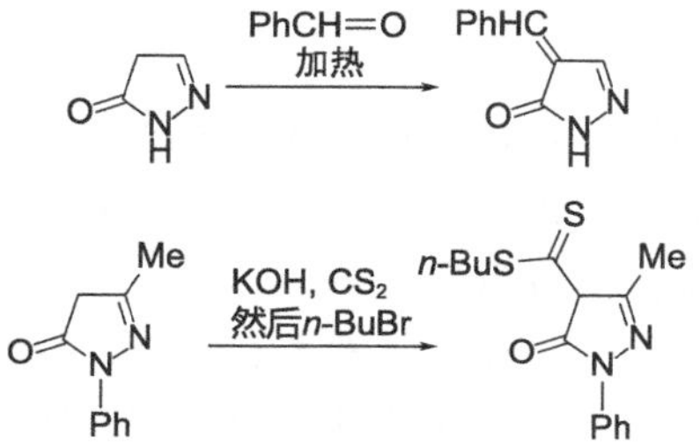

2,4-二氢-3H-吡唑-3-酮可由 β-酮酸酯和肼、烷基肼或芳基肼通过环缩合制备。

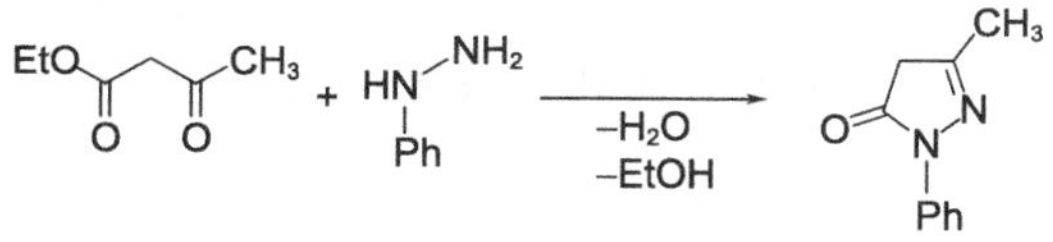

吡唑酮类化合物应用广泛，在许多领域中都扮演着重要角色，上文提到的安替比林是最早合成的药物之一。在医药上，吡唑酮类药物属于非甾体抗炎药，用于解热镇痛，如止痛剂安乃近（metamizole sodium）、抗炎药氨基比林（aminophenazone）以及作为利尿剂和抗高血压药的莫唑胺（muzolimine），但是吡唑酮类药物有较严重的毒副作用，应用较少，在临床疼痛治疗中不占重要地位。

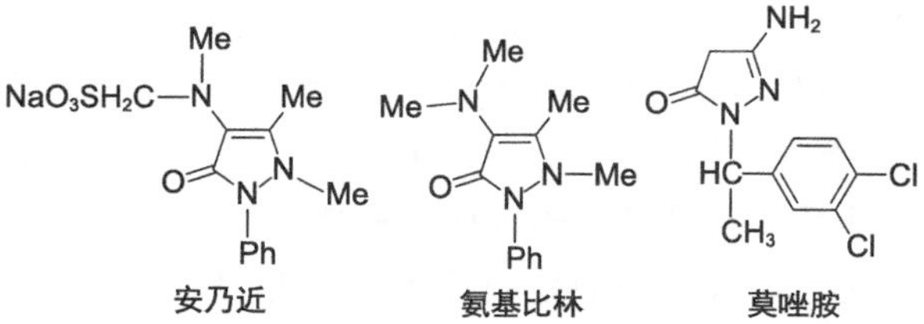

安乃近　　　　氨基比林　　　　莫唑胺

（4）吡唑烷

吡唑烷，又称为四氢吡唑，无色液体，有吸湿性。熔点 10～12℃，沸点

138℃。吡唑烷具有环肼结构，其碱性较吡唑强。

吡唑烷衍生物吡唑烷-3-酮与吡唑烷-4-酮已有报道，用于治疗风湿性及类风湿性关节炎的保泰松（phenylbutazone）是取代的吡唑烷-3,5-二酮。

保泰松

（5）含吡唑环的药物

含吡唑环的天然产物较少，在已知的含吡唑环的天然产物中未发现有药理作用突出或其他特别作用的化合物，但是许多合成的吡唑类化合物具有突出的生物活性，在医药和农药中都扮演着重要角色。

吡唑生理作用丰富，包括止痛、抗发炎、退烧、抗心律失常、镇静、松弛肌肉、精神兴奋、抗痉挛、一元胺氧化酶抑制剂、抗糖尿病和抗菌等。因此，吡唑可作为某些医药、农药的中间体，在医药、农药的研究开发中占有十分重要的地位。

在医药中，如赛来考昔（celecoxib）可以用于治疗风湿并有止痛作用；氨乙吡唑（betazole）是组胺的生物等排体，可以选择性地阻断 H_2 受体；扎来普隆（zaleplon）则是新一代的催眠药，可用于失眠的短时间治疗。

赛来考昔   氨乙吡唑 扎来普隆

在农药中，吡唑醚菌酯（prochloraz）为新型广谱杀菌剂，具有保护、治疗、叶片渗透传导作用，对黄瓜白粉病、霜霉病和香蕉黑星病、叶斑病、菌核病等有较好的防治效果；四唑嘧磺隆（azimsulfuron）为水稻田除草剂，水稻苗后使用，用于防除稗草、阔叶杂草和莎草科杂草；氯虫苯甲酰胺（chlorantraniliprole）是高效广谱性杀虫剂，对鳞翅目的夜蛾科、螟蛾科、蛀果蛾科、卷叶蛾科、粉蛾科、菜蛾科、麦蛾科、细蛾科等均有很好的控制效果，还能控制鞘翅目象甲科、叶甲科；双翅目潜蝇科；烟粉虱等多种非鳞翅目害虫。

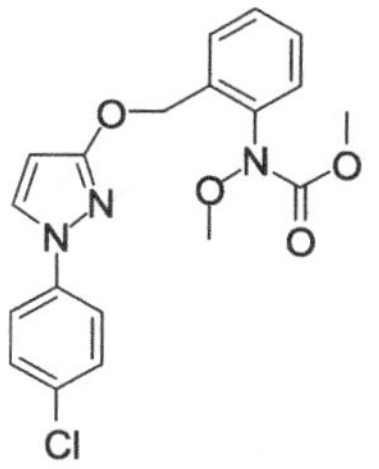

吡唑醚菌酯 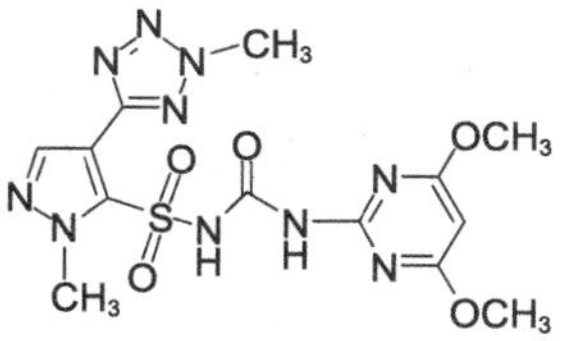　　　　　四唑嘧磺隆 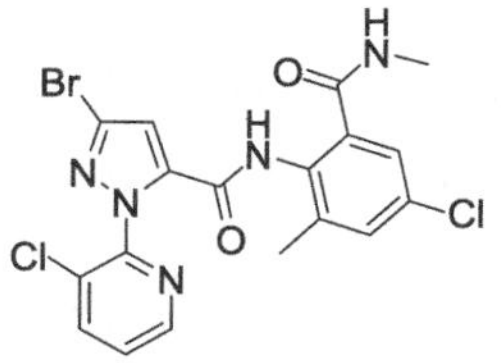　　　　　氯虫苯甲酰胺

5.10 噁二唑

5.10.1 噁二唑的结构

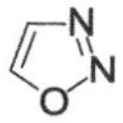

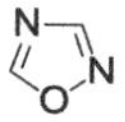

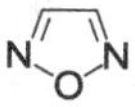

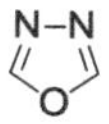

1,2,3-噁二唑　　1,2,4-噁二唑　　1,2,5-噁二唑　　1,3,4-噁二唑

噁二唑环系命名编号是以氧原子当作 1，氮原子的位号参考氧原子。因此，从理论上来说，噁二唑共有 4 个异构体，分别为 1,2,3-噁二唑、1,2,4-噁二唑、1,2,5-噁二唑和 1,3,4-噁二唑。但是，计算表明 1,2,3-噁二唑体系相对于开环的互变异构体是不稳定的，其可以在一些反应中生成，但很快异构化为 α-偶氮化物，所以，1,2,3-噁二唑的单体尚未得到。1,2,5-噁二唑为无色、可溶于水的液体，沸点 98℃。

5.10.2 噁二唑的化学性质

噁二唑类化合物具有芳香性，其可以看作是 6 个电子分配在 5 个原子上的富 π 电子杂环。但是，由于杂原子上 π 电子密度过高，而使得碳原子上 π 电子密度相对来说较低，而影响了其反应活性。相对来说，噁二唑的芳香性要小于噻二唑和三唑，基于键长和 NMR 数据估计芳香性的相对顺序如下：

相对于三氮唑和噻二唑来说，噁二唑的稳定性差，容易开环，其三种结构异构体稳定性顺序如下：

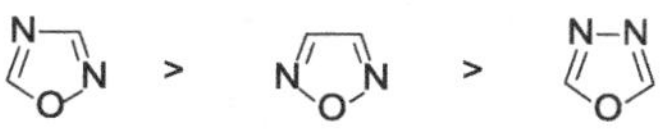

噁二唑类化合物碱性很弱，这是由于额外的杂原子的诱导效应导致的。因

此，除了少数卤代作用和汞化作用外，噁二唑类化合物的碳上亲电取代反应基本上不能发生。3-苯基-1,2,5-噁二唑和1,2,3-苯并噁二唑的卤化和硝化反应都只发生在苯环上。例如，3-甲基-1,2,4-噁二唑与 $HgCl_2$ 在5-位上发生缓慢的氯汞化反应，而后才能与 I_2 发生取代反应生成5-碘-1,2,4-噁二唑。

1,2,5-噁二唑在酸或碱中都会发生开环反应，生成 α-肟基腈的钠盐。

噁二唑类化合物在杂环碳上可以直接发生金属化反应，但是生成产物的稳定性变化非常大，在实际合成中没有使用价值。对于噁二唑类化合物，其侧链烷基上的氢会因去质子化物的电荷离域而表现出一定的"酸化"特性。如，3-甲基-1,2,5-噁二唑与正丁基锂反应，在3-甲基上可温和地进行金属化，而后生成的锂化物与二氧化碳反应可生成多一个碳原子的羧酸锂。

噁二唑环不易被氧化，3,4-二甲基-1,2,5-噁二唑用强氧化剂高锰酸钾氧化时，其环上的甲基会被氧化为羧基，但噁二唑环结构不会被氧化。

通常情况下，胺能进行重氮化，生成的重氮盐可以进一步转化。但在某些情况下，重氮化反应的中间产物稳定，从而使重氮化反应得到 N-亚硝基化合物。

5.10.3 噁二唑的合成

5.10.3.1 由偕胺肟制备1,2,4-噁二唑

对氯苯磺酰基乙腈与羟胺在碱性条件下加成生成偕胺肟，而后与草酰氯单乙酯发生关环反应生成1,2,4-噁二唑类化合物。

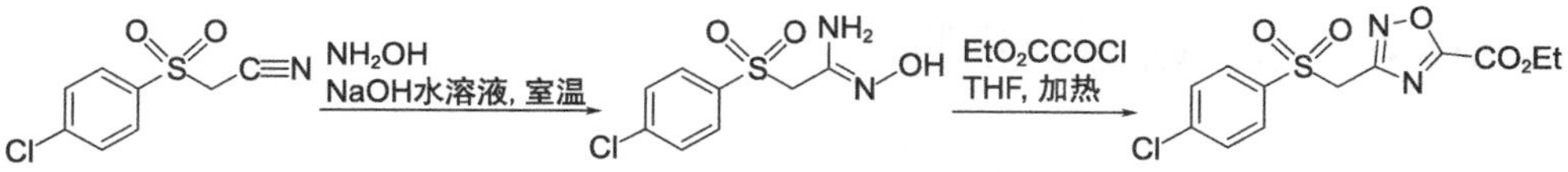

　　1,2,4-噁二唑也可以酰胺或腈氧化物为原料来制备。N,N-二甲基乙酰胺的二甲缩醛与 3,5-二甲氧基苯甲酰胺缩合生成苯甲酰基脒，其与羟胺发生 Michael 加成、分子内亲核加成环化成 1,2,4-噁二唑烷，而后经过消除水和二甲胺生成 1,2,4-噁二唑类化合物。

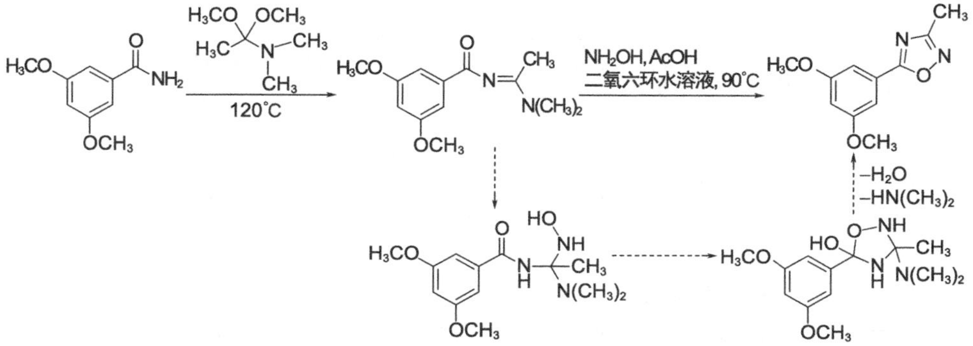

5.10.3.2　由 1,2-二肟制备 1,2,5-噁二唑

　　由乙二肟与乙二酸酐在加热条件下可得到 1,2,5-噁二唑，一般情况下，反应只需加热就可进行，但在某些情况下，以 1,2-二氯乙烷为溶剂用二甲亚砜脱水效果会更好。

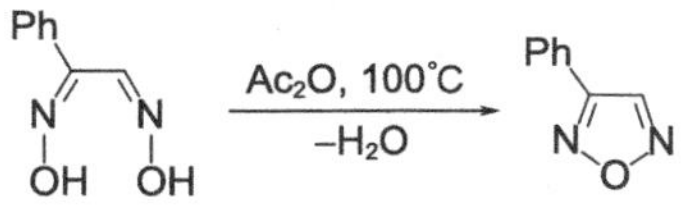

5.10.3.3　由酰基肼或其等价物来制备 1,3,4-噁二唑

　　苯甲酰肼与原甲酸三乙酯缩合环化生成 2-苯基 1,3,4-噁二唑。

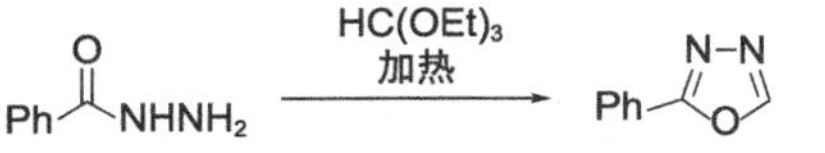

　　此外，四唑和酰基化试剂经过加热生成 2-酰基衍生物，而后重排得到 1,3,4-噁二唑：

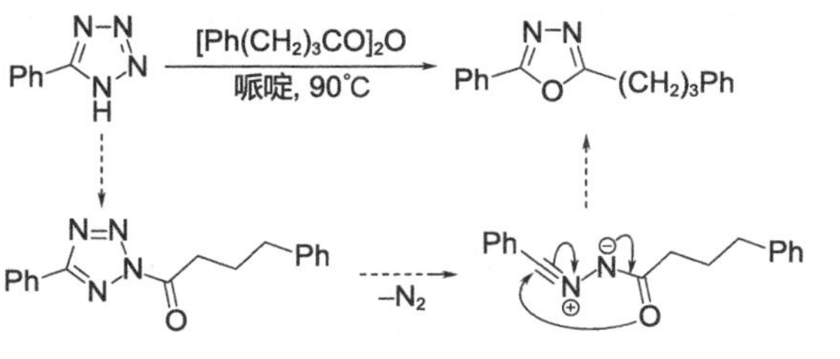

5.10.4 噁二唑的衍生物

(1) 含噁二唑结构的天然产物

含噁二唑结构的天然产物在自然界中并不多见，但一些天然产物却拥有极为优异的药理活性，如在海洋后鳃目软体动物 *Phidiana militaris* 中发现的 phidianidines A 和 phidianidines B 具有很强的抗肿瘤作用，使得人们对噁二唑类衍生物生物活性的研究产生了极大兴趣。

phidianidines A

phidianidines B

(2) 含噁二唑环的药物

噁二唑类化合物因其独特的生物活性在医药、农药等领域受到广泛关注。在医药上，已报道的噁二唑类衍生物包含抑菌、抗结核、抗低血糖、局部麻醉等药理活性。在现已商品化的医用药物中，有许多药物也包含噁二唑结构，如奥索拉明（oxolamine）有类似阿司匹林的解热镇痛和消炎作用，对呼吸道炎症有较强的对抗作用，对支气管炎引起的咳嗽效果良好；普诺地嗪（prenoxdiazine）适用于上呼吸道感染、慢性支气管炎、支气管肺炎、哮喘及肺气肿所致咳嗽，也可与阿托品并用于气管镜检查。

奥索拉明

普诺地嗪

噁二唑结构也广泛存在于各类农药中。噁草酮（oxadiazon）为选择性芽前、芽后除草剂，水旱田使用，土壤处理，通过杂草幼芽或幼苗与药剂接触、吸收而起作用。苗后施药，杂草通过地上部分吸收，药剂进入植物体后积累在生长旺盛部位，抑制生长，致使杂草组织腐烂死亡。噁草酮在光照条件下才能发挥杀草作用，但并不影响光合作用。

噁草酮

5.11 噻二唑

5.11.1 噻二唑的结构

1,2,3-噻二唑　　1,2,4-噻二唑　　1,2,5-噻二唑　　1,3,4-噻二唑

与噁二唑类似，噻二唑共有 4 个结构异构体，分别为 1,2,3-噻二唑、1,2,4-噻二唑、1,2,5-噻二唑和 1,3,4-噻二唑，且其都被很好地表征和描述。1,2,3-噻二唑为黄色液体，沸点 157℃，可溶于水；1,2,4-噻二唑为无色液体，沸点 121℃，也可溶于水。

5.11.2 噻二唑的化学性质

噻二唑类化合物都具有芳香性，由于额外的杂原子的诱导效应，该类化合物的碱性很弱。噻二唑是碳原子上缺 π 电子的富 π 电子杂环体系，因此，亲电试剂进攻的是杂原子，碳上的亲电取代比较困难，而亲核取代则较容易发生。对于 1,2,3-噻二唑和 1,2,4-噻二唑而言，其 5-位碳上的 π 电子云密度最低，亲核试剂最易进攻此位置。

（1）烷基化反应

1,2,3-噻二唑与硫酸二甲酯在氮上发生烷基化反应，经季铵化反应后生成的是 2-和 3-甲基-1,2,3-噻二唑的混合物；而 1,2,4-噻二唑与碘甲烷的甲基化反应则发生在 4-位氮原子上，与三甲基氧鎓四氟化硼反应则同时在两个碳原子上发生甲基化。

（2）金属化反应

噻二唑在碳上的锂化反应通常很容易发生，但是生成的锂化衍生物在稳定性上存在较大的差异，一些锂化衍生物在合成中没有应用价值。

当噻二唑杂环上存在侧链烷基时，烷基上的氢存在酸性，可以与金属锂化物发生质子交换反应，但对所选用的锂试剂有要求。例如，3,5-二甲基-1,2,4-噻二唑在正丁基锂作用下会选择性地在 5-位发生金属化，3,4-二甲基-1,2,5-噻二唑

则必须用二异丙基氨基锂作为反应试剂来避免对硫发生亲核性加成，而导致环的裂解，反应发生在 3-位上。

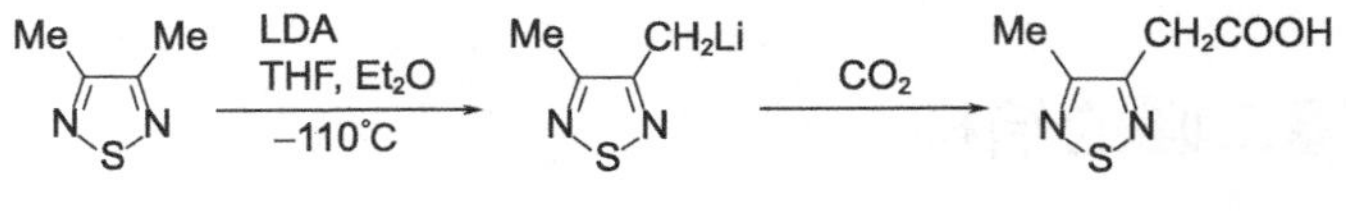

（3）与亲核试剂反应

一些噻二唑的氯代物会具有很高的反应活性，氯原子可以成为离去基团，从而发生多种亲核取代反应。如，5-氯-1,2,4-噻二唑可与氟化银反应生成 5-氟-1,2,4-噻二唑。

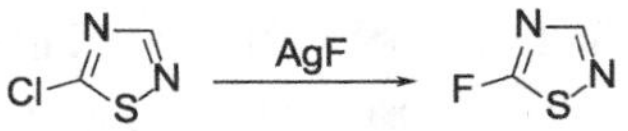

4-取代-5-氯-1,2,3-噻二唑与杂原子亲核试剂也可以发生类似反应，将氯置换掉。但是与芳基和烷基锂反应时会进攻硫原子，然后释放氮气开环生成炔基硫醚。

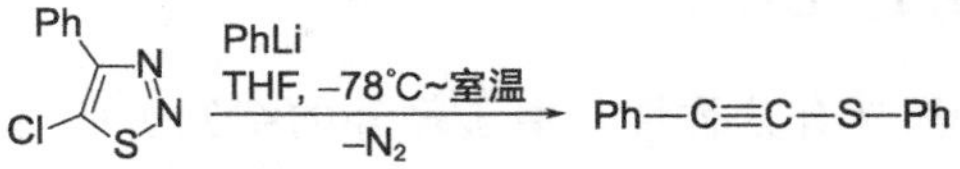

（4）脱 N_2 反应

1,2,3-噻二唑的热解与光解也会导致氮原子的消除，根据取代基的不同，所形成碎片的稳定性也不同，产物主要是烯硫酮和硫杂环丙烯类化合物。

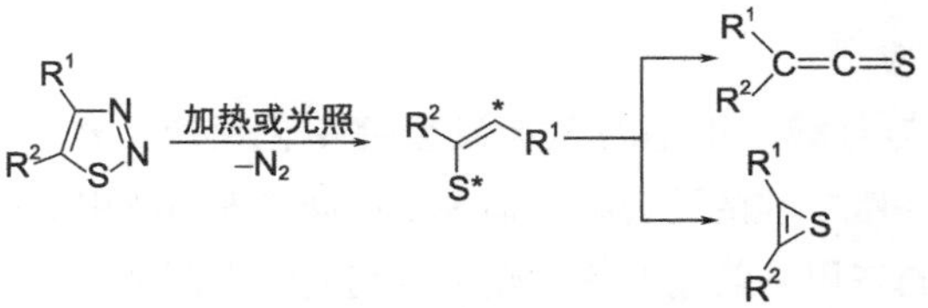

1,2,3-噻二唑和 1,2,4-噻二唑也会与氢氧化物反应而开环，脱 N_2 生成相应产物炔基硫醇。

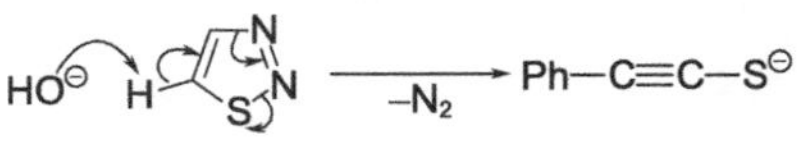

（5）5-氨基-1,2,4-噻二唑的重氮化反应

1,2,4-噻二唑的 5-位有强吸电子作用，所以 5-氨基-1,2,4-噻二唑能与亚硝酸钠的乙酸溶液发生重氮化反应，生成的重氮盐离子有很强的亲电性，可以和 1,3,5-三甲基苯发生偶联反应生成偶氮化合物。

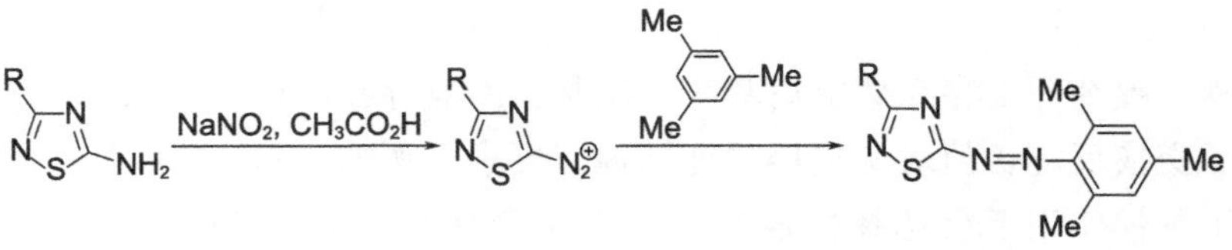

在某些情况下，3-取代-5-氨基-1,2,4-噻二唑重氮化反应的中间产物 N-亚硝基化合物较稳定，反应会停留在这一步，而后在强酸条件下才能生成重氮盐。

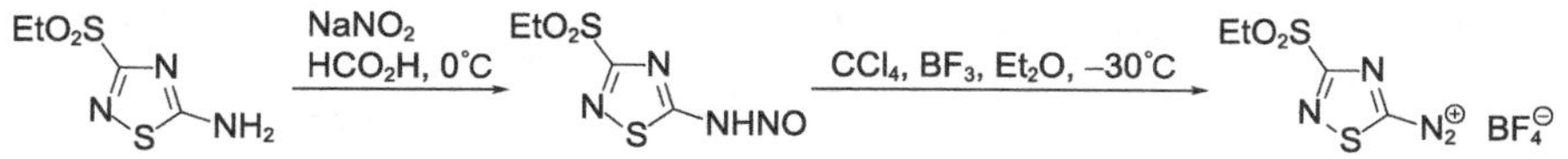

5.11.3　噻二唑的合成

5.11.3.1　由腙与亚硫酰氯反应制备 1,2,3-噻二唑

1,2,3-噻二唑常采用的合成方法为 Hurd-Mori 合成法，即由酮的对甲苯磺酰腙在氯化亚砜作用下经环缩合制备。

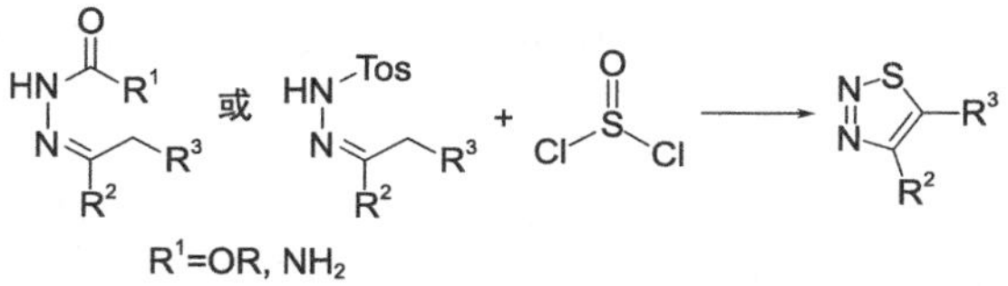

R^1=OR, NH_2

具体的反应原理如下：

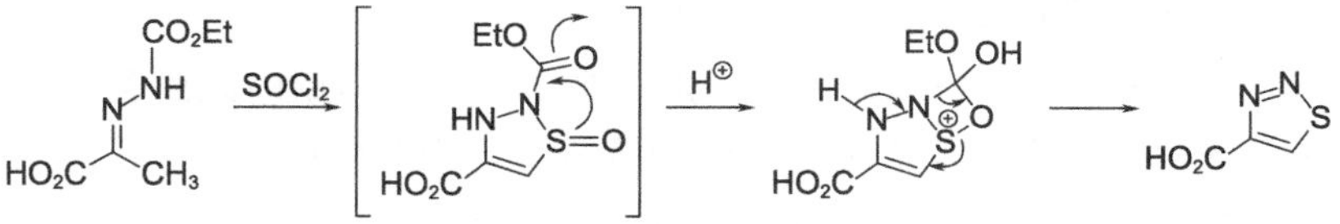

5-硫醇-1,2,3-噻二唑可由水合三氯乙醛、甲苯磺酰腙与多硫化物反应制备。

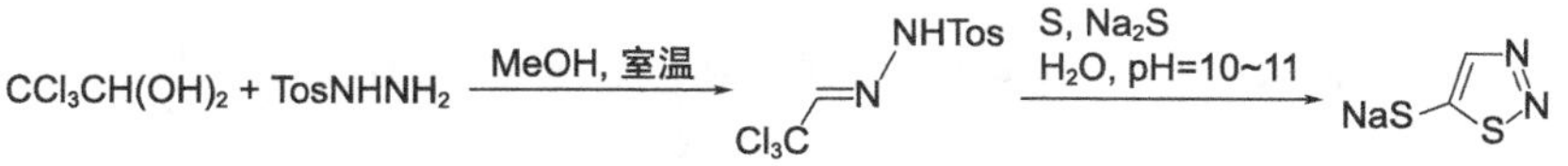

5.11.3.2　由硫代酰胺制备 1,2,4-噻二唑

该方法合成的为 3-位和 5-位取代基相同的 1,2,4-噻二唑类化合物。

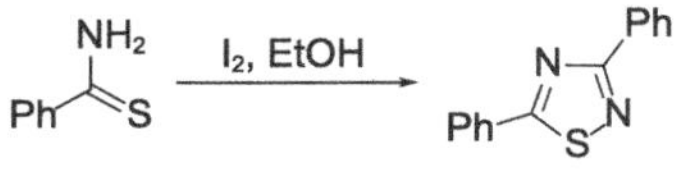

1,2,4-噻二唑类化合物的合成还可以利用脒作为反应底物，而后经硫代酸酯酰化，再经氧化环合得到：

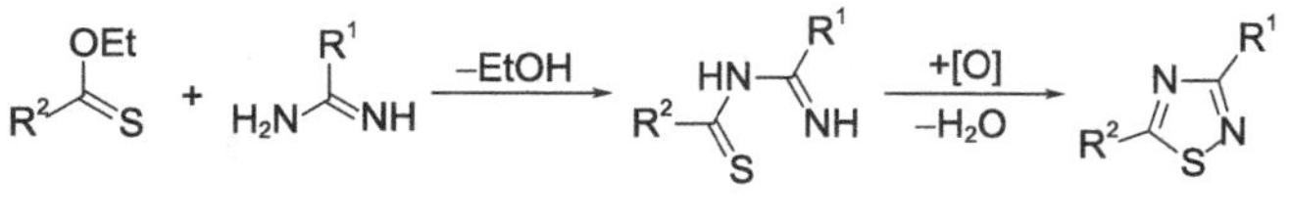

胩与全氯甲基硫醇反应可得到 5-氯-1,2,4-噻二唑，而后发生卤素置换反应可得到一系列的 1,2,4-噻二唑类化合物：

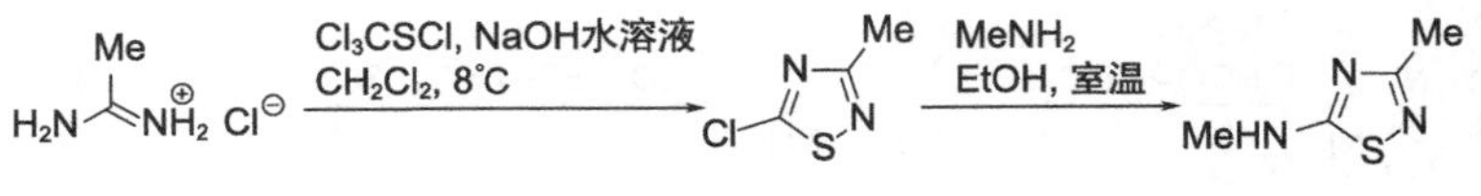

5.11.3.3 由 1,2-二胺或氨基乙腈与氯化硫制备 1,2,5-噻二唑

1,2-乙二胺与氯化硫缩合即可制备得到 1,2,5-噻二唑。

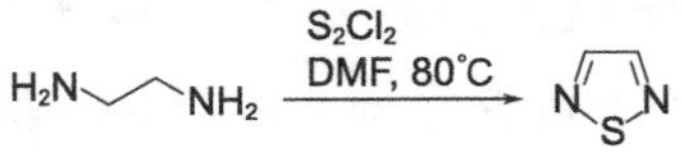

由氨基乙腈硫酸盐与二氯化硫反应可直接得到 1,2,5-噻二唑，经氯代生成 3,4-二氯 1,2,5-噻二唑，其与吗啉环发生亲核取代反应得到 3-氯-4-吗啉基 1,2,5-噻二唑。

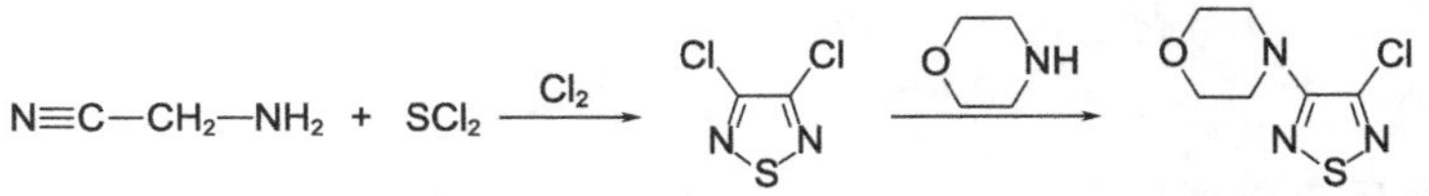

5.11.3.4 由酰肼制备 1,3,4-噻二唑

1,3,4-噻二唑的合成路线较多，一般都是采用不同类型的酰肼类化合物作为反应底物。采用含有不同取代基的羧酸和酰肼在 1-丙基磷酸酐（T3P）和三乙胺催化下反应生成双酰肼，而后在劳森试剂或五硫化二磷作用下，关环生成 2,5-二取代-1,3,4-噻二唑类化合物。

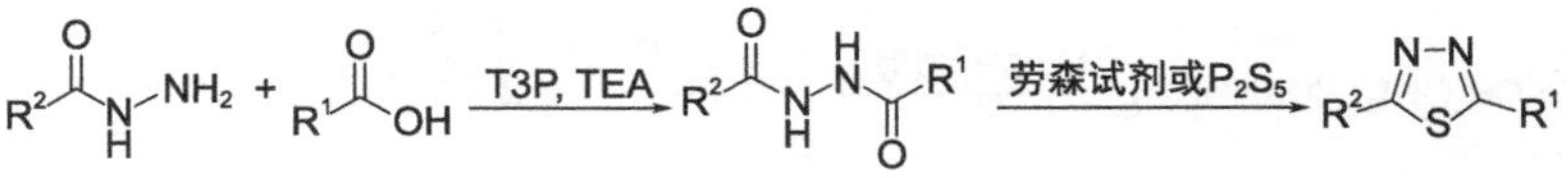

1,3,4-噻二唑类化合物也可由酰肼与异硫氰酸酯或其他硫代试剂反应制备。

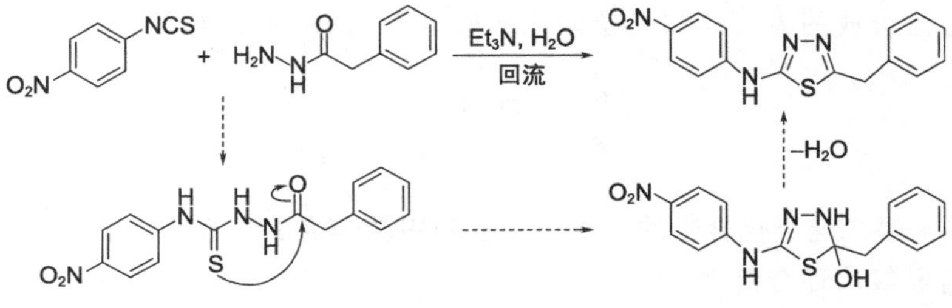

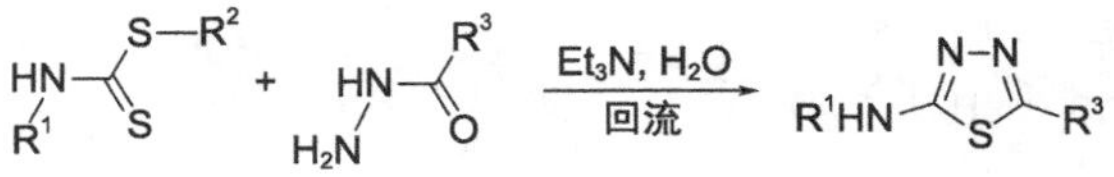

2-乙氨基-1,3,4-噻二唑类化合物还可由硫代氨基脲的酰化作用制备，如与原甲酸三乙酯缩合生成 2-乙氨基-1,3,4-噻二唑。

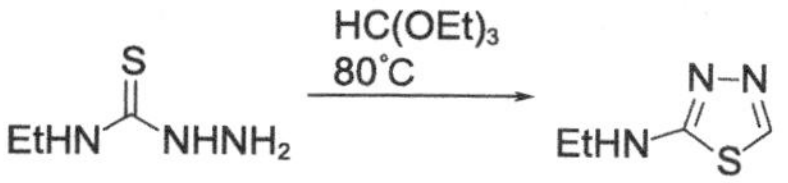

此外，1,3,4-噁二唑与硫化磷在二甲苯溶液中加热也可获得 1,3,4-噻二唑：

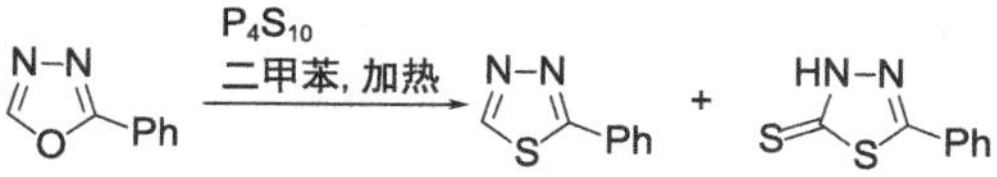

5.11.4　噻二唑的衍生物

（1）含噻二唑结构的天然产物

多杂原子杂环在自然界中比较少见，关于含噻二唑结构的天然产物的报道也比较少。dendrodoine 是海生被膜生物的毒素，在医药化学方面相当重要。

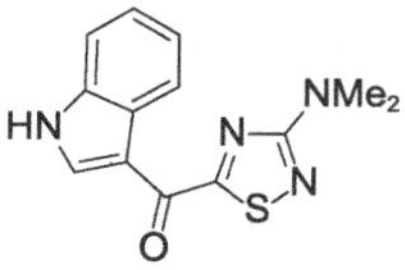

dendrodoine

（2）含噻二唑环的药物

噻二唑结构功能丰富，单就在药物开发中，含噻二唑环的化合物无论是在医药还是在农药中都扮演着重要角色。在医药中，头孢类抗生素是目前广泛使用的一种抗生素，临床上主要用于耐药金葡菌及一些革兰阴性杆菌引起的严重感染，例如肺部感染、尿路感染、败血症、脑膜炎及心内膜炎等。该类抗生素中的很多药物都含有噻二唑结构，如头孢唑林（cefazolin）。简单含噻二唑结构的化合物乙酰唑胺（acetazolamide）可用于青光眼的治疗。

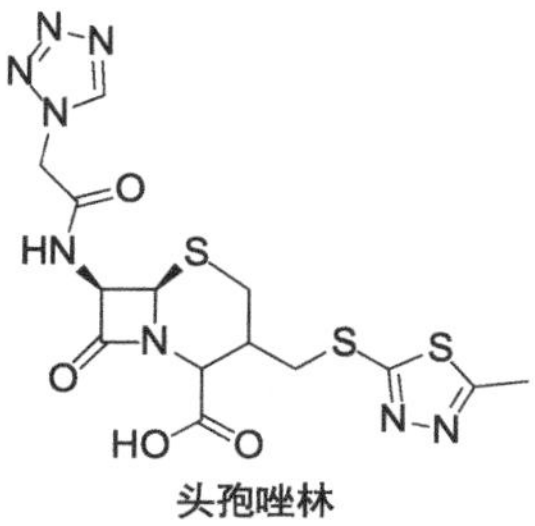

头孢唑林 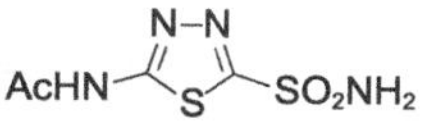　　　　　　乙酰唑胺

在农药中，噻二唑结构在除草剂、杀菌剂、杀虫剂中都广泛存在。氟噻草胺（flufenacet）通过抑制细胞分裂发挥作用，主要用于玉米、小麦、大麦、大豆等

作物田中的一年生禾本科杂草如多花黑麦草，以及某些阔叶杂草的苗前苗后早期除草。噻酰菌胺（tiadinil）对叶稻瘟病和穗稻瘟病有较好的防治效果，特别适用于水稻育苗箱。在病发初期用药效果尤佳。噻二唑类化合物氟唑活化酯还具有较好的植物生长调节活性。

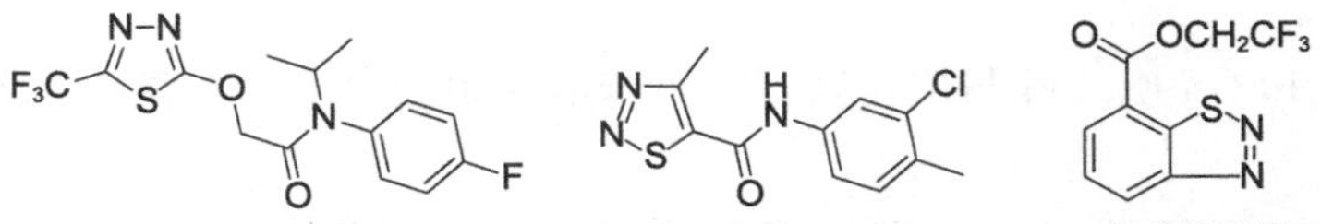

氟噻草胺　　　　　　　　噻酰菌胺　　　　　　　氟唑活化酯

5.11.5　噻二唑的合成应用实例

噻二唑类化合物在有机合成中被广泛应用，它是许多有机反应的中间体，在许多活性物质的合成中，都需要先合成噻二唑类化合物作为中间体。如除草剂氟噻草胺的合成：

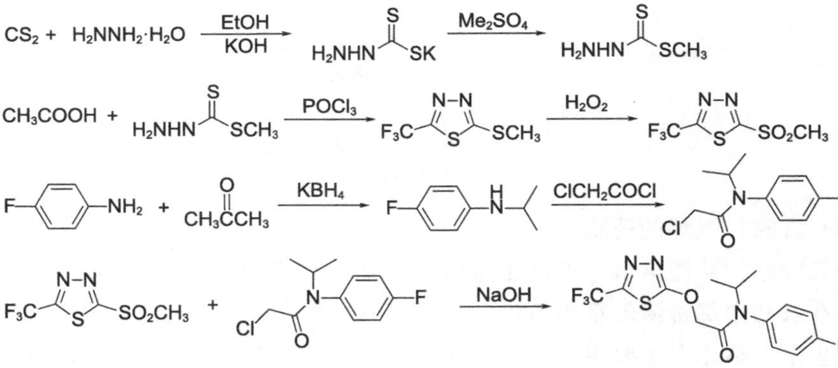

5.12　三唑

5.12.1　三唑的结构

1,2,3-三唑　　　　　　1,2,4-三唑

1,2,3-三唑为无色、有甜味、易吸潮的晶体，熔点 24℃，沸点 209℃，可溶于水；1,2,4-三唑为无色晶体，熔点 121℃，沸点 260℃，可溶于水，微溶于丙酮、乙酸乙酯，不溶于氯仿、苯。

三唑结构的命名编号要标示氮原子的相对位置，所以三唑存在两种异构体，分别为1,2,3-三唑和1,2,4-三唑。三唑中存在一个类吡咯和两个类吡啶氮原子，一般标示为1-位的为类吡咯氮原子。类吡咯的氮原子为π电子体系提供了两个电子，类吡啶氮原子和碳原子各提供了一个电子，满足6π电子体系，因此三唑是芳香性化合物。

三唑环上的原子都是sp^2杂化，它的6个电子在π轨道上离域化，所以三唑是富π电子体系。相对于噻二唑和噁二唑，三唑的稳定性较好。特别是1,2,3-三唑，由于它的三个氮原子直接相连，其稳定性令人惊讶。

5.12.2　三唑的化学性质

三唑的典型反应如下。

5.12.2.1　酸碱反应

三唑与二唑相比，由于氮原子的增加使得碱性降低，酸性提高。1,2,3-三唑和1,2,4-三唑的酸性和碱性差别很小。1,2,3-三唑（$pK_a=1.17$）和1,2,4-三唑（$pK_a=2.19$）都是弱碱，其碱性比吡唑弱。氮原子上未取代的三唑中NH显酸性。1,2,3-三唑的酸性比相应的吡唑强，而与HCN相当，其银盐不溶于水；而1,2,4-三唑的酸性稍弱，其铜盐和银盐微溶于水。

5.12.2.2　环的互变异构现象

同二唑类似，三唑也存在环的互变异构现象。互变异构体是等价的，但是在这些体系中，互变异构现象产生不同的重排。

未取代的1,2,3-三唑存在三个互变异构体，其中两个是相同的，即主要有1H-构型和2H-构型，这与咪唑和吡唑不同。由于2-位和3-位非键电子对的排斥作用，1,2,3-三唑的1H-构型不稳定，在许多溶剂中2H-构型占优势。所以，对于碳上单取代的1,2,3-三唑有三种异构体，即4-甲基-1,2,3-三唑、4-甲基-2H-1,2,3-三唑和5-甲基-1,2,3-三唑。

1H-构型　　　　2H-构型　　　　1H-构型

未取代的1,2,4-三唑也存在三个互变异构体，其中两个是相同的，即两个1H-构型和一个4H-构型。1,2,4-三唑的1H-构型在溶液中占优势，微波光谱显示气相中也只有1H-构型的存在，因此，在 NMR 谱图中，4-甲基-1,2,4-三唑除了甲基氢的信号外，只有一个 CH 信号。

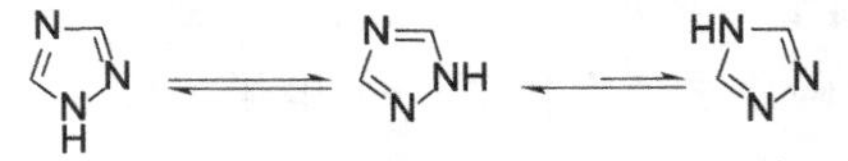

1H-构型   1H-构型   4H-构型

5.12.2.3　金属化反应

N-取代-1,2,3-三唑能直接在碳上发生金属化反应，锂化反应发生在 5-位上，但需在低温下进行，以避免发生开环作用。

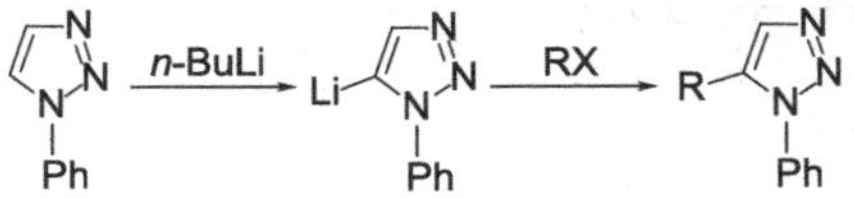

N-取代-1,2,4-三唑的锂化反应更易进行，反应也发生在 5-位上，且需在低温下进行，但产物稳定性较 1,2,3-三唑的锂化产物要高得多。

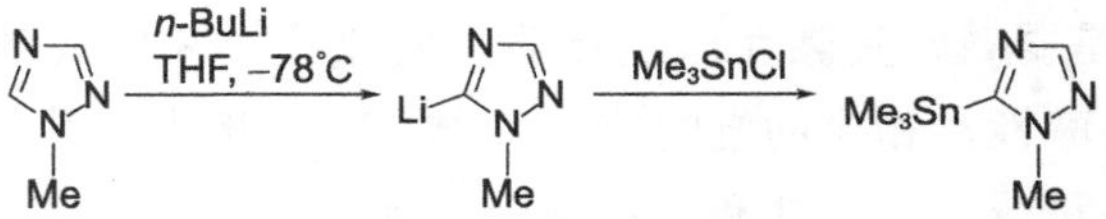

5.12.2.4　与亲电试剂的反应

三唑的烷基化、酰基化、磺酰化和硅烷化反应都发生在氮原子上。而由于杂原子的存在，碳原子上的电子密度相对较低，亲电取代反应不易发生，进程非常缓慢。相对来说，三唑碳上的亲电取代反应中，卤代反应的活性最高。

5.12.2.4.1　氮上的亲电取代反应

在中性条件下，1,2,3-三唑有一定的抗 N-烷基化的能力。但在碱性条件下，涉及其阴离子的烷基化和酰基化反应较容易发生，通常会得到 1-位和 2-位取代的混合物。如 1,2,3-三唑的钠盐和硫酸二甲酯在二氯甲烷中反应得到 1-甲基和 2-甲基-1,2,3-三唑的混合物，以 1-甲基三唑为主，其中只有 1-甲基化合物能用碘甲烷季铵化。但其与重氮甲烷反应的产物则以 2-甲基-1,2,3-三唑为主。

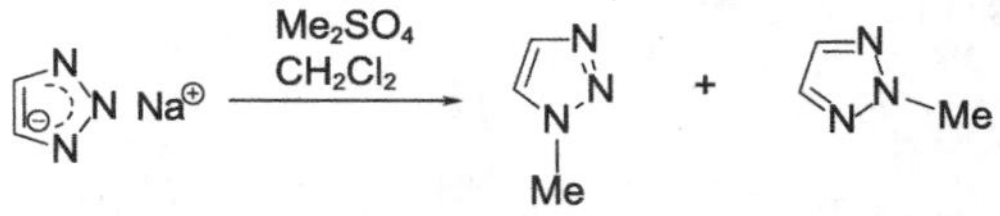

1.9　　:　　1

1,2,3-三唑与三甲基氯硅烷反应生成 2-三甲基硅烷基-1,2,3-三唑，其和酰氯或对甲苯磺酰氯反应通常生成 1-位和 2-位酰化或对甲苯磺酰化的混合物。N-酰基-1,2,3-三唑化合物在 150℃ 的环丁砜中加热可转化为噁唑。

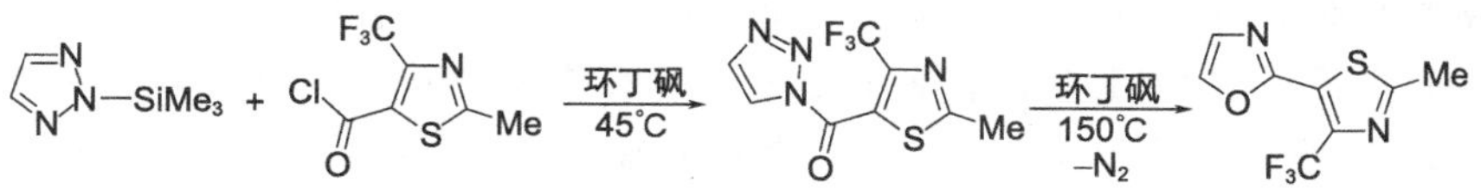

1,2,4-三唑的烷基化和酰基化反应通常在 1-位上发生，这也反映出 N-N 体系的亲核性较强。4-烷基-1,2,4-三唑可以由 1-乙酰基-1,2,4-三唑或丙烯腈加成物的季铵化作用来制备。

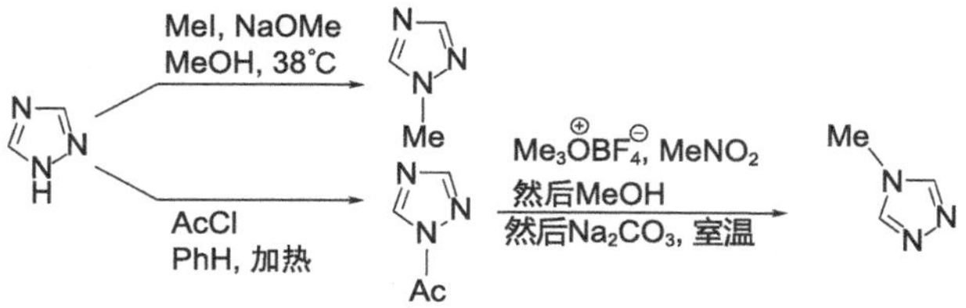

5.12.2.4.2 碳上的亲电取代反应

三唑的碳上也可发生亲电取代反应。1,2,3-三唑与溴反应可生成 4,5-二溴-1,2,3-三唑，1-甲基-1,2,3-三唑在 4-位上可进行溴化反应，但 2-甲基异构体不活泼，需要用铁催化，可见 1,2,3-三唑的卤代反应活性高是由于类吡咯氮原子的存在。由此，2-苯基-1,2,3-三唑的硝化反应首先在苯环上发生，然后导致杂环上的取代。

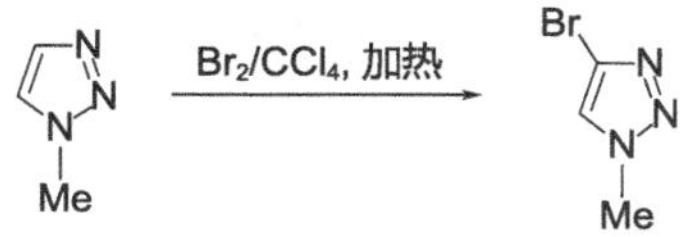

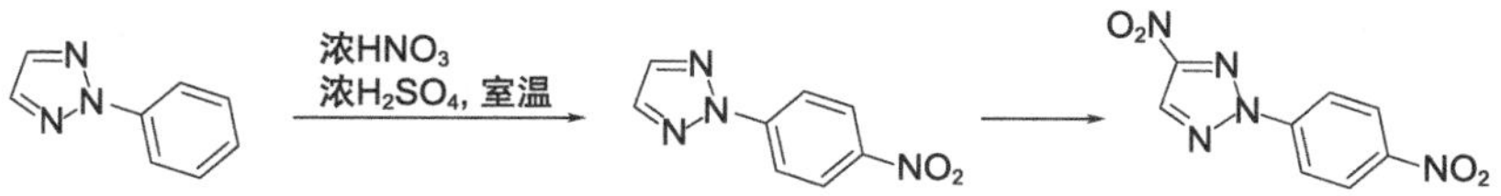

1,2,4-三唑的溴化作用在碱性溶液中迅速发生，生成 3,5-二溴-1,2,4-三唑，3(5)-氯衍生物可由 N-氯代异构体加热重排得到。类似的迁移反应也可使 1-硝基转变为 3-硝基化合物。

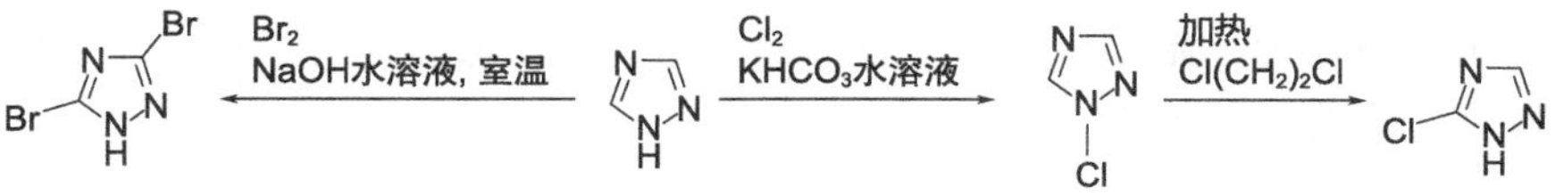

5.12.2.5 Dimroth 重排

三唑一般不与亲核试剂反应，或是反应缓慢，且伴随着开环反应。1,2,3-三唑在适当的溶剂中加热时，常开环生成一个中间体，该中间体可以再环化得到起始物的异构体，这种异构化在含有多个氮原子的杂环化合物中也可见到，称为 Dimroth 重排。如 5-氨基-1-苯基-1,2,3-三唑在沸腾的嘧啶中可重排得到 5-苯胺基-1,2,3-三唑。其过程为三唑开环，得到重氮中间体，然后 C—C 键旋转，发生 1,3-质子迁移，并关环。

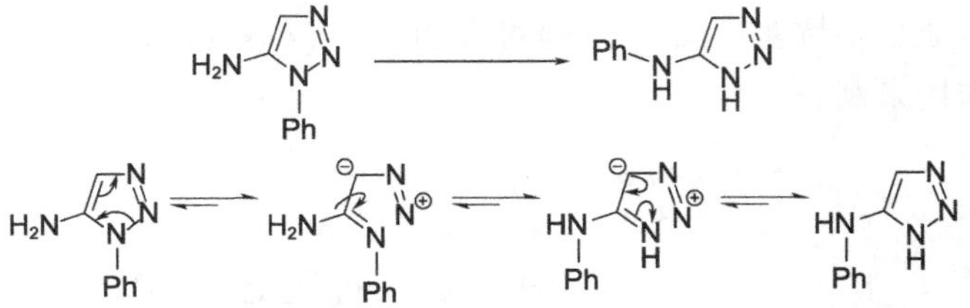

5.12.2.6　脱重氮化反应

三唑可在高温或光照下失去氮发生开环反应，1,2,3-三唑较容易发生，1,2,4-三唑的脱重氮化反应所需条件则较为剧烈。1-位取代的 1,2,3-三唑经高温或光解开环生成腈。

1-取代-1,2,3-三唑开环得到一个双自由基或亚氨基卡宾，再环化生成 1H-氮杂环丙烯类化合物，而后可在气相中或惰性溶剂中异构化生成 2H-氮杂环丙烯。

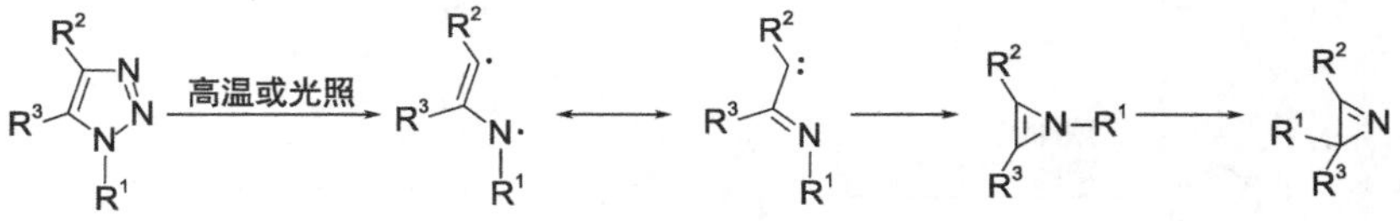

5.12.3　三唑的合成

5.12.3.1　由叠氮化物制备 1,2,3-三唑

1,2,3-三唑通常由炔与叠氮化物的环加成制备。对于碳上无取代的 1,2,3-三唑需要用乙炔作为起始原料，但更方便的是用乙酸乙烯酯代替乙炔，或常用烯胺或烯醇醚作为炔的等价物。

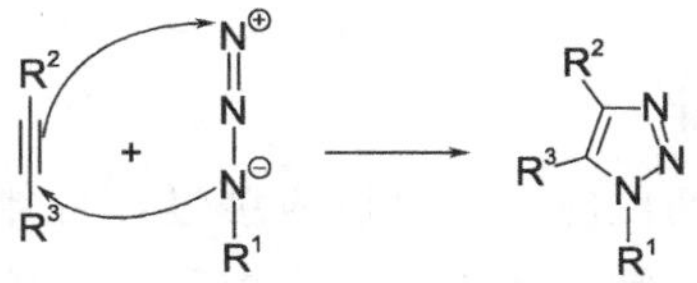

在甲酸钠存在下，叠氮化物与含有 CH 酸性的腈化合物发生环加成反应则可生成 5-氨基-1,2,3-三唑。

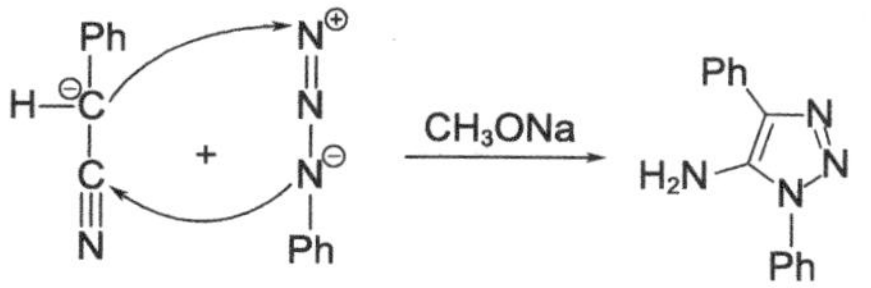

1,2-二羰基化合物的二腙经氧化生成 1-氨基-1,2,3-三唑。但是，1,2-二苯基-二腙加热或氧化时生成 2-苯基-1,2,3-三唑：

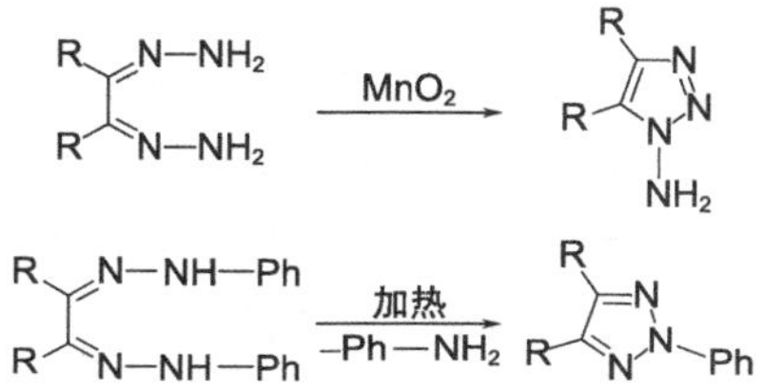

5.12.3.2 由肼制备 1,2,4-三唑

1,2,4-三唑的经典合成方法为 Einhorn-Brunner 合成法，即利用肼和二酰胺缩合生成。

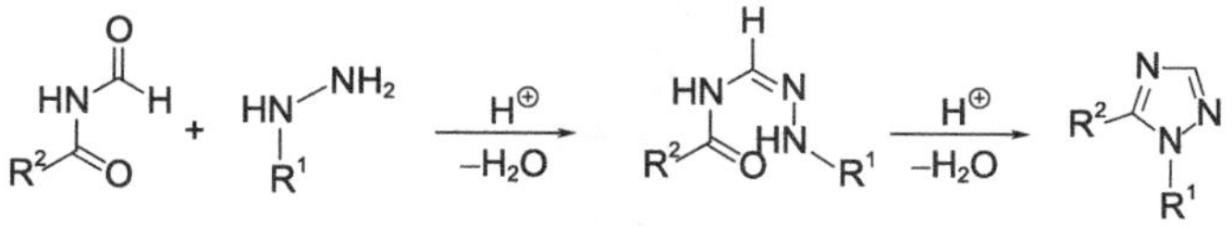

采用 Pellizzari 合成法，即利用酰肼与酰胺或硫代酰胺发生环化反应也可得到 1,2,4-三唑类化合物。

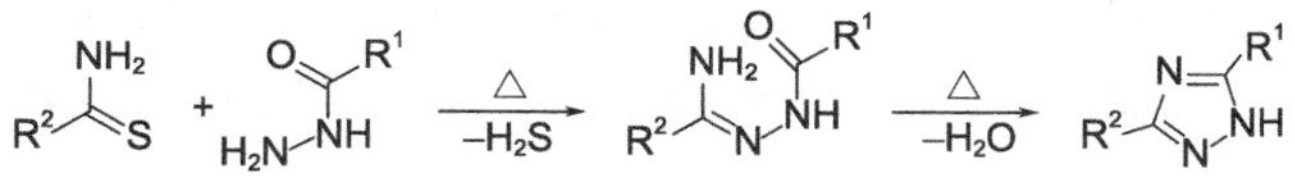

1,2-二酰基肼与氨的环化缩合也可得到 1,2,4-三唑。

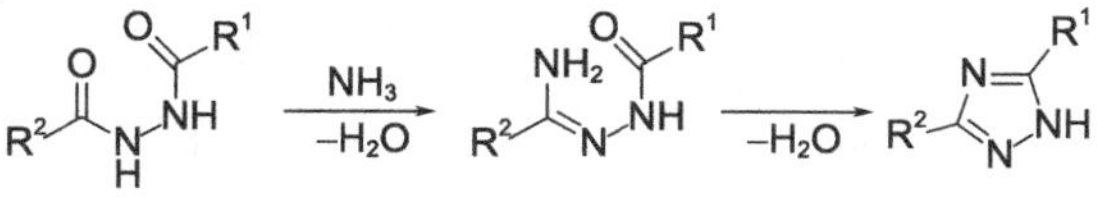

5.12.4 三唑的衍生物

三唑衍生物在自然界中尚未发现，但人工合成的许多功能性化合物中都含有三唑结构。在医药中，许多 2-内酰胺类抗生素都含有三唑类结构，如头孢曲秦

（cefatrizin），其对不产青霉素酶和产酶金黄色葡萄球菌、表皮葡萄球菌以及流感杆菌、奇异变形杆菌、大肠杆菌和肺炎杆菌的活性均强于头孢氨苄。对头孢氨苄完全耐药的吲哚阳性变形杆菌、大肠杆菌和肺炎杆菌中某些菌株对头孢曲秦仍敏感。

头孢曲秦

三唑类衍生物是一类重要的抗真菌药物，如氟康唑（fluconazole）具有广谱抗真菌作用，属全身抗真菌产品，对真菌细胞色素 P-450 依赖酶的抑制作用具有高度选择性，也是一种强效和特异的真菌醇合成抑制剂。临床主要用于阴道念珠菌病、鹅口疮、萎缩性口腔念珠菌病、真菌性脑膜炎、肺部真菌感染、腹部感染、泌尿道感染及皮肤真菌感染等的治疗。

氟康唑

在农药中，许多三唑类化合物具有杀菌、除草、杀虫活性。特别是含 1,2,4-三唑结构的杀菌剂作为麦角甾醇合成抑制剂在农业生产中发挥着重要作用。如腈菌唑（myclobutanil）对子囊菌、担子菌均具有较好的防治效果。该类化合物还具有较好的生长调节活性，如多效唑（paclobutrazol）是一种植物生长调节剂，具有延缓植物生长、抑制茎秆伸长、缩短节间、促进植物分蘖、增加植物抗逆性能、提高产量等效果。

腈菌唑   多效唑

5.12.5　三唑的合成应用实例

三唑类化合物在有机合成中也有较多应用。1,2,3-三唑和 4,5-二氢 1,2,3-三唑类化合物脱重氮化反应生成的 2H-氮杂环丙烷类化合物或氮杂环丙烯类化合物，是有机合成中应用较多的反应中间体。1-羟基-苯并三唑用作酰胺键构建中的辅助试剂，可减少消旋化并防止 N-酰脲的形成。此外，5-锂-1-苯甲氧基-1,2,3-三唑与碘化锌的金属交换作用生成相对稳定的锌衍生物，能用于 Pd 催化的偶联反应。

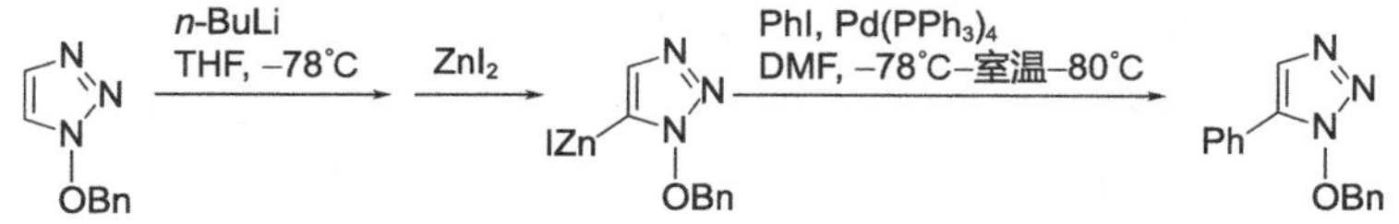

1,2,4-三唑类化合物是很重要的试剂。1,2,4-三唑可作为酰基转移反应的催化剂，用于 N-保护的氨基酸-4-硝基苯酯与氨基酸反应合成多肽的催化剂时，可使产物无消旋化。3-氨基-1,2,4-三唑重氮化后产生的重氮盐可作为重要的有机反应中间体，其可用于制造偶氮燃料，也容易被亲核置换。

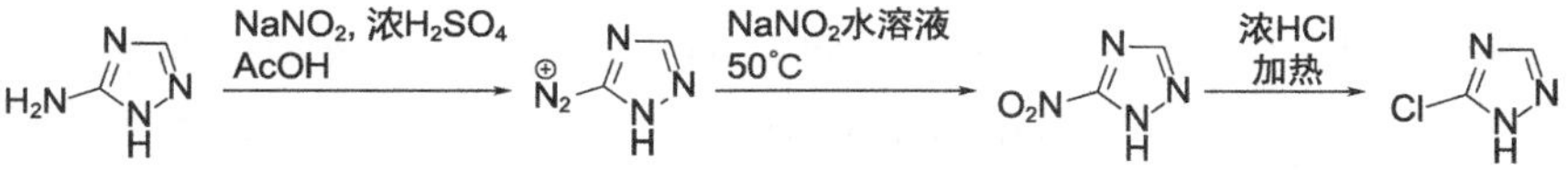

5.13 四唑

5.13.1 四唑的结构

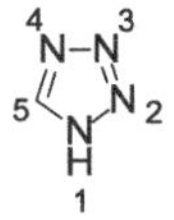

四唑为无色晶体，熔点 156℃，可溶于水，存在分子间氢键。四唑是含有四个氮的五员杂环化合物，包括三个类吡啶氮原子和一个类吡咯氮原子。视氢的位置不同，四唑有三种异构体，分别称为 1H-构型、2H-构型和 5H-构型，其中前两种氮上的氢可以改变位置而互相转化，是一对互变异构体。在气相中，四唑以 2H-构型为主，在液相中则以 1H-构型为主，在溶液中分子间的作用也使偶极矩增大。

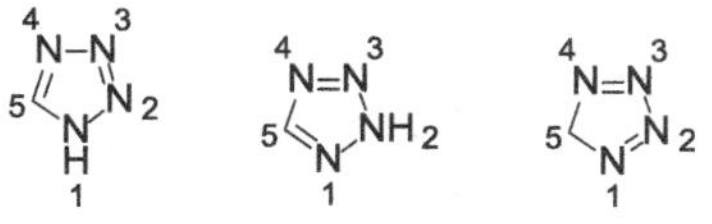

1H-构型   2H-构型   5H-构型

四唑有 6 个离域的 π 电子，为芳香性化合物。和其他的五员杂环相比，四唑环中碳原子的 π 电子密度最低。

5.13.2 四唑的化学性质

5.13.2.1 酸碱反应

四唑为极弱的碱（$pK_a = -3.0$），质子化发生在 4-位。在所有的唑中，四唑的 NH 具有最强的酸性（$pK_a = 4.89$），与乙酸的酸性相近。由于—CN_4H 和 —COOH 有相似的空间要求，在药理学活性的化合物中，四唑经常作为—COOH 的生物等排体。

5.13.2.2 互变异构现象

四唑的 $1H$-构型和 $2H$-构型之间可以相互转化，在溶液中，四唑的 $1H$-构型占优势。二甲基四唑只存在两个异构体，即 1,5-二甲基四唑和 2,5-二甲基四唑。

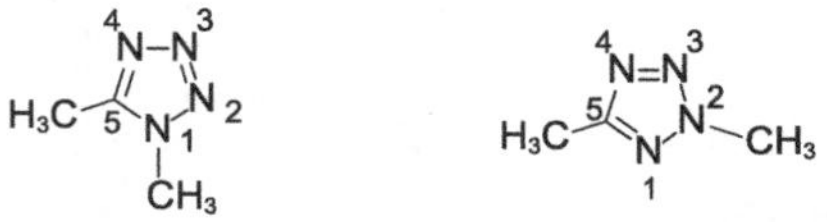

四唑还存在环链互变异构现象，1,5-二取代的四唑能异构化成叠氮亚胺，反应平衡取决于环上所连两个取代基的性质。

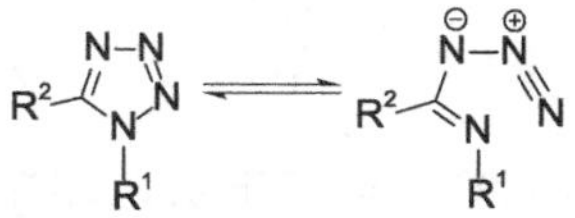

5.13.2.3 金属化反应

四唑环上碳的锂化反应较容易发生，产生的锂化衍生物能被亲电试剂所捕集。但当反应温度高于 $-50\,^{\circ}\mathrm{C}$ 时锂化反应会发生开环，去重氮化而生成甲氨基腈的锂盐。

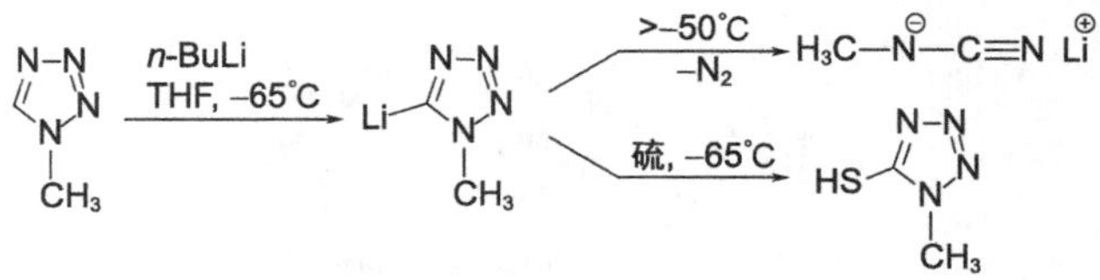

在锂化时，对甲氧基苯基（PMB）可作为氮的保护基团，其可利用氢化或氧化作用除去：

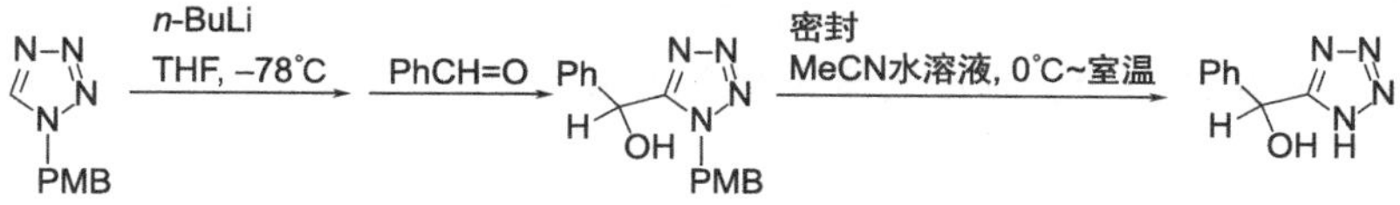

由于四唑杂环的吸电子作用，1-取代-5-烷基四唑类化合物在 5-位烷基上可发生金属化反应，产物在室温下稳定，并能与亲电试剂进一步发生反应。

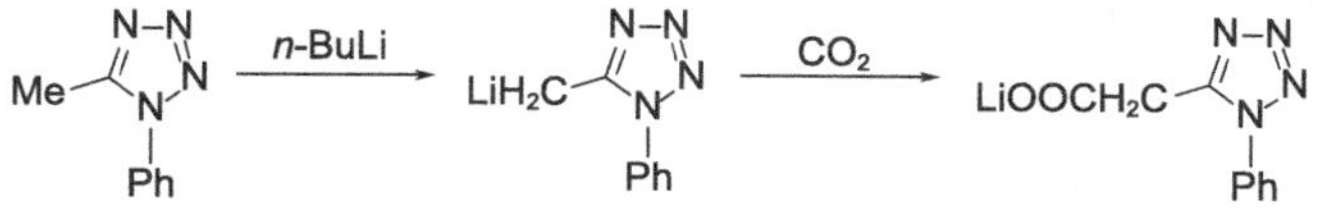

5.13.2.4　与亲电试剂的反应

5-取代的四唑类化合物的烷基化和酰基化反应由于碳上取代基的影响发生在 1-位或 2-位氮上，但通过一些试剂可选择性地控制烷基化反应发生的位置。如 2-三正丁基锡基和 2-叔丁基四唑类衍生物可选择性地在 1-位发生烷基化。

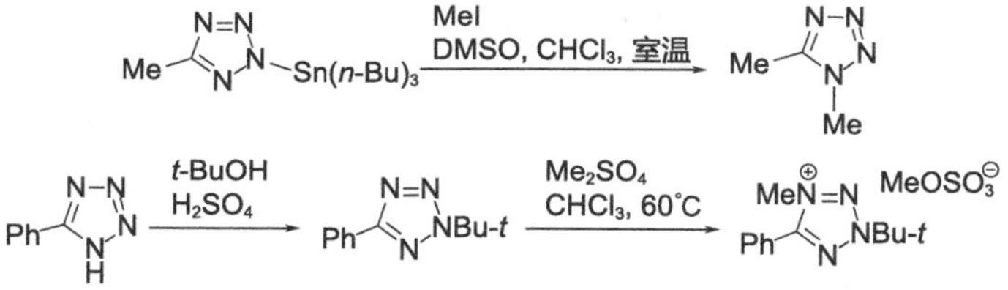

四唑也可在碳上发生亲电取代反应，如溴化和碘化作用、汞化作用、Mannich 缩合都能够在四唑环的碳上发生，但这些取代反应的机理有别于传统的类型。此外，在四唑碳上不能发生硝化反应，5-硝基四唑易发生爆炸，不宜储存。

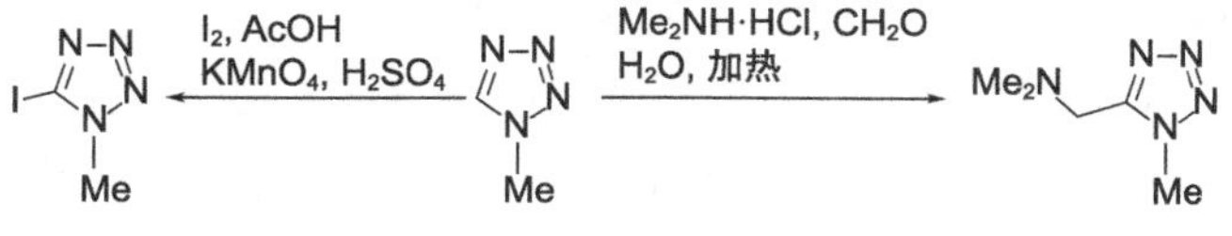

四唑的酰基化反应通常发生在 2-位上，但产物不稳定。

5.13.2.5　与亲核试剂的反应

由于诱导效应的影响，5-溴-1-甲基四唑的亲核取代活性比相应的 1,2,4-三唑和 1,2,3-三唑卤代物的活性高，也比相应的卤代咪唑的活性高。

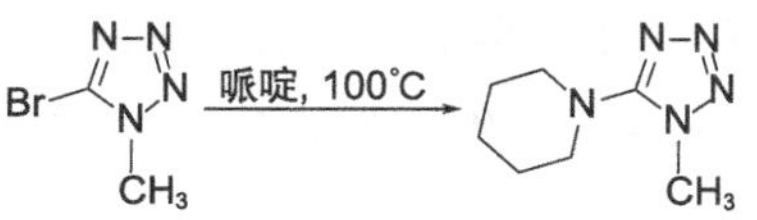

相比而言，由于中间体加成物负电荷较低的离域性，5-溴-2-甲基四唑的亲核取代活性要明显降低。

5-卤代四唑在丙酮中与苯酚、碳酸钾反应生成 5-四唑基醚类化合物，而后经催化氢化，可生成芳烃。苯酚脱氧正是基于该反应。

5.13.2.6 去重氮化反应

与三唑类似，四唑类化合物也可发生去重氮化反应。室温下，四唑晶体易发生爆炸性分解。2,5-二取代的四唑类化合物在加热或光照条件下可发生去重氮化反应生成腈亚胺类化合物。

酰基四唑类化合物不稳定，室温下，2-酰基四唑溶液易发生去重氮化反应，产物酰基腈亚胺可迅速环化生成 1,3,4-噁二唑，即 Huisgen 反应。

5.13.3 四唑的合成

四唑通常由叠氮化物与腈或者活泼的酰胺反应制得。在某些情况下，使用三正丁基锡叠氮化物和三甲基硅烷基叠氮化物比用叠氮化物阴离子更方便和安全。

5.13.3.1 由叠氮化物与腈制备5-取代四唑

叠氮离子（如叠氮钠的 N,N-二甲基甲酰胺溶液）与腈发生 [3+2] 环加成生成 5-取代四唑，烷基、芳基或三甲基硅烷基叠氮化物与腈或异腈化物发生环加成反应生成 1,5-和/或 2,5-二取代四唑类化合物。

5.13.3.2 由叠氮化物与亚胺氯化物反应制备1,5-二取代四唑

反应会首先生成亚氨基叠氮化物，而后经历环-链互变异构的同时环化生成 1,5-二取代四唑。

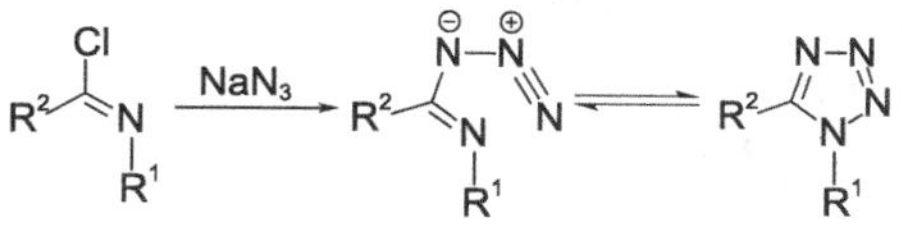

5.13.3.3　由叠氮化物与芳基异硫氰酸酯反应制备芳硫基四唑化合物

在此反应中，异硫氰酸酯转变为硫醇，而后可经过氧化氢或三氧化铬氧化成 5-位无取代的四唑。

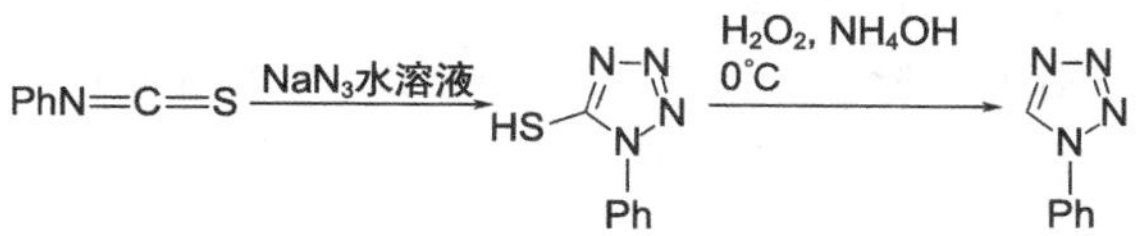

5.13.3.4　由偕胺腙的亚硝化作用合成

该方法可以避免危险化合物叠氮化物的使用，位置选择性地合成 1-或 2-取代四唑化合物。

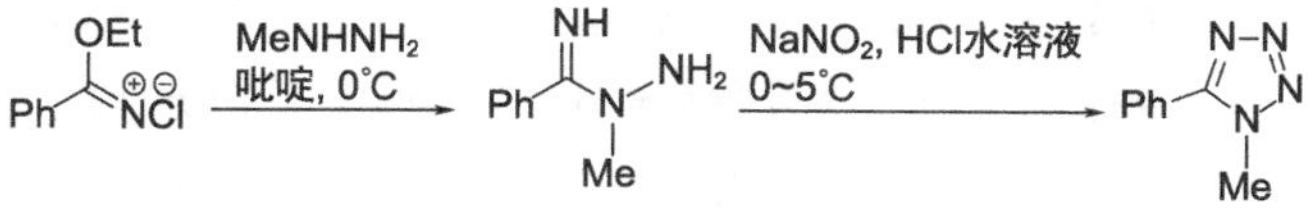

5.13.4　四唑的衍生物

（1）四唑

四唑燃烧时产生高温，产物无毒，并具有高的燃烧速率，因此，四唑有时用于汽车安全气囊用气体发生物质。目前在自然界中尚未发现四唑及其衍生物。

（2）5-氨基四唑

5-氨基四唑，又称为 C-氨基四唑，无色晶体，熔点 203℃，难溶于乙醇，不溶于乙醚，在 18℃时能溶于 85 倍的水中。

5-氨基四唑在亚硝酸钠和盐酸作用下可发生重氮化，该重氮盐高度易爆，只能在溶液中处理，经加热去重氮化产生原子碳。

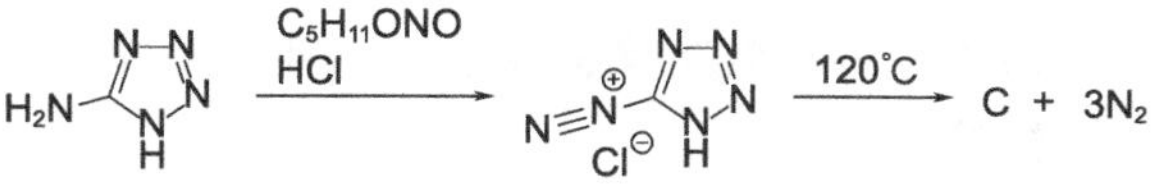

由 5-氨基四唑合成的 5-苄基氨基四唑用次溴酸盐氧化后生成苄基异腈，提供了一条有用的合成路线。

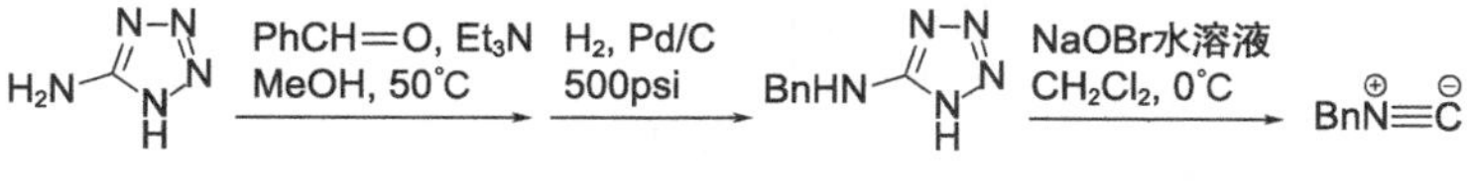

5-氨基四唑可由氨基胍与亚硝酸发生环缩合反应制得。

（3）含四唑结构的药物

四唑及三唑衍生物在自然界中尚未发现。但人工合成的许多功能性化合物中都含有四唑结构，如 3-(4,5-二甲基-2-噻唑基)-2,5-二苯基四唑的溴盐（MTT）是一种细胞染料，作用于活细胞线粒体中的呼吸链，在琥珀酸脱氢酶（SDH）和细胞色素 C 的作用下四唑环开环，生成紫色的甲臜结晶，用于测量细胞的存活率，称为 MTT 试验。不过，MTT 也能缓慢杀死细胞。

在医药中，四唑类药物可以作为羧酸酯基的生物电子等排体，用作血管紧张素 II 受体拮抗剂以治疗高血压、糖尿病肾病和充血性心力衰竭，例如坎地沙坦（candesartan）用于治疗原发性高血压。1,5-环戊基四唑即卡地那唑（cardiazol）是一种著名的神经系统的活性强心剂、呼吸激动剂和镇静药拮抗剂（当巴比妥盐中毒时注射用）。

坎地沙坦

卡地那唑

在农药中，一些活性化合物也都含有四唑类结构。如四唑嘧磺隆（azimsulfuron）为磺酰脲类除草剂，属于乙酰乳酸合成酶抑制剂。水稻苗后使用，通过杂草根叶吸收，在植株体内传导，致使杂草枯死。用于水稻田防除稗草、阔叶草和莎草科杂草，可有效防除稗草、北水毛花、异型莎草、紫水苋菜、眼子菜、花蔺、欧泽泻等。

四唑嘧磺隆

5.13.5 四唑的合成应用实例

四唑类化合物在有机合成中也有较多应用。5-四唑基醚类化合物可以用于酚的 C—O 键催化氢解，上文已有提及。此外，该类化合物还可以用于活化的酚在镍或钯催化下进行偶联反应。

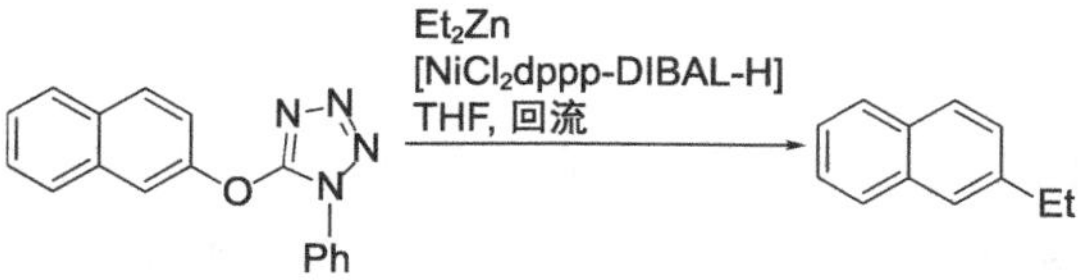

四唑类化合物脱重氮化反应形成氨腈以及通过 Huisgen 反应制备 1,3,4-噁二唑也是其在合成中的一个重要应用，在上文中也已有提及，在此就不再赘述。

氯沙坦是全球第一个治疗高血压的血管紧张素 II 受体拮抗剂，能够强效降低血压，减少心血管风险，延缓终末期肾病，安全性高。其合成路线如下：

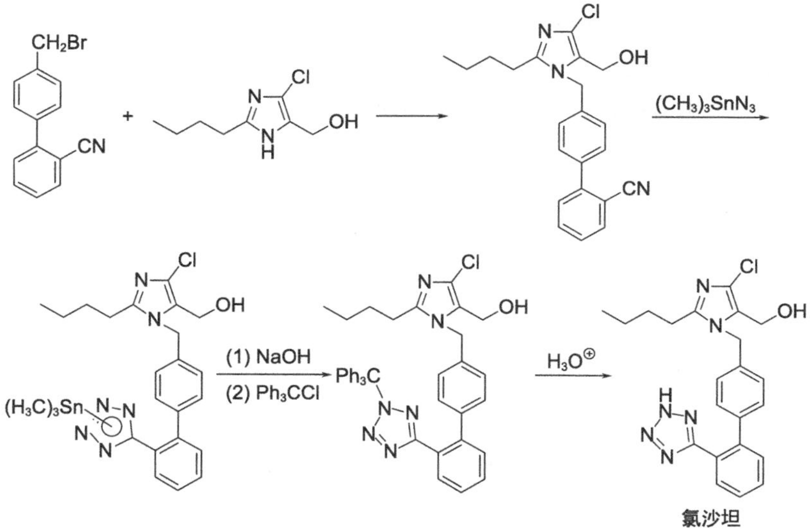

氯沙坦

思考题

1. 查阅雷尼替丁的合成路线。

2. 查阅咯菌腈的用途和合成方法。

3. 比较呋喃、噻吩、吡咯杂环的芳香性大小。

4. 呋喃、噻吩、吡咯杂环的典型化学反应是什么？反应的活性大小顺序是什么？反应的定位效应是什么？

5. 呋喃、噻吩、吡咯杂环的加成反应活性有什么区别？合成呋喃、噻吩、吡咯的主要原料有哪些?

    6. 类吡啶氮原子对芳香性杂环稳定性有什么影响?

    7. 什么样的杂环会发生环互变异构现象?

    8. 含有类吡啶氮原子的杂环具有哪些化学性质?

    9. 1,3-二杂环的 2-位甲基具有什么性质?

    10. 在含三个和四个杂原子的杂环中类吡啶氮原子对其稳定性、碱性、NH 酸性有何影响?

    11. 含三个和四个杂原子的杂环上的碳原子是否可以发生锂化反应?

    12. 含类吡咯氮原子的含三个和四个杂原子的杂环可以发生哪些反应?

    13. 含三个和四个杂原子的杂环是否可以发生碳上的亲电取代反应?

    14. 含三个和四个杂原子的杂环与亲核试剂反应的特点是什么?

    15. 什么样的化合物容易在加热或光照条件下发生脱氮气的反应?

    16. 含有氨基的三唑和四唑能否发生重氮化反应?

    17. 合成三唑的主要原料是什么?

    18. 合成四唑的主要原料是什么?

    19. 总结三唑类化合物的主要化学性质。

    20. 总结四唑类化合物的主要化学性质。

6 六员杂环

六员杂环是最重要的一类杂环，有广泛的应用。在六员杂环中最常见的杂原子之一是氧原子，相应的杂环有吡喃鎓离子、苯并吡喃鎓离子、2-吡喃酮、4-吡喃酮、香豆素等，另一个杂原子是氮原子，相应的杂环有吡啶、二嗪、三嗪、喹啉、异喹啉等。六员杂环同五员杂环一样，基本上没有环张力，且大多数杂环具有芳香性，都具有较高的稳定性。

6.1 吡喃鎓离子

吡喃鎓离子是 $2H$-吡喃或 $4H$-吡喃脱去一个负氢离子后形成的环状共轭体系，是由几乎等长的 C—C 键和 C—O 键构成的轻微变形的平面六边形结构，是含一个氧杂原子的最简单的苯类似物；一般来说，吡喃鎓离子易与亲核试剂发生反应而难以同亲电试剂反应，其通常由 1,5-二羰基化合物经脱水环合而制备；吡喃鎓离子通常以稠合的形式存在于自然界中，其中以苯并吡喃鎓离子作为花卉色素存在于植物中最为常见。

6.1.1 吡喃鎓离子的结构

吡喃鎓离子的结构为轻微变形的平面六边形，从 NMR 图谱可以看出其具有芳香性，受体系中氧鎓杂原子的吸电子作用所致，环的 C-2/ C-6 和 C-4 位的 ^{1}H NMR 和 ^{13}C NMR 的化学位移更加向低场移动。核磁数据如下。

① ^{1}H NMR（CDCl$_3$），δ：H-2/H-6（9.23），H-3/H-5（8.50），H-4（9.04）；

② ^{13}C NMR（CDCl$_3$），δ：C-2/C-6（142.5），C-3/C-5（129.0），C-4（148.4）。

吡喃鎓离子通常以盐的形式存在，如高氯酸盐、氟硼酸盐和六氯锑酸盐等，由于高氯酸盐稳定性好且溶解性差而易于分离，在合成上使用较广泛。高氯酸盐，特别是干燥的高氯酸盐受热后会发生爆炸性分解，在实际使用中应加以注意。

6.1.2 吡喃鎓离子的化学性质

吡喃鎓离子具有双重特性，既具有芳香化合物的稳定性，同时因为氧鎓杂原子的存在又容易被亲核试剂进攻。最主要的反应是与亲核试剂在 2-位加成，生成易于开环的 2H-吡喃，而后发生开环反应，产物随即又重新关环生成新的杂环或苯环类化合物。相对于吡啶鎓离子来说，吡喃鎓离子很少与亲电试剂发生反应，只有当其 2-位、4-位和6-位上连接供电子基团时才与亲电试剂反应。

6.1.2.1 吡喃鎓离子与亲核试剂的反应

通过吡喃鎓离子的共振结构可以看出环上正电荷主要分布在 2-位、4-位和 6-位上，所以亲核试剂主要是进攻环的 2/6 位和 4 位。进攻位点和产物取决于亲核试剂以及环上取代基的立体和电子性质及反应条件。

当吡喃鎓离子 2,4,6-位有共轭性能非常强的大 π 基团苯基时，能生成比较稳定的亲核加成产物。例如，2,4,6-三苯基吡喃鎓离子可在 C-2 位和 C-4 位上发生加成反应，生成甲氧基取代的 2H-和 4H-吡喃化合物。

而环上少一个苯基的 2,6-二苯基吡喃鎓离子只能在低温时生成 C-4 上加成产物，而温度升高后则反应发生在 C-2 位上，并进一步形成开环化合物。

（1）与水和氢氧根离子的反应

吡喃鎓离子对亲核试剂进攻的敏感性非常宽泛，如无取代的吡喃鎓离子在 0℃时甚至可与水发生反应，而 2,4,6-三甲基吡喃鎓离子却可以在 100℃的水中保持稳定。当水作为亲核试剂与吡喃鎓离子发生加成反应时，OH⁻ 更容易加成到 C-2 位置。例如，2-甲基-4,6-二苯基吡喃鎓离子与水反应首先形成 2-羟基-2H-吡喃，接着发生电环化开环反应生成烯-1,5-二酮或者它们的烯醇互变异构体，如在酸性条件下处理其开环产物，则会得到起始的吡喃鎓离子。

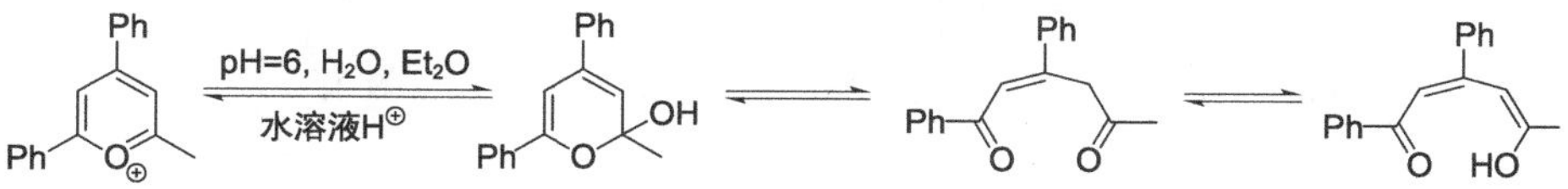

当α-位烷基化的吡喃鎓离子在强碱性条件下反应时会发生选择性闭环反应而生成芳烃，例如，2,4,6-三甲基吡喃鎓离子在热碱中反应其开环中间体经缩合反应而得到3,5-二甲基苯酚。

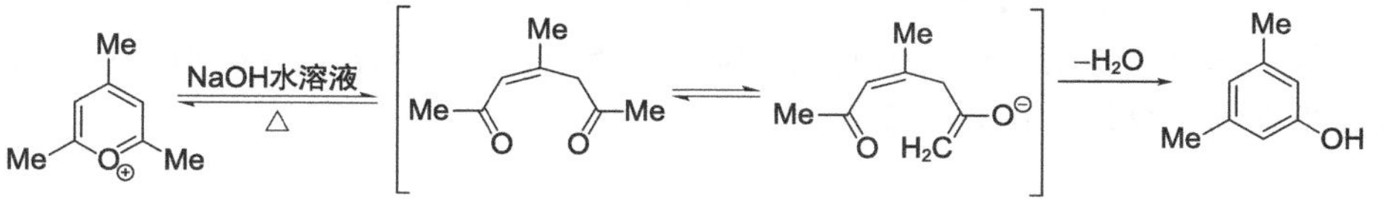

（2）与氨气、伯胺和仲胺的反应

吡喃鎓离子与氨气和伯胺反应可分别生成吡啶和吡啶鎓盐，生产上常用来制备含氮杂环体系。吡喃鎓离子与仲胺不发生上述反应，但是当吡喃鎓离子α-位为甲基时可生成苯胺衍生物。

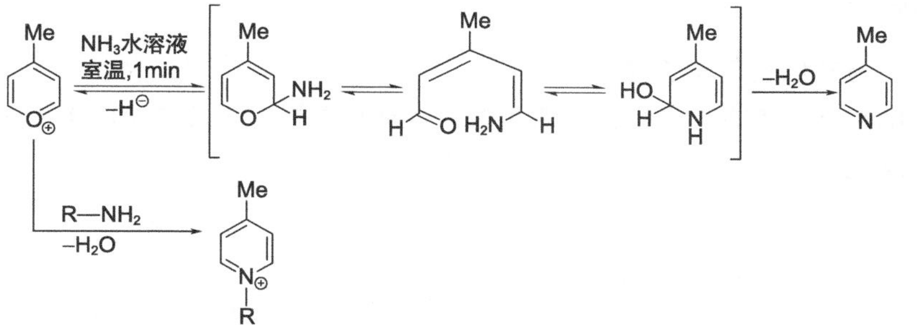

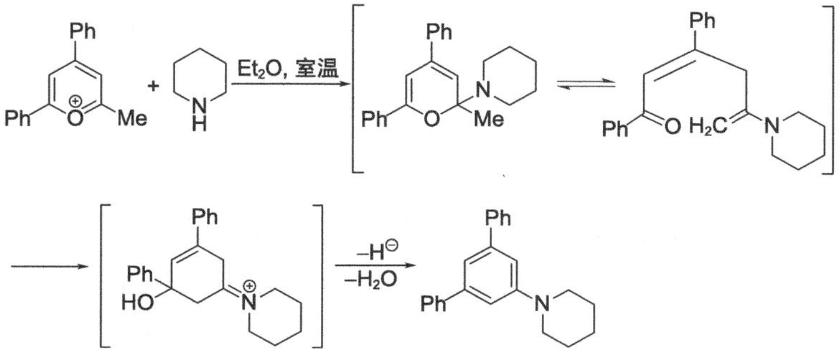

吡喃鎓离子还可以与肼发生 C-2 位的亲核加成反应，而后开环、关环生成七员杂环 4H-1,2-二氮杂䓬。

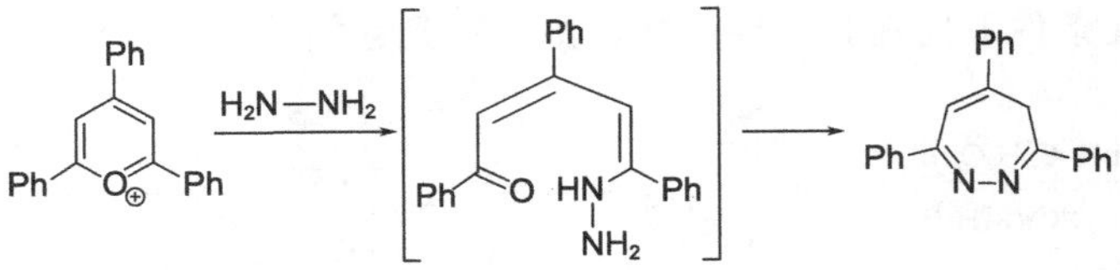

（3）与有机金属化合物的反应

有机金属化合物与吡喃鎓离子的加成反应通常发生在α位，只有α位被取代并且C-4位无取代或者有机酮存在下加成会发生在C-4位。例如与正丁基锂反应，正丁基负离子加成到C-2位，开环生成二烯酮类化合物。

与甲基溴化镁反应也是生成C-2位加成产物，而苄基氯化镁有别于其他有机金属化合物，只加成在C-4位。

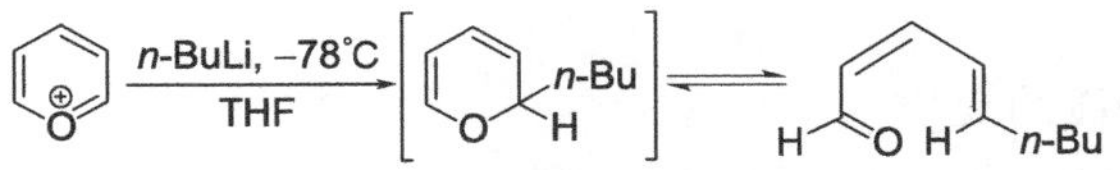

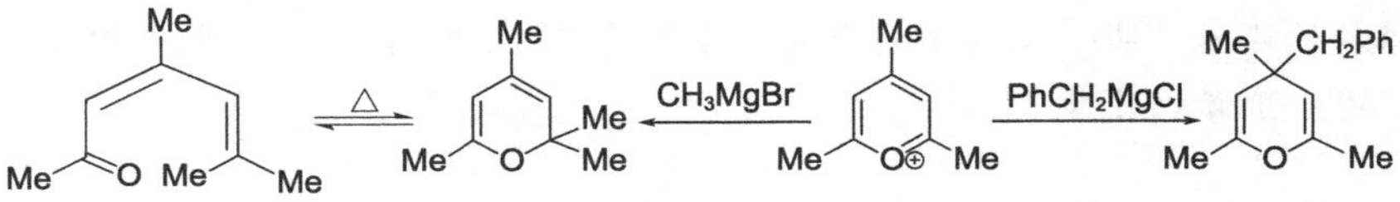

（4）与其他碳负离子的反应

吡喃鎓离子还能与氰化物、硝基甲烷、磷叶立德、环戊二烯负离子等碳负离子发生反应，生成多种开环、闭环的产物。

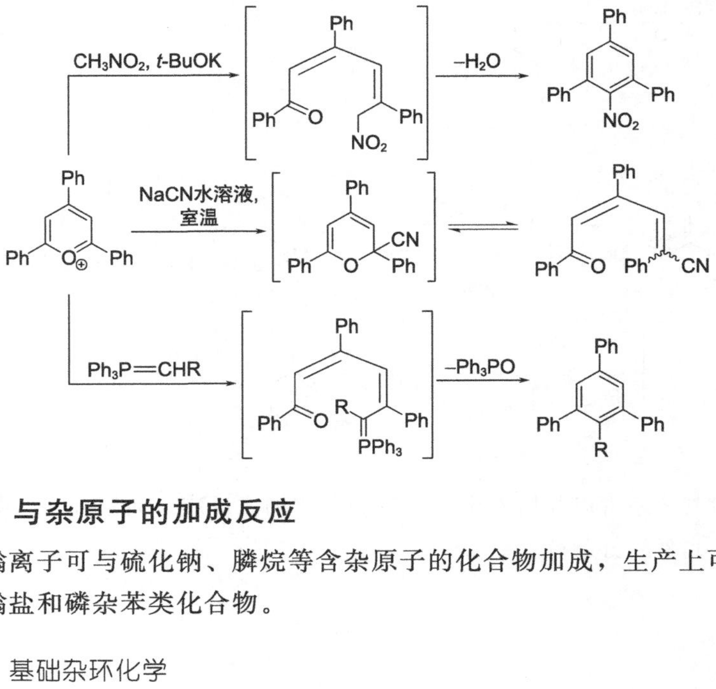

6.1.2.2 与杂原子的加成反应

吡喃鎓离子可与硫化钠、膦烷等含杂原子的化合物加成，生产上可用来合成硫代吡喃鎓盐和磷杂苯类化合物。

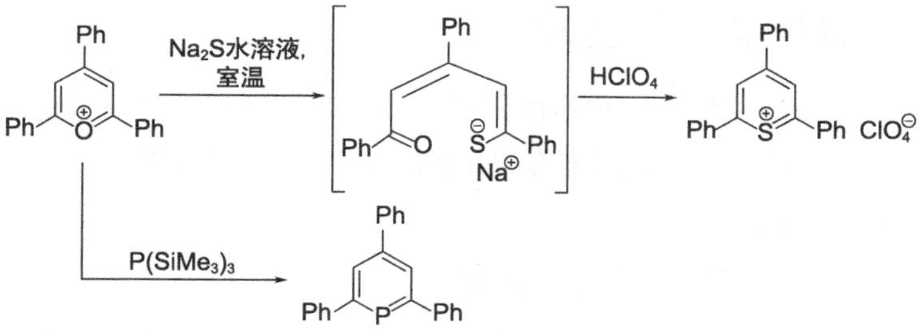

2,3,5,6-四苯基吡喃鎓盐与叠氮化物发生亲核取代反应,后经光学重排及热力学环合反应可生成氧氮杂䓬衍生物。

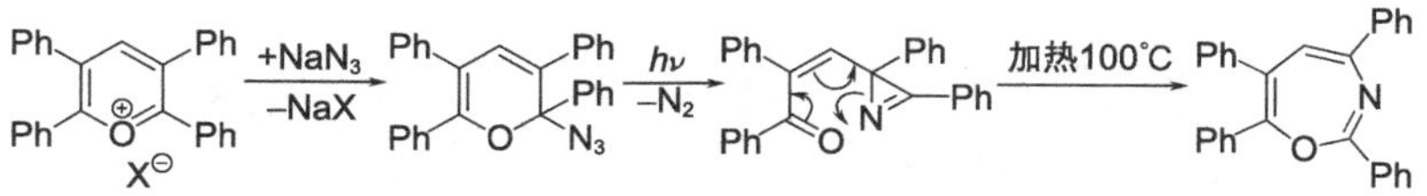

6.1.2.3 吡喃鎓离子烷基侧链的反应

吡喃鎓离子体系中的 2/6-位或 4-位上的取代烷基具有明显的 CH-酸性,在碱的作用下脱去质子生成亚甲基吡喃 1a 或 1b:

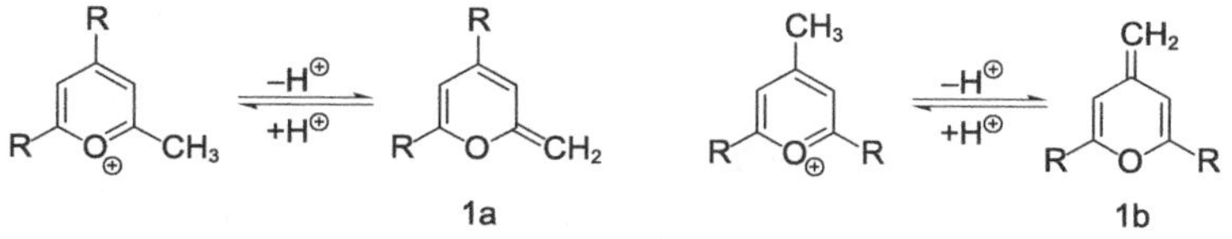

烯醇 1a 或 1b 的末端碳原子可被亲电试剂进攻,有利于发生羟醛缩合、克莱森缩合等反应。由于烯醇 1b 的对称共轭稳定性有利于亲电试剂进攻,所以反应更容易发生在 4-位。

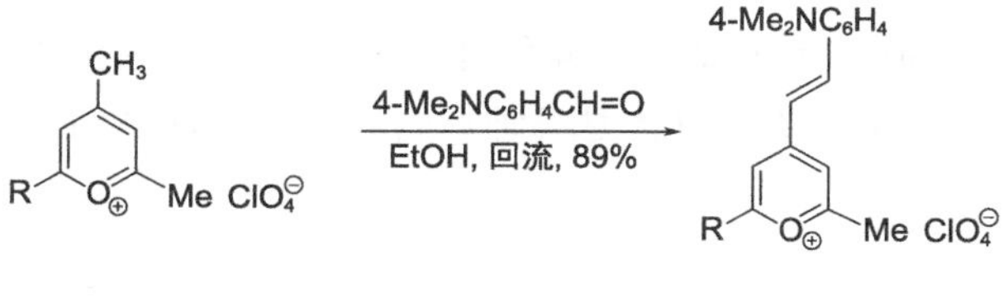

6.1.2.4 吡喃鎓离子与还原试剂的反应

氢化物与吡喃鎓离子的加成主要发生在 2-位,形成 2H-吡喃类化合物,也生成少量 4H-吡喃异构体。2H-吡喃会快速开环生成二烯酮类产物。

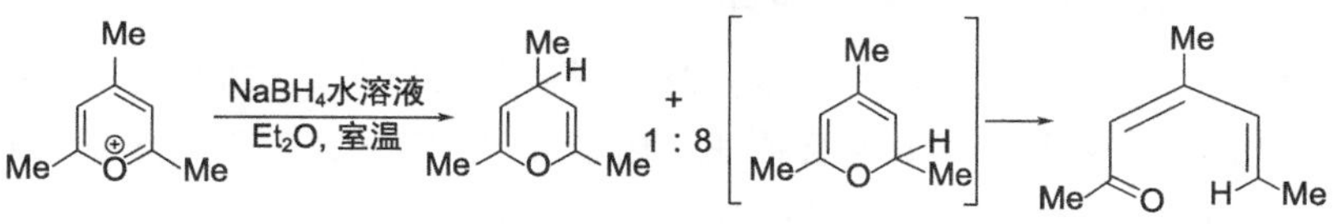

6.1.3 吡喃锱离子的合成

通过前面吡喃锱离子的亲核加成开环反应的化学性质，可以推断出其合成原料应该为烯二酮类化合物，或者能够生成烯二酮的上一级原料。反应应该在强酸或脱水剂条件下完成。

6.1.3.1 由 1,5-二羰基化合物合成

1,5-二羰基类化合物经环化、脱水及氧化反应后可合成吡喃锱离子。1,5-二羰基化合物部分烯醇化后形成环状半缩醛中间体，随后脱水形成 $4H$-吡喃，进一步在氢负离子受体作用下生成吡喃锱离子。

1,5-二酮类化合物通常由一分子醛与两分子酮经原位反应制备或者由芳甲基酮与共轭酮如查尔酮在氢负离子受体 $FeCl_3$ 等存在下于乙酸酐中反应，生成三取代的吡喃锱盐。该反应实质为查尔酮与甲基酮经 Michael 加成反应生成 1,5-二羰基化合物后进一步生成吡喃锱离子。

6.1.3.2 由 1,3-二羰基化合物与芳基甲基酮合成

该反应在乙酸酐中由强酸（$HClO_4$、HBF_4）催化完成，缩合生成 2,4,6-三取代吡喃锱离子。反应首先生成 2-烯-1,5-二酮类化合物，然后脱水关环生成吡喃锱离子。其中 R^3 基团为芳基，这样保证了产物的单一性。如果 R^1 和 R^2 基团不相同，应该生成两种产物，具体是哪种产物为主，由羰基的反应活性和反应条件来决定。

6.1.3.3 双酰化反应生成吡喃锱盐

在 Lewis 酸如 $AlCl_3$ 存在下，采用酰氯或酸酐与丙烯衍生物经双酰化反应生成吡喃锱盐的方法叫作 Balaban 合成法。酰氯在 $AlCl_3$ 的作用下对烯键进行酰化，通过碳正离子中间体 1 生成烯醇中间体 2；2 继续与另一分子酰氯酰化后得到

1,5-二羰基碳正离子化合物，并进一步失水关环得到吡喃鎓离子。

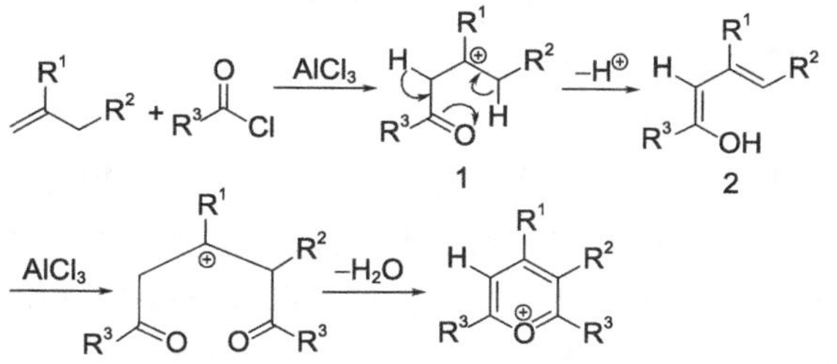

6.1.3.4 由 4-吡喃酮合成

2,6-二甲基-4-吡喃酮与金属试剂甲基碘化镁发生羰基上的亲核加成反应，生成的醇中间体经过高氯酸脱水生成 2,4,6-三甲基吡喃鎓离子。

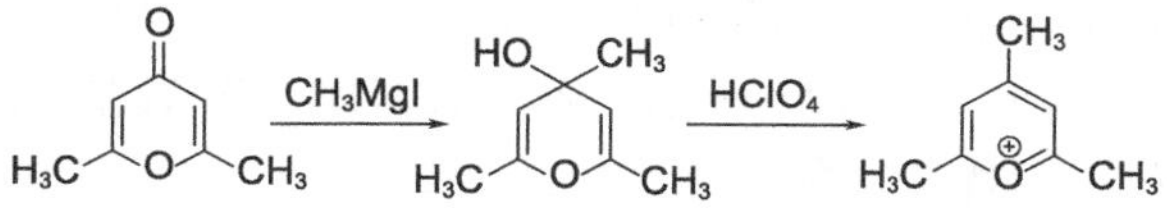

6.1.4 吡喃鎓离子的衍生物

许多吡喃类杂环都可以看作是吡喃鎓离子的衍生物，通过还原引入 H 可以衍生出 2H-吡喃、4H-吡喃、3,4-二氢-2H-吡喃、5,6-二氢-2H-吡喃、四氢吡喃杂环，通过氧化引入 O 可以衍生出 2H-吡喃-2-酮和 4H-吡喃-4-酮杂环化合物。

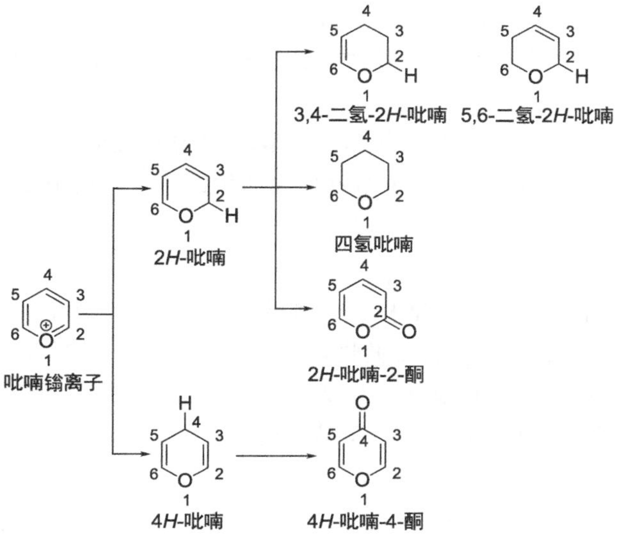

（1）2H-吡喃

2H-吡喃母体化合物没有分离得到，但其 2,2-二取代的衍生物已被合成。其结构被看作是二烯醇醚类化合物，也可看作氧杂环己二烯类化合物。易发生热开环反应在 O/C-2 键之间断裂，生成二烯酮类化合物。除此也可发生 [4+2] 环加成反应，说明其烯键性质明显。

（2）3,4-二氢-2H-吡喃

3,4-二氢-2H-吡喃为无色液体，沸点 86℃，由四氢糠醇脱水制得。3,4-二氢-2H-吡喃是由 2H-吡喃衍生出的环己烯氧杂类似物。能发生双键的亲电加成反应，也可发生 [2+1]、[2+2]、[4+2] 环加成反应。与醇加成生成缩醛结构，其在稀酸中易水解释放出醇，故可用作羟基的保护基。

合成方法主要由 α,β-不饱和羰基化合物与乙烯基醚发生 [4+2] 环加成反应，生成 2-烷氧基-3,4-二氢-2H-吡喃。2-烷氧基或 2-芳氧基-3,4-二氢-2H-吡喃以 RO 处在直立位置为优势构象，是半椅式构象。

（3）四氢吡喃

四氢吡喃为无色至淡黄色液体，沸点 88℃，水溶解性为 80g/L。存在环的翻转构象，翻转活化自由能为 42.3kJ/mol，椅式构象为主要存在形式，烷氧基或氯等电负性取代基在 2-位或 6-位时，主要处于直立键上，这种现象属于端基异构效应。

四氢吡喃主要的合成方法是由 1,5-二醇环化脱水反应得到。四氢吡喃存在于多种天然产物中，例如在防治家畜寄生虫的伊维菌素和用于植物杀虫、杀螨的阿维菌素当中含有多个四氢吡喃杂环。

（4）4H-吡喃

4H-吡喃含有两个烯醇式结构，红外光谱中 C═C 键在大约 1700cm^{-1} 和 1660cm^{-1} 处有不同于 2H-吡喃的吸收峰。2,4,6-三苯基-4-苄基 4H-吡喃在光照和盐酸的处理下发生环转化反应，生成取代苯类化合物。4-苄基-2-烷基-4H-吡喃用 HClO$_4$ 处理，可转化成 1,3-二苯基萘类化合物。

主要的合成方法是由 β-二取代烯酮与 β-酮酸酯反应，生成 Micheal 加成中间体 1,5-二羰基化合物，再经环化缩合制备得到 $4H$-吡喃类化合物。

6.1.5 吡喃鎓离子的合成应用实例

吡喃鎓离子在有机合成中有着重要的应用，是制备碳环和杂环的中间体，可用来合成多取代酚类、吡啶、吡啶鎓盐及含 P、S 等的化合物。一个很好的例子是吡喃鎓盐可与环戊二烯负离子经缩合反应制备薁类化合物。如 2,4,6-三甲基吡喃鎓盐与环戊二烯负离子经 C-2 位亲核加成、开环，随后可通过环戊二烯负离子中间体进一步闭环得到 4,6,8-三甲基薁。

6.2　$2H$-吡喃-2-酮

$2H$-吡喃-2-酮又名 α-吡喃酮，是 $2H$-吡喃 2-位次甲基的氧化产物，与其异构体 3-吡喃酮不同，$2H$-吡喃-2-酮的化学反应主要表现出不饱和内酯的性质，可发生电环化反应、Diels-Alder 环加成等反应；天然存在的 $2H$-吡喃-2-酮主要以骈环的形式存在于动植物体内，尤以同甾体的骈合衍生物蟾蜍二烯内酯类化合物居多。

6.2.1　$2H$-吡喃-2-酮的结构

$2H$-吡喃-2-酮是无色液体，沸点 208℃，从结构上来看它是一个含有不饱和双键的烯醇内酯类化合物，其核磁位移与芳香类化合物相似，相对分布在高场区；从红外光谱 $1730cm^{-1}$ 附近的特征峰可以判断其是内酯结构；在质谱裂解过程中消除 CO 碎片生成的主要是呋喃和环丙烯碳正离子。

6.2.2　2H-吡喃-2-酮的化学性质

从 2H-吡喃-2-酮类化合物的结构可发现它实际上是一个不饱和的六员环内酯，因此其主要表现出 1,3-二烯和内酯的性质，可发生电环化反应、Diels-Alder 环加成等反应，或者在碱的作用下水解开环、成环。

6.2.2.1　Diels-Alder 反应

2H-吡喃-2-酮类化合物可以与活化的烯烃或炔烃发生 Diels-Alder 反应，可作为合成六碳环或芳环的方法，在合成中具有广泛的应用。例如，2H-吡喃-2-酮与顺丁烯二酸酐反应的加合物 1,2-二氢邻苯二甲酸酐，进一步加热脱羧后还可再与另外一分子顺丁烯二酸酐发生 [4＋2] 环加成反应。

当炔类物质作为亲双烯体与 2H-吡喃-2-酮类化合物发生 Diels-Alder 反应时可构建苯的类似物。例如，乙炔二羧酸酯与 2H-吡喃-2-酮-6-羧酸甲酯发生环加成产物，进一步在加热条件下发生脱羧反应，生成 1,2,3-苯三甲酸酯，此反应常用来构建多取代苯类衍生物。

6.2.2.2　与亲核试剂的反应

一般来说，亲核试剂主要进攻 2H-吡喃-2-酮的 2-位和 6-位，如氨气、伯胺与 2H-吡喃-2-酮反应可生成 2-吡啶酮或 N-取代的 2-吡啶酮；格式试剂与 2H-吡喃-2-酮反应则发生在 2-位（羰基碳）上。

6.2.2.3　和亲电试剂的反应

亲电试剂与 2H-吡喃-2-酮的取代反应发生在 3-位上。例如 2H-吡喃-2-酮与溴的反应，当反应在高温下进行时，首先生成 3-位和 4-位/3-位和 6-位的二溴加合物，然后脱去 HBr 生成 3-位取代的产物；当反应在低温下发生时，则反应停留在加成阶段，定量生成二溴加成产物。

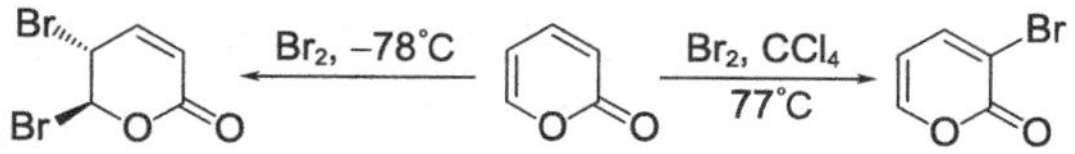

6.2.3 2H-吡喃-2-酮的合成方法

6.2.3.1 由 β-羰基酸和羰基化合物合成

2H-吡喃-2-酮类化合物有多种合成方法，其中最经典的方法是由羰基化合物与 3-酮酸或 3-醛酸经两次缩合反应来合成。反应过程中的关键中间体是烯酮酸。

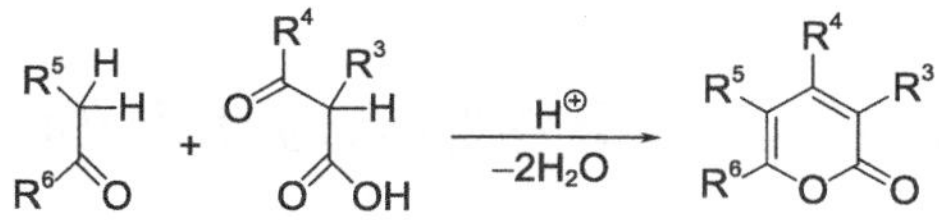

可通过磷叶立德与二酮类化合物反应生成烯酮酸类化合物，再合成 2H-吡喃-2-酮类化合物。

当以发烟硫酸处理苹果酸时，无须羰基化合物的参与也可生成 2H-吡喃-2-酮类化合物阔马酸，其可能原因是在发烟硫酸的作用下，苹果酸首先生成甲酰乙酸，进而再环合生成阔马酸，阔马酸在铜催化条件下脱羧可得到无取代基的 2H-吡喃-2-酮。

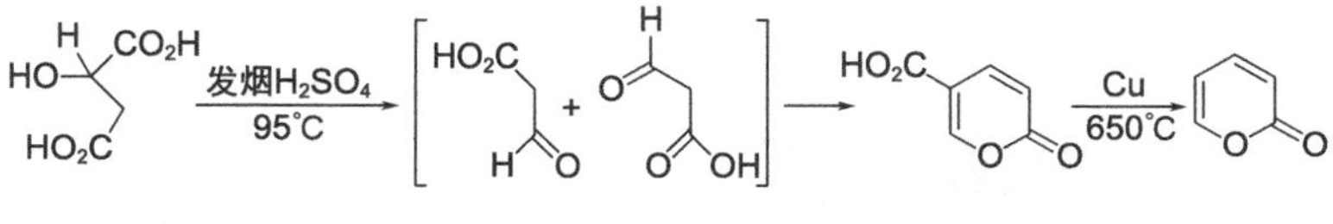

6.2.3.2 由炔酮或炔酯与 1,3-二羰基化合物合成

炔酮或炔酯可在碱的作用下与 1,3-二羰基化合物发生 Michael 加成反应，生成的烯酮中间体经进一步的烯醇化和内酯化反应生成 2H-吡喃-2-酮类化合物。

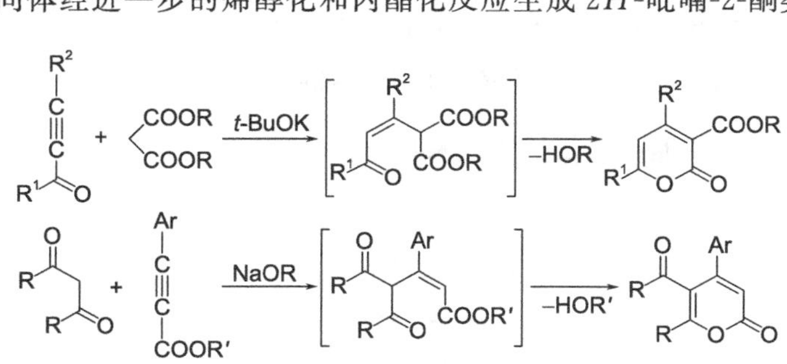

6.2.3.3 由巴豆酸酯和草酸酯合成

未取代或 3-取代的巴豆酸酯在碱的作用下与草酸酯经缩合反应生成 δ-羰基戊烯酸酯，其在酸的作用下进一步环合生成 $2H$-吡喃-2-酮-6-羧酸酯，再水解、脱羧后得到 $2H$-吡喃-2-酮类化合物。

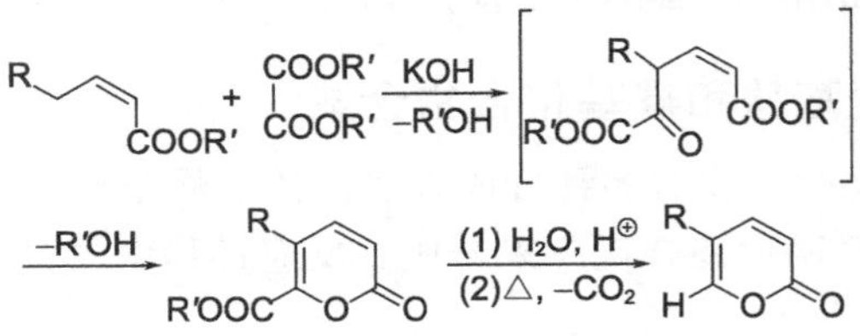

6.2.4 $2H$-吡喃-2-酮的衍生物与应用实例

天然的 $2H$-吡喃-2-酮衍生物存在于多种动植物体内，如从毒蟾蜍中分离得到的蟾蜍灵和蟾蜍它灵是 $2H$-吡喃-2-酮与甾体的衍生物，因其结构特征是在甾体 D-环的 C-17 位上连有一个 $2H$-吡喃-2-酮取代基，且最早由毒蟾蜍中分离，所以称这类化合物为蟾蜍二烯内酯类化合物，多具有增强心肌收缩的能力，常用作强心药。

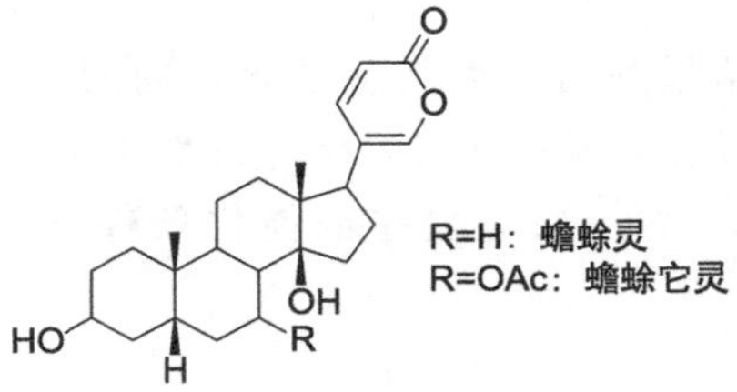

R=H: 蟾蜍灵
R=OAc: 蟾蜍它灵

6.3 $4H$-吡喃-4-酮

$4H$-吡喃-4-酮是 $2H$-吡喃-2-酮的异构体，与 2-吡喃酮主要表现不饱和内酯的性质不同，4-吡喃酮是一个具有芳香性的不饱和酮，其在光照下可异构化成 2-吡喃酮，可与强酸成盐、可在 C-2 或 C-4 发生亲核反应，还能与格式试剂反应生成 4-取代的吡喃镓盐或 4-位双取代的 $4H$-吡喃。

6.3.1 $4H$-吡喃-4-酮的结构

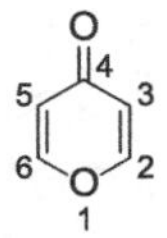

4H-吡喃-4-酮是无色晶体，熔点 32℃，是一个具有芳香性的不饱酮。但是从其核磁数据来看，它与 α,β-不饱和酮更加相似。核磁数据如下。

① ^{1}H NMR（CDCl$_3$），δ：H-2/H-6（7.88），H-3/H-5（6.38）；

② ^{13}C NMR（CDCl$_3$），δ：C-2/C-6（155.6），C-3/C-5（118.3），C-4（179.9）。

6.3.2　4H-吡喃-4-酮的化学性质

4H-吡喃-4-酮类化合物的反应主要表现在不饱和酮的结构上，与 2H-吡喃-2-酮类化合物的反应既有相似之处又有一定区别，主要可与亲核试剂、强酸等发生反应，还能在光的照射下异构化成 2H-吡喃-2-酮。

6.3.2.1　4H-吡喃-4-酮类化合物与强酸的反应

4H-吡喃-4-酮是一个 pK_a＝0.3 的弱碱，可与高氯酸等强酸反应生成吡喃鎓盐，与硫酸二甲酯反应生成氧烷基化产物。

6.3.2.2　4H-吡喃-4-酮类化合物与亲核试剂的反应

在碱水中，OH$^-$ 可进攻 4H-吡喃-4-酮类化合物的 C-2 位，发生开环反应生成 1,3,5-三酮类化合物，如果 2-位和 6-位有烷烃取代时则生成间苯二酚类化合物。

4H-吡喃-4-酮可在氨气或伯胺的作用下经 α-位的开环、再环合反应转变为相应的吡啶酮。

格氏试剂可进攻 4H-吡喃-4-酮类化合物的 C-4 位，若采用等物质的量格氏试剂与 4H-吡喃-4-酮反应后再经强酸处理可得到 4-取代吡喃慃盐，如格氏试剂过量则生成 C-4 位二取代的 4H-吡喃。

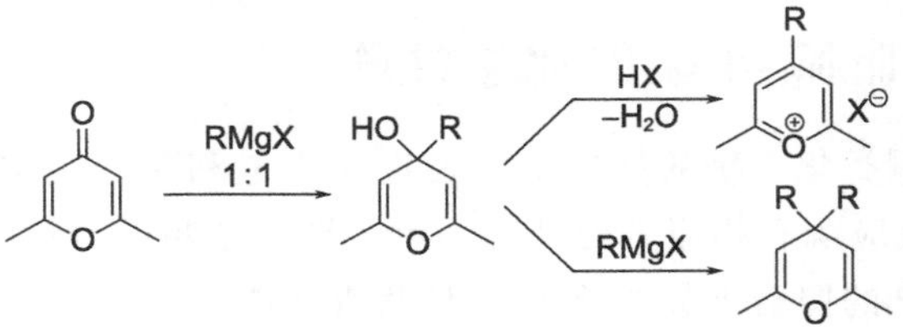

6.3.3　4H-吡喃-4-酮的合成方法

4H-吡喃-4-酮在碱性条件下亲核开环形成的 1,3,5-三酮类化合物可在酸性条件下重新环合成 4H-吡喃-4-酮。因此，通过 1,3,5-三酮类化合物合成 4H-吡喃-4-酮是一种便捷的方法，也是合成此类化合物最重要的方法。

1,3,5-三酮类化合物可通过 1,3-二酮类化合物在碱的作用下形成的双负离子与酯反应构建，其在酸的作用下环合生成 4H-吡喃-4-酮类化合物。

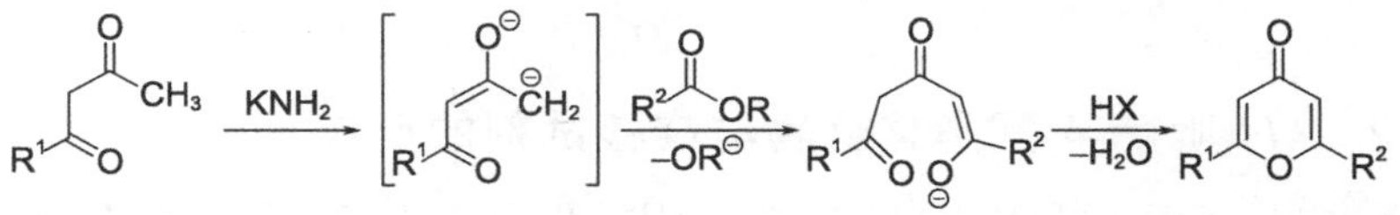

丙酮与草酸二乙酯在乙醇钠条件下缩合成三酮羧酸酯类化合物，经 HCl 处理生成 4H-吡喃-4-酮-2,6-二羧酸酯，再经过脱羧反应生成 4H-吡喃-4-酮。

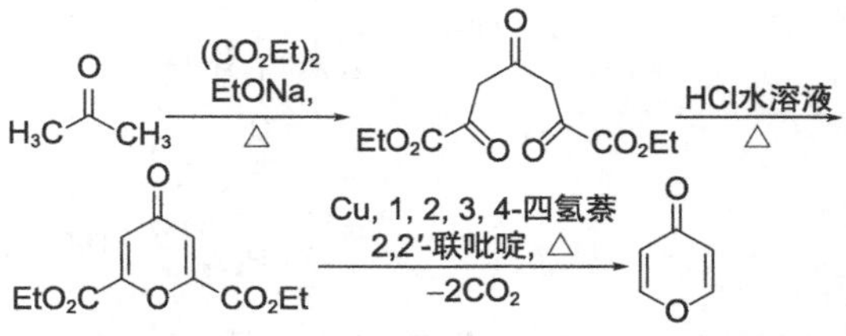

6.3.4　4H-吡喃-4-酮的衍生物

4H-吡喃-4-酮类化合物广泛存在于自然界中，其中有分离自白屈菜属植物根部的白屈菜酸，分布在落叶松树皮中的麦芽酚，存在于鸦片中的袂糠酸，以及微生物米曲霉产生的曲酸。多数化合物在环上含有羧基、羟基等极性基团。

白屈菜酸	麦芽酚	袂糠酸	曲酸

6.3.5 *4H*-吡喃-4-酮的合成应用实例

两分子乙酰乙酸乙酯在碱性条件下发生缩合生成 3-乙酰基吡喃二酮，俗称为脱氢乙酸，是一种常用的防腐剂。

6.4 吡啶

6.4.1 吡啶的结构

吡啶在室温下为无色有毒液体，具有特殊的腐臭气味，熔点 $-41.6℃$，沸点 $115.2℃$。吡啶是最简单的含氮杂环，其结构与苯相似，只是苯环中的一个 CH 被 N 替代。而由于环上杂原子的存在，使得吡啶偏离了苯的规则的正六边形对称结构，C—N 键长稍短。在吡啶环平面上，氮上的一对未共享电子位于环的 sp^2 杂化轨道上，不属于 π 电子，而正是氮上的这个孤电子对决定了吡啶的基本性质。吡啶的波谱数据如下。

① UV（乙醇），λ（lgε）：251nm（3.30）；

② ^1H NMR（CDCl$_3$），δ：H-2/H-6（8.59），H-4（7.75），H-3/H-5（7.38）；

③ ^{13}C NMR（CH$_2$Cl$_2$），δ：C-2/C-6（149.8），C-4（135.7），C-3/C-5（123.6）。

吡啶在分子对称性和光谱性质方面和苯相似，也具有芳香性，是一个离域的具有反磁环流的 6π 电子芳香杂环。这点可以从两者的共振能看出来，吡啶和苯环的经验共振能分别是 134kJ/mol 和 150kJ/mol，它们的德瓦共振能分别是

87.5kJ/mol 和 94.6kJ/mol，都非常接近。

同时由于吡啶环中氮原子的存在，环上各个位置 π 电子密度不同，而诱导和共振效应同时起作用，分子中会产生一个带负电 N 的永久偶极，即表明环中碳原子上有部分正电，主要分布在吡啶的 α 及 γ 位上。正是由于碳原子上电子的缺乏，吡啶及其相似的杂环化合物"缺电子"，或者称为"缺电子 π 键"。

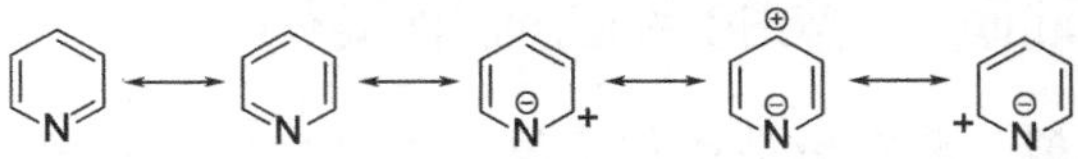

吡啶环上各原子相对电子云密度如下：

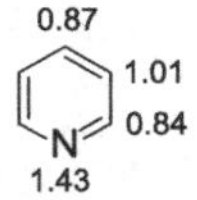

吡啶的偶极矩为 2.2D，高于哌啶的偶极矩 1.17D，主要原因是吡啶中诱导作用和共振效应对电子的吸引方向相同。

6.4.2　吡啶的化学性质

在吡啶中，氮原子的作用类似于硝基苯中的硝基，使其邻、对位上的电子云密度比苯环降低，间位则与苯环相近，这样，环上碳原子的电子云密度远远小于苯，因此像吡啶这类芳杂环又被称为"缺 π"杂环。这类杂环表现在化学性质上是亲电取代反应变难，亲核取代反应变易，氧化反应变难，还原反应变易。吡啶环的芳香稳定性和环上的电子分布决定了其具有多种化学性质。

6.4.2.1　与亲电试剂的反应

吡啶与亲电试剂的反应可以发生在氮原子上，也可以发生在 2-位碳原子上。吡啶在氮上的亲电加成反应一般是生成吡啶鎓盐类化合物，仍然保留了芳香体系，氮原子获得了形式上的正电荷。

吡啶碳上的亲电取代反应活性要比苯差得多，经常需要剧烈的反应条件，一般生成只有 3-位取代的反应产物。吡啶氮原子的碱性对碳上亲电取代反应的发生十分重要，碱性强弱决定了在酸性介质中吡啶是游离状态还是生成了活性更低的吡啶鎓离子。因此，给电子取代基可以提高吡啶碳上亲电取代反应的活性。

（1）氮上的质子化反应

吡啶的氮上发生亲电加成反应得到吡啶鎓离子，而加成一个质子得到最简单的 1H-吡啶鎓。吡啶鎓离子是苯的等电子体，其仍具有芳香性，不同之处在于氮上的核电荷数使体系作为一个整体带正电。而相对于吡啶的碳原子，吡啶鎓离子的 α- 及 γ-位碳上带的部分正电荷高于吡啶，2-位碳原子上的电子密度则相对减小了。

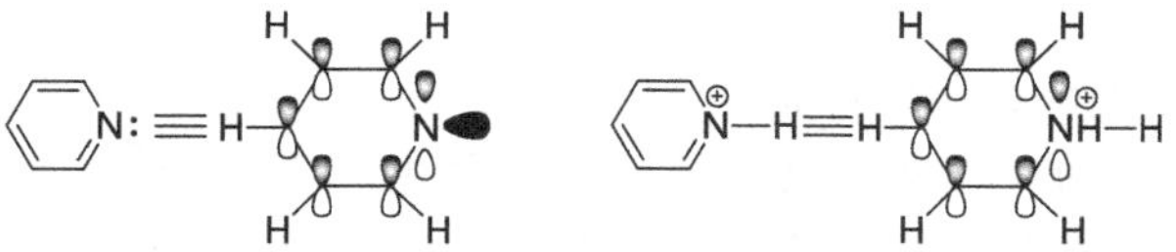

吡啶是比饱和的脂肪胺弱的碱，其在水中的 pK_a 为 5.2。因此，吡啶可与大多数质子酸发生质子化反应。当吡啶环上连有给电子基团时，会使得碱性强度增大，但 2-和 6-位上大的取代基会阻碍质子化形式的溶剂化作用，如 2,6-二叔丁基吡啶的碱性要远比吡啶弱，其 pK_a 值比吡啶小一个数量级。

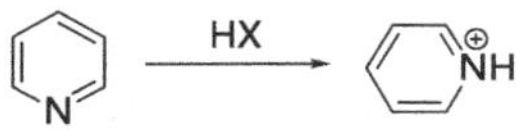

吡啶与 Brönsted 酸反应生成盐，如氯铬酸吡啶鎓盐和吡啶鎓二铬酸盐是温和的氧化剂，将醇氧化成醛或酮。

（2）氮上的烷基化与酰基化反应

卤代烷、烷基对甲苯硫酸酯或二烷基磺酸酯可以与吡啶发生 N-烷基化反应生成吡啶鎓盐。

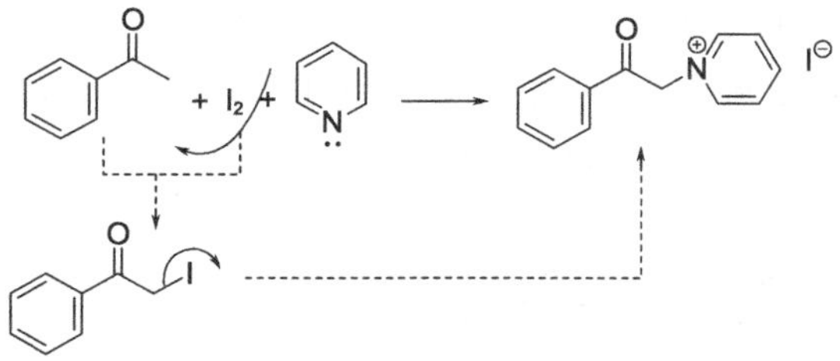

酰氯、酸酐以及芳磺酰氯可与吡啶发生 N-酰基化反应获得 N-酰化吡啶鎓盐。在某些情况下，这些盐可作为结晶的固体分离出来，但通常 N-酰化吡啶鎓盐易水解，在吡啶溶液中可与醇和胺发生酰化反应。

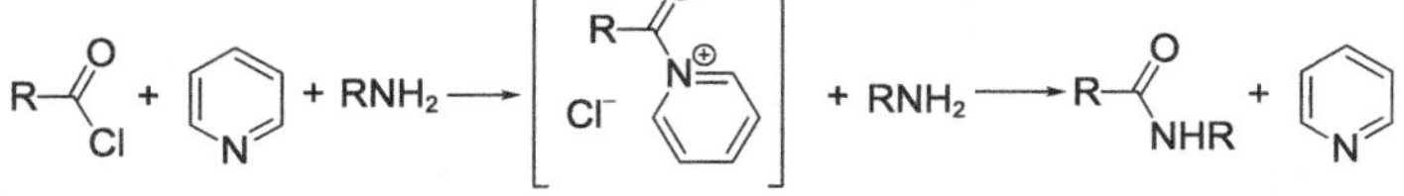

4-二甲氨基吡啶和 4-(吡咯烷-1-基)-吡啶都是很好的酰化催化剂。

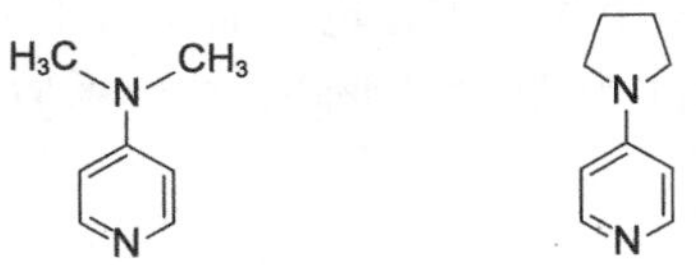

（3）氮上的硝化与磺化反应

吡啶与硝酸类的质子型硝化试剂反应全部生成 N-质子化产物，但与四氟硼酸硝鎓盐可以在氮上发生硝化反应，获得的 N-硝基吡啶盐产物如 1-硝基-2,6-二甲基四氟硼酸吡啶盐可作为非酸性硝化试剂的良好反应物，且具有位置选择性。

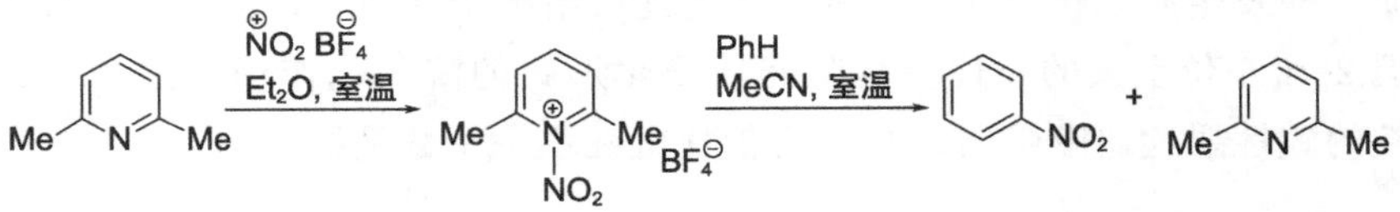

吡啶与三氧化硫可在氮上发生磺化反应生成结晶性的吡啶-1-磺酸盐两性离子，也常被称为吡啶三氧化硫络合物，该络合物在热水中不稳定，会水解成硫酸和吡啶，可以作为温和的磺化试剂。例如，将呋喃、吡咯磺化成 2-磺酸衍生物。

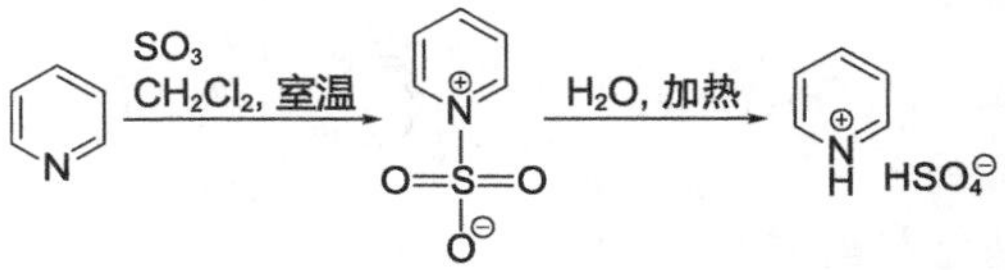

（4）氮上的氧化反应

吡啶易与过氧酸反应生成 N-氧化物，该化合物具有许多的反应性能，而很多吡啶相关的有制备价值的反应也是通过该化合物来实现的。相比于吡啶来说，吡啶的 N-氧化物的 N-氧官能团促进了 α-和 γ-位的亲电和亲核加成反应。而N-氧化物通过和磷（Ⅲ）化物脱去氧原子重新生成吡啶。

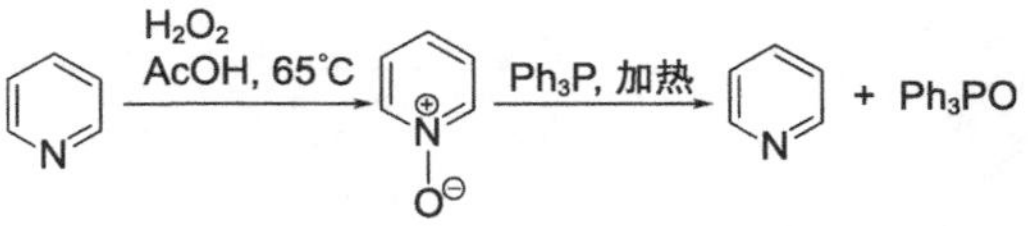

吡啶 N-氧化物的共振结构如下：

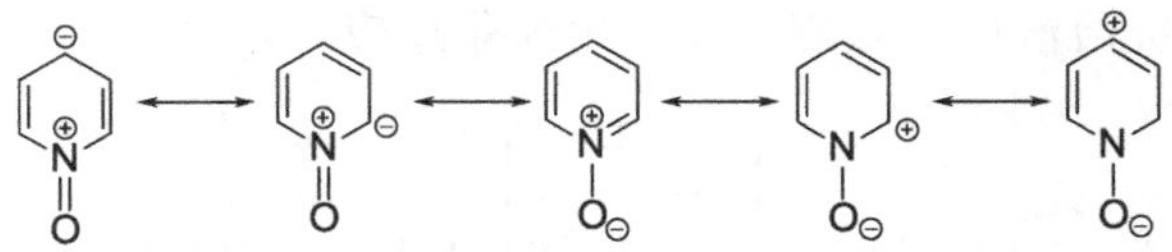

由共振式可以看出，吡啶 N-氧化物在 2-位和 4-位可发生亲电取代和加成反

应。在 N-氧化物发生 O-质子化后，按典型的吡啶/吡啶盐的模式进行取代反应，表现为 β-位的选择性，但相应的汞化反应则在 α-位上发生，而后进行 β-位的亲电取代反应。

格氏试剂与吡啶 N-氧化物可发生加成反应，产物在室温下发生开环，分离出非环的不饱和肟，而后与乙酸酐一起加热又重新芳构化，而后通过电环化闭环，生成产物。

（5）碳上的硝化和磺化反应

吡啶碳上的硝化与磺化反应利用浓硝酸或浓硫酸都难以直接发生。吡啶的硝化反应可在 CH_3NO_2 或 SO_2 中与 N_2O_5 反应，收率可提高到约 70%。

吡啶 N-氧化物比吡啶更容易发生硝化反应。

吡啶的磺化反应可以利用硫酸汞催化，从而实现在较低温度下磺化反应的顺利进行。

（6）碳上的卤代反应

在发烟硫酸中吡啶与溴作用可得到 3-溴吡啶，在高温条件下吡啶可在 3-位发生氯代反应，利用三氯化铝作催化剂，可降低反应温度使得反应顺利进行。

6.4.2.2　与亲核试剂的反应

吡啶为"缺 π"杂环，所以，与亲核试剂的反应是吡啶的特征反应。吡啶的亲核取代反应容易在 2-位和 4-位发生，与亲电取代反应最后一步是失去质子的过程不同，亲核取代反应的最后一步是氢负离子的转移，需要有氧化剂存在作为氢负离子的受体，因此，如果有好的负离子离去基，亲核取代反应就较易直接进行。

亲核取代反应一般分两步进行：第一步是亲核试剂与吡啶的加成反应，生成二氢吡啶类中间体；第二步是吡啶上取代基作为离去基团的消除反应，重新形成芳杂环。芳基亲核取代反应叫做 $S_N Ar$ 反应。

X=卤素，H
Nu=NH$_2^-$, OH$^-$, RO$^-$, RS$^-$,
RLi, AlH$_4^-$, NH$_3$, 胺

吡啶类杂环的氨基化反应通常发生在氮原子的 α-位上，该反应也称为 Chichibabin 反应，是有机史上吡啶的第一个亲核取代反应。吡啶与氨基钠的反应通常在甲苯或二甲苯胺中反应，反应过程中会放出氢气。

吡啶与芳基或烷基锂的反应一般是先加成反应生成二氢吡啶 N-锂盐，而后通过氧化、歧化或消除氢化锂生成烷基取代的芳香性吡啶，反应通常发生在 2-位上。

当吡啶的 α-或 γ-位上有卤素以及少数的硝基、甲氧基、烷氧磺酰基等易离去基团时，亲核取代反应会相对较易发生。总体来说，γ-卤代吡啶比 α-异构体更活泼，β-卤代吡啶的活性较差，氟化物比其他卤化物的活性好。

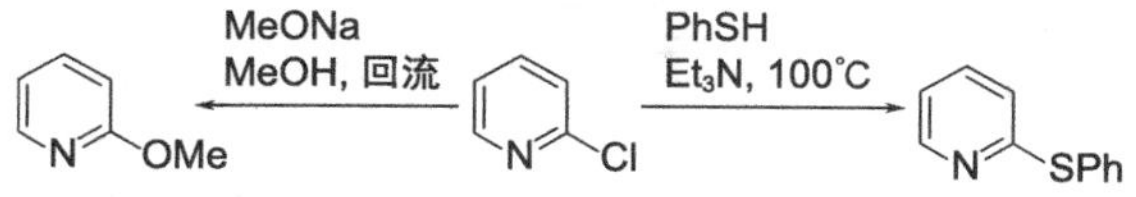

吡啶与有机锂化合物可发生金属化反应。当吡啶环上存在如卤素类的可诱导脱去质子的取代基或烷氧基、氨基一类可形成配合物的取代基团时，吡啶可与有机锂直接发生反应，使邻位的氢去质子化而发生锂化反应。一般情况下，3-取代吡啶主要在 C-4 上发生锂化，2-和 4-取代吡啶则必然在 3-位上发生锂化。这个反应过程可以看作是"H-金属"交换。

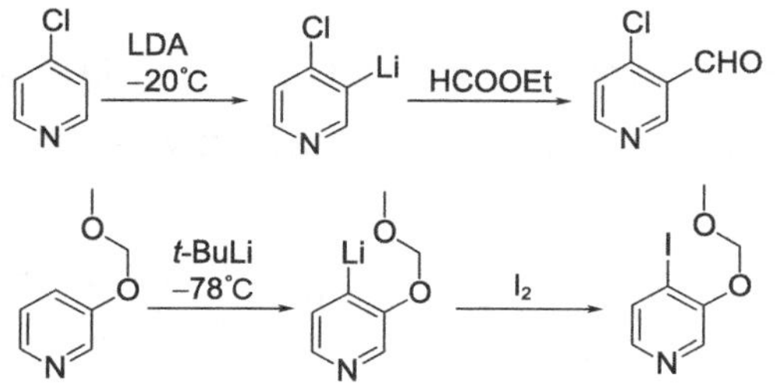

此外，卤代吡啶与有机锂可发生卤素-金属交换反应，直接获得吡啶基锂。

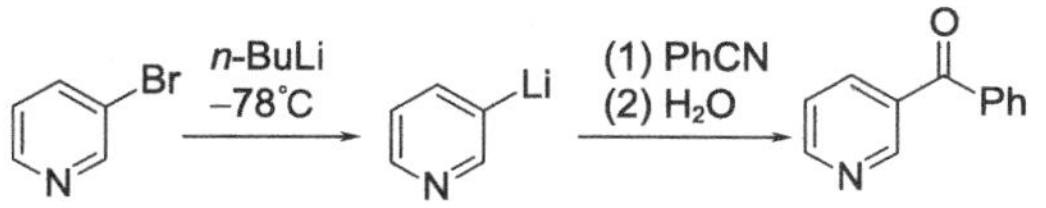

6.4.2.3 烷基吡啶的反应

烷基吡啶的特征性反应是与吡啶环直接相连的碳上可发生去质子化反应，生成碳负离子。在不同溶剂中，吡啶环上不同位置所连的侧链烷基反应性能不同，实际生成的碳负离子取决于离子与溶剂两者的平衡。在吡啶 α-和 γ-位上的碳负离子是更为稳定的，由 α-和 γ-烷基吡啶去质子化所生成的碳负离子可进行广泛的化学反应。

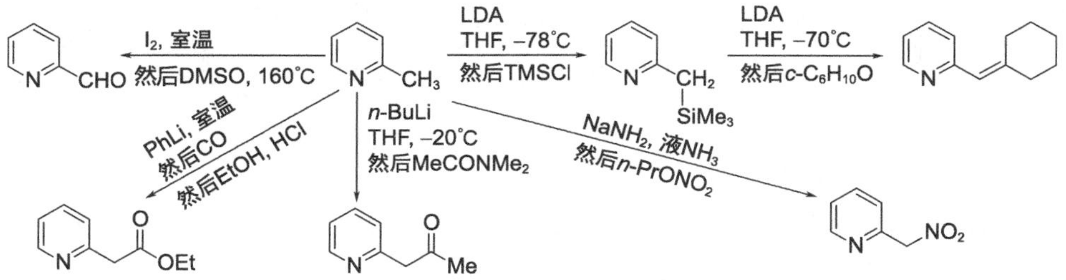

由于吡啶 α- 和 γ-位上的碳负离子的稳定性，乙烯基吡啶和炔基吡啶可与亲核试剂发生 Michael 加成反应。

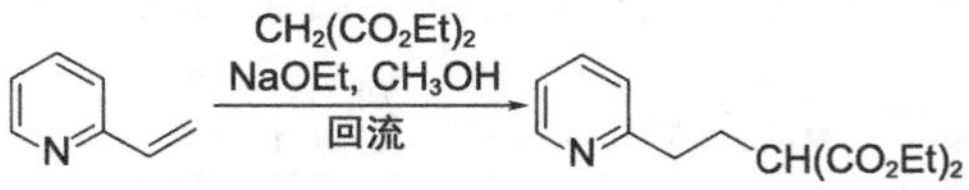

此外，烷基吡啶的季铵盐中，侧链上氢的酸性更强，可在十分温和的条件下发生缩合。

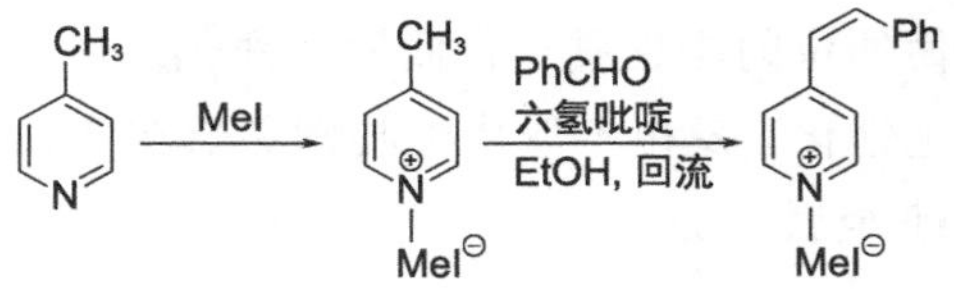

甜菜碱吡啶鎓盐在弱碱如 Na_2CO_3/H_2O 作用下，很容易发生烷基化和酰基化反应生成吡啶鎓化合物，再经过还原反应消除吡啶生成酮或 1,3-二酮。

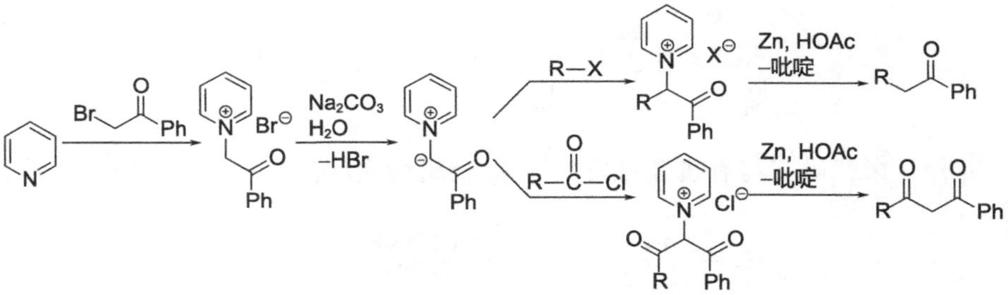

6.4.2.4 氧化反应

吡啶不易被氧化，但在碱性介质中，水溶性 $KMnO_4$ 可将其氧化为 CO_2，过氧酸也可将其氧化为吡啶-1-氧化物。烷基吡啶可在侧链上发生氧化，类似于烷基苯的氧化反应，侧链烷基可以氧化为羧酸基团，而且还可以实现选择性的侧链氧化反应。

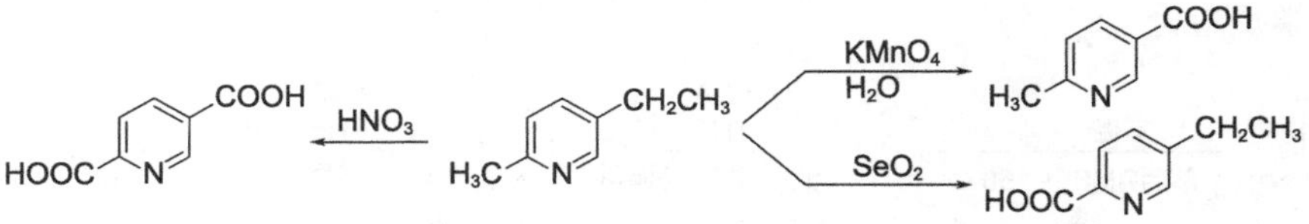

6.4.2.5 还原反应

相比于苯类化合物，吡啶类化合物更易于被还原，一般在较温和的条件下，吡啶的还原反应就可以顺利进行。

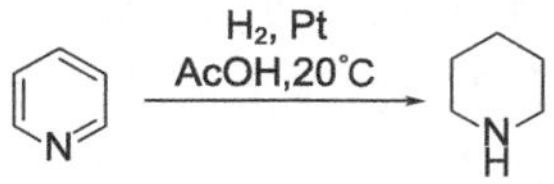

在氢化物试剂中，只有硼氢化钠对吡啶不能起到还原作用，但它能还原吡啶盐类化合物。而当吡啶环上连有吸电子取代基时，硼氢化钠也可以将该类化合物还原生成二氢或四氢吡啶类化合物。氢化铝锂中的氢负离子能和等当量的吡啶进行加成，生成一个含有两个1,2-和两个1,4-二氢吡啶单元的复合物。

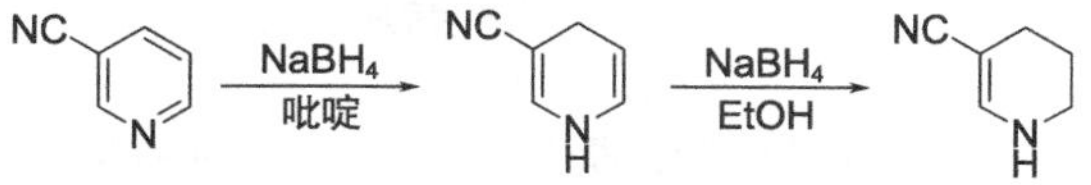

在非质子性介质中吡啶可以被金属钠还原，反应过程中生成自由基负离子。常会有副产物4,4'-联吡啶和2,2'-联吡啶生成。

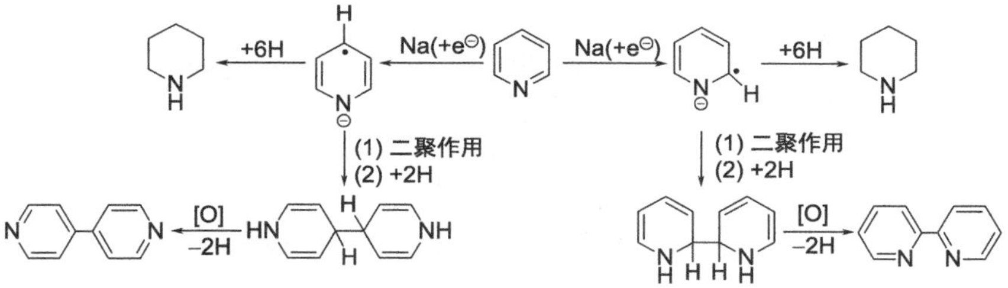

吡啶鎓离子也可以被还原生成二聚产物。1-甲基吡啶鎓氯化物用 Na/Hg 还原生成的二聚物经氧化成二吡啶鎓盐，即是除草剂百草枯。

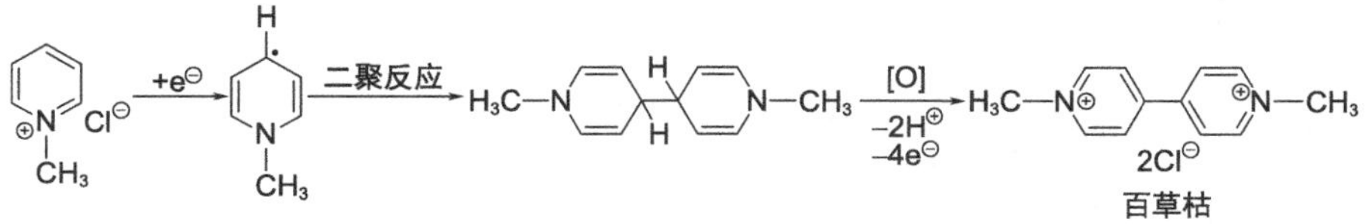

6.4.3　吡啶的合成方法

吡啶的逆合成分析有多种途径，吡啶环含有亚胺结构，可以由环缩合反应制得，合成原料应该含有三个双键和一个含 N 基团；也可以通过环加成得到，原料应该含有三个三键结构和一个含 N 基团；此外，由二氢或四氢吡啶也可脱氢生成吡啶。

6.4.3.1　由醛、1,3-二羰基化合物与氨反应合成

即经典的 Hantzsch 合成法，由醛、1,3-二羰基化合物与氨反应合成得到的产物必然是对称取代的1,4-二氢吡啶，且由于在1,4-二氢吡啶的每个 β-位都具

有共轭取代基，因此该化合物较稳定，可以在脱氢前分离出来。而后，利用硝酸或亚硝酸等氧化剂发生氧化反应，获得 β-羰基吡啶类化合物。该方法应用范围广，且使用灵活，反应底物不仅限于 1,3-二羰基化合物，还可以是其等价物。

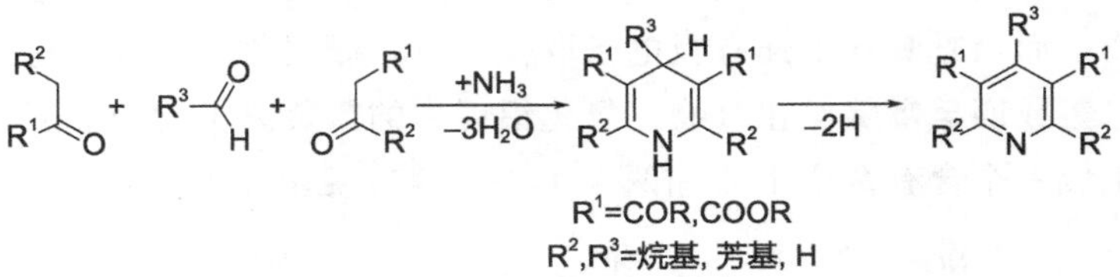

$$R^1=COR,COOR$$
$$R^2,R^3=烷基, 芳基, H$$

反应机理 1：一分子酮首先与醛缩合生成 α,β-不饱和酮，另一分子酮与其进行 Michael 加成生成 1,5-二羰基化合物，氨与其亲核加成脱水后生成 1,4-二氢吡啶，最后经过氧化脱氢生成吡啶。

反应机理 2：一分子酮首先与醛缩合生成 α,β-不饱和酮，另一分子酮与氨反应生成烯胺，然后烯酮和烯胺之间进行 Michael 加成生成烯胺酮，而后经过分子内亲核加成脱水和氧化脱氢生成吡啶。

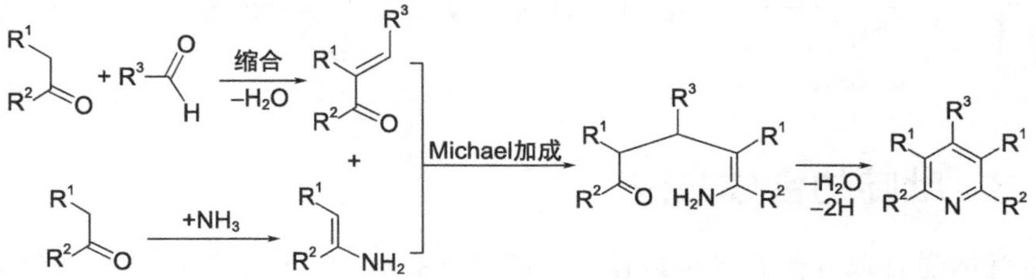

在改进的 Hantzsch 合成法中，用烯酮与 β-烯胺羰基化合物直接反应获得 1,4-二氢吡啶。

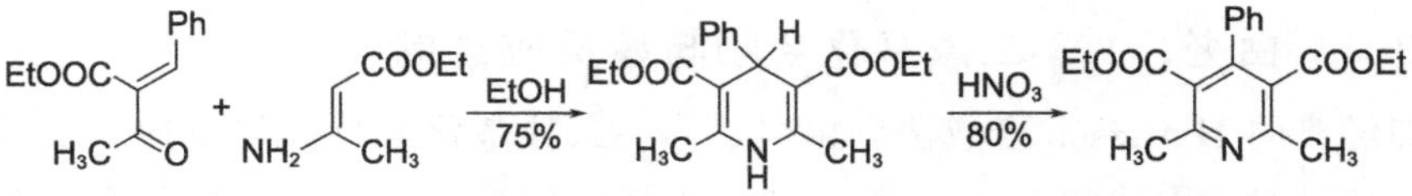

6.4.3.2 由 1,5-二羰基化合物与氨反应合成

1,5-二羰基化合物与氨气缩合生成 1,4-二氢吡啶，1,4-二氢吡啶通常不稳定，易于脱氢生成吡啶。

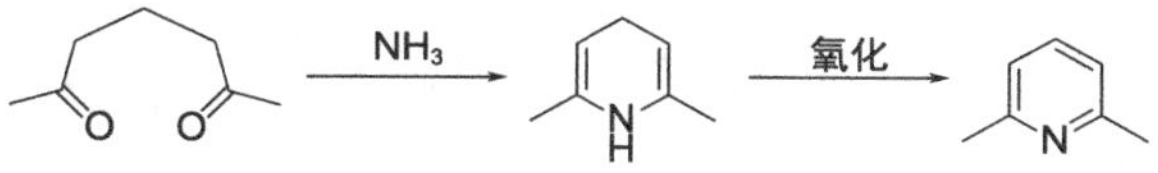

用羟胺代替氨气反应，可以免去脱氢步骤，利用 N-羟基中间体脱水获得吡啶。

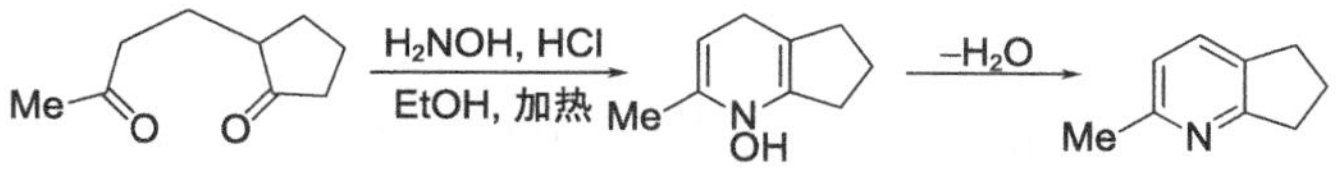

6.4.3.3 由氰基乙酰胺与 1,3-二羰基化合物合成

Guareschi 合成法：由 2-氰基乙酰胺作为含氮组分，可以获得 3-氰基-2-吡啶酮类化合物。反应中所用的氰基乙酰胺也可以用其他类似物来代替。

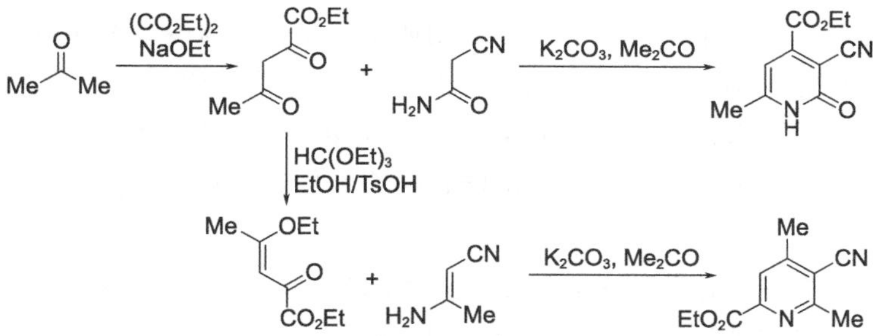

6.4.3.4 由环加成反应合成

吡啶可以通过消除小分子进行各种电环化加成反应而制得。氰化物与乙炔的共聚反应是吡啶制备中比较重要的一个反应。两分子乙炔和一分子氰化物反应可以定量地获得 2-取代吡啶，而乙炔聚合生成苯的副反应则可以通过加入过量的氰化物而得到有效的抑制。

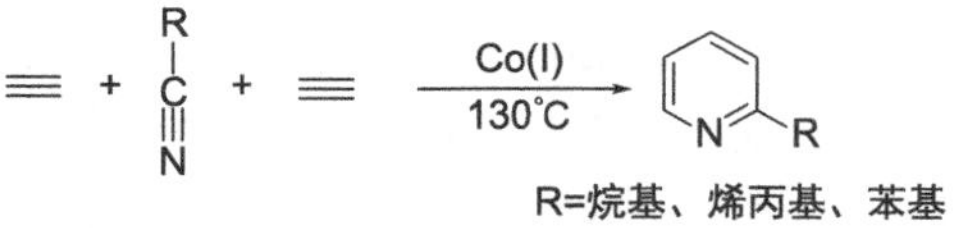

[4+2] 环加成反应也被越来越多地应用于吡啶的合成中，比较经典的是亲双烯体对噁唑的加成反应，由噁唑类化合物提供氮原子。该反应中，噁唑中的氧有时会保留下来而形成 3-羟基吡啶，但有时这个原子也会失掉。

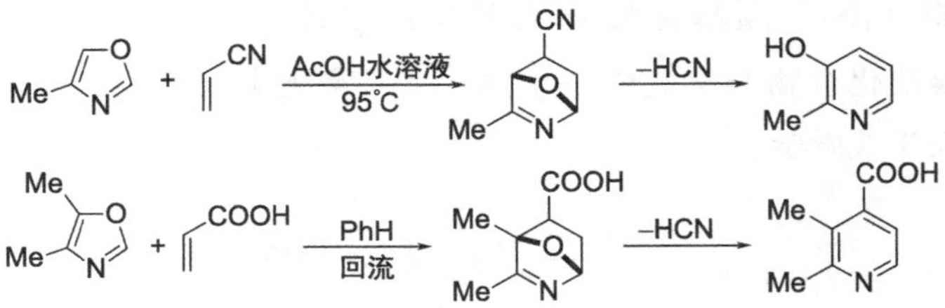

带有吸电子基的亚胺，如 N-对甲苯磺酰亚胺的乙醛酸酯与 1,3-二烯可发生环加成反应生成四氢吡啶，而后皂化脱氢获得吡啶-2-羧酸。

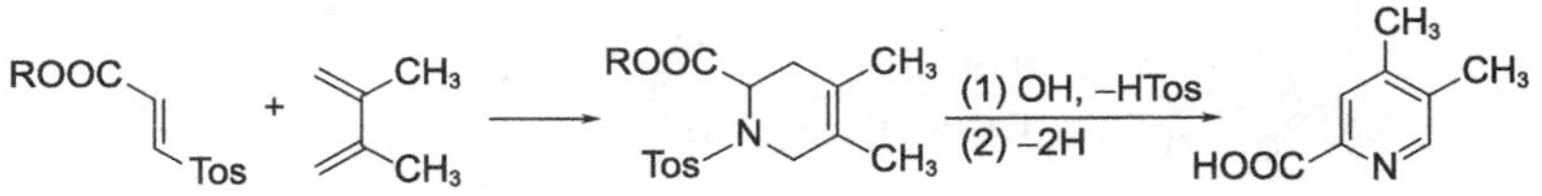

6.4.4　吡啶的衍生物

（1）吡啶

吡啶最早是从骨头的热解产物中分离出来的。吡啶及其简单的烷基衍生物在煤焦油中存量较大，很长时间里，该类物质主要是依靠从煤焦油中分离获得。吡啶与水可以任意比例互溶，且能与水形成共沸混合物，沸点 92～93℃。吡啶易溶于醇、醚等多数有机溶剂，同时又能溶解大多数极性及非极性的有机化合物，甚至可以溶解某些无机盐类，所以吡啶是一个有广泛应用价值的溶剂。

（2）氨基吡啶

氨基吡啶有三种，分别为 α-、β-、γ-氨基吡啶，所有三种氨基吡啶都以氨基的形式存在，且三种氨基吡啶在常温下均为固体。

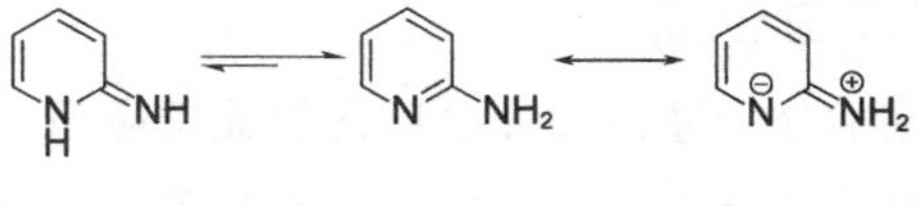

氨基吡啶具有一些特殊性质。三种氨基吡啶的碱性都比吡啶的碱性强，可以在环氮原子上质子化而生成结晶性的盐。在室温条件下，吡啶的烷基化反应为动力学控制进程，发生在环上的氮原子上，而酰基化反应则发生在侧链的氨基上。

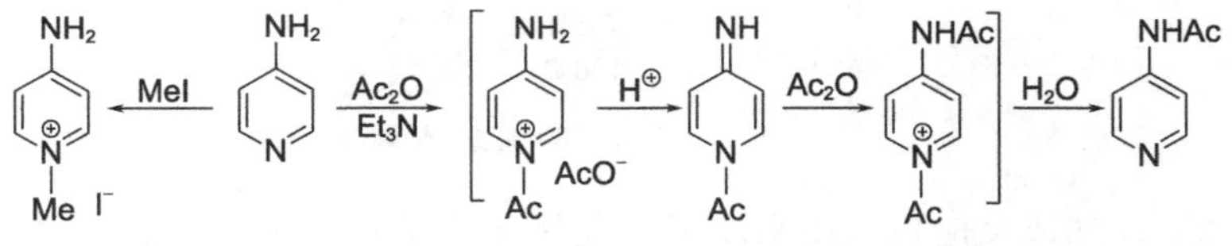

吡啶环上的给电子基团会促进亲电取代反应，所以氨基吡啶在吡啶环上的亲电取代反应相对较容易发生，一般在室温下即可进行。如 α-氨基吡啶在室温下，

乙酸中即可生成 5-溴代产物，β-氨基吡啶的氯代生成 2-氯代产物。在酸性溶液中，氨基吡啶的硝化反应也较容易进行，但一般认为反应过程需要先在侧链氮原子上发生取代后，生成的中间体经过 Bamberger-Hughesingold 重排反应才能得到硝化产物。

氨基吡啶的侧链氨基上会发生一些特殊的反应。如 4-氨基吡啶与亚硝酸反应，会经由水解反应生成相应的吡啶酮类化合物，水分子加成在与重氮基相连的碳上，但 2-氨基吡啶与亚硝酸反应通常会获得重氮盐。此外，氨基吡啶上的侧链氨基重氮盐也可被卤素置换。

（3）含吡啶结构的天然衍生物

含吡啶环的化合物在自然界中广泛存在。吡啶环在一些生化过程中起着重要作用，如氧化还原酶中的尼古丁腺嘌呤二核苷酸（NADP）在 ATP 生成和脂肪酸生成过程中扮演着重要角色；维生素烟酰胺及相应的酸参与众多的生物合成过程；吡哆醇（维生素 B_6）则作为氨基转移酶的辅酶起着重要的作用。

尼古丁腺嘌呤二核苷酸(NADP)　　烟酰胺　　吡哆醇

（4）含吡啶结构的药物

吡啶类衍生物生物功能丰富，活性独特，因此其在医药与农药中广泛应用，含有吡啶环的化合物也是当前医药与农药开发中关注的一个热点。在医药中，异烟肼（雷米封，isoniazid）是抗结核药剂，发明于 1952 年，它使结核病的治疗发生了根本性的变化，仍是当前结核病治疗中最常用到的药剂之一；硝苯地平（nifedipine）用于预防和治疗冠心病心绞痛，还适用于各种类型的高血压，对顽固性、重度高血压也有较好疗效，对顽固性充血性心力衰竭亦有良好疗效，宜于长期服用。

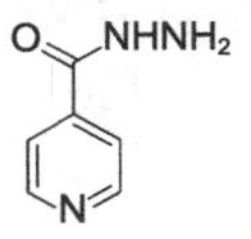

异烟肼(isoniazid) 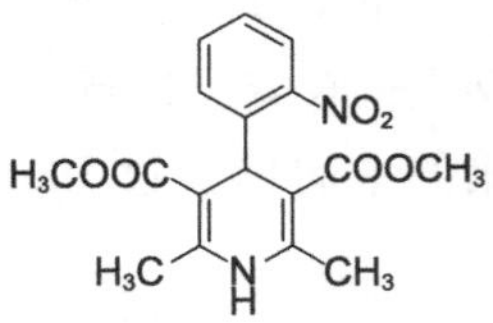　　　　硝苯地平(nifedipine)

吡啶在农药中应用广泛，其可以作为苯环的生物等排体引入到分子中而改善化合物的生物活性并降低毒性。含有吡啶环的新烟碱类杀虫剂在农业中被广泛应用于防治蚜虫、飞虱、蓟马、叶蝉等刺吸式口器害虫，如杀虫剂吡虫啉。吡啶衍生物也广泛应用于杀菌剂领域，是当前农药研发的一个热点。氟吡菌酰胺（fluopyram）是一种独特的琥珀酸脱氢酶抑制剂，可用于防治 70 多种作物如葡萄树、鲜食葡萄、梨果、核果、蔬菜以及大田作物等的多种病害，包括灰霉病、白粉病、菌核病、褐腐病等。吡啶类除草剂起始于 20 世纪 50 年代中期的敌草快，并在除草剂市场中一直占据着重要地位，其品种也不断更新。如啶磺草胺（pyroxsulam）为乙酰乳酸合成酶抑制剂，可以作为谷类除草剂，用于防除各种禾本科杂草。

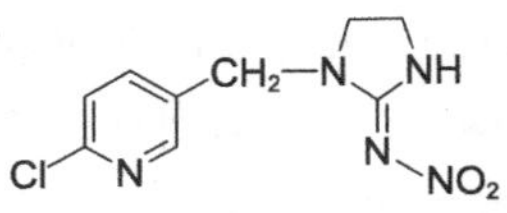

吡虫啉 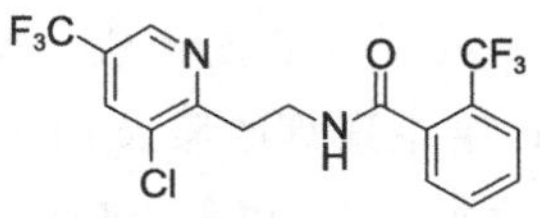　　　　氟吡菌酰胺 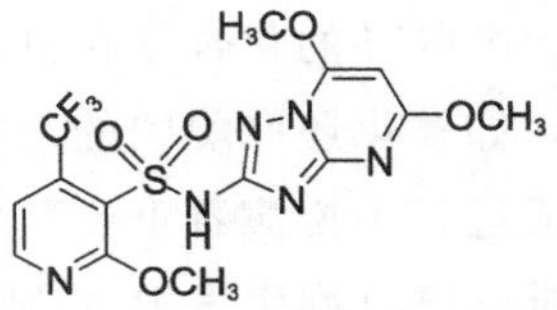　　　　啶磺草胺

6.4.5　吡啶的合成应用实例

维生素 B_6 的合成。以 1-乙氧基-乙酰丙酮与 2-氰基乙酰胺为起始原料在碱性条件下环化生成 2-吡啶酮类化合物，经过 5-位硝化、2-位氯代、氰基和硝基的氢化还原、两个氨基的重氮化，最后水解反应生成维生素 B_6。

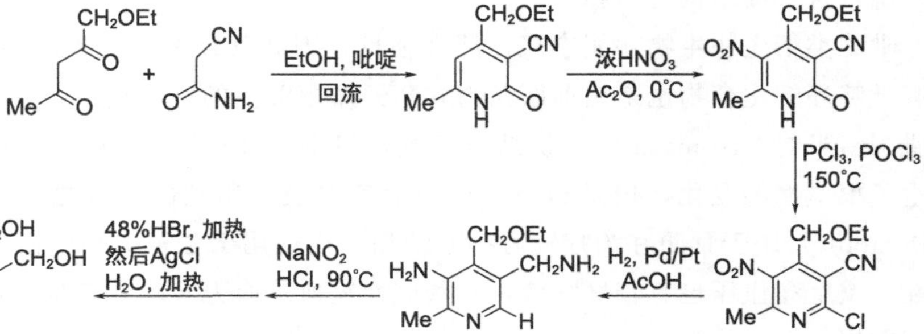

6.5 哒嗪

6.5.1 哒嗪的结构

哒嗪为无色、易溶于水的液体，熔点－8℃，沸点 208℃。1,2-二嗪，即哒嗪，又被称为邻二氮杂苯，含有两个类吡啶氮原子。哒嗪是一个轻微扭曲的六边形平面结构，N—N 键长稍短。因具有 N—N 单键特性，哒嗪存在 a 和 b 组成的共振体系，结构 b 在共振体系中占据主要地位，看作是两个相邻的亚胺氮原子结构。哒嗪的共振稳定性比吡啶小，其芳香性相对吡啶来说要差一些。哒嗪的波谱数据如下。

① UV（乙醇），λ（lgε）：241nm（3.02），251nm（3.15），340nm（2.56）；

② ^{1}H NMR（CDCl$_3$），δ：H-3/H-6（9.17），H-4/H-5（7.52）；

③ ^{13}C NMR（CH$_2$Cl$_2$），δ：C-3/C-6（153.0），C-4/C-5（130.3）。

6.5.2 哒嗪的化学性质

哒嗪和吡啶一样，都为缺电子杂环体系，反应与吡啶具有一定的相似性。相对于吡啶来说，由于环上杂原子数目增加，两个杂原子在环上吸电子能力要比在吡啶中大，碳上电子云密度下降，因此哒嗪在亲电取代中更显惰性，但比吡啶更易被亲核试剂所进攻。同时，氮原子的增加使得孤对电子云密度下降，因此，哒嗪（pK_a＝2.3）的碱性要比吡啶（pK_a＝5.2）弱，是一类一元碱性物质。

6.5.2.1 与亲电试剂的反应

与吡啶类似，哒嗪与亲电试剂的反应如质子化、烷基化、N-氧化作用均发生在环上的氮原子上。而由于哒嗪环上有两个氮原子，因此哒嗪环碳上的卤代、硝化、磺化等亲电取代反应更不易发生。但当环上连有给电子基团时，亲电取代反应相对较易发生。

（1）氮上的质子化反应

哒嗪环上的两个氮原子均有吸电子诱导效应和吸电子共轭效应，因此哒嗪的碱性比吡啶的碱性弱，而一旦哒嗪的一个氮原子质子化后，另一个氮原子上的电子云密度进一步降低，就很难再进行质子化，所以哒嗪难以形成双质子化物。

（2）氮上的烷基化反应

由于哒嗪两个氮原子之间孤对电子与孤对电子的作用，哒嗪氮上的烷基化反应相对来说较易发生，这种现象被称为"α效应"。哒嗪与卤代烷的反应通常只发生在一个氮原子上，生成季铵盐，而不对称取代的哒嗪则可以得到两个异构的季铵盐。取代基主要通过立体效应和诱导效应来影响定位作用，如3-甲氧基-6-甲基哒嗪的季铵化反应，尽管由于共振效应，N-2可以更好地反应，但反应却发生在靠近甲基的N-1上。

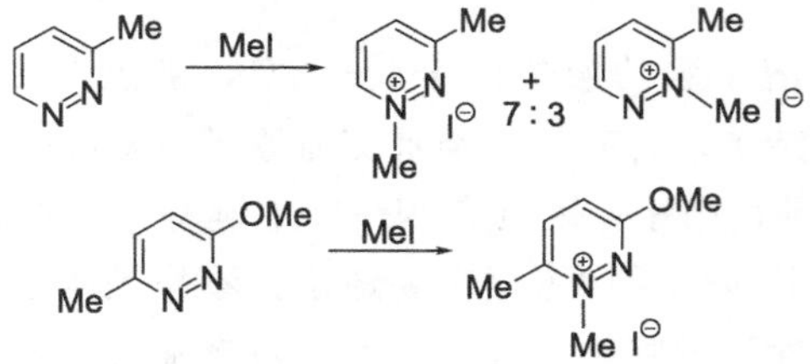

（3）氮上的N-氧化作用反应

哒嗪易与过氧酸反应生成N-氧化物，一般认为N-氧化反应发生位置受环上取代基的立体效应和诱导效应影响，如3-甲基哒嗪的N-氧化反应主要得到1-氧化物。

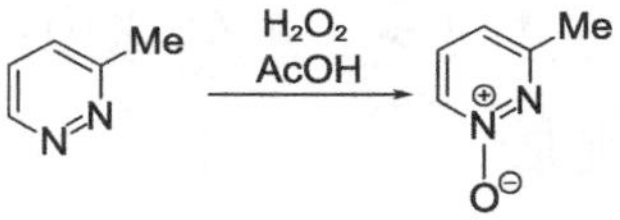

哒嗪N-氧化物可促进亲电取代反应的进行，其取代比相应的碱要快。同时，N-氧化物表现出显著的双重反应活性，既能进行亲电取代又能进行亲核取代。

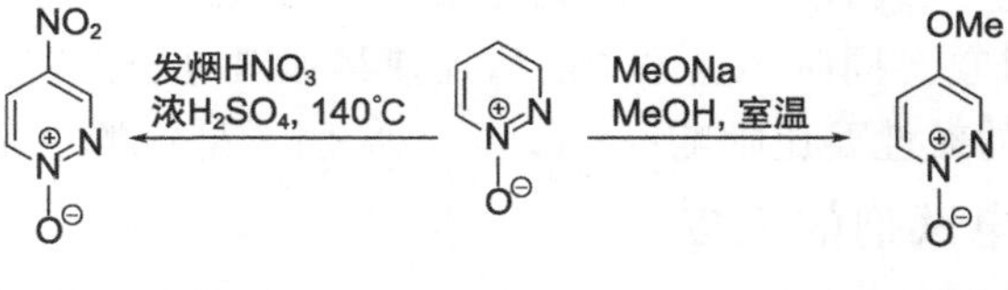

哒嗪N-氧化物对亲核取代反应同样有促进作用，但亲核试剂引入的位置常常不是类似吡啶N-氧化物的α-位。

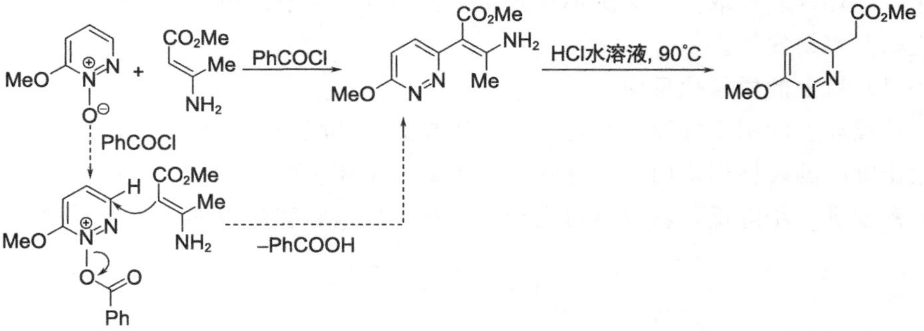

6.5.2.2 与亲核试剂的反应

由于哒嗪的强缺电子性质，哒嗪比吡啶更易受亲核试剂进攻。一般情况下，哒嗪在进行亲核加成和亲核取代时，反应一般发生在氮原子的 α-和/或 γ-位。

哒嗪容易和烷基锂、芳基锂及格氏试剂加成，得到一个二氢加成物，而后使用氧化剂对二氢加成物进行氧化发生芳构化，从而得到烷基化或芳基化的产物。哒嗪与有机锂试剂反应发生在 3-位碳上，与格氏试剂反应发生在 4-位碳上。

由于哒嗪的芳香性较差，所以类似于 Chichibabin 反应的氨基化作用在通常条件下只有少数情况能发生。因为在反应过程中，初始的加成反应容易进行，但是氢化物的脱氢再芳构化就比较困难。但是通过使用高锰酸钾对二氢加成物不加分离地进行氧化，可高产率地获得 4-氨基哒嗪。

哒嗪上的卤素原子容易被亲核试剂如胺、硫醇盐和丙二酸阴离子取代，它们的活性要比卤代吡啶更加活泼。

对于卤代哒嗪而言，一般 4-卤代哒嗪比 3-卤代哒嗪更活泼，卤原子更易离去。而且卤原子也很容易被氢解。

6.5.2.3 金属化反应

哒嗪可以通过非亲核性的四甲基哌啶锂在氮的邻位发生金属化作用，但是得到的杂芳基锂不稳定。而通过非常短的锂化时间或在锂化之前在反应体系中加入亲电试剂，就可以得到中等产率的目标化合物。

哒嗪也可以用烷基锂进行锂化反应，但是，为了避免环上发生亲核加成反应，必须在非常低的温度下进行。

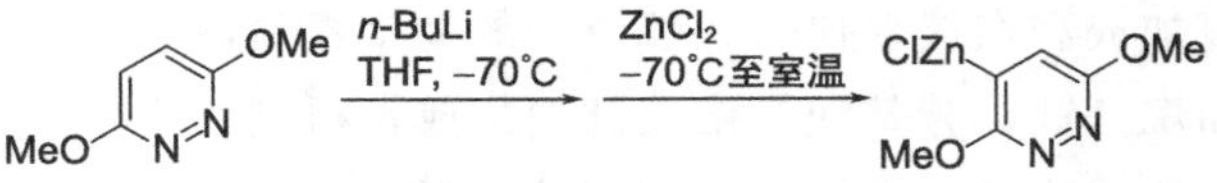

6.5.2.4 烷基侧链的反应

哒嗪烷基侧链的 α-H 很活泼，在碱性条件下较容易形成碳负离子，可以发生缩合、烷基化等反应。

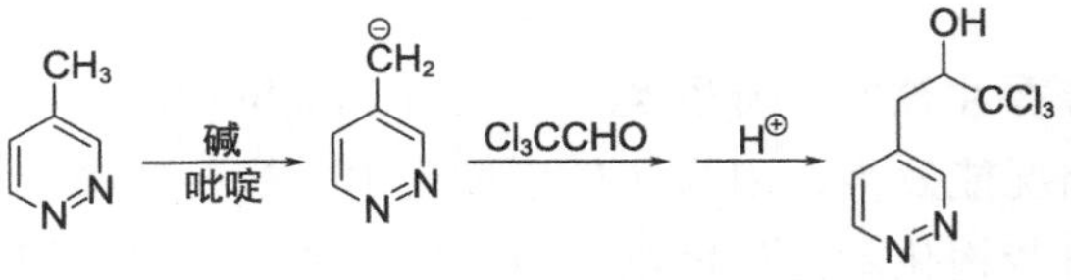

6.5.3 哒嗪的合成方法

6.5.3.1 由 1,4-二羰基化合物与肼反应合成

由 1,4-二羰基化合物与肼反应是哒嗪合成最普通的方法，反应一般会经过中间体腙生成 1,4-二氢哒嗪类化合物，而后氧化脱氢获得哒嗪化合物。

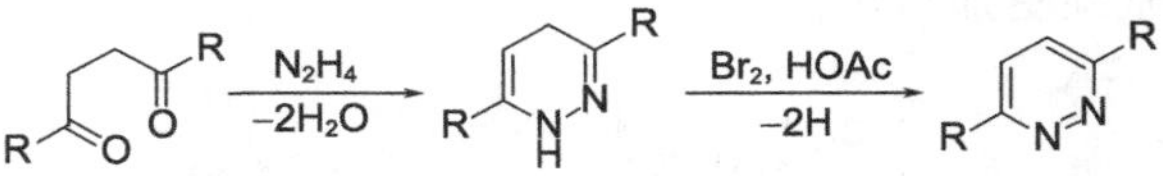

常用有效的方法是采用 1,4-酮酯为反应底物，得到一个二氢哒嗪酮，它很容易脱氢而得到一个完整的芳香环。

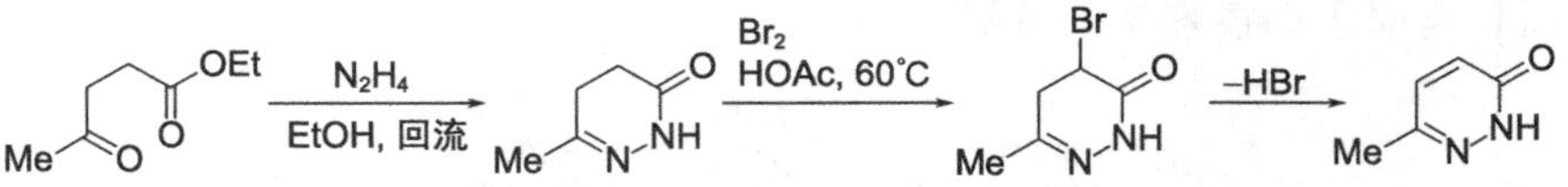

若 1,4-二羰基组分中含有额外的不饱和键，就意味着不需要额外的氧化步骤，反应的复杂性降低。如马来酸酐与肼反应可以直接得到羟基哒嗪酮，其 4-位与 5-位间直接存在不饱和键，可以直接进行下一步反应转化成哒嗪。

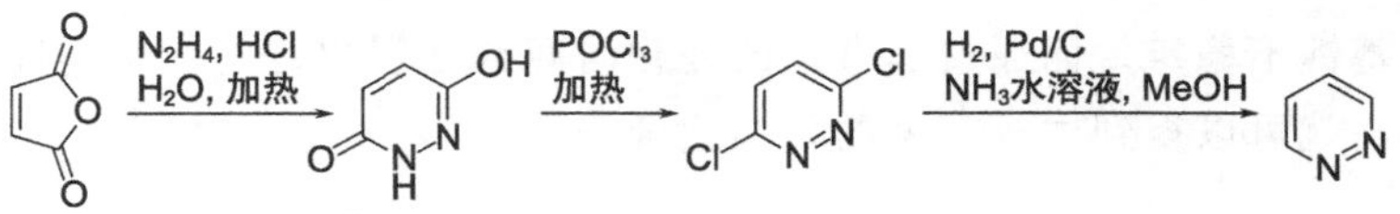

6.5.3.2 由 1,2-二酮化合物、α-活泼亚甲基酯与肼反应合成

Schmidt-Druey 合成法，通过一锅煮的环缩合反应可获得哒嗪酮。反应过程

首先经历 1,2-二酮类化合物与 α-活泼亚甲基酯发生 Aldol 缩合反应，获得 1,4-二羰基化合物再与肼环合得到哒嗪酮类化合物。

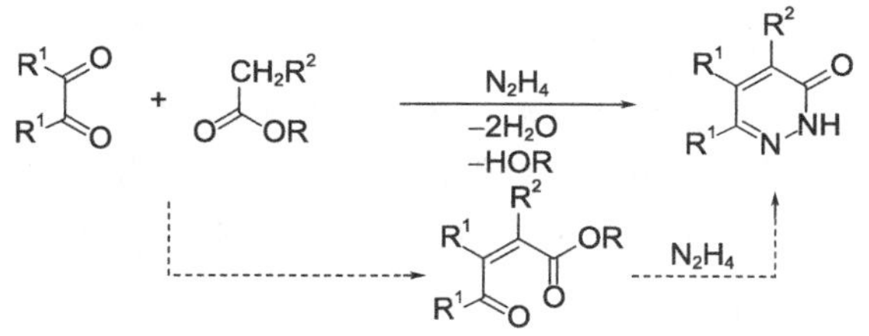

6.5.3.3　由环加成反应合成

　　[4+2] 环加成反应也可用于哒嗪的制备，比较常见的是 1,2,4,5-四嗪与炔或其类似物的加成反应，反应中会消去氮分子以获得哒嗪。当四嗪上或炔化物中连有吸电子取代基时，反应过程较易进行。此种方法常被用于合成取代哒嗪。

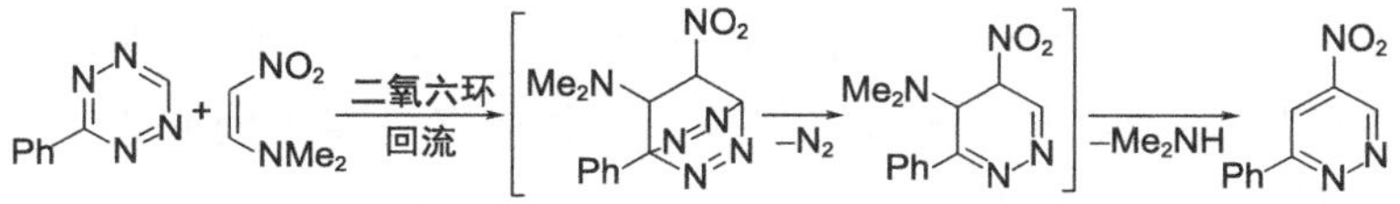

6.5.4　哒嗪的衍生物

　　（1）哒嗪

　　哒嗪的沸点较高，主要原因在于 N—N 结构单元产生的极性使它在液态时有很强的缔合作用。哒嗪不溶于石油醚，易溶于甲醇、乙醇和乙醚，与水、苯和二甲基甲酰胺混溶。

　　（2）含哒嗪结构的天然衍生物

　　哒嗪类的天然化合物在自然界中存在较少，一般只见于含有还原体系和哒嗪霉素季铵盐的链霉菌属的真菌代谢物。哒嗪霉素是报道的第一例天然存在的具有杀菌活性的哒嗪天然衍生物，它引起了药物界、化学界对哒嗪化合物的广泛兴趣，也促进了该类化合物的研究和开发，拓展了哒嗪在医药、农药等方面的广泛应用。

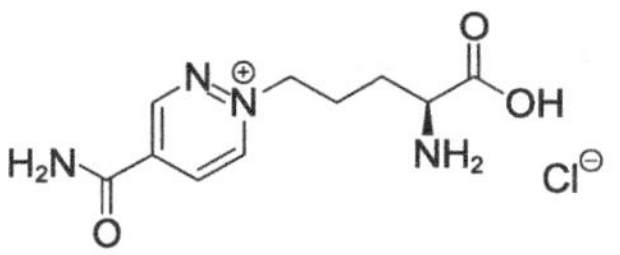

哒嗪霉菌素

（3）含哒嗪结构的药物

哒嗪化合物具有优良广谱的抑菌、杀虫、除草和抗病毒活性，在医药和农药领域其应用都较为广泛。在医药上，哒嗪类药物表现出多种功能，在临床上应用广泛。如磺胺甲氧哒嗪（sulfamethoxypyridazine）为消炎抗菌药，用于呼吸、泌尿系统和肠道感染，对慢性气管炎、恶性症及麻风病有疗效，尤适合用于尿道感染。但毒性较大，目前多用于禽畜类。肼苯哒嗪（hydralazine）为降压药，能直接扩张周围血管，以扩张小动脉为主，降压作用强，降低外周总阻力而降压，可改善肾、子宫和脑的血流量。

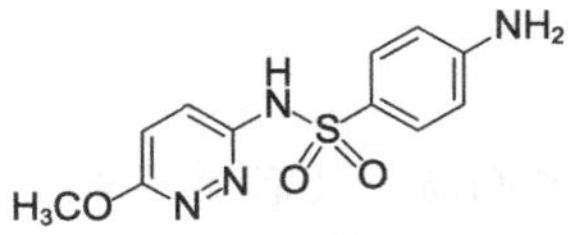

磺胺甲氧哒嗪
(sulfamethoxypyridazine)

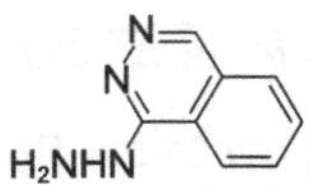

肼苯哒嗪
(hydralazine)

哒嗪生物功能丰富，在农用化学品领域应用广泛，除草剂、杀虫剂等都有涉及哒嗪的农药品种。如氯草敏（chloridazon）为选择性内吸传导型杀草剂，芽前芽后可控制甜菜、西红柿、黄瓜、胡萝卜、甘蓝田一年生阔叶杂草，对荠菜、苋、藜等有显著效果；哒螨灵（pyridaben）为广谱触杀型杀螨剂，无内吸性，可用于防治叶螨、全爪螨等多种食植物性叶螨，对螨的整个生长期都有效，适用于柑橘、苹果、棉花、烟草等植物。

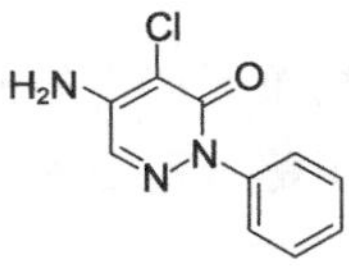

氯草敏

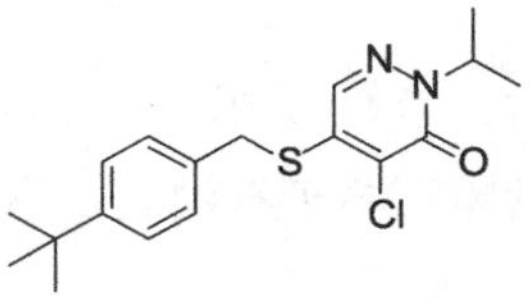

哒螨灵

6.5.5　哒嗪的合成应用实例

杀虫剂哒螨灵的合成。

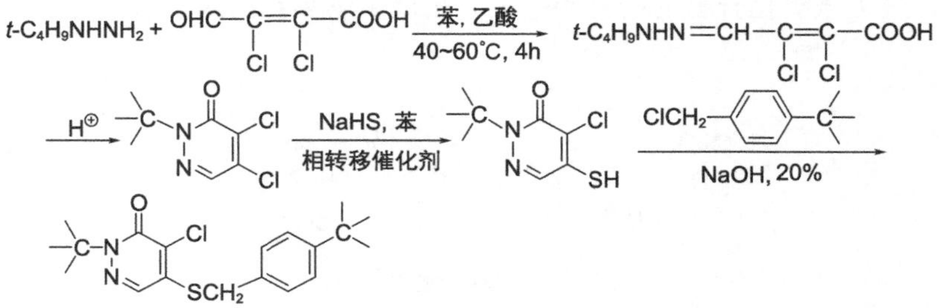

6.6 嘧啶

6.6.1 嘧啶的结构

嘧啶，又称为间二氮杂苯，为具有刺激性气味的无色液体或固体结晶，熔点－22.5℃，沸点124℃，易溶于水、乙醇和乙醚。嘧啶也是一种二嗪化合物，同样含有两个类吡啶氮原子，分布在1-位和3-位，也称为1,3-二嗪。根据X射线衍射实验显示，嘧啶为一个扭转的六边形平面结构。和哒嗪一样，由于环上氮原子的增加，对环上质子以及碳原子的去屏蔽效应更加强烈，在核磁谱上表现为化学位移增大。嘧啶的波谱数据如下。

① UV（乙醇），λ（lgϵ）：238nm（3.48），243nm（3.50），272nm（2.62）；

② ^1H NMR（CDCl$_3$），δ：H-2（9.26），H-4/H-6（8.78），H-5（7.36）；

③ ^{13}C NMR（CH$_2$Cl$_2$），δ：C-2（158.4），C-4/C-6（156.9），C-5（121.9）。

6.6.2 嘧啶的化学性质

嘧啶保留了芳香性，但其芳香性较差。同哒嗪一样，嘧啶也为缺电子杂环体系，在反应中，嘧啶可以看作是一个钝化的杂芳烃，它的活性与1,3-二硝基苯或3-硝基吡啶相当。嘧啶（pK_a＝1.3）有弱碱性，其碱性比吡啶和哒嗪弱，亲电取代反应活性也比吡啶低，一般不能发生硝化和磺化反应，但亲核取代反应较易发生。

6.6.2.1 与亲电试剂的反应

嘧啶的质子化和烷基化等反应，亲电试剂一般进攻环上的氮原子，母环碳原子上的亲电取代反应难以发生，硝化与磺化反应尚未见报道，卤代反应也较少见。但给电子基团如羟基、氨基等可以提高嘧啶环的亲电取代反应活性。一般认为，当嘧啶环上连有两个给电子取代基时，其活性与苯相当；当连有三个给电子取代基时，其活性与苯酚相当。当嘧啶环上有给电子基团存在时，碳上的硝化等反应也可发生。

嘧啶有弱碱性，为一类一元碱性物质，可以在酸性介质中发生氮上的质子化反应。一般认为，嘧啶只能形成单质子化物，N,N'-的双质子化比较困难，但在强酸性介质中，嘧啶也能勉强形成双质子化物 [p$K_{a(2)}=-6.6$]。

嘧啶可以与卤代烷在氮上发生烷基化反应，一般得到单季铵盐，反应较之吡啶要困难。一般用卤代烷反应得不到二烷基化产物，但采用更活泼的四氟硼酸化三烷基盐可以得到双季铵盐。

嘧啶与过氧酸反应可以得到 N-氧化物，但需注意的是，N-氧化反应在酸性条件下相对不稳定，且一般只能在一个氮上发生反应。当嘧啶环上有取代基时，N-氧化反应发生的位置受取代基的立体效应和诱导效应的影响，而不是共振效应来影响定位，如 4-甲基嘧啶的 N-氧化反应主要发生在靠近甲基的氮原子上。

由于受到环上氮原子的影响，嘧啶碳上的亲电取代反应难以发生，碳上的硝化与磺化反应都未见报道。但是，嘧啶的 C-5 位是唯一一个未受到环上氮原子影响的，它相当于吡啶的 β-位，所以嘧啶的 C-5 位可发生卤代反应。

6.6.2.2　与亲核试剂的反应

嘧啶较容易与亲核试剂发生反应，反应一般发生在 2-位、4-位和 6-位上。如嘧啶在碱溶液中加热，会先与氢氧化物在 4-位发生加成，而后通过与肼反应可以转化为吡唑。

嘧啶容易和烷基锂、芳基锂及格氏试剂加成，反应首先在 4-位上发生加成得到一个二氢加成物，而后进一步脱氢获得嘧啶类化合物。但需要注意的一点是，氯代或甲硫基取代的二嗪类的烷基化或芳基化作用并不是发生在连有氯或甲硫基的碳上。

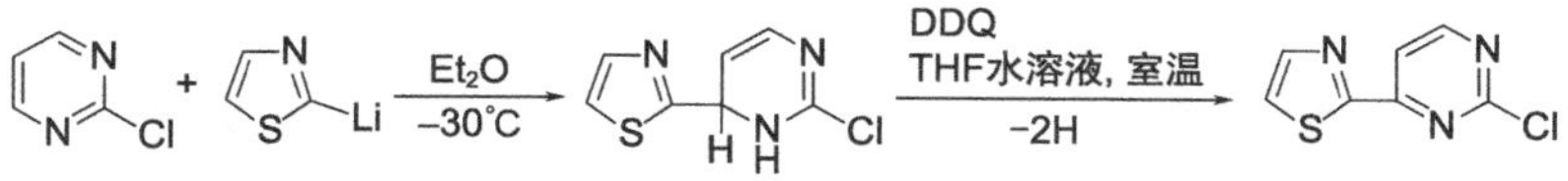

同哒嗪类似，由于嘧啶的芳香性差，当嘧啶与氨反应时，初始的加成反应较容易进行，但后一步的脱氢较困难，环上的氨基化作用难以发生。但当嘧啶环上连有卤素等良好的离去基团时，反应较容易进行。

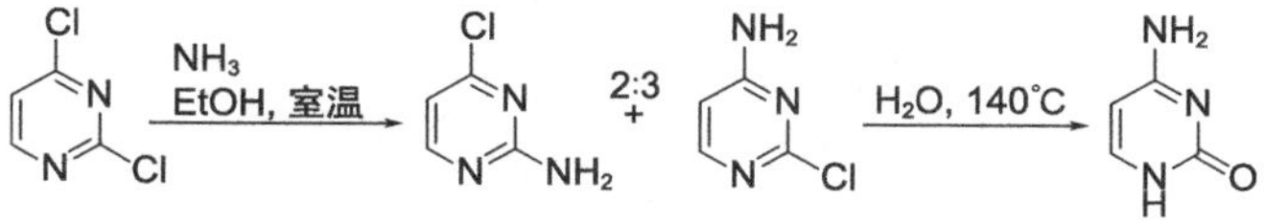

在这些亲核取代反应中，在 4-位和 6-位上的反应速度比在 2-位上要快。在弱碱如碳酸钙或者氧化镁存在下，嘧啶环可以通过 H_2/Pd 的作用在所有位置上发生脱卤反应。而在水或者弱碱性介质中，通过锌可以选择性地在嘧啶环的4-位和 6-位发生脱卤反应。

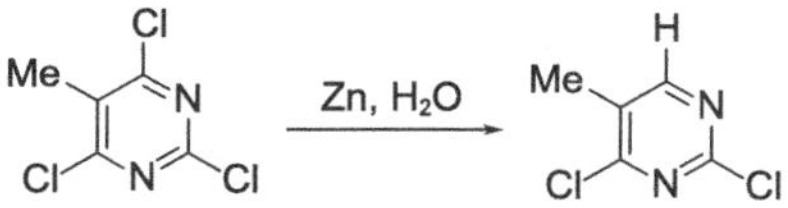

当环上有额外的给电子基团时，卤代嘧啶对亲核反应表现出不活泼的倾向。在这种情况下，可以通过使用更强的亲核试剂 O，N-二甲基羟胺来克服，然后通过氢解作用获得胺。

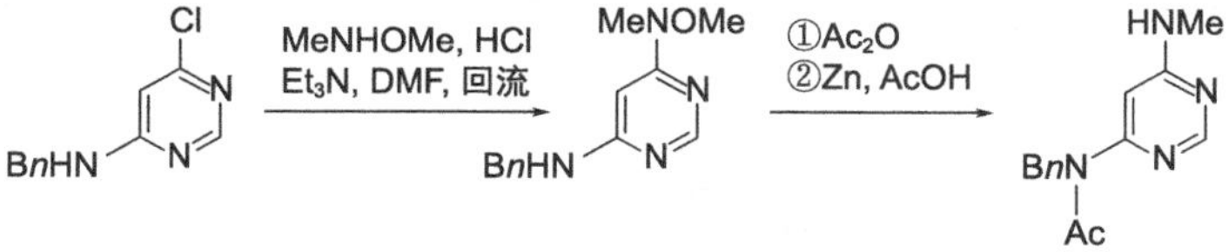

甲磺酰基团也可以作为一个较好的离去基团，而且通常比氯好些。

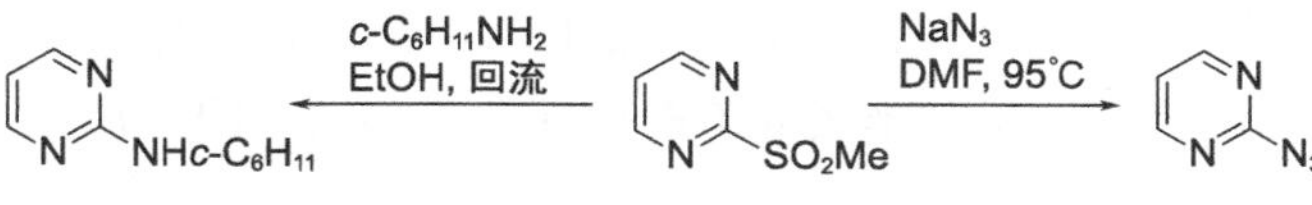

6.6.2.3 金属化反应

嘧啶可以通过非亲核性的四甲基哌啶锂在六甲基磷酰三胺（HMPA）和乙醚溶剂中来发生金属化作用，一般获得动力学控制的产物。但在一些情况下，如更高的温度下，将会得到热力学控制的产物。而且，当嘧啶环上含有如卤素、甲氧基、甲硫基和各种氨甲酰基等定位基团时，有利于锂化作用的进行。

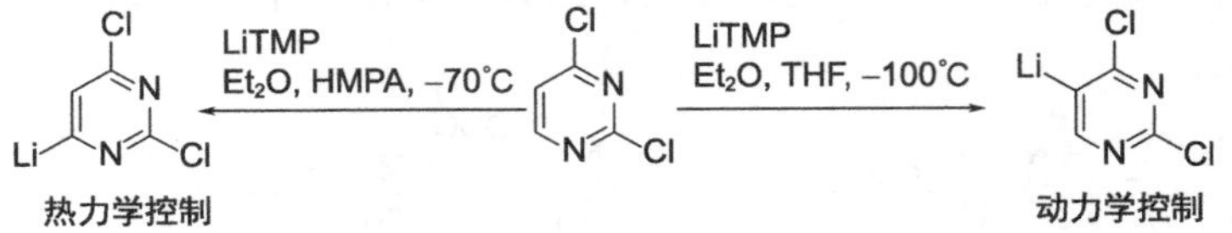

嘧啶也可以用烷基锂进行锂化反应，反应须在非常低的温度下进行，以避免环上发生亲核加成反应。

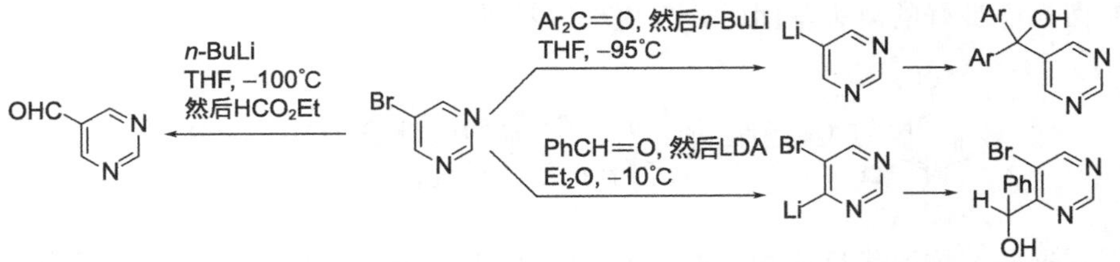

6.6.2.4 氨基嘧啶的反应

氨基嘧啶以胺的形式存在，它的碱性比嘧啶强，环上的一个氮原子可以发生质子化。通常情况下，环上氮原子质子化的顺序相对于氨基而言为：3＞α＞2。

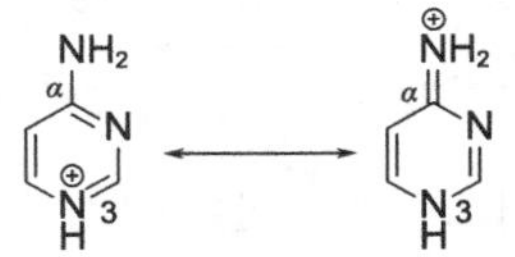

环上氨基可以使嘧啶的亲电取代变得容易，例如卤代，两个氨基对环的活化使其甚至可以被更弱的亲电试剂进攻，例如硫化氰。二氨基嘧啶可以与重氮盐偶联。

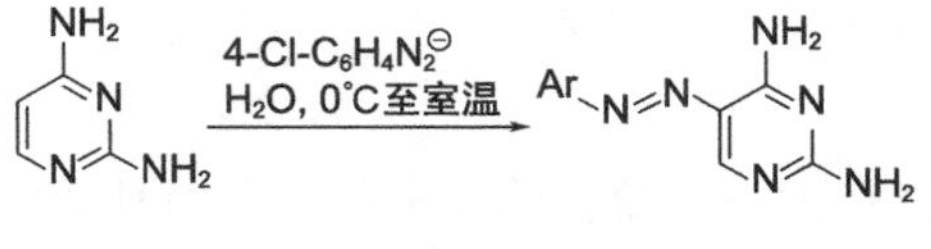

2-氨基嘧啶衍生得到的季铵盐可以促进 Dimroth 重排，环上带正电荷时，氮原子上的取代基越大，由于重排缓解了取代基和相邻氨基间的斥力，重排反应进行得就越快。

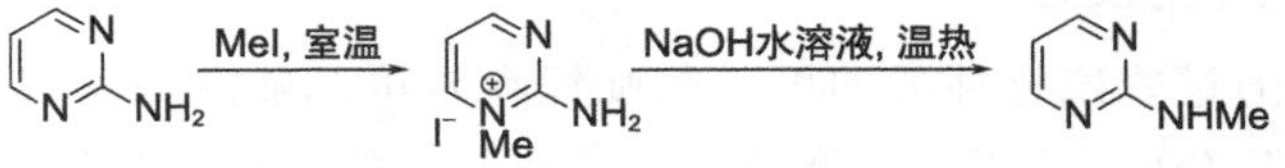

6.6.2.5　烷基嘧啶的反应

嘧啶杂环体系表现出典型的吖嗪类化合物的侧链反应活性，2-位、4-位或6-位上的甲基都在路易斯酸条件下与醛可以发生 Aldol 缩合反应，或者在强碱条件下与酯发生 Claisen 缩合反应，反应一般优先在 4-位上进行。

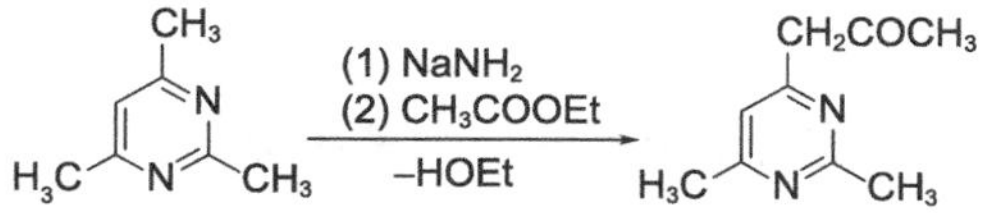

嘧啶侧链反应的选择性可以通过控制反应条件来实现，如 4,5-二甲基嘧啶的溴化反应。在进行侧链游离基溴代反应时，5-甲基反应活性要优于 4-甲基，但在酸性溶液中，溴代反应的选择性就反过来了。

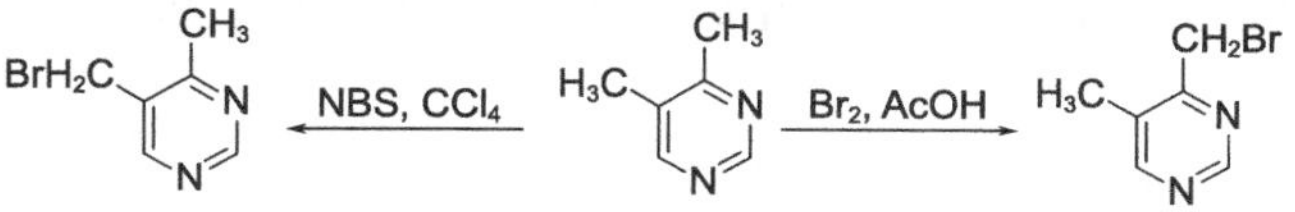

6.6.3　嘧啶的合成方法

6.6.3.1　由 1,3-二羰基化合物与 N—C—N 片段反应合成

这是合成嘧啶最常用的方法，即 Pinner 合成法，由 1,3-二羰基化合物与酰胺、脲、硫脲以及胍类化合物发生环缩合反应生成相应的嘧啶类化合物。

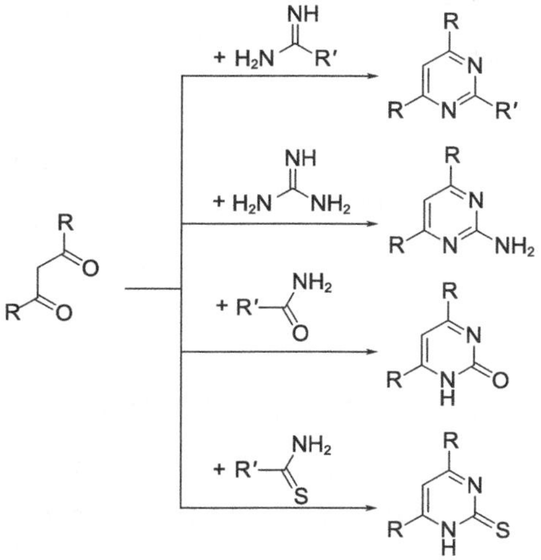

1,3-二羰基化合物不仅限于 1,3-二酮，其他已被成功应用的 1,3-二羰基合成物还包括 β-酮酸酯、2-氯-α-不饱和酮和醛、2-氨基-α-不饱和酮和醛、乙烯基脒盐和丙炔酸等。

β-酮酸酯由于原料的易得性，也经常被用于嘧啶的合成。如 β-酮酸酯与甲脒反应得 4-嘧啶酮，经氯代、氢化还原生成 4-乙基嘧啶。

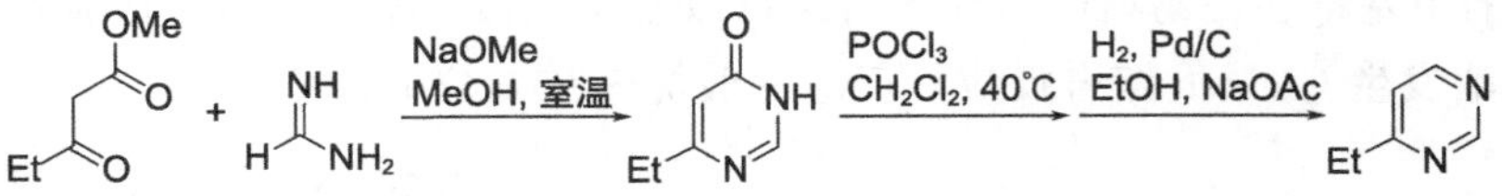

丙二酸二乙酯与脒反应会生成 4,6-二羟基嘧啶。

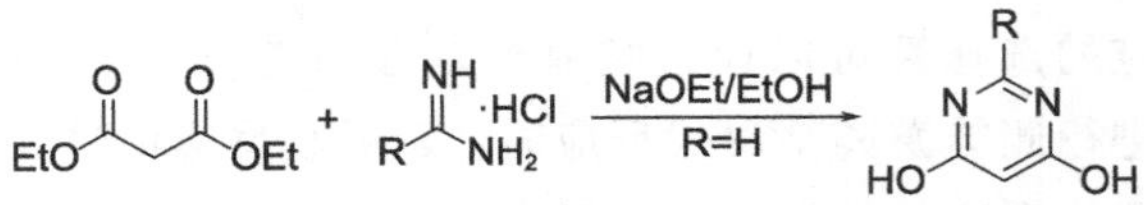

2-氰基乙酸乙酯与甲脒反应会生成 2-甲基-4-羟基-6-氨基嘧啶。

2-氰基-3-乙氧基丙烯酸乙酯与甲脒在酸性条件下会生成 4-羟基-5-氰基嘧啶，而在碱性条件下则会生成 4-氨基-5-羧基嘧啶类化合物。这是中间体羧酸酯和氰基两个活泼基团分别与亚胺进行氨解和亲核加成的结果。

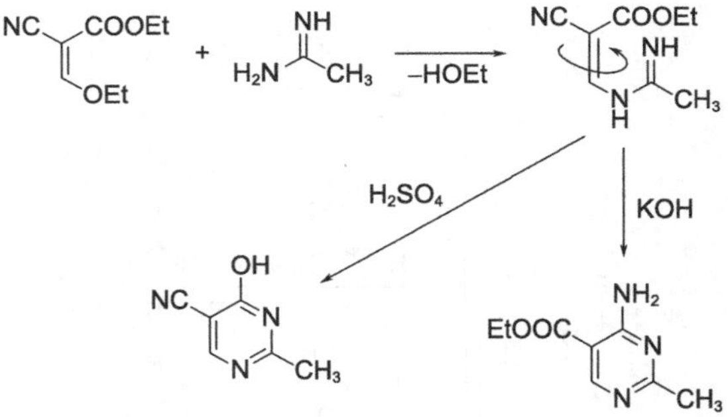

6.6.3.2　由丙二酰胺类化合物与羧酸酯类化合物反应合成

Remfry-Hull 合成法，在碱催化作用下，丙二酰胺类化合物与羧酸酯类化合物发生环缩合反应，生成 6-羟基嘧啶-4(3H)-酮类化合物。

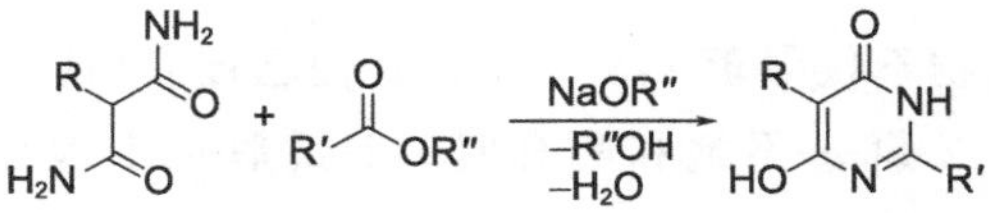

6.6.3.3 由酮与腈合成

在三氟甲基磺酸酐存在下，酮与 2mol 当量的腈缩合能有效地获得嘧啶类化合物，此种方法中，C-2 和 C-4 上的取代基是相同的。

6.6.4 嘧啶的衍生物

（1）氧代嘧啶

氧代嘧啶，即嘧啶酮类化合物，是嘧啶最重要的天然产物，如尿嘧啶、胸腺嘧啶和胞嘧啶是核酸的重要组成成分，是生物（包括人类）在核酸代谢中所必需的含氮杂环化合物，是构成细胞中核糖核酸和脱氧核糖核酸的重要物质，具有重要的生物功能。因此，人们对该类化合物进行了大量的研究。

尿嘧啶　　　胸腺嘧啶　　　胞嘧啶

氧取代基可以减弱环上两个氮原子的钝化作用，因此氧代嘧啶环上碳原子的亲电取代反应较嘧啶要容易些。尿嘧啶可以发生一系列的亲电取代反应，如卤代、苯基亚磺酰化、汞化作用、羟甲基和氯甲基化。

氧代嘧啶对于亲核试剂的进攻比较敏感，反应进行通常不是进攻羰基，而是经历 Michael 类型加成过程，但是也有一些例外。被保护的 5-溴尿嘧啶核苷与氰化物的反应过程是氧代嘧啶与亲核试剂反应的典型：在温和条件下，反应首先经历 Michael 加成，而后消除溴，在 6-位得到一个氰基取代的产物。但在较高温度下，却获得 5-氰基的异构体，即获得的产物从表面上看是溴直接被取代的结果，但实际上是经历再一次的 Michael 加成而后消除 6-氰基的过程。

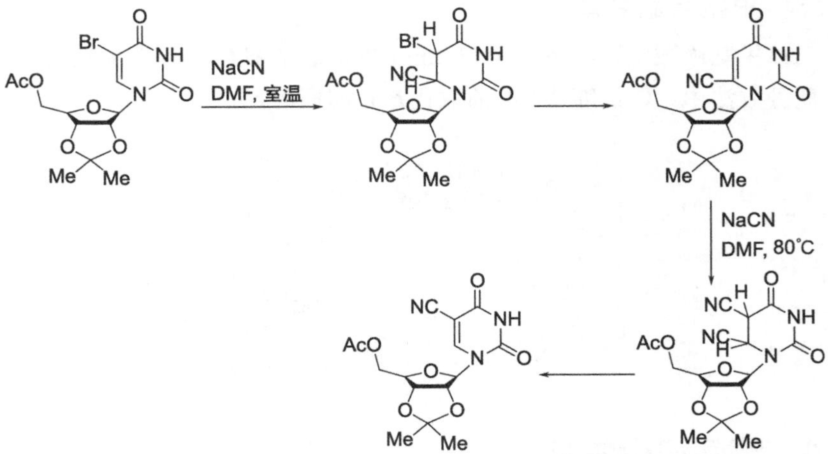

　　氧代嘧啶在温和的条件下很容易去质子化而得到双齿阴离子，通过相转移方法，可很方便地进行烷基化反应，反应通常在氮原子上进行，而 O-烷基化也是可能的。在加热条件下，氧代嘧啶与三氧基膦反应和 O-甲硅烷基衍生物的烷基化反应都可完成 N-烷基化，如尿嘧啶的核糖基化反应。

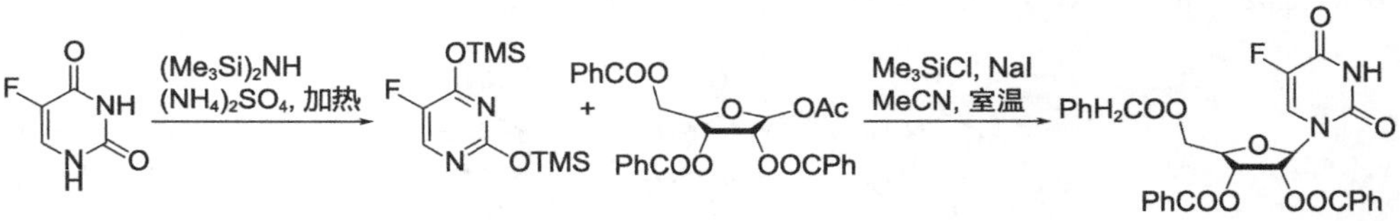

　　氧代嘧啶侧链烷基可以通过锂化试剂发生 C-锂化反应，从而向嘧啶环上引入官能团。在反应过程中，一般不需要对—NH 进行保护，如对 6-甲基嘧啶-2-酮的侧链进行金属化作用时也无须对氨基进行保护。

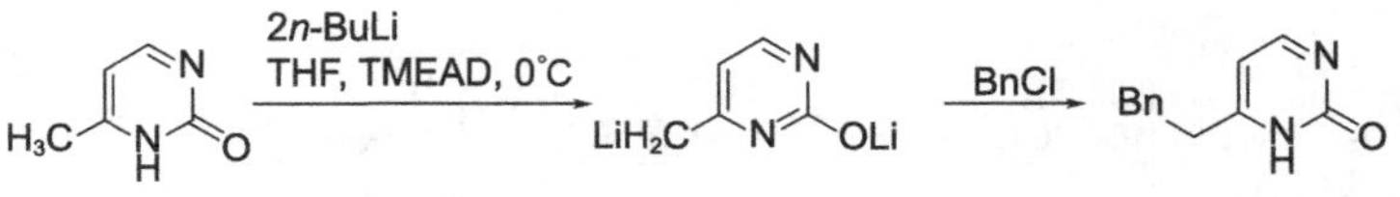

　　氧代嘧啶可以发生氧的取代反应。当氮原子的 α-位存在氧原子时，运用 N-溴代丁二酰亚胺、三苯基膦、三溴化磷或五氧化磷等试剂，可以将氧转化为卤原子或硫原子。

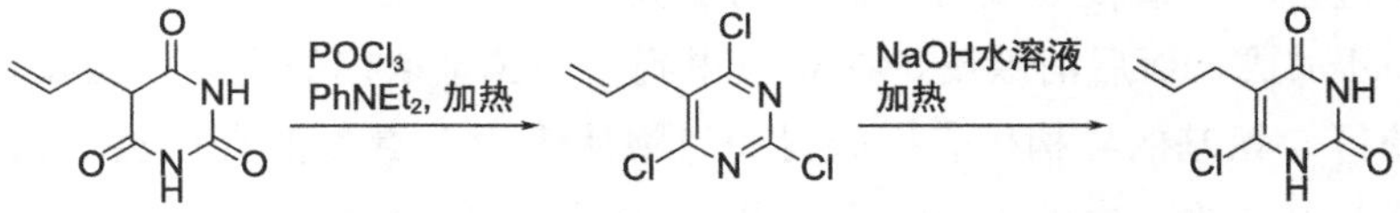

（2）嘧啶类天然衍生物

嘧啶环系化合物在自然界中广泛存在，许多天然产物都可以看作是嘧啶的衍生物，如上文提及的"嘧啶碱类"化合物尿嘧啶、胸腺嘧啶和胞嘧啶就是嘧啶最重要的天然产物，在生物体内发挥着重要功能。此外，维生素 B_1 也是重要的嘧啶天然衍生物，存在于酵母菌、糠及各种谷类中，对脚气病和多种神经炎症有显著疗效。由链霉菌分离可得到一些嘧啶类抗生素，具有很强的抗肿瘤活性，例如具有复杂结构的博来霉素。

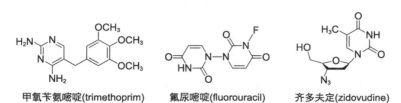

维生素B_1

博来霉素

（3）嘧啶类药物

嘧啶环结构存在于许多药品的分子结构中。在医药上，如甲氧苄氨嘧啶（trimethoprim）对大肠杆菌、奇异变形杆菌、肺炎杆菌、腐生葡萄球菌、多种革兰阳性和阴性细菌有效，临床上用于治疗尿路感染、肠道感染、呼吸道感染、肠炎、伤寒、脑膜炎、流脑、败血症及软组织感染等。氟尿嘧啶（fluorouracil）是现有最常用的抗癌药之一，作为尿嘧啶的抗代谢物以达到有选择性地抗癌作用，对消化道癌及其他实体瘤有良好疗效，在肿瘤内科治疗中占有重要位置。齐多夫定（AZT，zidovudine）为抗病毒药，可以阻断病毒 DNA 的合成，达到抗病毒的目的，用于艾滋病或与艾滋病有关的综合征患者的治疗。

甲氧苄氨嘧啶(trimethoprim)　　氟尿嘧啶(fluorouracil)　　齐多夫定(zidovudine)

在农用化学品领域，嘧啶类衍生物应用广泛，涉及除草、杀虫、杀菌等各领域。如苄嘧磺隆（bensulfuron methyl）为选择性内吸传导型除草剂，能有效防治稻田一年生及多年生阔叶杂草和莎草，能被杂草根、叶吸收并传到其他部位。对水稻安全，使用方法灵活。抗蚜威（pirimicarb）为高效、选择性杀蚜虫剂，具有触杀、熏蒸、内吸作用，对叶面有渗透性，用于防治粮食、果树、蔬菜、花卉上的蚜虫。嘧霉胺（pyrimethanil）为嘧啶胺类杀菌剂，具有叶片穿透及根部内吸活性，对葡萄、草莓、番茄、洋葱、菜豆、黄瓜、茄子及观赏植物的灰霉病有优异防治效果，对果树的苹果黑腥病亦有较好的防效。

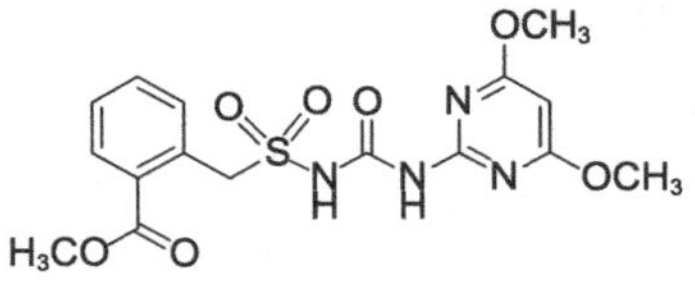

苄嘧磺隆(bensulfuronmethyl) 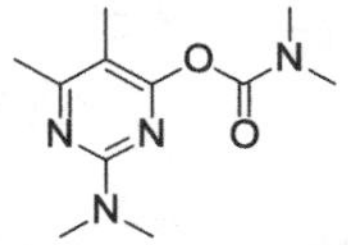　　　抗蚜威(pirimicarb) 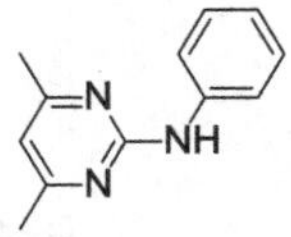　　　嘧霉胺(pyrimethanil)

6.6.5　嘧啶的合成应用实例

2-甲基腺嘌呤的合成

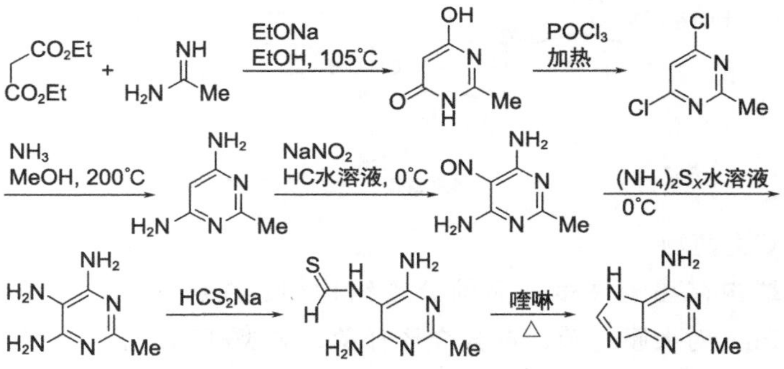

6.7　吡嗪

6.7.1　吡嗪的结构

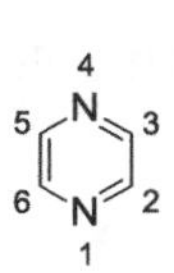

吡嗪具有与吡啶类似的刺激性气味，常温下为无色固体结晶，熔点 $-57℃$，沸点 $116℃$。吡嗪易溶于水、乙醇和乙醚。吡嗪，即 1,4-二嗪，也叫对二氮杂苯，和哒嗪、嘧啶同为二嗪的三种同分异构体，分子中含有两个亚胺氮原子，分

布在 1-位和 4-位。吡嗪的碳碳键长（139.3pm）与苯（139.7pm）十分相近，键角也接近 120°，是一个具有 D_{2h} 对称的六边形平面，其环上质子与碳原子在核磁谱图中都只有一个信号。吡嗪的波谱数据如下。

① UV（乙醇），λ（lgε）：261nm（3.81），267nm（3.72），301nm（2.88）；

② ^{1}H NMR（CDCl$_3$），δ：8.60；

③ ^{13}C NMR（CH$_2$Cl$_2$），δ：145.9。

6.7.2 吡嗪的化学性质

同哒嗪和嘧啶类似，吡嗪为强缺电子杂环，吡嗪同样保留了芳香性，但其芳香性较差。吡嗪的反应性质由环上的两个氮原子决定，它们可以被亲电试剂进攻，在氮上发生质子化反应和氧化反应，但同时也使环上碳原子的反应活性减弱。而也因为环上氮原子的存在，加强了吡嗪与亲核试剂反应的活性。

嘧啶的主要反应如下。

6.7.2.1 与亲电试剂的反应

与其他二嗪一样，吡嗪的质子化和烷基化反应等与亲电试剂的反应，亲电试剂一般进攻环上的氮原子。在三种二嗪中，吡嗪（pK$_a$＝0.65）的碱性最弱，要远弱于吡啶的碱性。因此，在吡嗪中，质子化和中性氮原子之间的相互作用可能得到不稳定的阳离子，在非常强的酸性介质中，吡嗪也仅仅是勉强能够形成双质子化物。

吡嗪环上氮原子的烷基化反应活性相较于哒嗪和嘧啶稍差，但也可以发生。一般情况下，烷基化反应仅仅发生在一个氮原子上，因为生成物中存在的正电荷使得第二个氮原子对第二次亲电加成反应表现出极其不活泼性，但采用更活泼的四氟硼酸化三烷基盐与吡嗪反应可以得到双季盐。而不对称取代的吡嗪可以得到两个异构的季盐，取代基主要通过立体效应和诱导效应来影响定位作用。

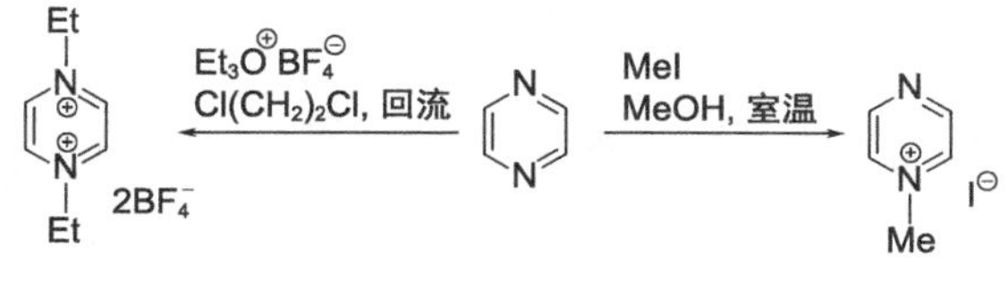

吡嗪环上氮原子的氧化作用容易进行，且在三种二嗪中，吡嗪是最容易形成 N,N'-二氧化物的。同烷基化反应相同，取代吡嗪的 N-氧化反应的位置主要受取代基立体效应和诱导效应的影响。

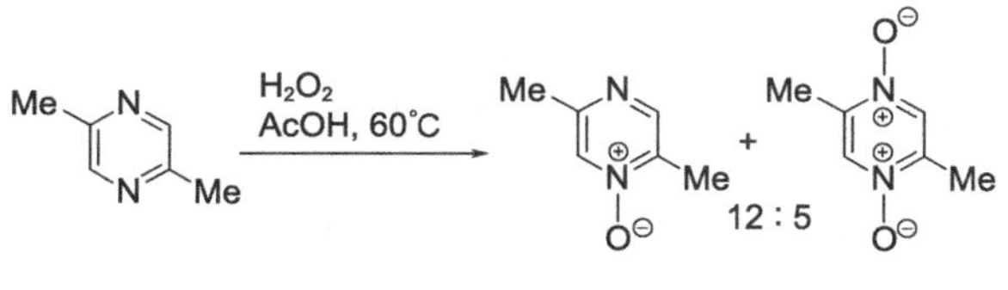

吡嗪环上碳原子的亲电取代反应很少发生，硝化与磺化反应未见报道，而卤代反应一般也只有中等的产率。但当环上存在给电子取代基时，可以活化杂芳环，且取代基对亲电取代反应的发生有定位作用，如氨基是邻、对位定向。

$$\text{吡嗪-NH}_2 \xrightarrow{\text{Br}_2, \text{AcOH}} \text{二溴代吡嗪-NH}_2$$

氨基吡嗪也是以胺的形式存在，环上的一个氮原子可以发生质子化。氨基吡嗪可以与亚硝酸反应经由高活性的重氮盐得到相应的吡嗪酮。

$$\text{吡嗪-NH}_2 \xrightarrow[\text{浓H}_2\text{SO}_4, -5\sim60\,^\circ\text{C}]{\text{NaNO}_2} \text{吡嗪-N}_2^{\oplus} \longrightarrow \text{吡嗪-OH} \longrightarrow \text{吡嗪酮}$$

6.7.2.2 与亲核试剂的反应

吡嗪与亲核试剂的反应活性要远远强于吡啶。虽然由于吡嗪的芳香性差，当吡嗪与氨反应时，初始的加成反应较容易进行，但后一步的脱氢较困难，环上的Chichibabin 氨基化作用难以发生。但是 2-氯吡嗪还是很容易与氨水、胺、酰胺、氰化物和硫醇盐等发生亲核取代反应。

$$\text{2-氯吡嗪} + \text{烯醇钾} \xrightarrow{\text{DMF, 0}^\circ\text{C}} \text{产物}$$

但需要注意的是，这些取代反应往往不是按照简单的加成-消去历程进行的。如 2-氯吡嗪与氨基钠在液氨溶液中反应生成 2-氨基吡嗪和 2-氰基咪唑。如果给反应底物 2-氯吡嗪的 N-1 做上标记，会发现标记的氮原子在产物 2-氨基吡嗪的环外氨基上，而不是环上的氮原子。这说明亲核试剂不是简单进攻环上带有离去基团的碳原子，而是遵循 ANRORC 机理进行的反应过程（亲核加成，开环与闭环，addition of nucleophile，ring opening and ring closure）。

不仅是卤素基团可以作为离去基团，甲磺酰基团也可以作为一个较好的离去基团。在一些情况下，甲氧基也可以被碳负离子取代。

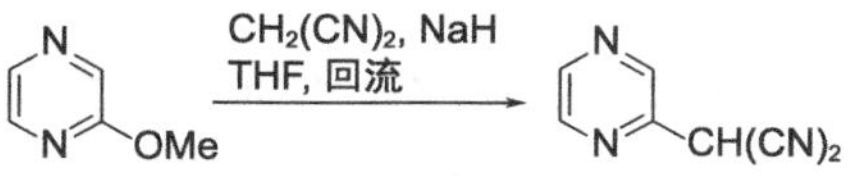

吡嗪的 N-氧化物可以促进亲核取代反应的进行，反应中伴随有含氧基团的离去，但是亲核试剂引入的位置常常不是类似吡啶 N-氧化物的 α-位。

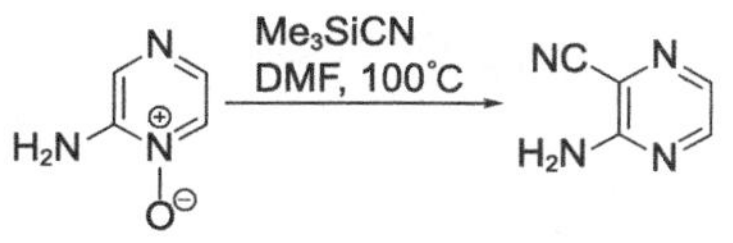

6.7.2.3 金属化反应

同哒嗪和嘧啶类似，吡嗪也可以通过非亲核性的四甲基哌啶锂发生金属化作用，而后可向吡嗪环上引入各种官能团。而且，当吡嗪环上含有如卤素、甲氧基、甲硫基和各种氨甲酰基等定位基团时，有利于锂化作用的进行。

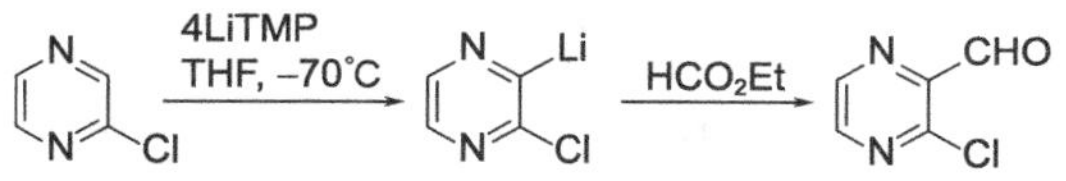

6.7.2.4 烷基吡嗪的反应

吡嗪同其他二嗪和吡啶一样，表现出典型的吖嗪类化合物的侧链反应活性。在碱催化下，烷基化吡嗪的 α-CH 能发生侧链反应形成 C—C 键。如 2-甲基吡嗪在氨基钠的液氨溶液中去质子化后，可以被烷基化、酰基化和亚硝基化。

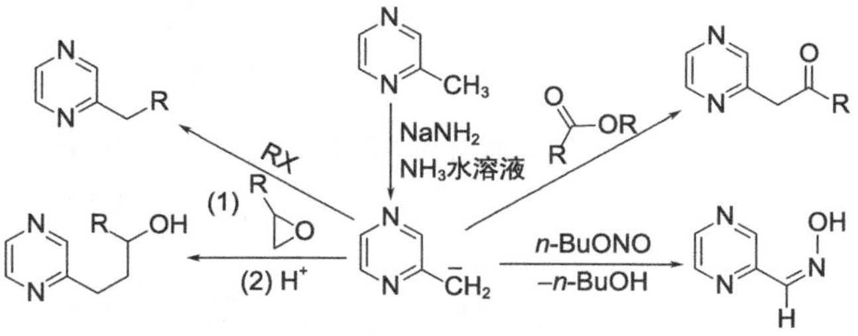

6.7.3 吡嗪的合成方法

6.7.3.1 由 2-氨基酮自身缩合合成

这是经典的吡嗪合成方法。对称的吡嗪可从 2mol 的 2-氨基酮或 2-氨基醛自发进行自身缩合，然后在温和的条件下氧化即可生成吡嗪类化合物。

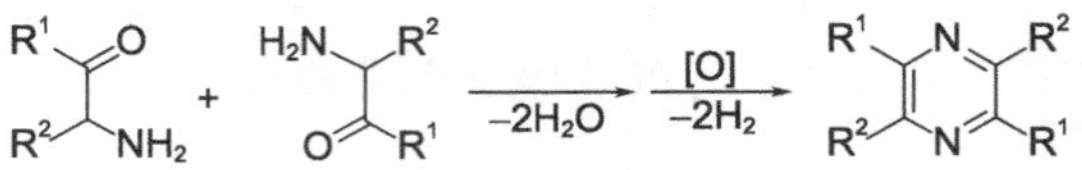

2-氨基羰基化合物一般不稳定，只有以盐的形式存在时才稳定。因此，在制备时，一般由2-重氮基、肟基或叠氮基酮制备得到2-氨基酮，而后缩合获得二氢吡嗪。二氢吡嗪非常容易芳构化，例如由空气氧化，常常是简单的蒸馏就足以进行脱质子化作用。

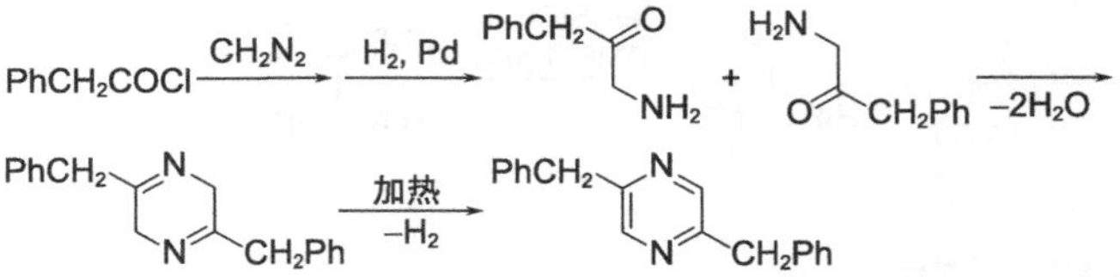

6.7.3.2　由1,2-二羰基化合物和1,2-二胺反应合成

1,2-二羰基化合物和1,2-二胺进行二员缩合，反应过程中形成双亚胺结构，获得2,3-二氢吡嗪类化合物，而后可通过在氢氧化钾的乙醇溶液中用氧化铜或者二氧化锰氧化获得吡嗪类化合物。这种方法非常适合于对称吡嗪的合成。

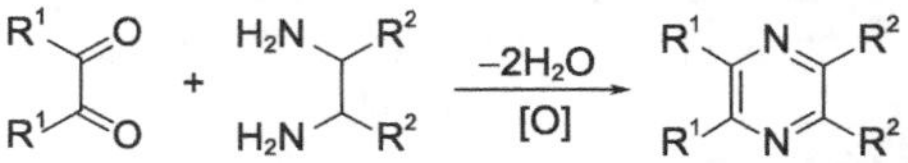

根据这个路线，芳构的吡嗪直接合成需要1,2-二烯胺，但是目前尚没有这类化合物的合成方法，实验中可以用二氨基顺丁烯二腈替代。且如果反应中所用二酮和二胺是不对称的，则得到两种异构的吡嗪。

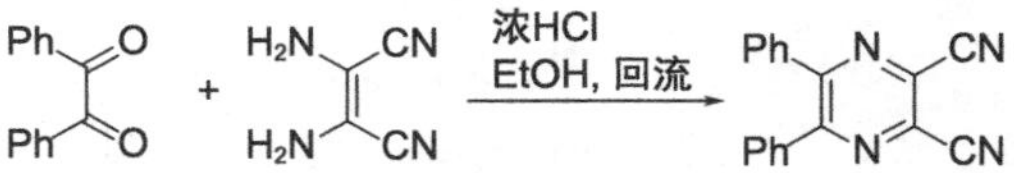

根据这种方法，利用5,6-二氨基尿嘧啶作为隐蔽的不饱和二胺，则是一种巧妙的改进。反应产物可以水解，致使嘧啶酮环裂解，最终产物是氨基吡嗪酸。

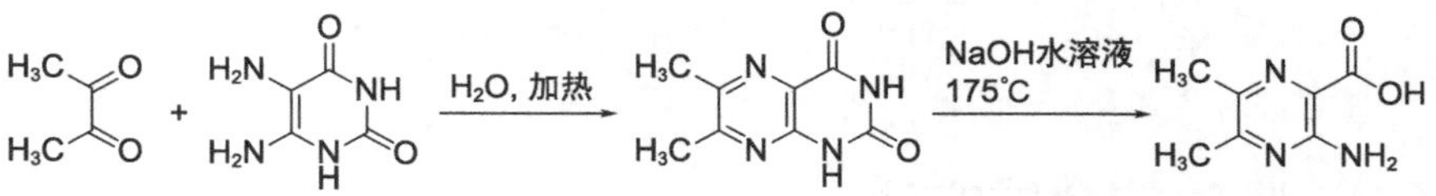

6.7.4　吡嗪的衍生物

（1）含吡嗪结构的天然衍生物

吡嗪在自然界中存在广泛，在霉菌的代谢物曲霉酸中含有吡嗪环系，如麹霉

酸。而包括萤火虫在内的几种甲虫荧光素中也存在二氢吡嗪类化合物，吡嗪环还是造成介形亚纲动物 Ostracod 化学发光的原因，如赛普里定赞光素。此外，烷基吡嗪类化合物常常存在于热食品的香味组分中，比如咖啡和肉类，最简单的甲氧基吡嗪则是许多水果和蔬菜具有香味的最重要的成分，如豌豆、辣胡椒等。许多昆虫的分泌物中也存在烷基吡嗪，如蚁踪信息素等。

蝴霉酸　　　　　　赛普里定赞光素　　　　　　蚁踪信息素

（2）含吡嗪结构的药物

吡嗪环系化合物功能丰富，应用广泛。在医药上，如吡嗪酰胺（pyrazinamide）为二线抗结核药物，对人型结核杆菌有较好的抗菌作用。胍酰吡嗪（amiloride）为利尿药，其作用部位为远曲小管，降低氢离子的分泌和钠、钾交换，从胃肠道不完全吸收。格列吡嗪（glipizide）为口服降糖药，能促进胰岛 β 细胞分泌胰岛素、增强胰岛素对靶组织的作用；亦能抑制胰岛 α 细胞分泌胰高血糖素、抑制肝糖元分解，促进肌肉利用和消耗葡萄糖。临床用于单用饮食控制治疗未能达到良好效果的轻、中度Ⅱ型糖尿病患者。

吡嗪酰胺(pyrazinamide)　　　　胍酰吡嗪(amiloride)

格列吡嗪(glipizide)

在农用化学品领域，吡嗪类物质是重要的植物生长调节剂和除草剂，在杀菌剂和杀虫剂中也存在许多含有吡嗪环的化合物。如苯并吡嗪类化合物喹禾灵（quizalofop-ethyl）为旱田芽后除草剂，适用于大豆、花生、棉花、马铃薯、绿豆、西瓜、油菜等阔叶作物田防除禾本科杂草。叶枯净（phenazine-N-oxide）是专用于防治水稻白叶枯病的保护性杀菌剂，对秧田和大田水稻白叶枯病均具有较好防效。嗪虫脲（benzamide）为几丁质抑制剂，主要可用于防治卫生害虫及农业害虫，可有效地防治小麦上的谷蠹、杂氮谷盗、锯谷盗、印度谷螟、米象、粉斑螟、麦蛾等。

喹禾灵(quizalofop-ethyl)

叶枯净(phenazine-*N*-oxide)

嗪虫脲(benzamide)

6.8 1,2,3-三嗪

6.8.1 1,2,3-三嗪的结构

1,2,3-三嗪室温下为无色结晶,易升华,熔点 70℃。其母体化合物直到 1981 年才首次合成出来。1,2,3-三嗪是具有平面结构的三嗪类化合物,其分子中 N—N 键键长稍短于 C—N 键键长,而 C—C 键键长最长。1,2,3-三嗪分子中碳氢键和环上的原子相对于三个氮原子是对称分布的,这从其核磁谱图数据中可以看出。

① ^{1}H NMR (CDCl$_3$),δ:H-4/H-6 (9.06),H-5 (7.45);

② ^{13}C NMR (CH$_2$Cl$_2$),δ:C-4/C-6 (149.7),C-5 (117.9)。

6.8.2 1,2,3-三嗪的化学性质

相比于二嗪类化合物,1,2,3-三嗪环上氮原子数目增加,会产生额外的诱导效应,这就使得 1,2,3-三嗪类化合物对亲核试剂的进攻更加敏感。因此,1,2,3-三嗪类化合物可以发生水解反应和氧化反应。室温条件下,单环的 1,2,3-三嗪类化合物在酸性水溶液中是稳定的,当温度升高时,则发生环裂解生成 1,3-二羰基化合物。

1,2,3-苯并三嗪类化合物在酸性水溶液中,室温条件下即可开环生成邻氨基

苯甲醛类化合物。但当其 4-位存在取代基时，需要在加热下才能开环形成邻氨基酮类化合物。

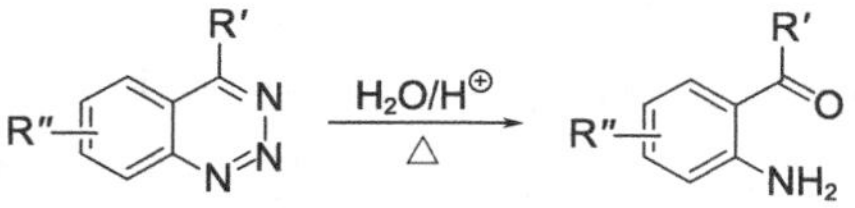

1,2,3-苯并三嗪类化合物可用过氧酸氧化生成 1-或 3-氧代衍生物。且在酸性条件下，不稳定 1,2,3-三嗪可以发生改进的 Minisci 反应。Minisci 反应是缺电子的杂环芳烃进行自由基 C—C 键构建的反应，反应机理是质子化（或带正电荷）杂芳环被亲核自由基进攻进行分子间加成。在这里，亲核性的游离基进攻由二氰基次甲基内鎓盐形成的活化杂环。

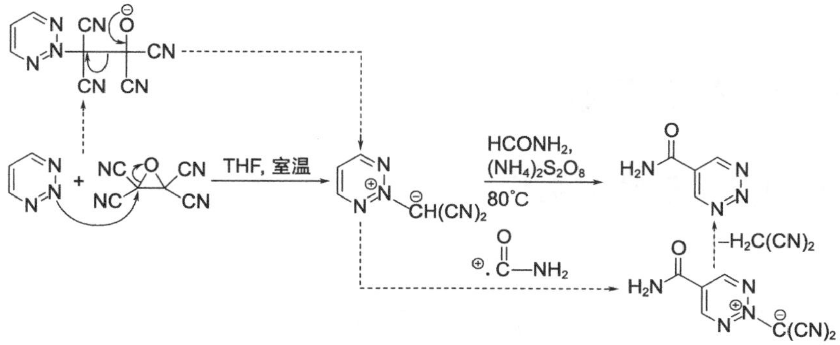

6.8.3 1,2,3-三嗪的合成方法

6.8.3.1 由 1-氨基吡唑氧化合成

1-氨基吡唑的氧化反应是制备 1,2,3-三嗪的常用方法，常用的氧化剂有四乙酸铅和过氧化镍。

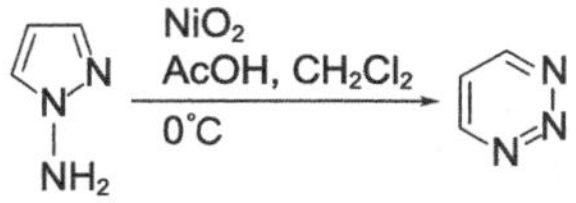

6.8.3.2 由环丙烯叠氮化物合成

环丙烯叠氮化物的热重排反应可以制备 1,2,3-三嗪，且该重排反应在温和的条件下也可以发生，环丙烯叠氮化物则可由环丙烯正离子和叠氮化钠反应得到。

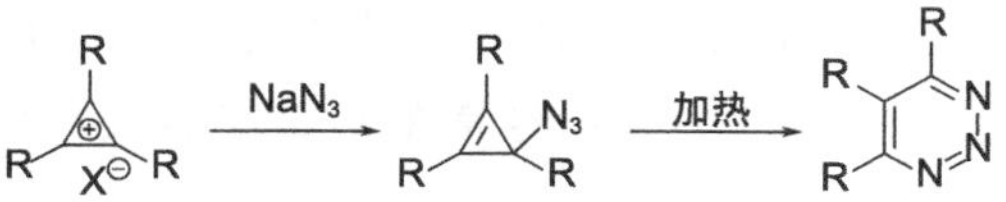

6.8.4　1,2,3-三嗪的衍生物

到目前为止，1,2,3-三嗪环系结构的化合物在天然产物中尚未发现。已报道的功能性的 1,2,3-三嗪类化合物也不多。在一些杀虫剂中含有 1,2,3-苯并三嗪-4 (3H)-酮结构，如谷硫磷（azinpos-methyl）是一种神经毒素，具有良好的杀虫效力，用于如草莓、夏日水果和马铃薯等作物的虫害防治，属于广谱有机磷杀虫剂，但谷硫磷毒性较高。

谷硫磷(azinpos-methyl)

6.9　1,2,4-三嗪

6.9.1　1,2,4-三嗪的结构

1,2,4-三嗪，室温下为黄色液体，对热不稳定，熔点 16℃，沸点 158℃。1,2,4-三嗪也是一种三嗪类化合物，编号表明了氮原子的相对位置。同 1,2,3-三嗪类似，1,2,4-三嗪也为平面六边形结构，其分子中 C—N 键键长最短，而 C—C 键键长最长。1,2,4-三嗪存在共振结构，而当 N-1 和 N-2 之间以单键连接时，其在共振杂化体中的贡献更大，所以一般用 a 式表示。1,2,4-三嗪的核磁数据如下。

① ^{1}H NMR（CDCl$_3$），δ：H-3（9.73），H-5（8.70），H-6（9.34）；

② ^{13}C NMR（CH$_2$Cl$_2$），δ：C-3（158.1），C-5（149.6），C-6（150.8）。

6.9.2　1,2,4-三嗪的化学性质

同 1,2,3-三嗪类似，由于环上氮原子数目增加，相比于二嗪类化合物，1,2,4-三嗪对亲核进攻更加敏感。缺乏活化基团的 3-甲硫基-1,2,4-三嗪衍生物氢的替代亲核取代反应（VNS 反应）容易在 C-5 位加成，相关硝基烷的加成可以促进非常有用的亲核性酰基化反应。

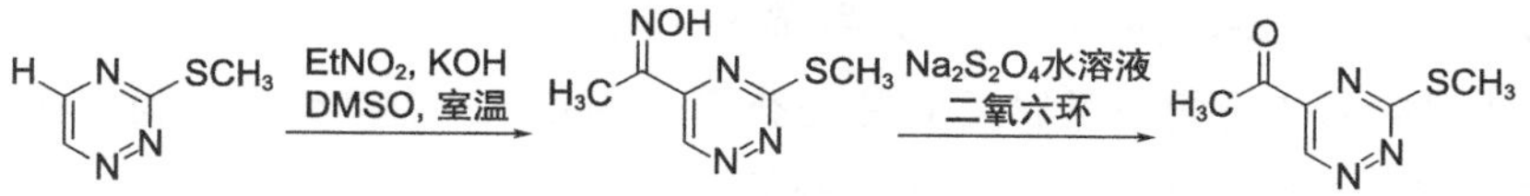

在 1,2,4-三嗪类化合物与碳负离子的置换反应中，砜是一个比卤素更好的离去基团。

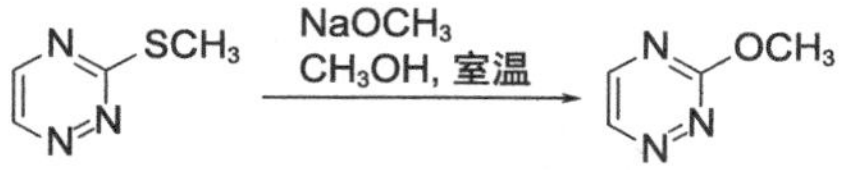

1,2,4-三嗪除了易于进行亲核加成外，3-取代-6-甲氧基-1,2,4-三嗪在 2,2,6,6-四甲基哌啶基锂（LiTMP）的作用下能成功地进行锂化，以向环上引入各种官能团。

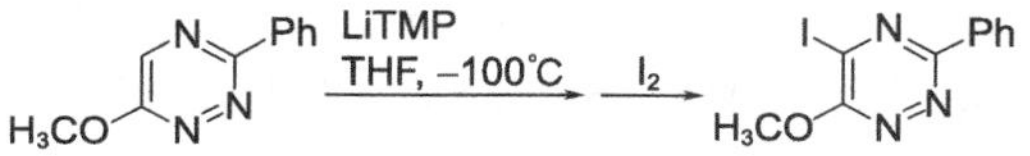

1,2,4-三嗪与富电子的烯烃或炔烃发生的 Diels-Alder 反应在化学制备中具有特别重要的意义。三嗪作为缺电子的 2,3-二氮杂双烯体可与烯胺、烯醇醚和烯酮缩醛类化合物通过 C-3 和 C-6 发生反应。

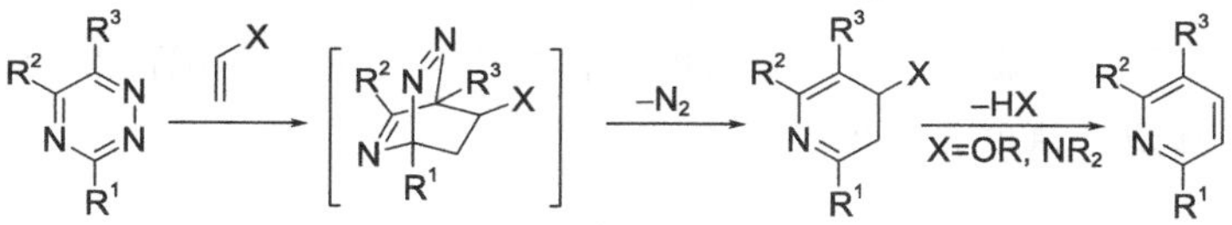

1,2,4-三嗪类化合物也可作为 1,3-二氮杂二烯体与炔胺在环的 N-2 和 C-5 位发生 [4+2] 环加成反应。

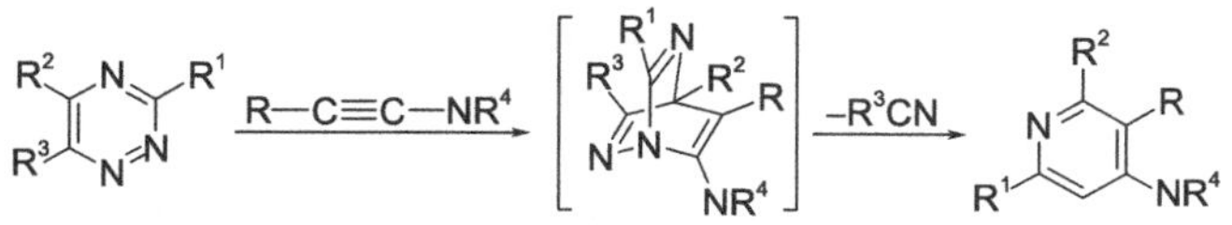

6.9.3 1,2,4-三嗪的合成方法

6.9.3.1 由氨基脲与二酮或卤代酮合成

二羰基化合物与氨基脲发生环缩合反应生成 3,5,6-三取代的 1,2,4-三嗪类化合物，反应所用一般为对称的二羰基化合物。

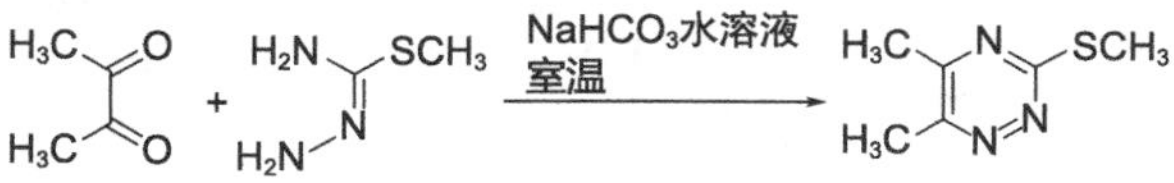

6.9.3.2　由 1,2-二羰基化合物与酰肼和氨合成

1,2-二羰基化合物与酰肼反应首先获得 α-酮-N-酰基腙类化合物，而后与氨气发生环缩合反应直接生成 1,2,4-三嗪类化合物。

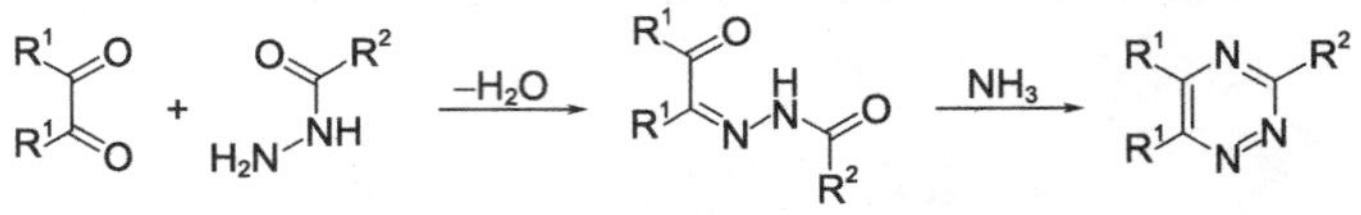

6.9.3.3　由 α-酰胺基酮与肼合成

α-酰胺基酮与肼发生缩合反应生成 4,5-二氢-1,2,4-三嗪类化合物，而后脱氢获得三嗪。

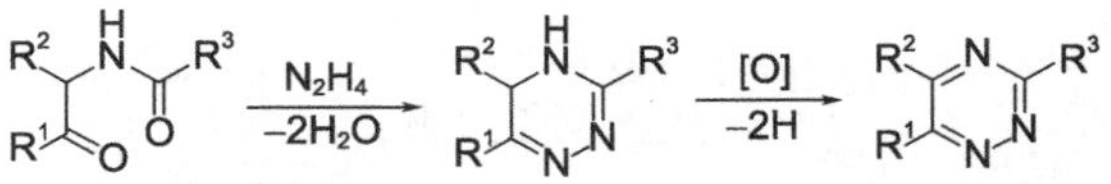

6.9.4　1,2,4-三嗪的衍生物

（1）含 1,2,4-三嗪结构的天然衍生物

含有 1,2,4-三嗪环系的天然衍生物目前报道的不多。如热诚菌素（fervenulin）是由热诚链轮丝菌分泌的一种抗生素，对革兰阳性和阴性细菌作用弱，可抑制真菌、原虫和肿瘤。

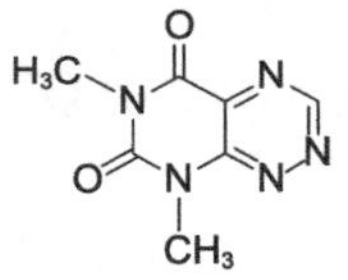

热诚菌素

（2）含 1,2,4-三嗪结构的药物

1,2,4-三嗪体系是嘧啶并[5,4-c][1,2,4] 三嗪-5,7-二酮类抗生素的重要组成部分。拉莫三嗪（lamotrigine）为新型抗癫痫药，用于治疗顽固性癫痫病。平菌痢（panfuran-S）主要用于治疗细菌性痢疾，也可用于治疗膀胱炎、尿道炎、肾盂肾炎等。

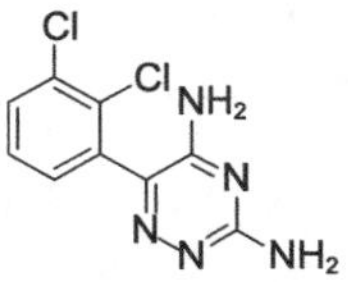

拉莫三嗪 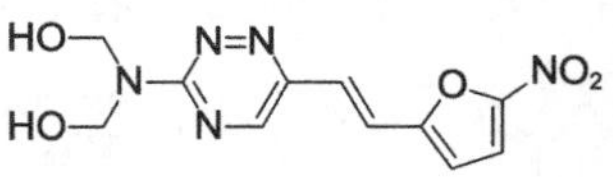　　　　　　　平菌痢

在农用化学品领域，1,2,4-三嗪类化合物在除草剂领域应用较多。如嗪草酮（metribuzin）选择性内吸传导型除草剂，主要通过抑制敏感植物的光合作用发挥杀草活性，适用于大豆、马铃薯、番茄、甘蔗、玉米等作物田间防除多种阔叶杂草，也适用于防除某些禾本科杂草，对多年生杂草药效较差。苯嗪草酮（metamitron）为光合作用抑制剂，主要用于防治单子叶和双子叶杂草如龙葵、繁缕、早熟禾、看麦娘、猪殃殃等，适用于糖用甜菜和饲料甜菜。

嗪草酮 　　　　　　　　苯嗪草酮

6.10　1,3,5-三嗪

6.10.1　1,3,5-三嗪的结构

1,3,5-三嗪，无色针状结晶，熔点 80℃，沸点 114℃。1,3,5-三嗪对热稳定，但遇水迅速发生水解生成甲酸和氨。1,3,5-三嗪，即均三嗪，碳原子与氮原子在六员环上交叉分布。D_{3h} 对称的 1,3,5-三嗪具有扭曲的六边形平面。C—N 键长为 131.9pm，N—C—N 键角为 126.8°，C—N—C 键角为 113.2°。1,3,5-三嗪结构符合休克尔规则所规定的 $4n+2$ 规则，拥有 6 个离域电子，三个 N 原子采用与三个 C 原子一样的 sp^2 杂化，所有原子均处于同一个平面，故拥有传统意义上的芳香性。

1,3,5-三嗪环上的碳原子与氢原子由于环上相邻氮原子的去屏蔽作用，其碳原子与氢原子在核磁谱图上的化学位移与嘧啶环的 2-位相比有所增大，其核磁数据如下。

① ^1H NMR（$CDCl_3$），δ：9.25；

② ^{13}C NMR（$CDCl_3$），δ：166.1。

6.10.2　1,3,5-三嗪的化学性质

同其他两种三嗪类化合物类似，由于环上氮原子的作用，1,3,5-三嗪与亲电试剂的反应难以发生，一些表观的亲电取代反应也不是遵循正常的亲电反应机理

进行，如 1,3,5-三嗪的溴代反应可能是经由溴化物对 N^+—Br 盐的亲核加成生成 2,4-二溴代产物的。

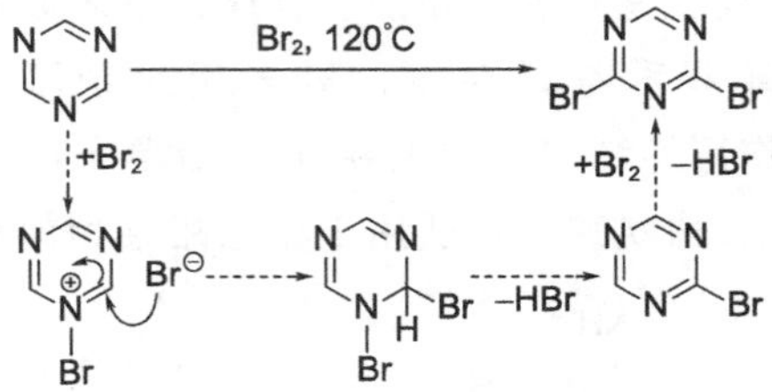

1,3,5-三嗪对亲核试剂的进攻非常敏感，常常会伴以开环反应，如 1,3,5-三嗪与一级胺反应通过环裂解生成甲脒。但是，对烷基或芳基 1,3,5-三嗪来说，要发生亲核反应则要求强烈的反应条件。

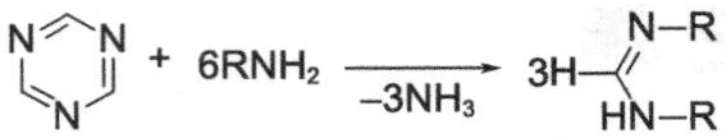

而这为合成甲酸酯或甲酰胺等价物提供了一种有效的方法，特别是适用于其他杂环如咪唑和三唑的合成。

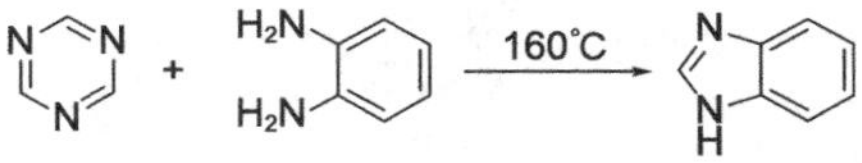

在仲胺存在下，1,3,5-三嗪可以与丙二酸二乙酯发生开环反应生成烯胺酯类化合物。反应过程中实际上是通过开环反应与氨基交换反应相结合，将 H—C≡N 组分转移到活泼亚甲基上。

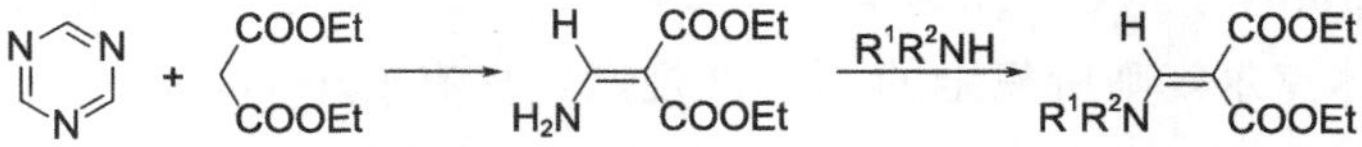

通过类似的反应过程，在盐酸存在下，1,3,5-三嗪与芳烃和杂环芳烃可发生甲酰化反应（HCN-free Gattermann 合成法）。

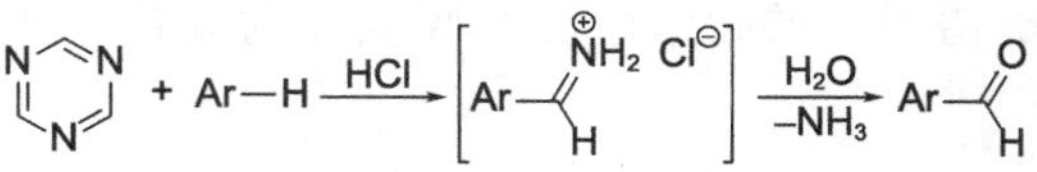

1,3,5-三嗪与炔或其等价物的反电子需求的 Diels-Alder 反应，经消除氰化氢或氮可生成吡啶或二嗪。

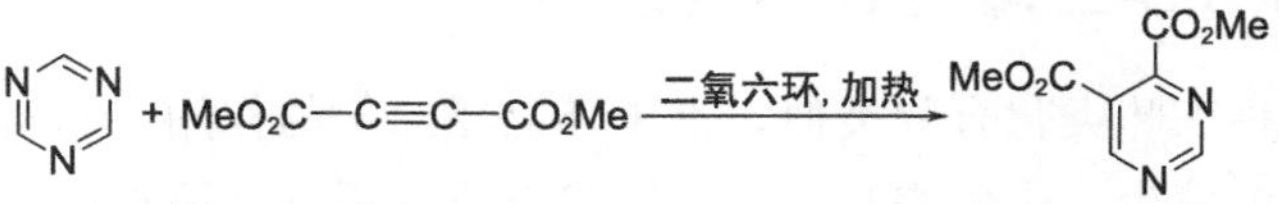

6.10.3 1,3,5-三嗪的合成方法

6.10.3.1 由腈或亚胺酰盐合成

2,4,6-三取代-1,3,5-三嗪类化合物可以由腈类化合物在酸或碱催化下发生三聚反应环合制得。具体的反应机理尚不清楚，在酸催化条件下可能经过一个环状过渡态，而在碱催化的条件下可能是通过一系列的亲核加成进行的。带有吸电子基的芳基氰化物、芳基氰酸盐和氰基化合物最容易发生环合三聚反应，而烷基氰化物则需在高温高压条件下才能反应，且反应收率不高。

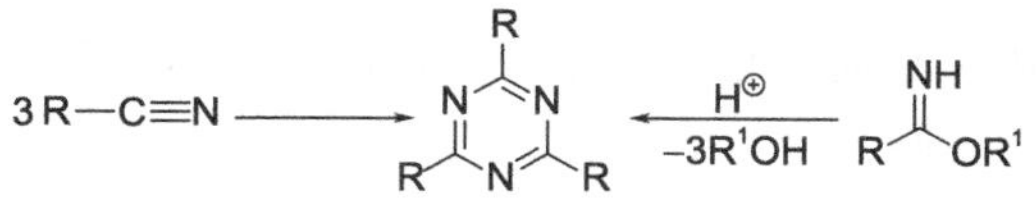

亚胺酰盐的三聚反应也可获得 1,3,5-三嗪类化合物，在反应中通过消除醇发生环化缩合反应，且亚胺酰盐与 1,3,5-三嗪自身反应可获得单取代的 1,3,5-三嗪类化合物。

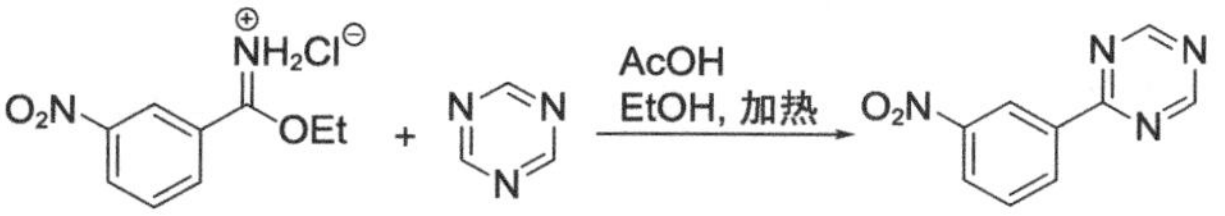

6.10.3.2 由酰基脒与脒合成

2,4,6-位上具有三种不同取代基的 1,3,5-三嗪类化合物可以由 N'-酰基-N,N-二甲基脒与脒或胍反应制备。

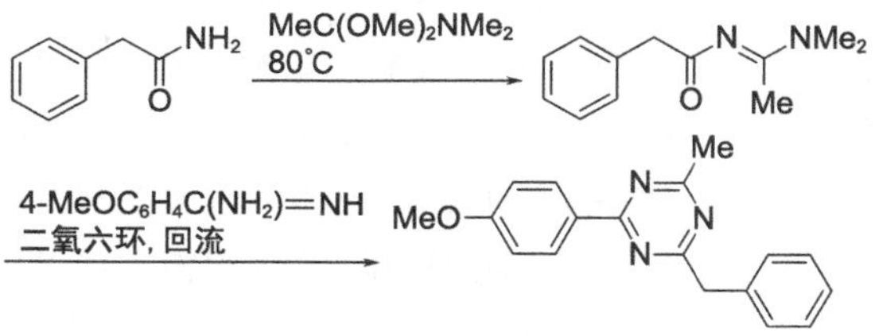

6.10.4 1,3,5-三嗪的衍生物

（1）三聚氯腈

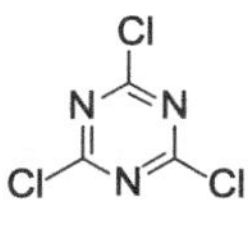

2,4,6-三氯-1,3,5-三嗪，即三聚氯腈，又称三聚氰酰氯、氰尿酰氯，由氯化氰在气体状态下发生三聚反应得到。三聚氯腈外观为白色粉末，在空气中不稳

定，有挥发性和刺激性，熔点 145℃，沸点 190℃，溶于苯、热乙醚、丙酮、乙腈、二氧六环、乙醇、乙酸、氯仿、四氯化碳等有机溶剂，微溶于水，遇水及碱易分解成三聚氰酸，同时放出氯化氢气体。

三聚氯腈是 1,3,5-三嗪重要的衍生物，是一种重要的精细化工产品，具有广泛的用途，它是制造活性染料的原料，可作有机工业生产的各种助剂，如荧光增白剂、纺织物防缩水剂、表面活性剂等，是橡胶促进剂和国防用于制造炸药的原料之一，也是医药农药工业用于合成药物的原料。

三聚氯腈的性质很像杂环酰氯，环上的氯原子很容易通过亲核取代反应被取代，从而可以衍生出一系列的 1,3,5-三嗪类化合物。在有机合成中，三聚氯腈可以被作为氯化剂和脱水剂，它可以使醇、羧酸、羟基羧酸或醛肟转化为相应的卤代烷、酰氯、内酯或腈。

（2）含 1,3,5-三嗪结构的药物

1,3,5-三嗪是三嗪类除草剂结构的重要组成部分。三嗪类除草剂是早在 20 世纪 50 年代就推出的传统除草剂之一，它通过光合系统 Ⅱ（PSⅡ）以 D1 蛋白为作用靶标，抑制植物的光合作用而发挥作用。目前三嗪类除草剂共有三十多个品种，其中销售额最高的是 1957 年上市的莠去津（atrazine），其具有选择性内吸传导性，为苗前、苗后除草剂。用于玉米、高粱、甘蔗、茶树及果园林地防除一年生禾本科杂草和阔叶杂草，对由根茎或根芽繁殖的多年生杂草有抑制作用。

此外，在其他类农用化学品中，1,3,5-三嗪环系也是较常见的结构。如磺酰脲类除草剂氯磺隆（chlorsulfuron）用于防除禾谷作物田的阔叶杂草及禾本科杂草，如藜、蓼、苋以及狗尾草、黑麦草、早熟禾、小根蒜等。对野燕麦、龙葵效果不佳，一般在秋季作物播后芽前或春季杂草芽后施药，更宜芽后叶面处理。杀虫剂灭蝇胺（cyromazine）主要用于防治潜叶蝇类害虫，对其有良好防效，也可用于防治苍蝇。

莠去津　　　　　　氯磺隆　　　　　　灭蝇胺

思考题

1. 吡喃鎓离子的典型反应是什么？合成吡喃鎓离子的主要原料有哪些？
2. 在所学习的六员杂环中，哪些是芳香性杂环？哪些是非芳香性杂环？
3. 在类吡啶氮原子上容易发生哪些反应？
4. 类吡啶氮原子对杂环的亲电取代反应有什么影响？定位效应如何？
5. 类吡啶氮原子对杂环的亲核取代反应有什么影响？定位效应如何？
6. 杂环芳烃侧链酸性与杂原子的位置关系是什么样的？能发生哪些反应？
7. 哪些杂环化合物能发生加成反应？
8. 以吡啶为例总结一下合成六员杂环的方法有哪些。
9. 总结一下六员杂环化合物有哪些应用。

7 七员杂环

含有一个杂原子的七员杂环的母环有氧杂环庚三烯、硫杂环庚三烯和二氮杂环庚三烯，它们都是非芳香性杂环化合物。含有多个杂原子的七员杂环主要有1,2-二氮杂环庚三烯和1,4-二氮杂环庚三烯，它们也不具有芳香性。

7.1 氧杂环庚三烯

7.1.1 氧杂环庚三烯的结构

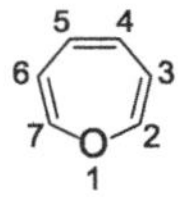

氧杂环庚三烯与 7-氧杂二环[4.1.0]庚-2,4-二烯（1,2-环氧苯）是异构体，后者是苯代谢过程中产生的有毒中间体。氧杂环庚三烯是环氧苯经重排后的产物，两者之间存在平衡。

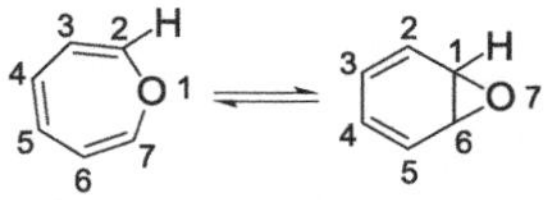

在低温环境下，氧杂环庚三烯与其异构体 1,2-环氧苯的光谱性质有所不同。利用 NMR 光谱或紫外吸收光谱可将两者区分，例如在 ^{1}H NMR 谱图中，氧杂环庚三烯的 δ(H-2)＝5.73，1,2-环氧苯 δ(H-1)＝4.0。氧杂环庚三烯的光谱数据显示，氧杂环庚三烯存在局部 C＝C 的聚烯烃结构，其为非平面船式构象，两种构象 a 和 b 相互翻转，并保持平衡。

7.1.2 氧杂环庚三烯的化学性质

7.1.2.1 异构化成苯氧化物

氧杂环庚三烯非常容易异构成苯氧化合物，该过程是由热力学控制的。当2-位和7-位含有取代基时，有利于氧杂环庚三烯的形成。如果 2,7-位通过桥链连接，桥的长短将影响氧杂环庚三烯-苯氧化合物之间的平衡。如系列 2,7-亚甲基位连接的桥环化合物：如果 $n=3$，只有 1,2-二氢化茚氧化物可以存在；如果 $n=4$，四氢萘氧化物在平衡混合物中占优势；如果 $n=5$，氧杂环庚三烯和苯氧化合物存在的比例为 1∶1。

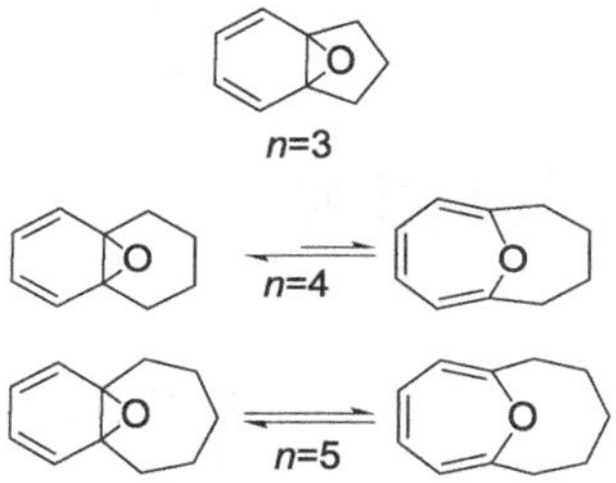

7.1.2.2 异构化成酚

氧杂环庚三烯在酸催化下，可以异构化成苯酚类化合物。2-氘代标记的实验结果证实该重排涉及 2,7-位上的氢互相迁移。

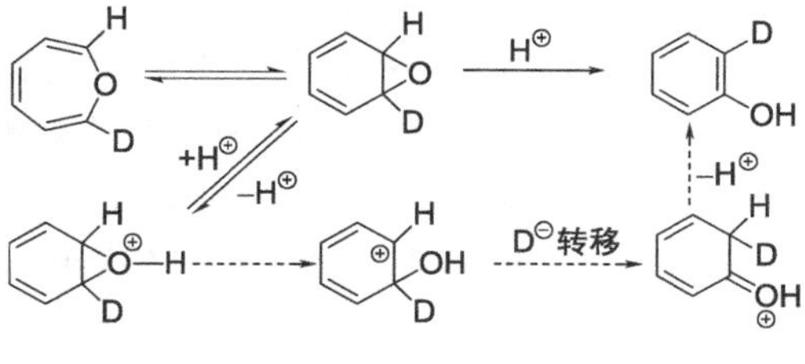

7.1.2.3 加成反应

氧杂环庚三烯与活泼炔烃发生 Diels-Alder 反应得到环氧双环[2.2.2]辛三烯。在单线态氧存在的条件下，产生的过氧化物异构化成反式-苯三氧化合物。

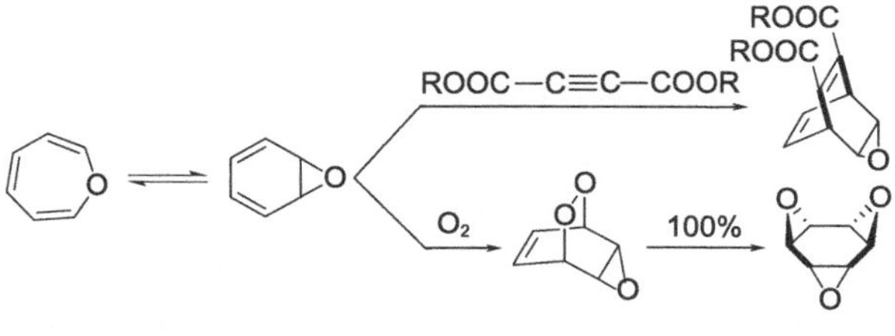

7.1.3 氧杂环庚三烯的合成方法

环己-1,4-二烯经单环氧化得到中间体 7-氧杂二环［4.1.0］庚-3-烯，再由溴对另一个烯键加成制得 3,4-二溴-7-氧杂二环［4.1.0］庚烷，其在甲醇盐或者DBU（1,8-二氮杂双环[5.4.0]十一碳-7-烯）存在下脱两分子溴化氢生成苯氧化物，即是氧杂环庚三烯。

7.1.4 氧杂环庚三烯的衍生物

（1）氧杂环戊烷-2-酮

氧杂环庚烷-2-酮也叫作己内酯或 ε-己酸内酯，是氧杂环庚三烯最重要的一类衍生物，在香精中常用作香豆素的修饰剂。可由环己酮与过氧化酸发生Baeyer-Villiger 氧化反应得到。

（2）含氧杂环庚三烯结构的天然衍生物

在天然产物中，目前只发现一种去甲倍半萜内酯类化合物（senoxipin）含有氧杂环庚三烯结构。但是氢化氧杂环庚三烯和氧杂环庚烷酮在天然产物中是较常见的结构单元，如士的宁（strychnine），又名番木鳖碱，是由马钱子中提取的一种生物碱，能选择性兴奋脊髓，增强骨骼肌的紧张度，临床用于轻瘫或弱视的治疗。

芸苔素内酯（brassinolid）又称油菜素内酯，是一种新型甾醇类植物内源激素。芸苔素内酯是国际上公认的活性最高的植物生长调节剂，在很低的浓度下就能明显增加植物的营养体生长和促进受精作用，具有使植物细胞分裂和延长的双重作用，能显著增加产量和提高作物的品质。

去甲倍半萜内酯　　　　士的宁　　　　　　　芸苔素内酯

7.2 硫杂环庚三烯

7.2.1 硫杂环庚三烯的结构

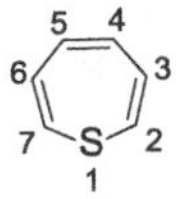

硫杂环庚三烯母环目前还未被合成，关于其结构方面的性质也不确定。

7.2.2 硫杂环庚三烯的合成方法

一些取代的硫杂环庚三烯类化合物都较为稳定，能通过多种途径合成获得。

7.2.2.1 由 3-取代氨基噻吩与活泼炔烃合成

3-吡咯烷基噻吩与丁炔酸酯发生 [2+2] 环加成反应，然后环丁烯电环化裂解生成三取代的硫杂环庚三烯类化合物。

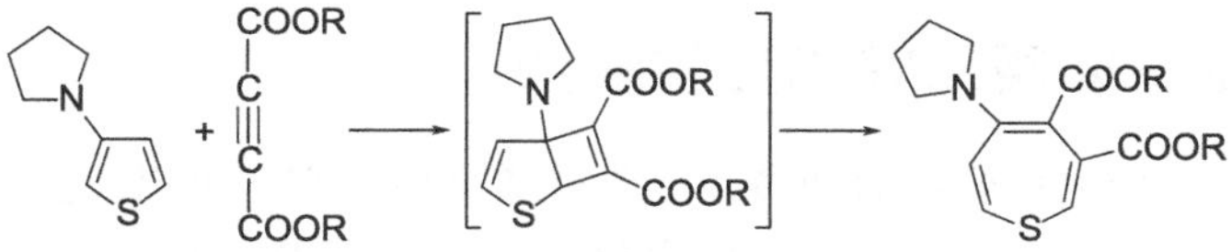

7.2.2.2 由 2-苯硫基苯乙酸合成

2-苯硫基苯乙酸在 $POCl_3$ 作用下环化可得到二苯并硫杂环庚三烯类化合物。反应首先经历分子内的 Friedel-Crafts 酰化反应，然后中间体二氢硫杂环庚酮可能以烯醇式进行卤化反应。

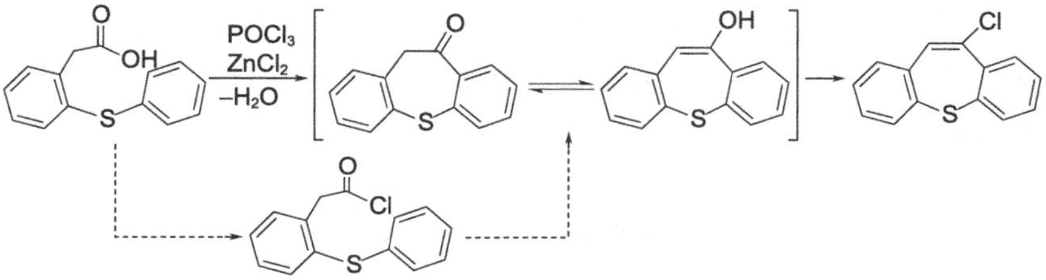

7.3 氮杂环庚三烯

7.3.1 氮杂环庚三烯的结构

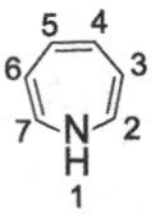

氮杂环庚三烯类化合物根据标记氢所在的位置不同，存在 4 个互变异构体，即 $1H$-，$2H$-，$3H$-和 $4H$-氮杂环庚三烯。其中，$1H$-和 $3H$-系统是最重要的。

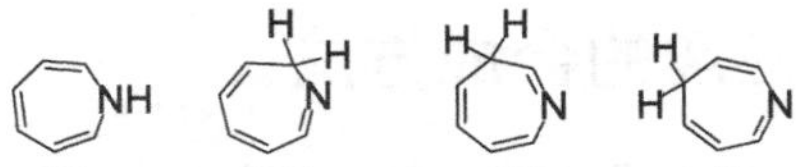

1H-氮杂环庚三烯为阿托型非平面环多烯类结构，很不稳定，容易异构化，在酸或碱存在下可重排成较稳定的 3H-氮杂环庚三烯。因此，1H-氮杂环庚三烯类化合物较为少见。吸电子的 N-取代基可以增加 1H-氮杂环庚三烯的稳定性。

7.3.2 氮杂环庚三烯的化学性质

氮杂环庚三烯类化合物的许多性质与多烯类似。它们可以发生环加成和二聚反应等周环反应。1H-氮杂环庚三烯类化合物也可以发生与氧杂环庚三烯-苯氧化物类似的重排反应。当 N-取代基为受电子体时，生成 7-氮杂二环 [4.1.0] 庚-2,4-二烯类化合物。

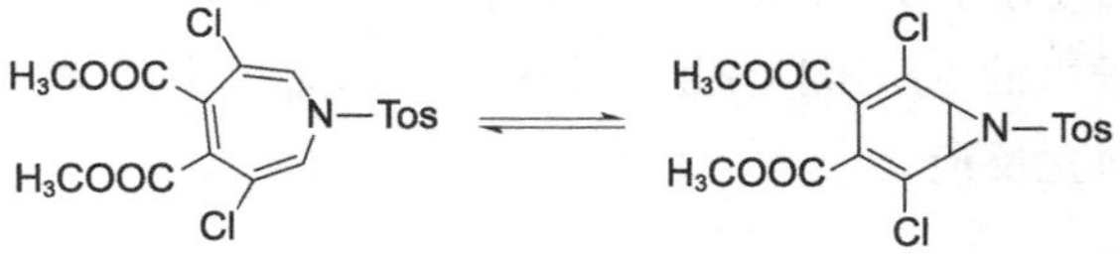

N-取代基为受电子体的 1H-氮杂环庚三烯在光照条件下可以转化成 2-氮杂二环 [3.2.0] 庚-3,6-二烯。二环化合物在加热条件下环丁烯开环，又重新形成 1H-氮杂环庚三烯。

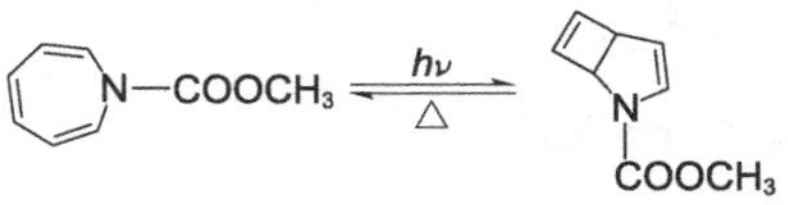

7.3.3 氮杂环庚三烯的合成方法

氮杂环庚三烯类化合物的合成主要可通过两种途径进行，一是由对应的六员环扩环得到；二是用合适的直链化合物闭环而得。

7.3.3.1 由芳香烃与具有吸电子取代基的叠氮化物合成

在光照条件下，芳香烃与具有吸电子取代基的叠氮化物反应，可制得 N 上取代基为受电子体的 $1H$-氮杂环庚三烯。反应首先是叠氮化合物分解后得到氮烯（见氮杂环丙烷的合成），然后与芳烃进行 [1+2] 环加成形成中间体，而后异构化得到对应的 $1H$-氮杂环庚三烯。

A=COOR, SO₂Ar

7.3.3.2 由芳香叠氮化合物与二级胺合成

由芳香叠氮化合物在二级胺存在下加热分解可得到 2-氨基-$3H$-二氮杂环庚三烯。

主要的反应途径是芳香叠氮化合物脱 N_2 生成芳基氮烯，然后氮烯进攻邻位碳原子，重排得到中间体氮杂环丙烯中间体，其发生异构化扩环反应产生氮杂环庚四烯，胺对其加成得到 2-氨基-$3H$-氮杂环庚烯化合物。

7.3.3.3 由氮杂三烯合成

氮杂三烯在锂的引发下环化可生成 4,5-二氢氮杂环庚三烯类化合物。反应原理可能是经过了烯丙基负离子与 α,β-不饱和亚胺之间的共轭加成反应完成。

7.3.4 氮杂环庚三烯的衍生物

（1）氮杂环庚三烯

氮杂环庚三烯，又称为氮杂䓬，为红色油状物，很不稳定，即使是在 $-78℃$

下也只能保持几小时的纯粹状态。

（2）氮杂环庚-2-酮

氮杂环庚-2-酮（6-己内酰胺，ε-己内酰胺）是最重要的氮杂环庚三烯衍生物，主要用来生产聚酰胺纤维，在工业上有重要应用。它是由环己酮肟经Beckmann 重排制得的。

氮杂环庚-2-酮

（3）含氮杂环庚三烯结构的天然衍生物

氮杂环庚三烯结构在天然产物中较为常见。如蝇黄素（muscaflavine）是一种非蛋白原的氨基酸；2H-氮杂环庚三烯类化合物（chalciporon）为苍蝇琼脂的黄色色素，即辛辣牛肝菌中的一种刺激性物质。加兰他敏（galantamin）是从雪花莲属雪花莲胺中提取的一种天然产物，是 2,3-二氢苯并[b]呋喃的衍生物，C-3 作为一个季碳被氮杂环庚三烯和环己烯所共用。它是一种有效的乙酰胆碱酯酶抑制剂，临床上可用于阿尔茨海默病的治疗。

蝇黄素　　　　2H-氮杂环庚三烯类化合物　　　　加兰他敏

（4）含氮杂环庚三烯结构的药物

氮杂环庚三烯类衍生物在药物中应用很多。在医药上，戊四唑（pentetrazol）为中枢兴奋药，临床上主要用于解救严重的巴比土酸盐类及麻醉药中毒所引起的中枢性呼吸衰竭。二苯并氮杂环庚三烯以及它们的二氢衍生物是抗抑郁药和抗癫痫药等精神药物的基本骨架。如卡马西平（carbamazepine）是治疗单纯及复杂部分性发作癫痫的首选药，且可用于三叉神经痛和舌咽神经痛，也可用于心律失常及尿崩症的治疗。

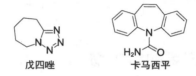

戊四唑　　　　卡马西平

氮杂环庚三烯类衍生物在农用化学品领域也有所应用。禾草敌（molinate）是直播稻的除草剂，用于水稻田防除稗草，对大稗有特效。禾草敌可阻止蛋白质的转化，使增殖的细胞得不到原生质，而只有细胞壁的空细胞使新叶不能生长，生长点呈扭曲状，终致爆裂死亡。

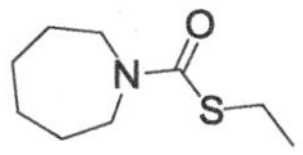

禾草敌

7.4 二氮杂环庚三烯

7.4.1 二氮杂环庚三烯的结构

二氮杂环庚三烯依据氮原子的相对位置和氢的位置存在多种互变异构体，如 $1H$-1,2-二氮杂环庚三烯、$3H$-1,2-二氮杂环庚三烯、$1H$-1,4-二氮杂环庚三烯等。

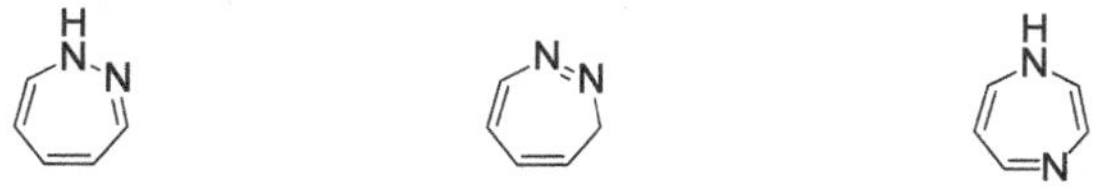

$1H$-1,2-二氮杂环庚三烯 $3H$-1,2-二氮杂环庚三烯 $1H$-1,4-二氮杂环庚三烯

二氮杂环庚三烯中最为常见和重要的是 1,2-和 1,4-二氮杂环庚三烯类化合物，它们在化学性质上和氮杂环庚三烯类化合物有许多相似之处，在此不再做过多介绍。

7.4.2 二氮杂环庚三烯的合成方法

7.4.2.1 由重氮-2,4-戊二烯合成

由重氮-2,4-戊二烯通过 1,7-电环化反应，然后发生 1,5-氢迁移反应生成 $3H$-1,2-二氮杂环庚三烯类化合物。

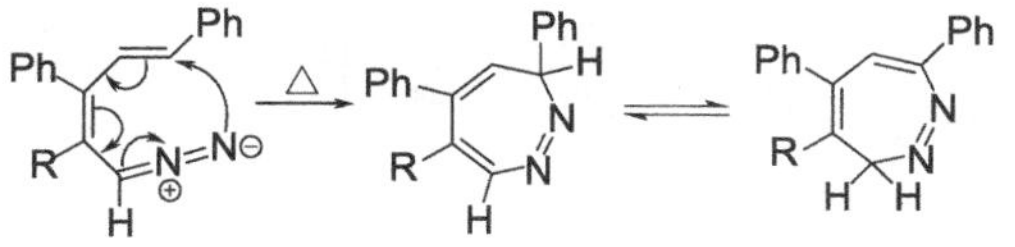

7.4.2.2 由吡啶 N-叶立德合成

当吡啶 N-叶立德的氮上连有吸电子取代基时，容易进行光化学的诱导异构化，经历吡啶并二氮杂环丙烷中间体，经加热后生成 N-1 位上有吸电子取代基的 $1H$-1,2-二氮杂环庚三烯。

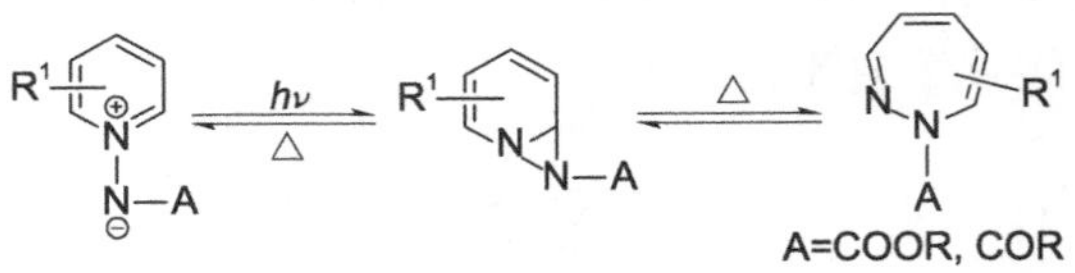

A=COOR, COR

7.4.2.3 由吡喃鎓或硫鎓盐与肼合成

吡喃鎓或硫鎓盐与肼或甲基肼反应通过一系列扩环-闭环反应形成 4H 或 1H-1,2-二氮杂环庚三烯。例如，甲基肼与 2,4,6-三苯基吡喃鎓盐首先发生 2-位的亲核加成反应，而后发生电环化开环生成肼基二烯酮，再进行分子内亲核环化反应生成 1-甲基-1H-二氮杂环庚三烯。与肼反应生成 4H-1,2-二氮杂环庚三烯（见 6.1 吡喃鎓离子部分）。

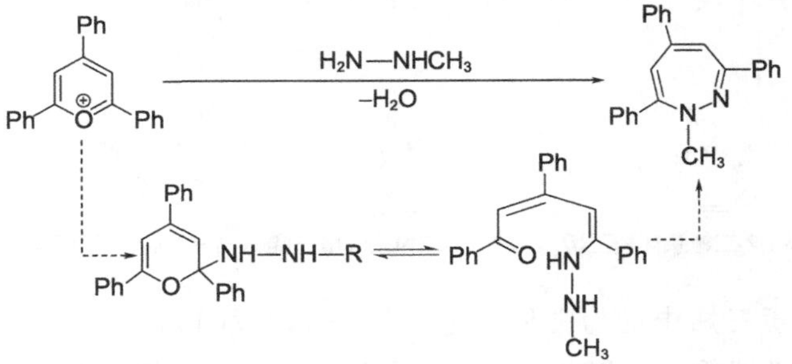

7.4.2.4 由乙二胺与 1,3-二酮合成 1,4-二氮杂环庚三烯

通过乙二胺与 1,3-二酮在酸催化下环合可制得 2,3-二氢-1,4-二氮杂环庚三烯。所得的二氢二氮杂环庚二烯类化合物具有强碱性，其质子化后形成对称的离域阳离子，含有 6π-电子与三甲基酞菁体系相符，具有相当大的共振能，所以该阳离子具有类似芳香性的特性。

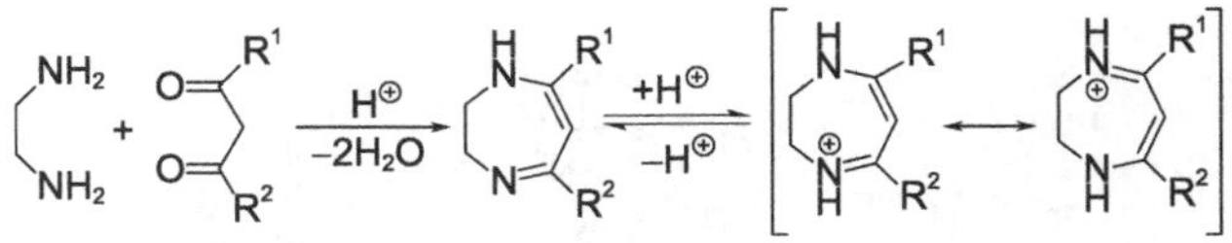

7.4.3 二氮杂环庚三烯的衍生物

二氮杂环庚三烯类衍生物中比较重要的一类是苯并二氮杂环庚三烯类化合物。苯并二氮杂环庚三烯结构常见于一些药物分子中，如镇静剂 5H-2,3-苯并二氮杂环庚三烯（甲氧异喹亚胺），其可由苯并吡喃鎓盐与肼合成。

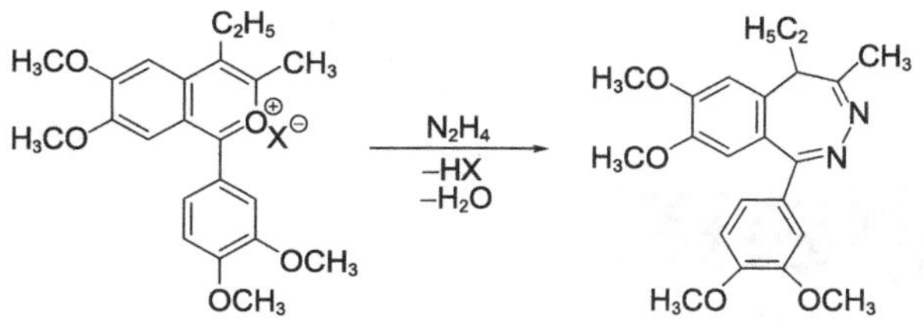

甲氧异喹亚胺

思考题

1. 比较一下七员杂环与五员和六员杂环的异同点有哪些。
2. 总结一下七员杂环的合成方法有哪些。
3. 七员杂环的应用有哪些?

8 苯并杂环

8.1 苯并呋喃杂环

8.1.1 苯并呋喃的结构

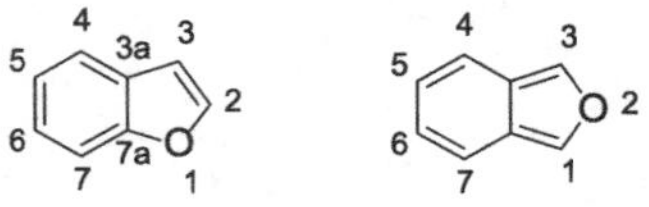

苯并呋喃杂环分为苯并[b]呋喃 I 和苯并[c]呋喃 II 两种结构，苯并[b]呋喃比较常见，常称为苯并呋喃。与呋喃相比，苯并呋喃有 3 个紫外吸收峰，其中 244nm 的吸收峰最为明显。在核磁共振氢谱和碳谱图中，稠环结构中呋喃环上的质子信号仍在苯环的信号区内，说明整个环系具有芳香性。苯并[b]呋喃的光谱数据如下。

① UV（乙醇），λ（lgε）：244nm（4.03），274nm（3.39），281nm（3.42）；

② ^{1}H NMR（丙酮-d_6），δ：H-2（7.79），H-3（6.77），H-4（7.64），H-5（7.23），H-6（7.30），H-7（7.52）；

③ ^{13}C NMR（CS$_2$），δ：C-2（141.5），C-3（106.9），C-4（121.6），C-5（123.2），C-6（124.6），C-7（111.8），C-3a（127.9），C-7a（155.5）。

异苯并呋喃即苯并[c]呋喃是苯并呋喃的异构体。从结构上可以很明显地看到其六员环并没有 6π 电子共轭体系，是一种邻醌结构，因而其共振能量远低于苯并[b]呋喃。到目前为止苯并[c]呋喃纯品尚未得到，但是含有苯环结构的 1,3-二苯基苯并[c]呋喃是稳定的，熔点 127℃。

8.1.2 苯并呋喃的化学性质

虽然苯并呋喃体系具有芳香性，易发生亲电取代反应，但其 C-2/C-3 键的性质更像定域的烯键，即可以发生加成反应。苯并呋喃的亲电取代反应主要发生在

2-位，能够发生硝化、甲酰化、卤代反应，未取代苯并呋喃的杂环上难于发生 Friedel-Crafts 取代反应，其原因是经典的催化剂易于引发聚合反应。带有取代基的苯并呋喃生成的亲电取代产物根据取代基的类型和位置而不同。

8.1.2.1 硝化

用硝酸-乙酸处理时，生成 2-硝基苯并呋喃，用四氧化二氮硝化，3-硝基苯并呋喃是主要产物，同时伴随有少量的 2-位产物。

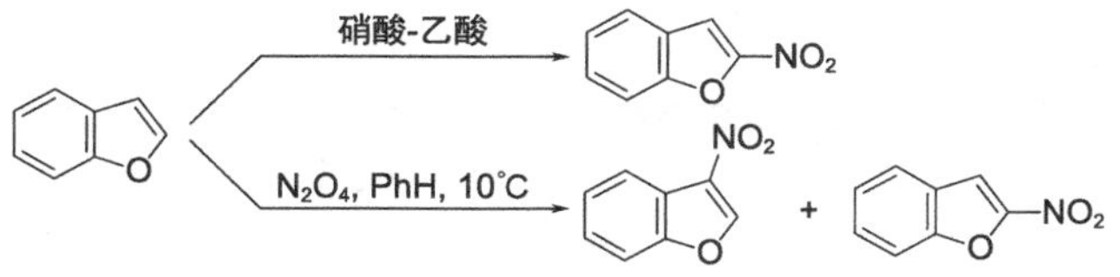

8.1.2.2 甲酰化

在 Vilsmeier-Haack 甲酰化条件下，只生成 2-甲酰化产物。具体的反应原理见 5.2 噻吩部分。

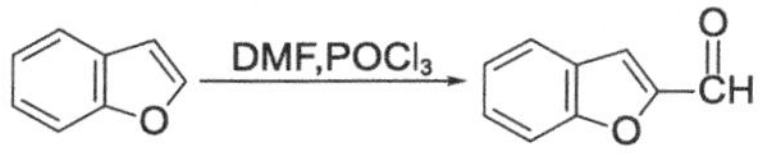

8.1.2.3 卤代

与溴首先发生加成反应，生成 *trans*-2,3-二溴-2,3-二氢苯并呋喃，通过用碱消除溴化氢，得到 2-溴-和 3-溴苯并呋喃的混合物。

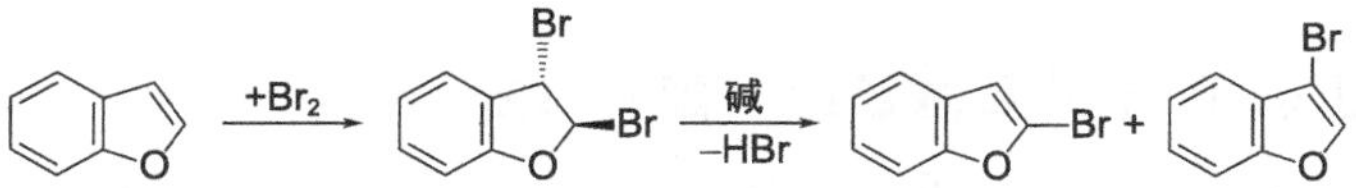

8.1.2.4 ［2＋2］环加成反应

与呋喃不同，苯并呋喃不会发生 ［4＋2］环加成反应。C-2/C-3 双键很容易发生 ［2＋2］环加成反应，如与丁炔二酸二甲酯反应生成环丁烯衍生物。苯并呋喃中 C-2/C-3 双键的反应活性和乙烯基醚中的双键活性相近。

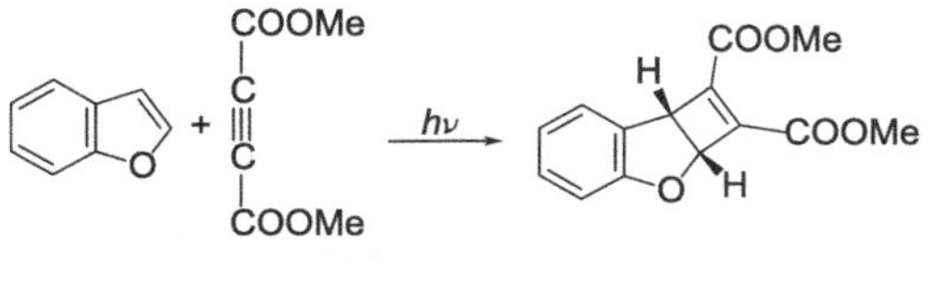

8.1.2.5 金属化

苯并呋喃用丁基锂处理去质子化，或 2-溴苯并呋喃通过卤素-金属交换反应作用都可以生成 2-锂苯并呋喃。3-溴苯并呋喃与正丁基锂反应生成的 3-锂苯并呋喃在低温下稳定，但在室温下通常会发生开环而生成 2-羟基苯基乙炔。

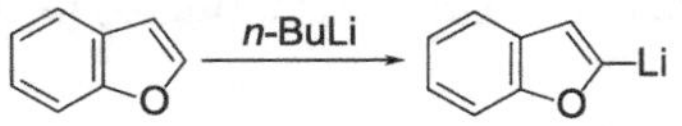

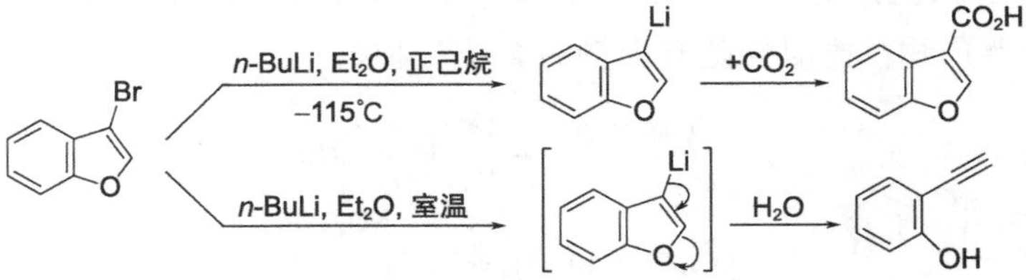

8.1.3 苯并呋喃的合成方法

8.1.3.1 由苯酚盐和卤代酮合成

苯酚盐和 2-卤代羰基化合物反应生成 2-芳氧基酮或醛，然后在 H_2SO_4、多聚磷酸或分子筛作用下发生环化脱水而生成苯并呋喃，这是最常用的合成路线。

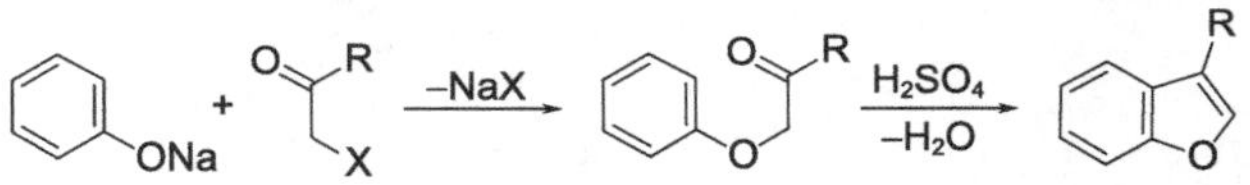

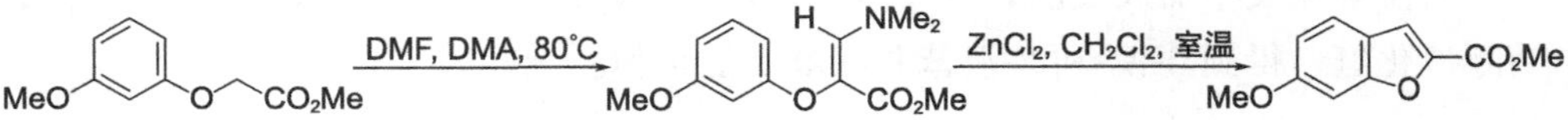

8.1.3.2 由邻-酰基芳氧基乙酸（酯）（酮）合成

邻-甲酰基芳氧基乙酸分子内的 Perkin 型醇醛缩合可产生苯并呋喃。反应过程中生成 3-乙酰氧基-2,3-二氢苯并呋喃，而后消除乙酸生成苯并呋喃 2-甲酸，最后经过加热脱羧得到苯并呋喃杂环。

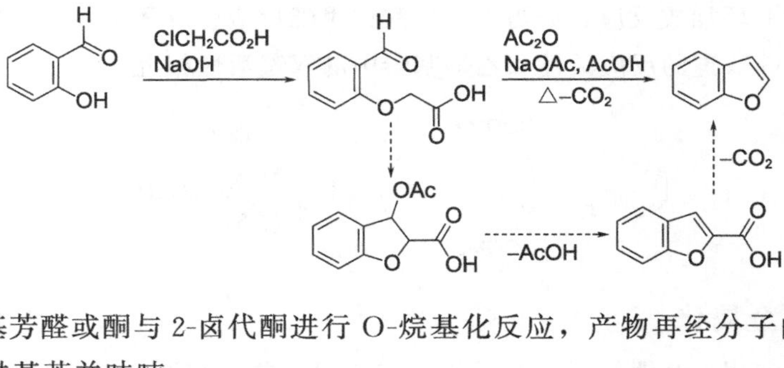

邻羟基芳醛或酮与 2-卤代酮进行 O-烷基化反应，产物再经分子内醇醛缩合生成 2-乙酰基苯并呋喃。

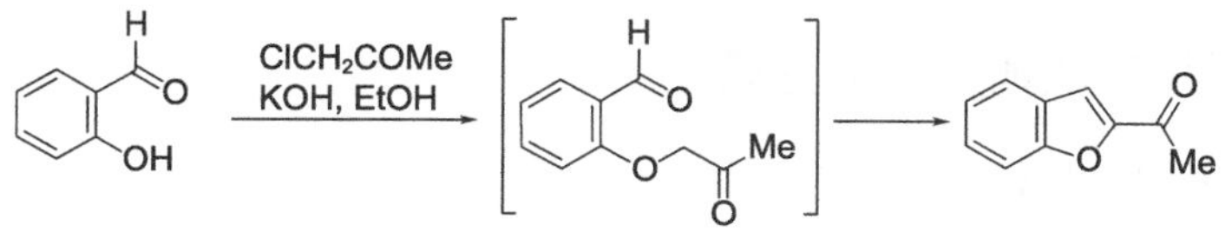

8.1.3.3 由炔丙基芳基醚合成

苯酚盐与 3-卤代丙炔反应生成炔丙基芳基醚，然后发生 Claisen 重排，闭环生成 2-甲基苯并呋喃。

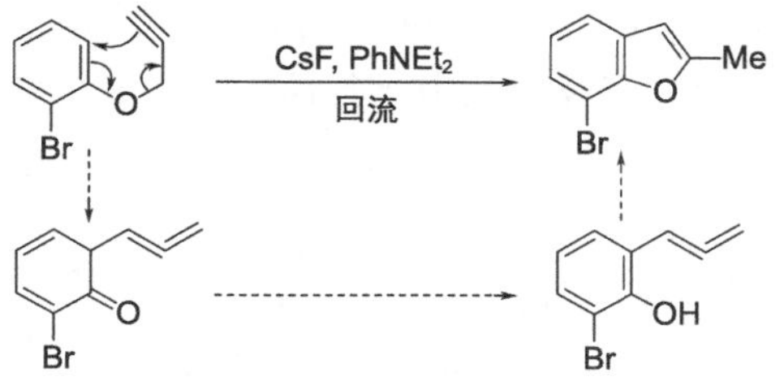

8.1.3.4 由邻-羟基苯炔合成

在 PdI₂/硫脲/CBr₄ 共催化体系作用下，（邻羟基芳基）乙炔可环化生成过渡金属中间体，在甲醇中羰基化生成苯并[b]呋喃-3-羧酸酯。

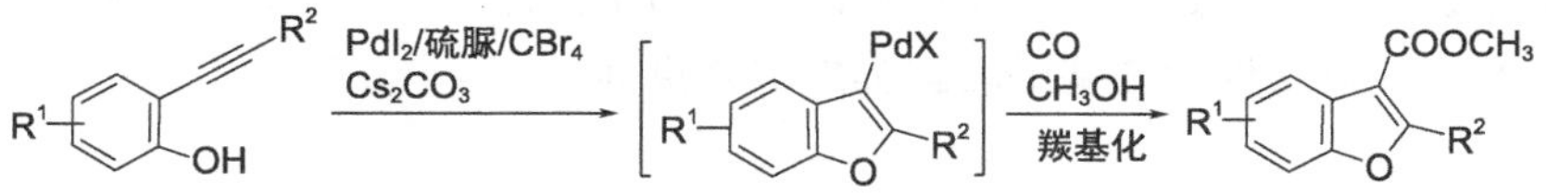

8.1.3.5 由香豆素合成

香豆素是一类常见的天然产物，广泛存在于植物中。苯并[b]呋喃曾经叫香豆酮，是因为它可以香豆素为原料制备得到。

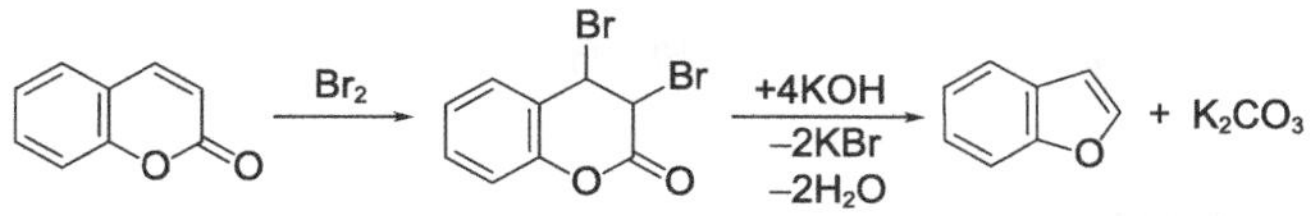

香豆素首先与溴加成得到中间体 3,4-二溴-3,4-二氢香豆素，在 KOH 的作用下发生内酯水解、开环、分子内亲核取代、消除、脱羧一系列反应，最后生成苯并[b]呋喃。

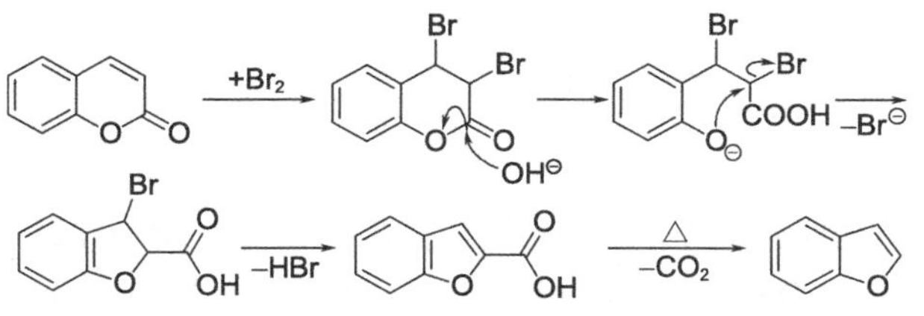

8.1.4　苯并呋喃的衍生物

（1）苯并[*b*]呋喃

无色、油状、非水溶性液体，沸点173℃，存在于煤焦油中。主要由2-乙基酚环化脱氢生成。其与茚共同聚合生成苯并呋喃树脂，用作工业黏合剂、油漆等。

（2）二苯并呋喃

二苯并呋喃由2,2′-二羟基联苯在酸催化下脱水制得，无色带荧光晶体，熔点86℃，沸点287℃，存在于煤焦油中。其性质与二苯基醚相似，可以发生苯环上亲电取代反应。2,3,7,8-四氯二苯并呋喃是类似二噁英的污染物，毒性极强。

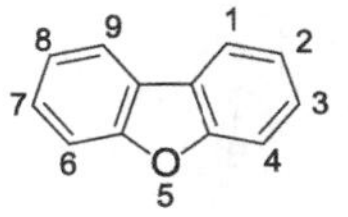

二苯并呋喃 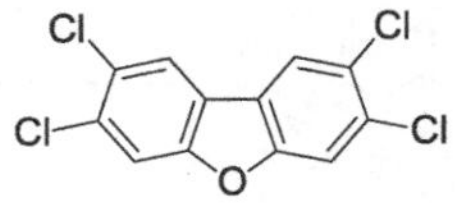　　　　　　　2,3,7,8-四氯二苯并呋喃

（3）含苯并呋喃结构的天然产物及其药品衍生物

一些天然产物和药品是苯并[*b*]呋喃的衍生物，如从青霉属灰黄霉菌中得到的灰黄霉素是用于杀真菌的药物；胺碘酮可用于治疗心律不齐；克百威是一种含有苯并四氢呋喃结构的氨基甲酸酯类广谱杀虫剂。

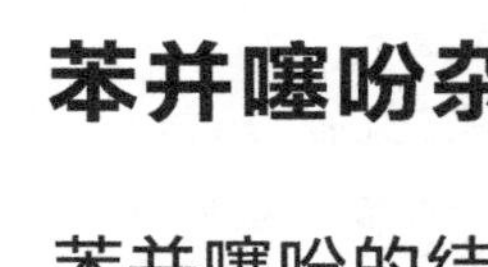

灰黄霉素 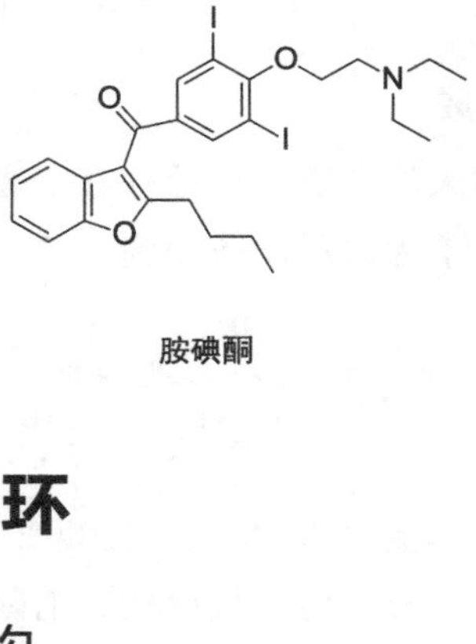　　　　　　　　胺碘酮 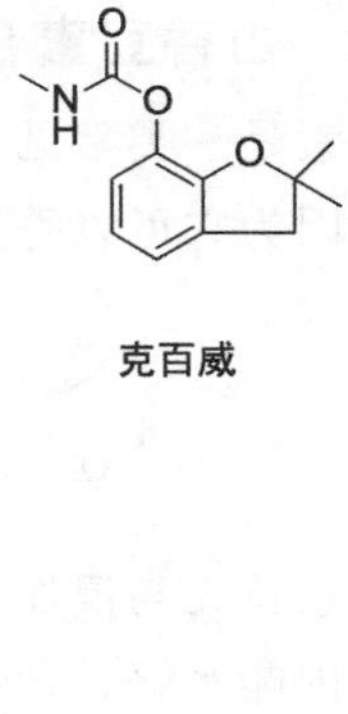　　　　　　　　克百威

8.2　苯并噻吩杂环

8.2.1　苯并噻吩的结构

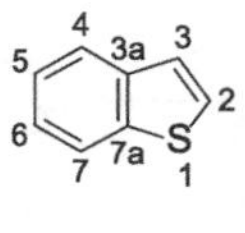

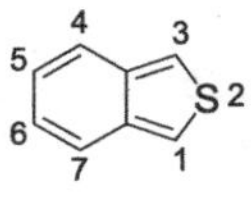

苯并[*b*]噻吩也叫作硫茚，无色晶体，熔点32℃，沸点221℃，和萘的气味相似。存在于煤焦油分馏出的馏分中。与苯并[*c*]呋喃类似，苯并[*c*]噻吩体系缺

乏苯环，有一个邻苯醌型结构，所不同的是苯并[c]噻吩已被分离出来。苯并[c]噻吩为无色晶体，熔点53～55℃，热不稳定，即使在氮气保护下，－30℃下，几天内就会分解。当1,3-位被取代后稳定性增加，例如1,3-二苯基苯并[c]噻吩为黄色针状晶体，熔点118℃，对热稳定。苯并[b]噻吩的核磁数据如下。

① ^1H NMR（CCl_4），δ：H-2（7.33），H-3（7.23），H-4（7.72），H-5（7.25），H-6（7.23），H-7（7.29）；

② ^{13}C NMR（$CDCl_3$），δ：C-2（126.2），C-3（123.8），C-4（123.6），C-5（124.1），C-6（124.2），C-7（111.8），C-3a（139.6），C-7a（139.7）。

8.2.2 苯并噻吩的化学性质

苯并[b]噻吩可以发生亲电取代反应。在卤化、硝化和酰化等亲电取代反应中，主要生成3-位取代产物。和正丁基锂的反应得到2-锂代苯并[b]噻吩。

还可以发生加成反应。2,3-二甲基苯并[b]噻吩在光敏剂二苯甲酮存在下，与1,2-二氯乙烯发生光化学[2+2]环加成反应生成1,2-二氯-2a,7b-二甲基-1,2,2a,7b-四氢环丁烯并[b]苯并噻吩。

因为硫原子的存在，可以发生氧化反应。与噻吩类似，苯并[b]噻吩结构中的硫原子也可以被过氧酸氧化成砜，其可以发生 Diels-Alder 加成反应。

8.2.3 苯并噻吩的合成方法

类似于苯并呋喃的合成方法，苯并[b]噻吩由苯硫盐和 α-卤代酮合成得到。

生成的 2-苯硫基羰基化合物在 ZnCl$_2$ 或多聚磷酸（PPA）的作用下关环，生成产物。

8.3　吲哚

8.3.1　吲哚的结构

吲哚为无色叶状晶体，在水中溶解度中等，熔点 52℃，沸点 253℃。吲哚也叫作苯并[b]吡咯，其一价自由基叫吲哚基。与苯并[b]呋喃和苯并[b]噻吩一样，吲哚属于芳香性杂环。吲哚的核磁数据如下。

① ^{1}H NMR（CD$_3$COCD$_3$），δ：H-1（10.12），H-2（7.27），H-3（6.45），H-4（7.55），H-5（7.00），H-6（7.08），H-7（7.40）；

② ^{13}C NMR（CDCl$_3$），δ：C-2（123.7），C-3（101.8），C-4（119.9），C-5（121.1），C-6（119.0），C-7（110.4），C-3a（127.0），C-7a（134.8）。

8.3.2　吲哚的化学性质

8.3.2.1　酸碱反应

吲哚是非常弱的碱，与吡咯的酸碱性相近。吲哚的质子化可生成 1H-吲哚阳离子（最快形成）、2H-吲哚阳离子、3H-吲哚阳离子，其中形成的 3H-吲哚阳离子最为稳定，但随后可生成寡聚体。

1H-吲哚阳离子　　　2H-吲哚阳离子　　　3H-吲哚阳离子

吲哚 NH-酸性也和吡咯相似，同样可以和氨基钠/液氨、氢化钠、格氏试剂、正丁基锂反应生成 1-位金属化产物。

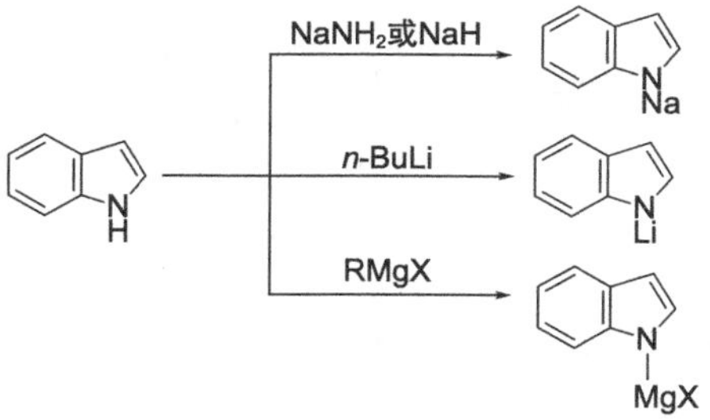

8.3.2.2 碳原子上的亲电取代反应

吲哚的亲电取代反应速度高于苯并[b]呋喃，低于吡咯。与吡咯不同，吲哚 C 原子上的亲电取代反应发生在 3-位，是因为亲电试剂进攻 3-位生成的亚胺铵盐中间体能量低，而进攻 2-位生成的邻-苯醌类亚胺铵盐中间体的能量高。如果 3-位已经有取代基，反应发生在 2-位上，然后是 6-位。

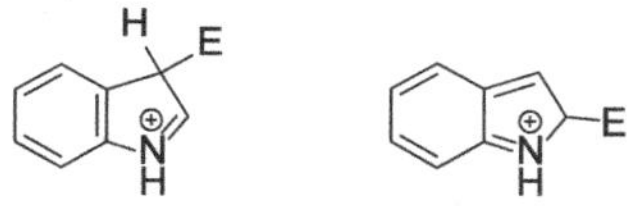

（1）吲哚的卤代

卤代反应可以生成 3-卤代和 2-卤代吲哚，因为产物不稳定，一般现制现用。制备 3-卤代吲哚的方法有很多，如吲哚与磺酰氯或次氯酸钠水溶液反应可以生成 3-氯代吲哚，和 NBS 反应或在 DMF 中与溴反应可以生成 3-溴代吲哚。碘在 KOH 存在下与吲哚反应可以生成 3-碘代吲哚。3-卤代吲哚可以与亲核试剂发生加成反应，亲核试剂加到 2-位，然后失去卤化氢，最终获得 2-取代吲哚产物。例如 3-卤代吲哚分别与水和甲醇反应可以生成 2-羟基吲哚和 2-甲氧基吲哚。

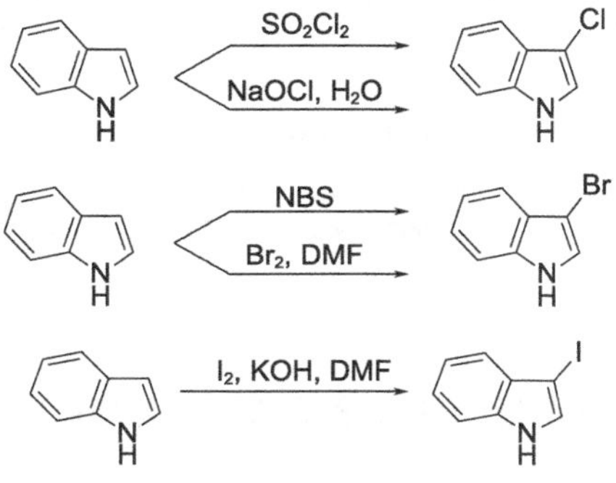

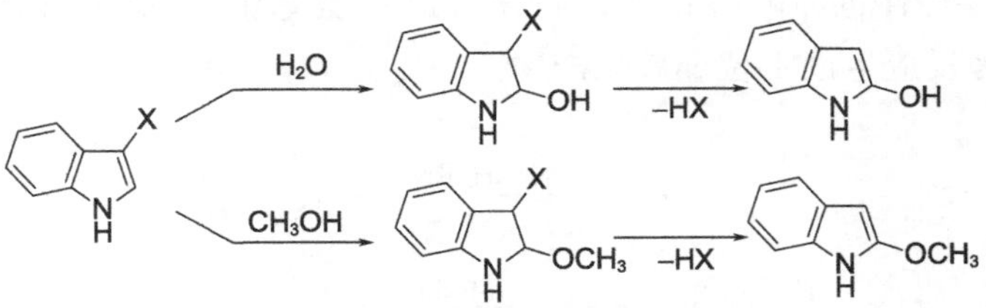

（2）吲哚的硝化

吲哚与硝酸的乙酸溶液反应能生成 3,7-二硝基吲哚，直接与硝酸反应会发生氧化、聚合反应。

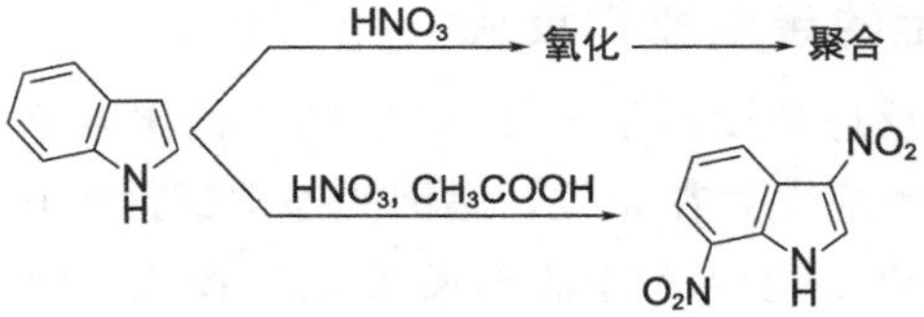

在低温下用浓硝酸和乙酸酐进行硝化可以将 N-烷基吲哚和带有吸电子的 N-取代基的吲哚硝化。

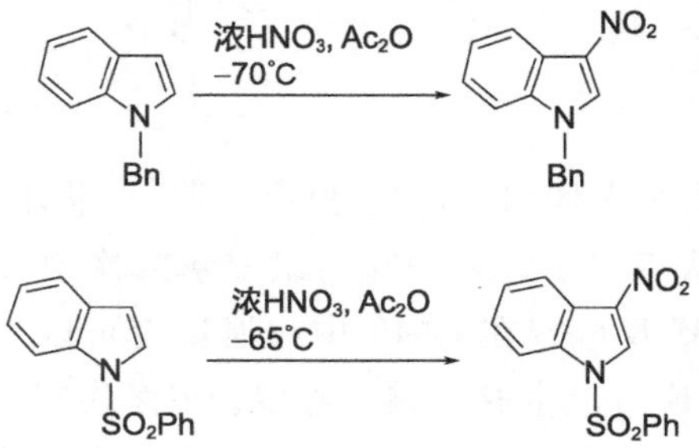

吲哚本身和 2-烷基取代吲哚可用非酸性硝化剂硝基苯甲酰硝化。如用硝基苯甲酰可将 2-甲基吲哚变为 3-硝基衍生物。硝基苯甲酰可由苯甲酰氯与硝酸银反应制备得到。

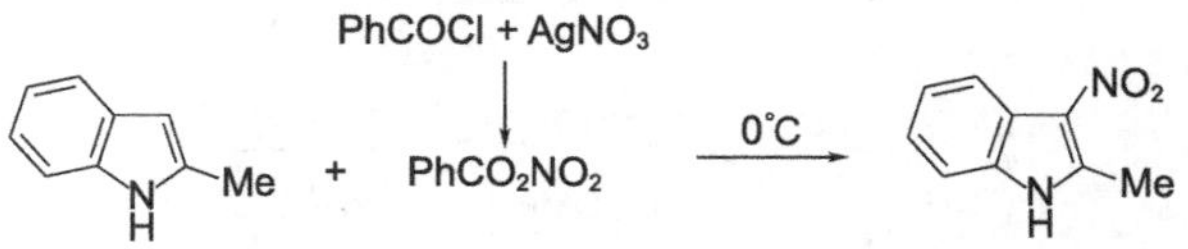

（3）吲哚的磺化

在吡啶中加热条件下，温和的磺化试剂三氧化硫吡啶复合物能将吲哚磺化生成吲哚-3-磺酸。

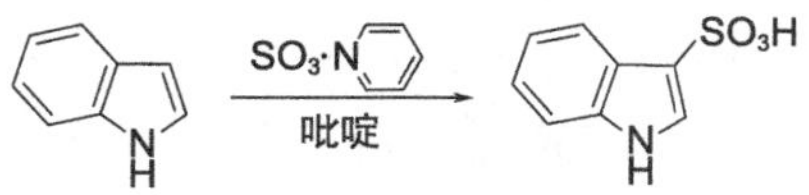

（4）吲哚的酰化

与吡咯类似，吲哚容易发生 Vilsmeier-Haack 反应生成吲哚-3-甲醛。还容易发生 Houben-Hoesch 酰化反应生成结构多样的 3-酰基吲哚，反应原理是腈与氯化氢反应生成了亚胺正离子，而后对吲哚进行了亲电取代反应，再经过水解生成酮。

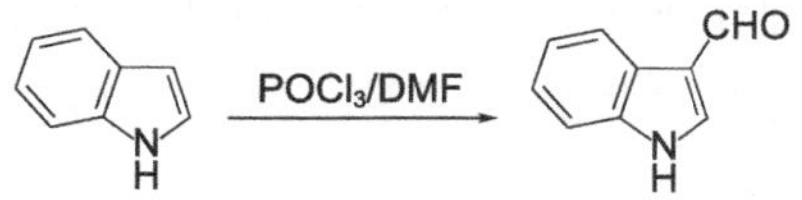

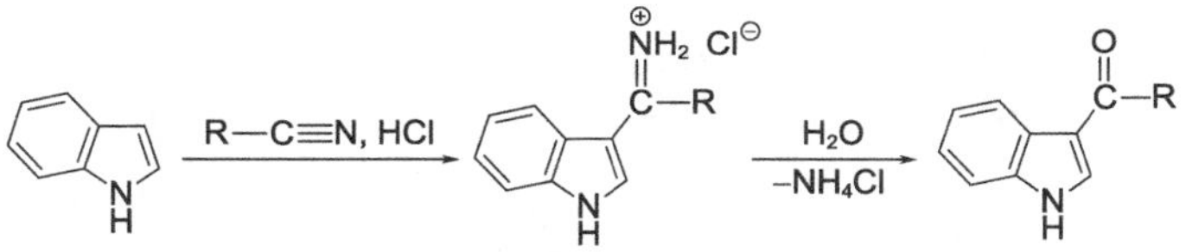

吲哚只在高于 140℃时，才与乙酸酐以较高速率反应，主要生成 1,3-二乙酰基吲哚，还有少量的 N-和 3-乙酰基吲哚。3-乙酰基吲哚可由产物的混合物碱性水解得到。

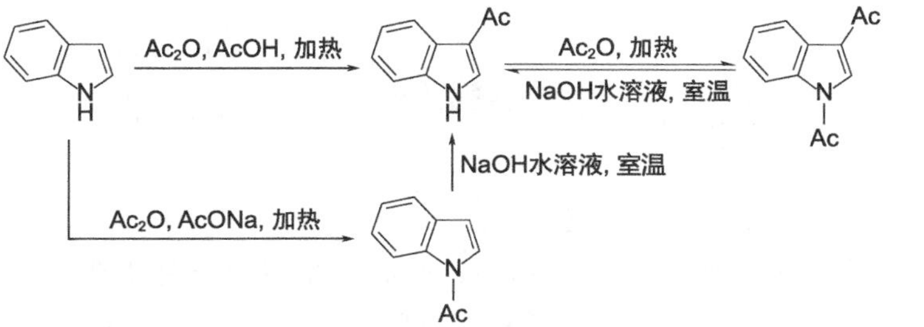

在 3-位上有侧链羧基的吲哚，可发生环化酰基化，生成环状的 2-酰基吲哚。

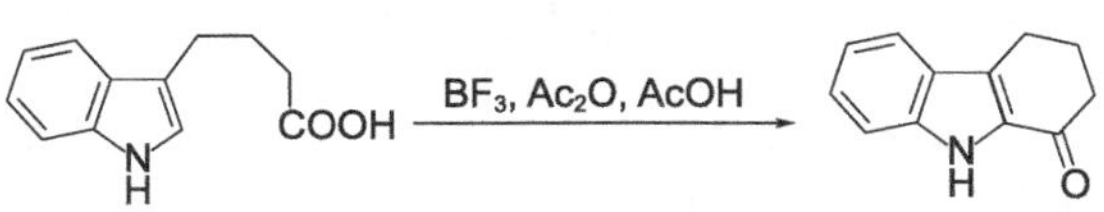

五员环上有吸电子基可降低其活性，从而在六员环上进行酰基化反应。例如，向 3-(吲哚-3-基) 丙酸的吲哚氮上引入一个吸电子基团三甲基乙酰基，然后与 α-卤代酰氯和氯化铝反应在 4-位进行分子内 Friedel-Crafts 环化，而不是在不活泼的杂环上进行。

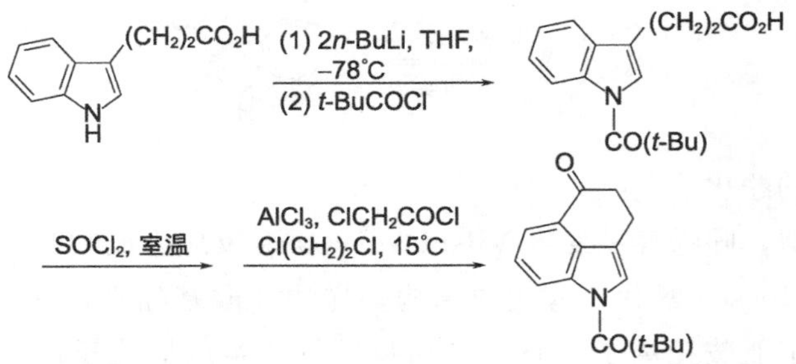

（5）吲哚与醛酮的反应

吲哚与醛和酮在酸催化下反应，初始产物 3-吲哚基甲醇从未分离出来过，因为在酸性条件下它们会脱水生成 3-亚烷基-3H-吲哚阳离子。例如，吲哚和乙醛反应生成 3-乙烯基吲哚。

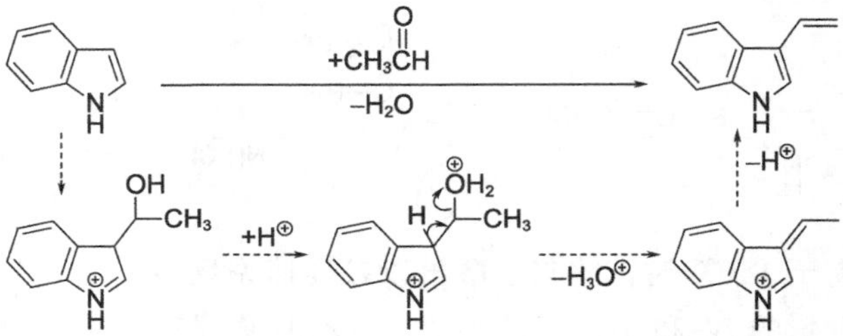

2-甲基吲哚在无水条件下与丙酮反应生成可分离的盐。

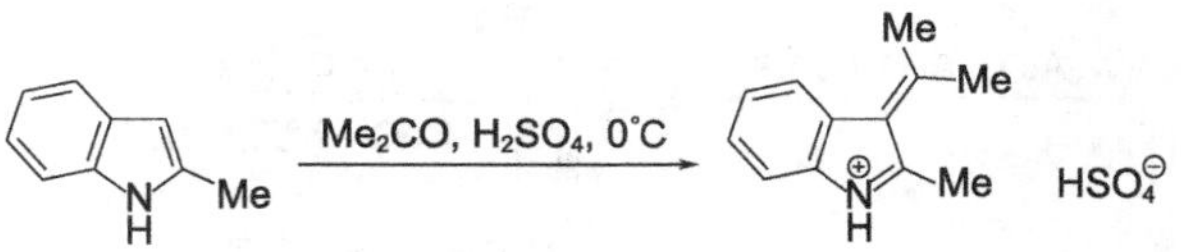

（6）吲哚与亚胺离子的反应

吲哚容易与亚胺离子发生 Mannich 反应，在不同条件下生成的产物不同。在中性条件及低温下，吲哚与甲醛和二甲胺的混合物反应，生成 1-二甲氨基甲基吲哚，在较高温度的中性溶液中或在乙酸中，会发生向热力学更稳定的 3-二甲氨基甲基吲哚的转化，其是一种从禾本科植物中分离出来的天然产物芦竹碱。

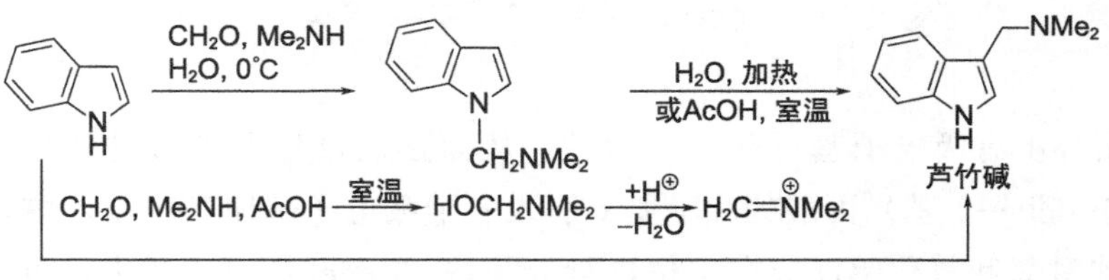

在乙酸中反应可直接生成高产率的芦竹碱。

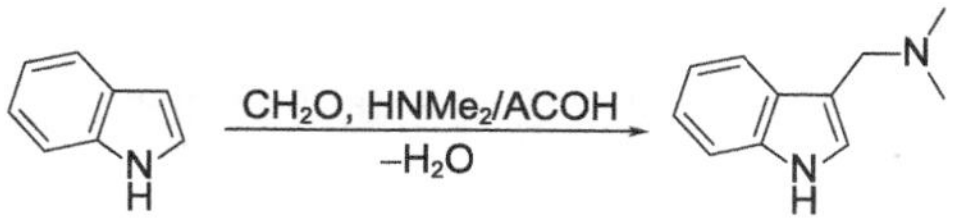

8.3.2.3 氮上的亲电取代反应

吲哚 N-H（$pK_a=16.2$）的酸性比芳香胺如苯胺（$pK_a=30.7$）的强得多。强碱可将 N-未取代吲哚完全转化为相应的吲哚阴离子，如氢化钠、正丁基锂或烷基格氏试剂。

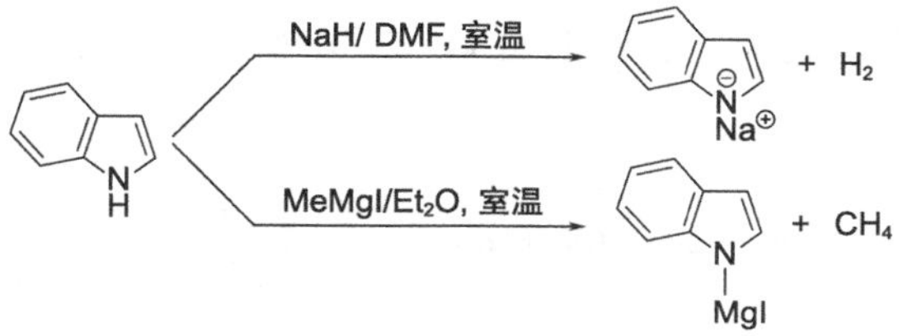

吲哚与强碱生成的吲哚盐可以与亲电试剂如卤代烷、酰氯、磺酰卤和三甲基氯硅烷反应生成相应的 1-取代吲哚，该产物能够发生 C—H 去质子化反应。例如，1-苯磺酰基吲哚和正丁基锂反应，生成 2-吲哚基锂，该锂化物与卤代烷反应，然后在 NaOH 作用下脱去苯磺酸生成 2-烷基吲哚。而吲哚与碘甲烷在 80℃ 的 DMF 中反应生成 3-甲基吲哚，其叫作粪臭素。

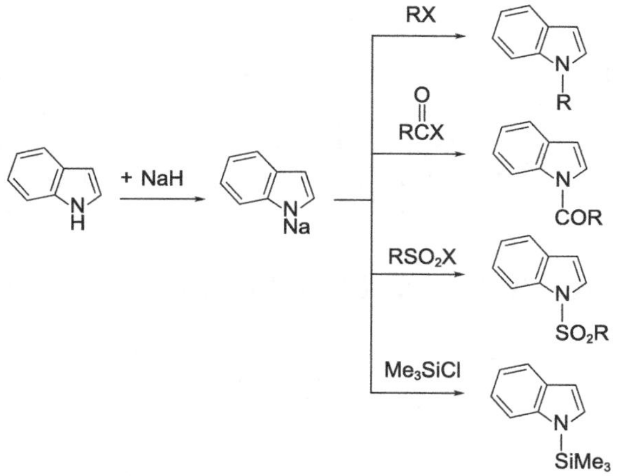

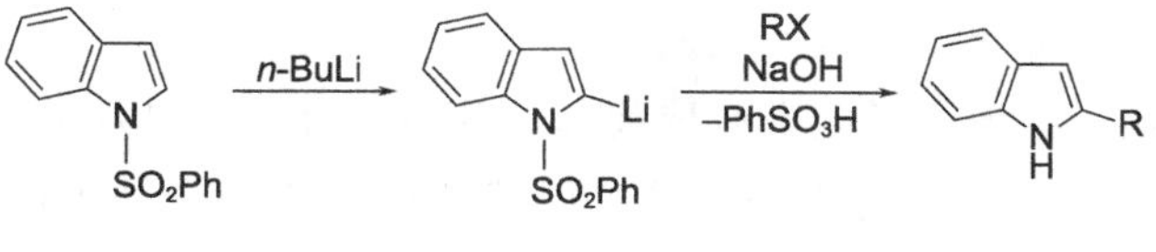

8.3.2.4 加成反应

吲哚不易发生环加成反应，可以发生氢化还原和氧化反应。

（1）吲哚的还原

吲哚在高温加压下催化氢化生成 2,3-二氢吲哚，也可用还原性试剂锌和磷酸或锡和盐酸还原制备。

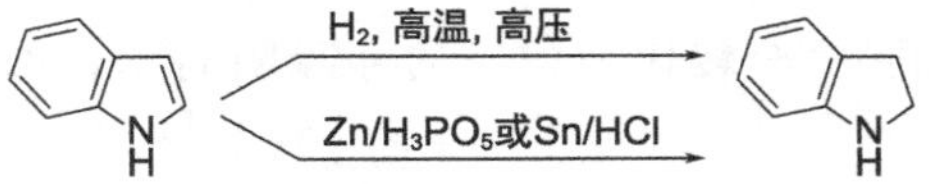

锂/液氨可将苯环还原，主要生成 4,7-二氢吲哚。而氢化铝锂和硼氢化钠不能将吲哚还原。

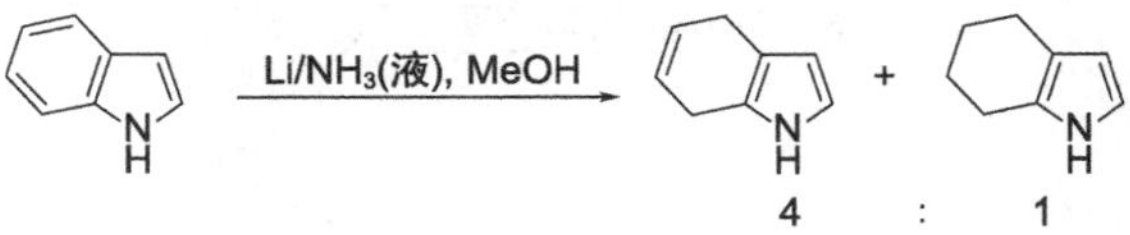

（2）吲哚的氧化

吲哚在自氧化中，其 3-位被氧进攻生成过氧化物，继而生成吲哚-3(2H)-酮（吲哚酮），吲哚酮可进一步经自由基偶联反应、氧化反应生成靛青。其他的氧化试剂与空气一样，可发生类似的反应。

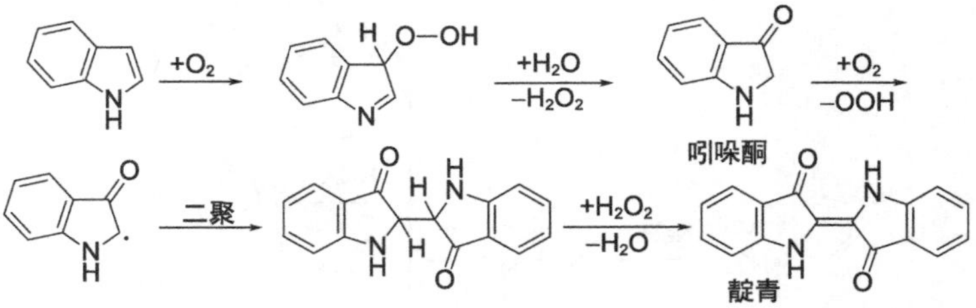

如果吲哚 3-位有取代基时，氧化生成的是吲哚-2(3H)-酮（氧代吲哚）。

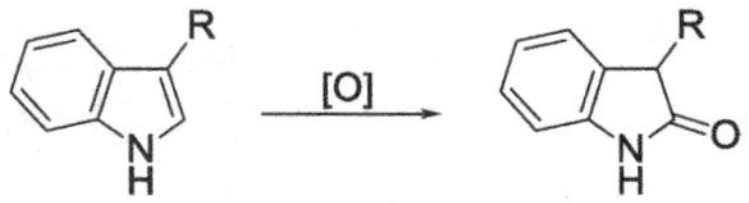

（3）吲哚的光催化［2＋2］加成

在光的影响下，氮原子上带有取代基的吲哚化合物可以发生［2＋2］环加成反应。例如，N-甲基吲哚与丁炔二酸二甲酯加成生成稠合环丁烯的产物，N-叔丁氧羰基吲哚与环戊烯加成生成四稠环加成产物。

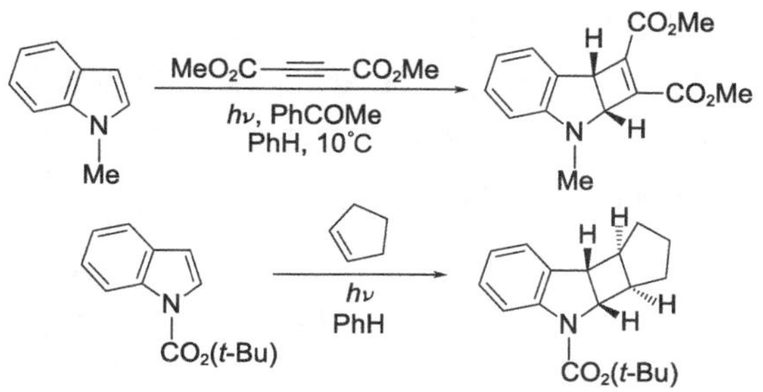

8.3.3 吲哚的合成

用逆合成分析法可以推导出如下几组起始原料。

（1）邻-氨基苄基酮

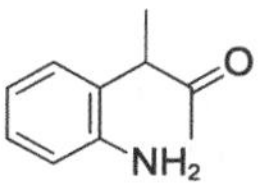

（2）邻-烷基-N-酰基苯胺、2-烷基苯胺和羧酸衍生物

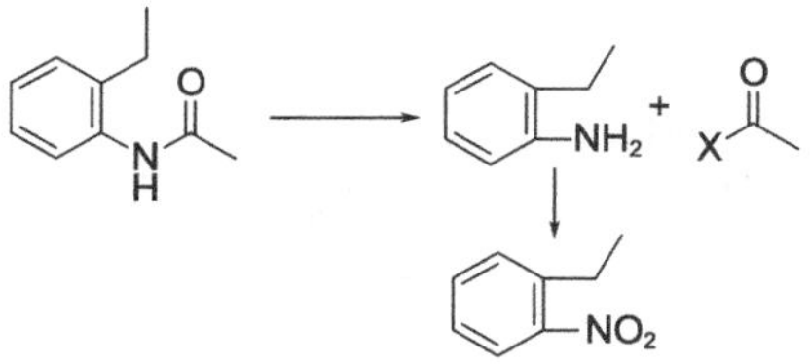

（3）α-苯氨基酮、苯胺和 α-卤代酮

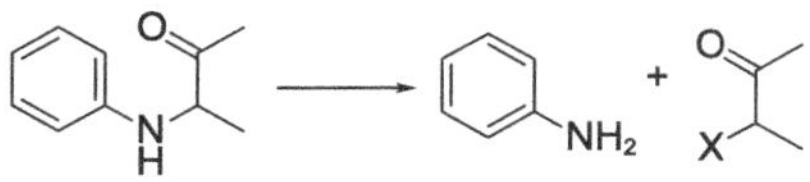

8.3.3.1 由邻-氨基苄基羰基化合物合成

首先由邻-硝基甲苯与草酸酯发生 Claisen 缩合生成邻硝基苄基羰基化合物，硝基经还原转化成邻-氨基苄基羰基化合物，最后环化脱水生成 2-取代吲哚，该方法叫作 Reissert 合成。

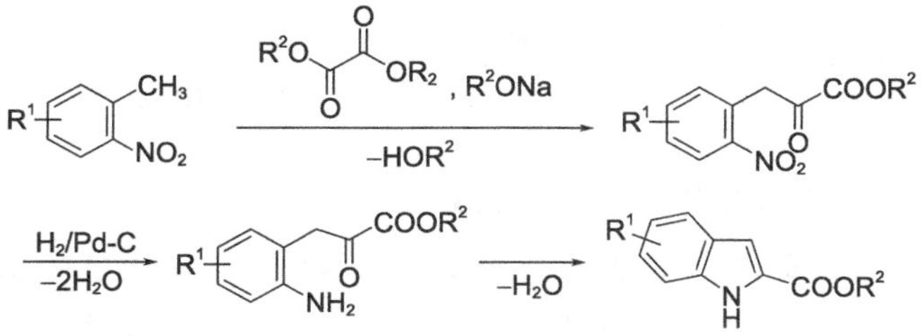

邻-氨基苄基羰基化合物是重要的中间体，它还可以由氮氯代苯胺为原料合成。苯胺与次氯酸钠反应生成 N-氯代苯胺，它和 α-甲硫基酮反应生成硫鎓盐，在碱作用下发生 Sommelet-Hauser 重排，生成了邻-氨基苄基羰基化合物，分子内环化脱水生成 3-甲硫基吲哚，最后再经氢解脱掉甲硫醇转化成吲哚。

如果由 N-氯代苯胺和甲硫基乙酸酯为起始原料可生成吲哚-2(3H)-酮。

8.3.3.2　由邻硝基甲苯和 N,N-二甲基甲酰胺二甲基缩醛合成

邻硝基甲苯和 N,N-二甲基甲酰胺二甲基缩醛反应生成烯胺，后经硝基还原成氨基、分子内加成、消除二甲胺反应，合成吲哚的反应叫作 Batcho-Leimgruber 合成法。目标物苯环上有取代基，吡咯环上无取代基。

8.3.3.3　由 N-酰基邻甲基苯胺合成

N-酰基邻甲基苯胺在氨基钠高温条件下脱水环合制备吲哚的方法叫作 Madelung 合成法。因反应条件剧烈，所以只能合成一些 2-烷基吲哚。

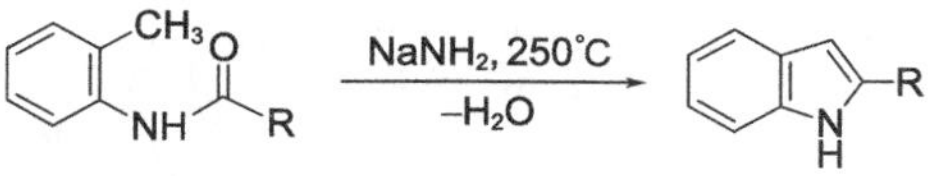

随着广泛地使用烷基锂作为碱，这个环缩合反应就可以在温和得多的条件下进行。

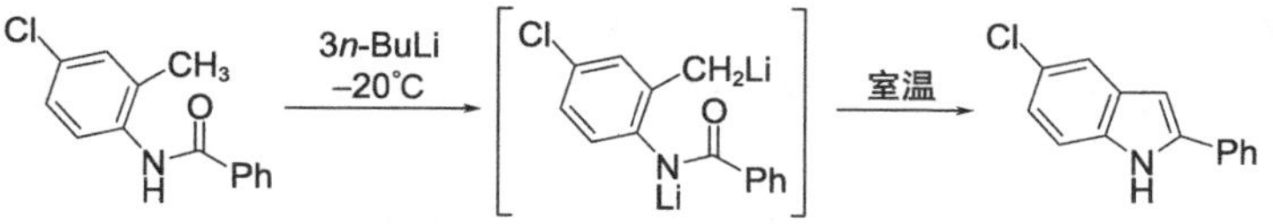

经改进后，苄基氢被酸化后也可以在温和条件下进行反应。一个例子是形成膦内鎓盐，然后再发生分子内的 Wittig 反应，生成吲哚。

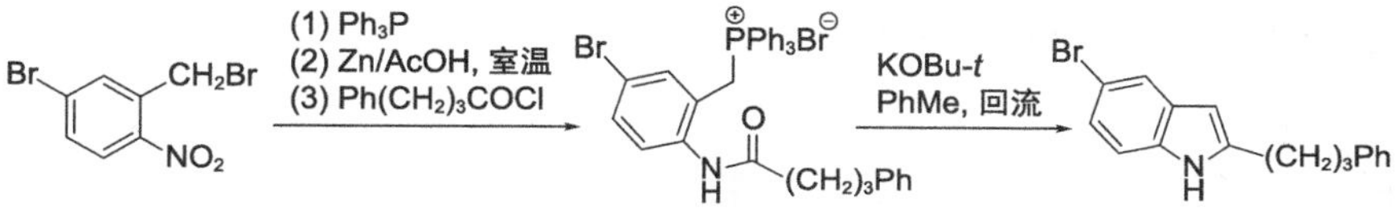

8.3.3.4　由 α-芳氨基酮合成

α-芳氨基酮在酸催化下发生分子内亲电环化反应生成吲哚的方法叫作 Bischler 合成法。该法只限于 C-2/C-3 位取代基相同的吲哚衍生物。

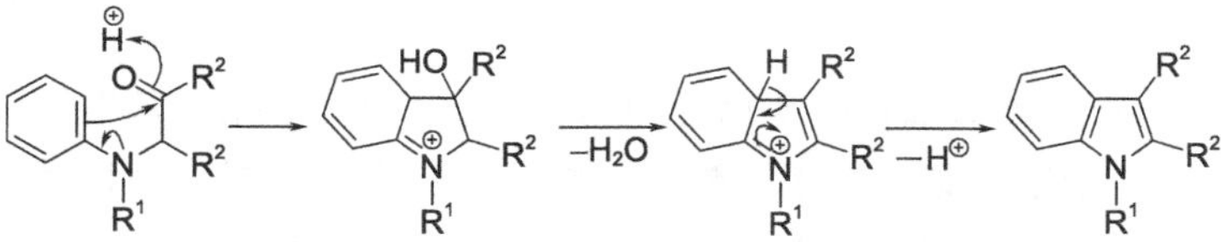

α-芳氨基酮一般由 α-卤代酮与芳基胺反应得到，例如 2-(2-溴乙酰基)呋喃与 2,4,5-三甲基苯胺在碳酸氢钠乙醇溶液中反应生成 α-芳氨基酮，而后在高温条件下反应生成 3-(呋喃-2-基)吲哚。

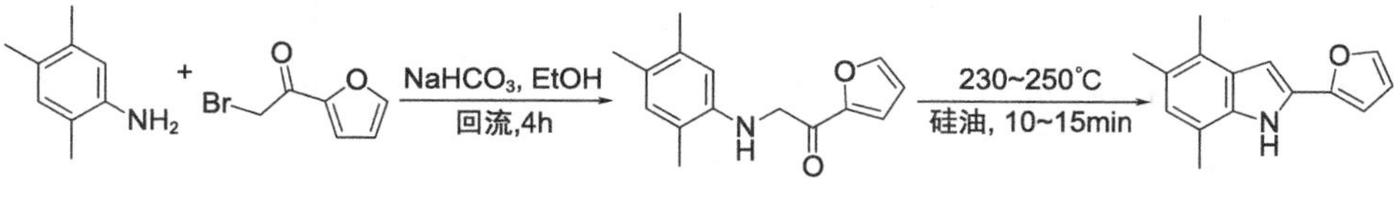

现在已知 N-酰基化 α-芳氨基酮可在温和得多的条件下发生环化，并且与早期的工作相反，这个制备吲哚的方法甚至可用来制备杂环上没有取代的吲哚。主要是在多聚磷酸（PPA）、三氟乙酸等酸性条件下生成吲哚。

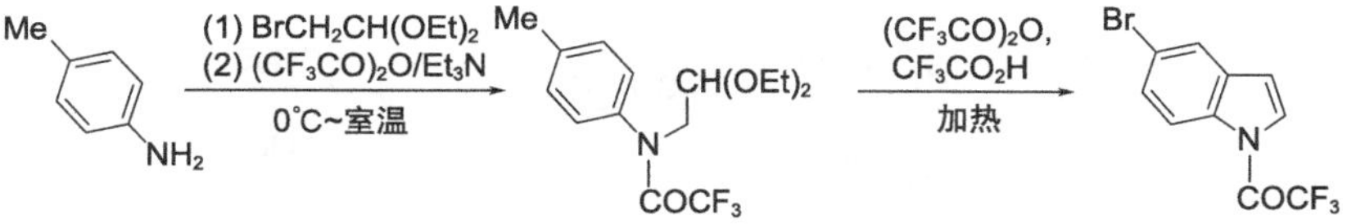

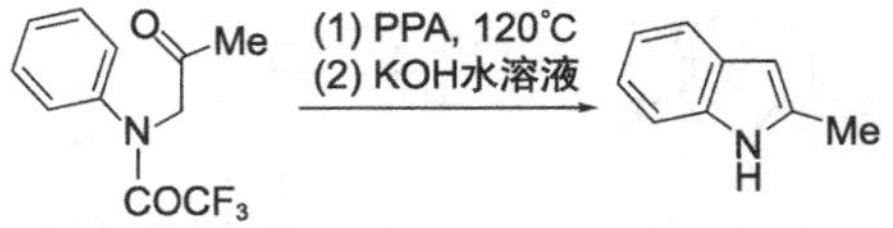

8.3.3.5 由芳基腙合成

在 Lewis 酸（$ZnCl_2$、BF_3）或 Brönsted 酸（H_2SO_4、H_3PO_4、CH_3COOH、HCl/乙醇）催化下，芳基腙失去一分子氨气生成吲哚的方法叫作 Fischer 合成法。

反应过程和机理：苯腙异构化成烯肼，烯肼经过 [3,3'] σ 重排，生成双亚胺，双亚胺异构化成苯胺，苯胺与亚胺亲核加成关环生成 2-氨基-2,3-二取代-2,3-二氢吲哚，2-氨基-2,3-二氢吲哚脱氨气生成产物 2,3-二取代吲哚。与苯环相连的 N 保留到了最后的吲哚产物中。

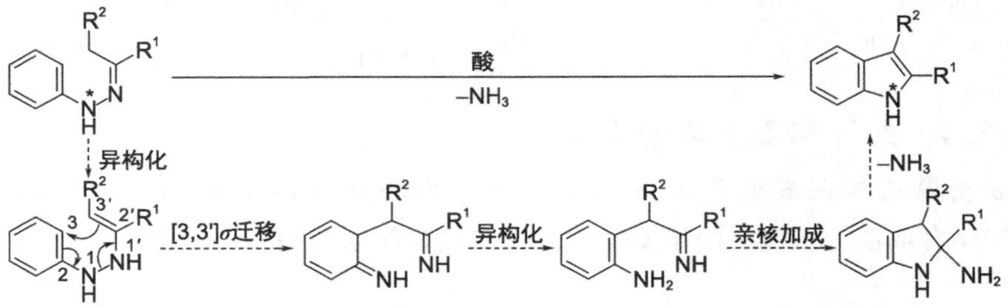

芳基腙主要由芳基肼和羰基化合物制备。通过 Pd 催化二苯甲酮腙与芳卤的偶合生成芳基二苯甲酮腙，二苯甲酮芳基腙可以被水解成肼，这样就可以方便地制备芳基肼。其与其他酮缩合生成新的腙。在 Fischer 环化中能更方便地在一釜中进行反应，从芳卤到吲哚，整个过程无须分离任何中间体。

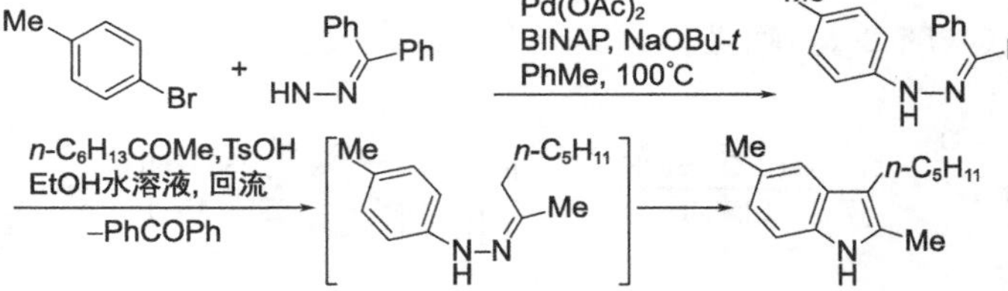

1,3-二羰基化合物与苯肼在浓硫酸中也可以生成苯腙后发生吲哚化，这说明 Fischer 合成法在吲哚合成中有着广泛的应用。如果在较温和的酸中 β-酮酯与肼的反应只生成吡唑啉酮。

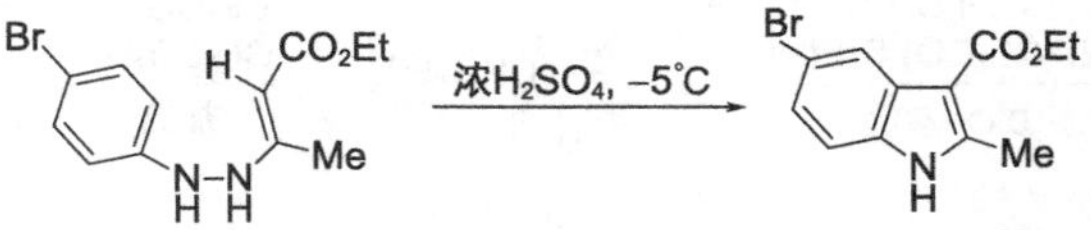

不对称酮与苯肼反应生成的苯腙会生成两种可能的吲哚异构体，强酸条件有利于得到取代最少的吲哚。

8.3.3.6　由 1,4-苯醌和 3-氨基丙烯酸酯合成

在上面的吲哚合成方法中用到的原料有一个共同的特点，都是 N 原子直接与苯环相连。而此种方法是为数不多的由 N 原子不与芳烃相连的原料合成吲哚的方法。由 1,4-苯醌和 3-氨基丙烯酸酯合成吲哚的方法叫作 Nenitgescu 合成法。1,4-苯醌和 3-氨基丙烯酸酯发生 Michael 加成、环化脱水、氧化、还原反应后，生成 5-羟基吲哚-3-羧酸酯。

8.3.4　吲哚的衍生物

（1）吲哚

吲哚存在于煤焦油和茉莉油中。高浓度时有不愉快气味，极稀浓度时有令人愉快的花香，是油菜花香的有效成分之一。吲哚（indole）一词来源于印度（India）这个词，是因为 16 世纪印度出产一种蓝色的染料叫作靛蓝，此染料降解后可以生成吲哚酚和羟吲哚。吲哚就是在锌粉还原羟基吲哚的反应中被制备得到的。

（2）吲哚-3(2H)-酮（吲哚酚）

吲哚-3(2H)-酮为明黄色晶体，熔点 $85℃$，1890 年首次被合成，由苯胺和氯乙酸反应生成苯氨基乙酸，苯氨基乙酸与 $KOH/NaOH/NaNH_2$ 熔化，其钾盐环化形成吲哚酚。

吲哚-3(2H)-酮　　　　　吲哚-2(3H)-酮

（3）吲哚-2(3H)-酮（羟吲哚）

无色针状结晶，熔点127℃，由苯胺与氯乙酰氯反应制备，生成的中间体氯乙酰胺在 AlCl₃ 催化下发生付克酰基化反应环化得到吲哚-2(3H)-酮。

（4）吲哚-2,3-二酮（靛红）

红色晶体，熔点204℃。主要由靛蓝经硝酸氧化生成，也可由邻-硝基苯甲酰氯与氰化钾反应生成邻硝基苯甲酰腈后，经氰基水解、硝基还原后加热脱水环化合成。

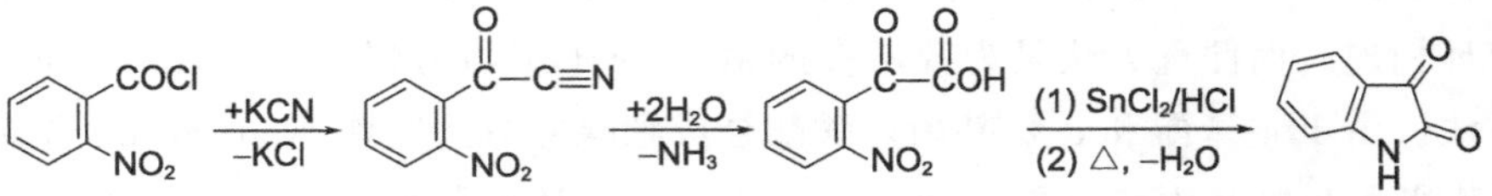

（5）2-氨基吲哚

2-氨基吲哚主要以 3H-互变异构体形式存在，可以看作脒型结构。3-氨基吲哚非常不稳定，容易自动氧化，它的乙酰胺是稳定的。

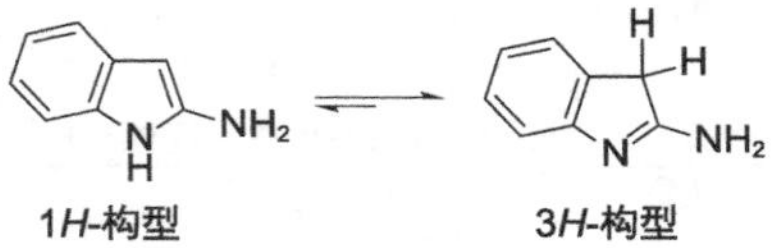

1H-构型　　　　　3H-构型

（6）吲哚羧酸

在沸水中 3-吲哚羧酸和 2-吲哚乙酸都容易脱羧。各种情况都是从低浓度的质子化 3H-吲哚阳离子中脱去二氧化碳，这与 2-酮酸的脱羧反应相类似。

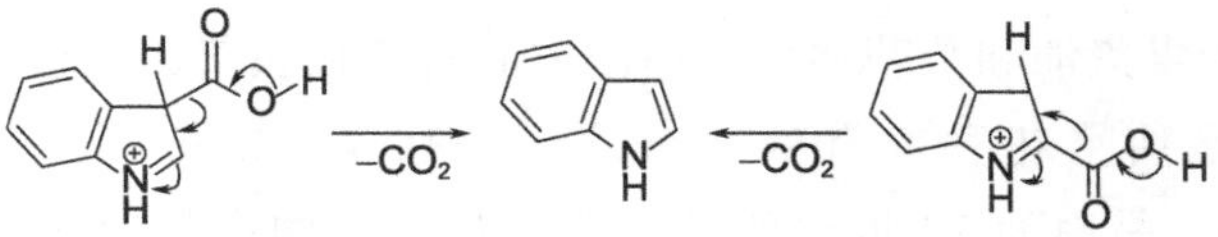

（7）含吲哚结构的天然产物

含有吲哚结构的色氨酸是人体必需的氨基酸，色氨酸在酶的催化下发生羟基化和脱羧反应生成血清素（5-羟色胺），血清素是维护血管健康的因子之一，起到收缩血管的作用，也是一种神经传导的神经递质。

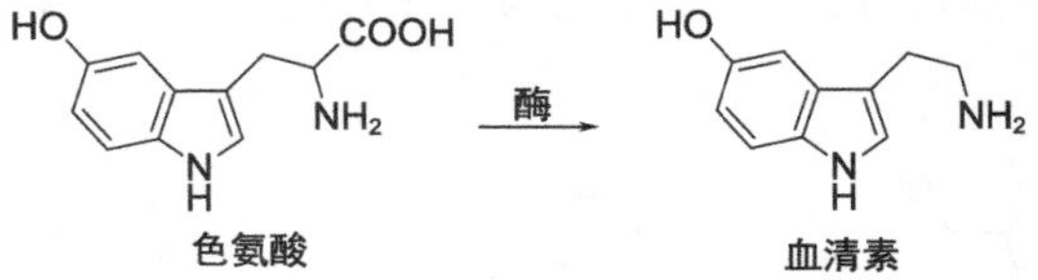

色氨酸　　　　　　　血清素

血清素可以用 5-丁氧基吲哚与草酰氯发生酰化反应生成 α-羰基酰氯后，再与正丁胺反应转化成酰胺后，经还原得到。

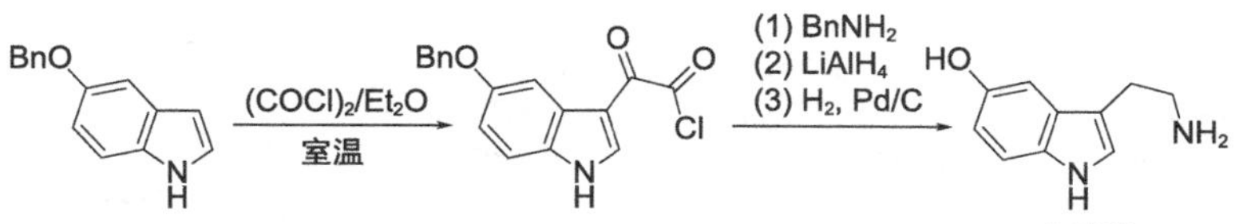

蟾蜍碱（N,N-二甲基-5-羟基色胺）是蟾蜍皮肤中的一种毒素，能导致血压升高，麻痹脊髓和大脑运动中枢。N,N-二甲基-4-羟基色胺是存在于墨西哥蘑菇中的神经活性物质，可提高兴奋性并致幻。

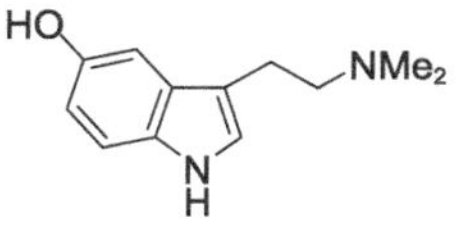

蟾蜍碱 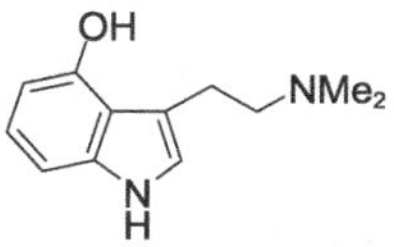　　　　　　　N,N-二甲基-4-羟基色胺

5,6-二羟基吲哚是人和动物毛发与皮肤中的黑色素。3-吲哚乙酸是一种植物内源激素，起到调节植物生长的作用，低浓度时可以促进生长，高浓度时则会抑制生长。3-吲哚乙酸在植物体内生物合成的前体是色氨酸。

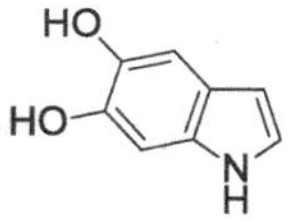

黑色素 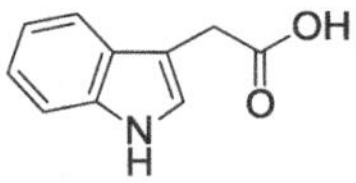　　　　　　　3-吲哚乙酸

具有生理活性和药理学上很重要的马钱子碱、白坚木碱、利血平、长春胺、麦角胺等天然产物都属于吲哚生物碱。

（8）含吲哚环的药物

含有吲哚结构的药物有很多，例如抗炎药物吲哚美辛，用于治疗过敏性综合征的阿洛西隆。

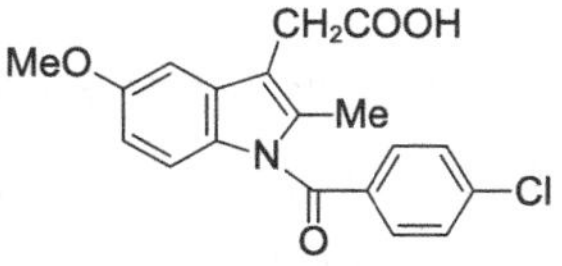

吲哚美辛 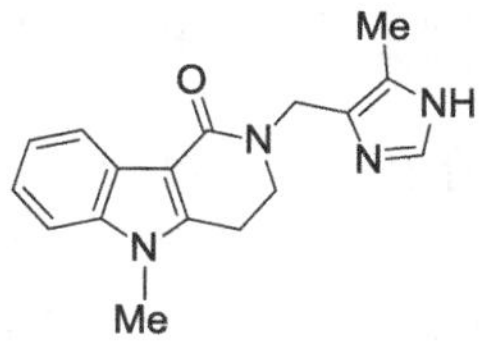　　　　　　　阿洛西隆

8.3.5　吲哚的合成应用实例

3-(吲哚-3-基)丙酸的制备。可由 CH-酸性化合物（β-二酮酸酯等）或烯胺与芳基重氮盐经 Japp-Klingemann 反应制备得到。

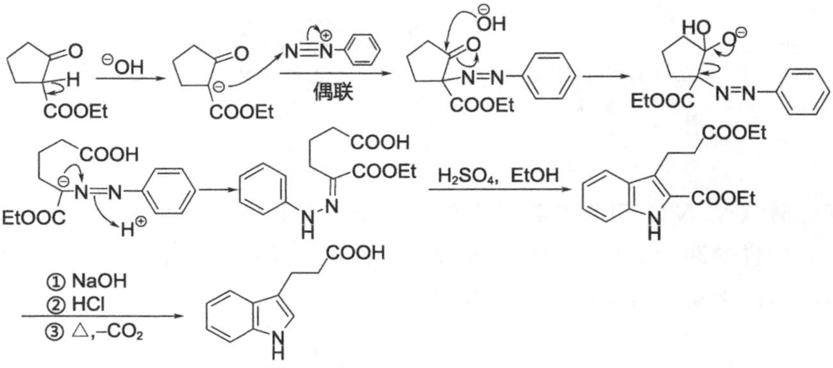

3-(吲哚-3-基)丙酸

8.4 苯并噻唑

8.4.1 苯并噻唑的结构

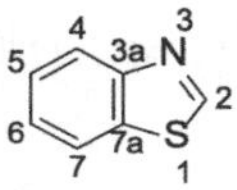

苯并噻唑，即 1,3-苯并噻唑，无色或微黄色液体状化合物，沸点 227℃，几乎不溶于水，溶于乙醇、丙酮和二硫化碳，是可可豆、椰子、核桃和啤酒中香气的成分之一。苯并噻唑的波谱数据类似于苯并[b]噻吩和吲哚，苯并噻唑的核磁数据如下：

① ^1H NMR（CD_3COCD_3），δ：H-2（9.23），H-4（8.23），H-5（7.55），H-6（7.55），H-7（8.12）；

② ^{13}C NMR（$CDCl_3$），δ：C-2（155.2），C-4（123.1），C-5（125.9），C-6（125.2），C-7（122.1），C-3a（153.2），C-7a（133.7）。

8.4.2 苯并噻唑的化学性质

由于苯环的存在，苯并噻唑中苯环与噻唑环可形成大的共轭体系，以此减小了噻唑环上的电子密度，因此苯并噻唑的碱性（$pK_a = 1.2$）比噻唑（$pK_a = 2.52$）低。苯并噻唑可发生亲电取代反应，但亲电取代反应一般只发生在苯环上，如苯并噻唑与硝酸发生硝化反应时，生成 4-位、5-位、6-位、7-位的硝化苯并噻唑的混合物。和丁基锂的反应生成 2-锂代苯并噻唑，而与卤代烷反应生成 N-烷基苯并噻唑盐。同噻唑类似，可与噻唑反应的所有亲核试剂都可与苯并噻唑发生亲核取代反应，两者差别很小，一般苯并噻唑类化合物发生亲核取代反应的速度要快于噻唑类化合物。

2-噻唑基锂在有机合成中可以作为亲核试剂与羰基化合物加成，得到的 2-羟甲基苯并噻唑经 N-上烷基化转变成季铵盐后，容易被亲核试剂在 2-位进行加成反应生成 2,3-二氢苯并噻唑，最后经过水解开环生成 α-羟基酮化合物。这一反应在有机合成中具有很好的应用价值，可以制备出许多新的羰基化合物。

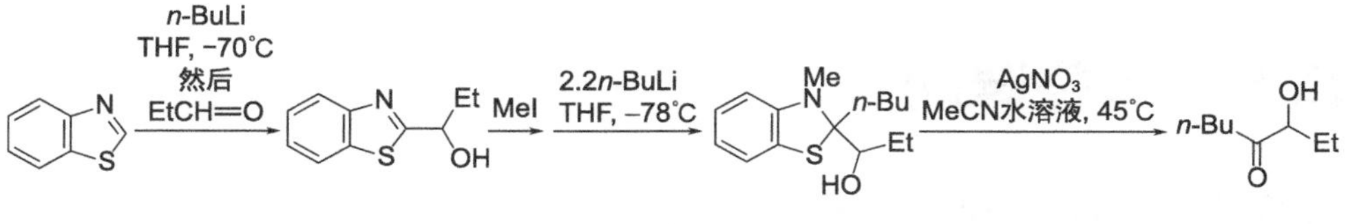

同 2-烷基噻唑一样，2-烷基苯并噻唑的 2-位烷基具有酸性，可发生脱质子化反应。

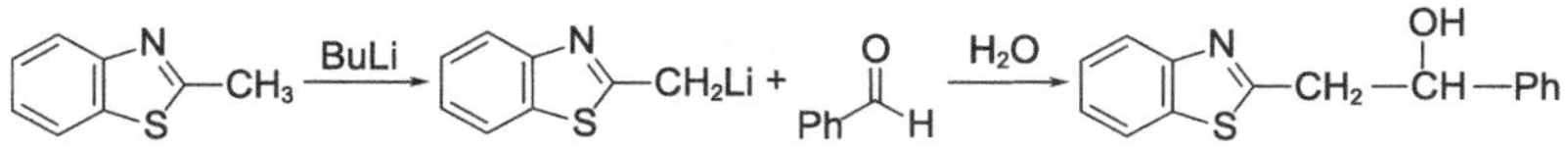

苯并噻唑的 2-位含有吸电子基团时容易发生取代反应，如苯并噻唑-2-磺酰胺类化合物与苯硫酚在强碱条件下反应生成 2-苯硫基苯并噻唑。其是通过 2-位的亲核加成、消除反应机理生成最终产物的。

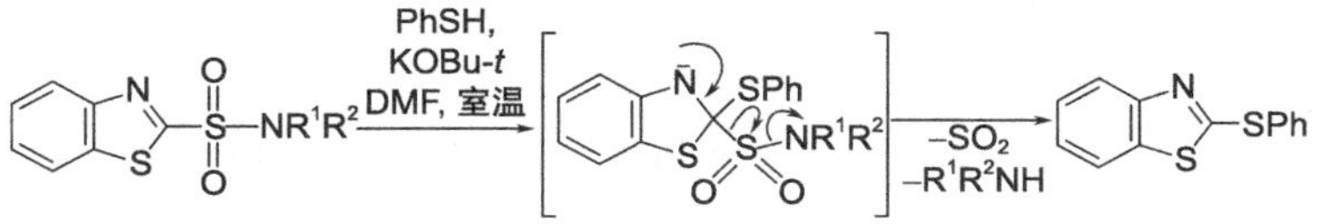

8.4.3　苯并噻唑的合成

类似于苯并噁唑类化合物的合成方法，苯并噻唑类化合物可通过邻氨基苯硫酚或其盐与羧酸及其衍生物或醛环化缩合制得。

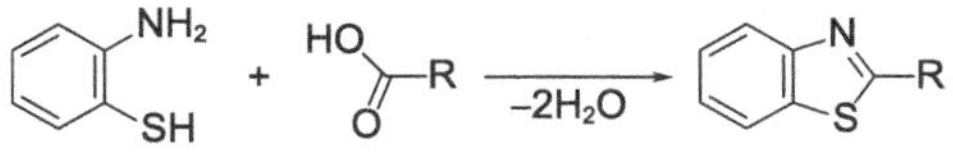

还可以硫脲为原料在溴的乙酸溶液中反应合成苯并噻唑，反应应该是经过了苯环溴代、分子内亲核取代反应过程实现的。

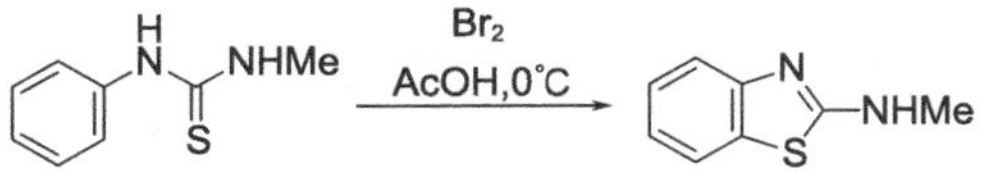

8.4.4　苯并噻唑的衍生物

苯并噻唑衍生物具有不同的特性，如荧光素是萤火虫体内的发光物质，伊索唑胺是碳酸酐酶抑制剂的利尿剂，可用于青光眼的治疗。

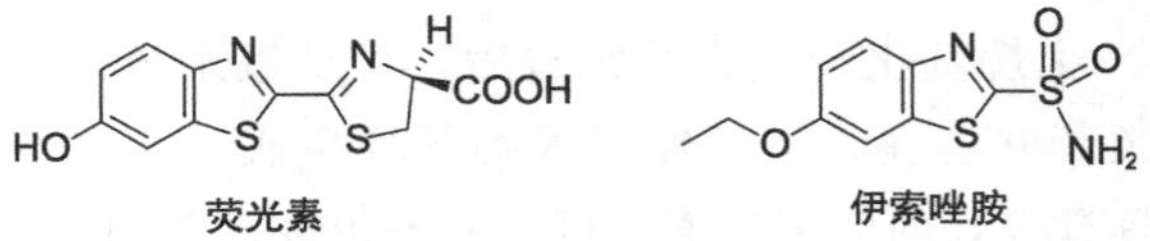

荧光素   伊索唑胺

8.5 苯并咪唑

8.5.1 苯并咪唑的结构

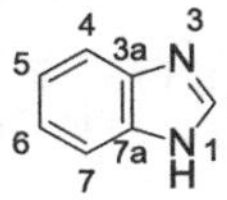

苯并咪唑为无色晶体，熔点 171℃，沸点 360℃，溶于水和乙醇。苯并咪唑的核磁数据如下。

① ^{1}H NMR（CD$_3$COCD$_3$），δ：H-2（9.23），H-4（8.23），H-5（7.55），H-6（7.55），H-7（8.12）；

② ^{13}C NMR（CDCl$_3$），δ：C-2（141.5），C-4（115.4），C-5（122.9），C-6（122.9），C-7（115.4），C-3a（137.9），C-7a（137.9）。

8.5.2 苯并咪唑的化学性质

同咪唑类似，苯并咪唑具有酸碱性，其碱性弱于咪唑，而酸性强于咪唑。在溶液中因为 1-位和 3-位质子 H 的迁移也存在环互变异构现象。在中性和碱性介质中，苯并咪唑也可以在氮原子上发生烷基化反应。1-位无取代的苯并咪唑还可以发生 Mannich 反应。

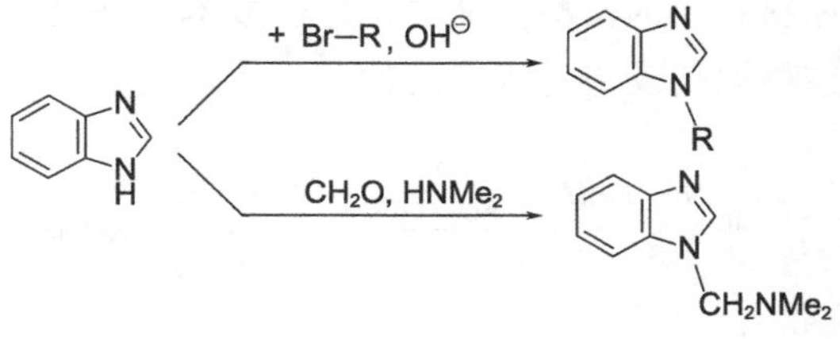

苯并咪唑在碳上也可发生亲电取代反应，反应首先发生在 5-位上，然后发生在 7-位或 6-位上，如 1-甲基苯并咪唑与溴反应生成 5-溴取代的和 5,7-二溴取代的 1-甲基苯并咪唑。

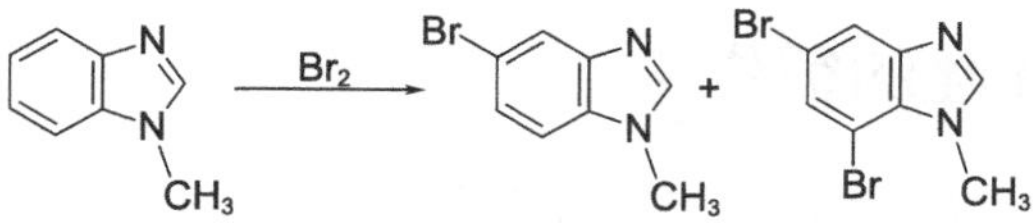

2-溴代苯并咪唑可以由如下的反应制备得到：

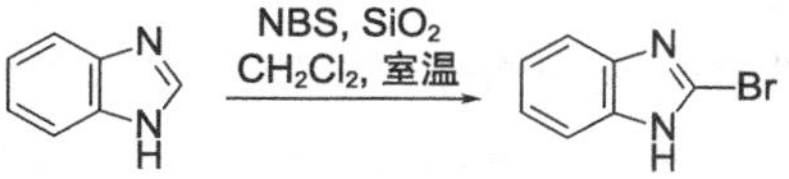

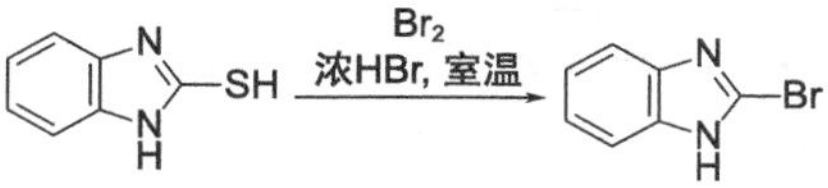

苯并咪唑的亲核取代反应发生在 2-位上。1-甲基苯并咪唑与强碱氨基钠反应生成 2-氨基苯并咪唑化合物。

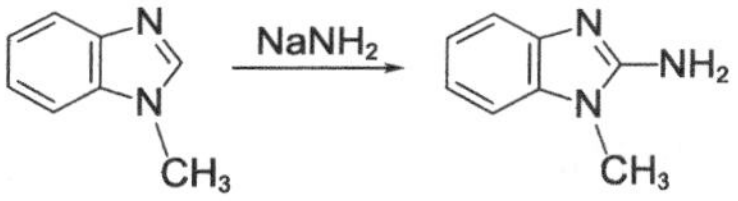

当 2-位上有卤原子时，此时苯并咪唑上的卤原子可以被醇盐、硫醇盐或胺等亲核试剂取代，但反应速度较慢。2-巯基苯并咪唑可以由 2-氯代物与硫脲在碱性条件下反应得到。

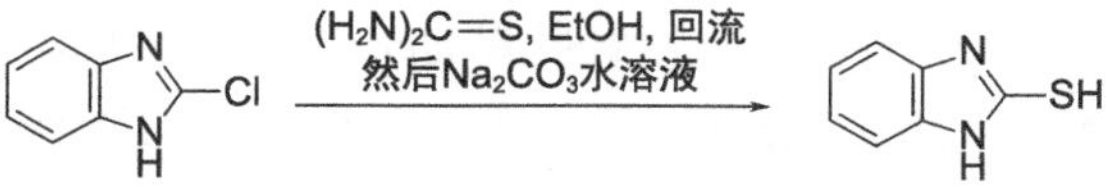

8.5.3 苯并咪唑的合成

苯并咪唑通常由邻苯二胺和羧酸或其衍生物合成。该反应可以采用三氟甲磺酸酐和三苯氧膦混合物的二氯甲烷溶液作为脱水剂，反应较容易发生，如邻苯二胺和甲酸在 $100 \, ℃$ 下就可反应生成苯并咪唑。但当邻苯二胺的 N 上含有取代基时，反应速度较为缓慢。

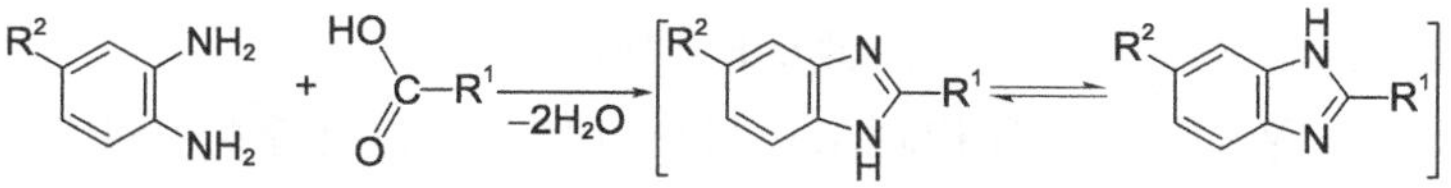

由邻苯二胺与硫脲在微波条件下反应可以生成苯并咪唑-2-硫酮化合物。

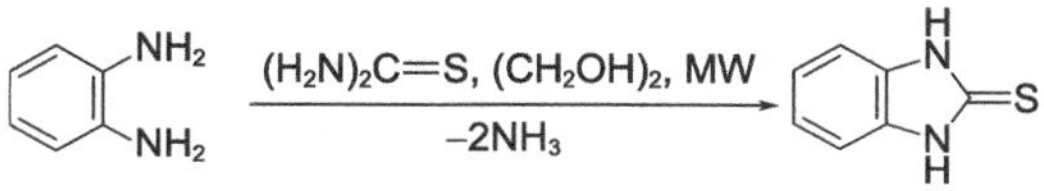

8.5.4 苯并咪唑的衍生物

苯并咪唑存在于很多天然产物和药物中。维生素 B_{12}（氰钴胺）为抗恶性贫血因子，是含有苯并咪唑结构的最重要的天然产物，其可以从肝脏提取物和链霉素菌中获得。奥美拉唑是一种主要用于十二指肠溃疡和卓-艾综合征治疗的药物，也可用于胃溃疡和反流性食管炎的治疗。在农药中，多菌灵是一种高效、广谱的杀菌剂，可用于防治蔬菜、果树、稻麦等作物的多种病害。

奥美拉唑　　　　　　　　　　多菌灵

8.6 苯并吡唑

8.6.1 苯并吡唑的结构

苯并吡唑，又称为吲唑，为白色针状结晶，熔点 146℃，沸点 270℃。苯并吡唑易升华，可随水蒸气挥发，溶于热水、乙醚和乙醇。苯并吡唑的波谱数据如下。

① ^1H NMR（DMSO），δ：H-3（8.08），H-4（7.77），H-5（7.11），H-6（7.35），H-7（7.55）；

② ^{13}C NMR（CDCl$_3$），δ：C-3（133.4），C-4（120.4），C-5（120.1），C-6（125.8），C-7（110.0）。

8.6.2 苯并吡唑的化学性质

由于苯和吡唑稠合，形成共轭体系，吡唑环上的电子密度降低，因此，苯并吡唑的碱性要比吡唑弱，但是氮上氢的酸性较强。

苯并吡唑也存在环互变异构现象，$1H$-和 $2H$-苯并吡唑为互变异构体，但其互变异构现象比较特殊，$2H$-苯并吡唑有一个邻醌式结构，无法被检测到。因此，互变平衡向 $1H$-苯并吡唑方向偏移。

但是苯并吡唑与烷基化试剂反应主要生成具有邻苯醌结构的 2-烷基化产物。如与 Me$_3$Si(CH$_2$)$_2$OCH$_2$Cl（SEMCl）在碱性条件下反应生成 2-烷基化苯并吡唑类化合物。该产物被正丁基锂在 3-位锂化后，可以与苯异氰酸酯发生亲核加成生成 3-酰胺，最后经消除 SEM 生成苯并吡唑 3-酰胺类化合物。

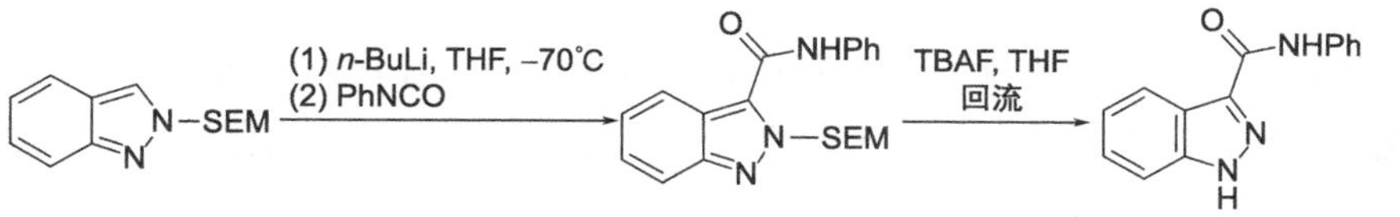

苯并吡唑可发生亲电取代反应，随着亲电试剂的不同，反应优先发生部位不同。如苯并吡唑的卤化反应优先发生在 5-位，而用发烟硫酸磺化则发生在 7-位。一般情况下，当苯并吡唑苯环上发生亲电取代反应时，苯环上的硝化和卤代反应仅能发生在 5-位、6-位、7-位。如苯并吡唑的硝化反应发生在 3-位，进而在 5-位继续发生硝化。

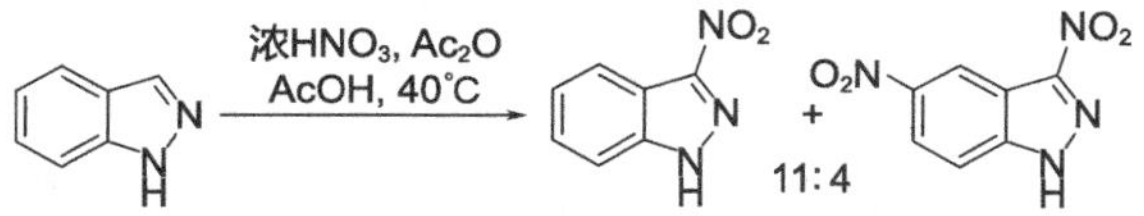

在氢氧化钾碱性条件下与碘反应可以生成高收率的 3-碘代产物。

当苯并吡唑环上连有活泼的离去基团三氟甲基磺酸酯时，在有机锡和三苯基膦的催化下，与 2-溴呋喃化合物可发生亲核置换反应。

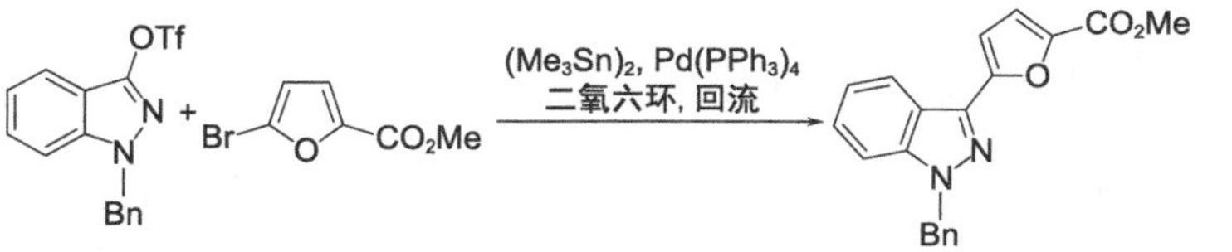

苯并吡唑的金属化反应随着环上取代基种类和位置的不同，其相应产物也会不同。如 1-甲基苯并吡唑与正丁基锂反应生成 1-锂代甲基苯并吡唑，而 2-甲基苯并吡唑反应后则生成 3-锂-2-甲基苯并吡唑。此外，3-溴苯并吡唑与正丁基锂

反应不仅可以生成 1-锂-3-溴苯并吡唑，还可以发生金属-卤素置换反应，得到 N,C-二锂化物。

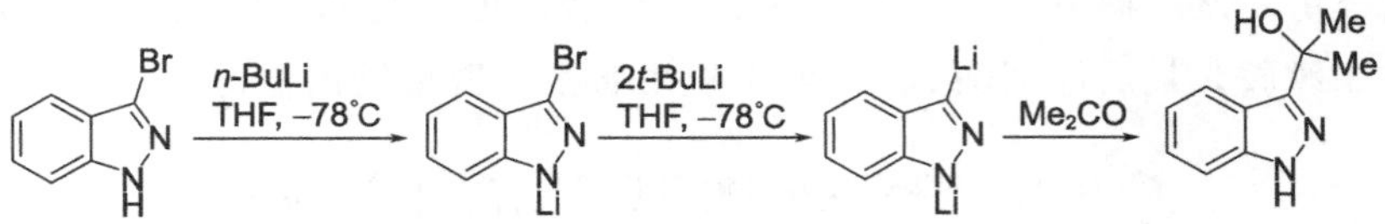

8.6.3 苯并吡唑的合成

苯并吡唑通常以邻取代苯胺为起始原料来合成：反应要经历中间体 N-亚硝基化合物，而后在加热条件下于苯溶液中重排生成乙酰氧基化合物，然后通过邻位烷基环化制得苯并吡唑。

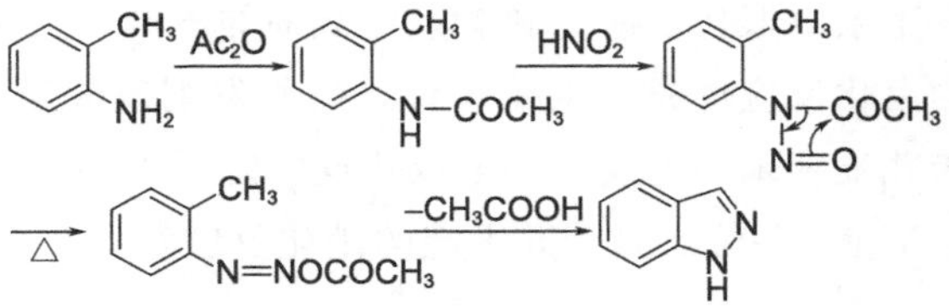

而以邻氨基苯甲酸为起始原料，经重氮化，重氮基立即还原则可以合成 3-羟基苯并吡唑，反应过程简单，且收率较好。

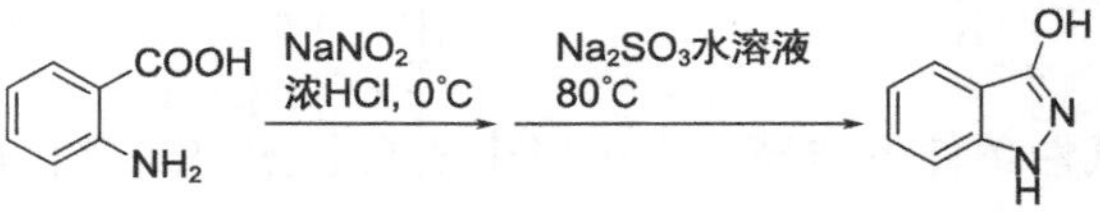

以苯环带有取代基的邻氟苯甲醛与无水肼为起始原料，经亲核加成和分子内亲核取代反应可制得苯环上带有取代基的苯并吡唑类化合物。

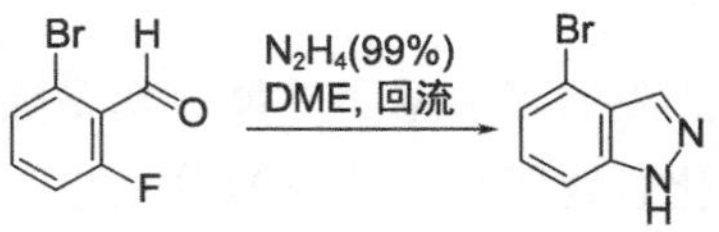

8.6.4 苯并吡唑的衍生物

苯并吡唑具有止痛、抗炎和退热等作用，其药理作用丰富，因此在许多药物产品中都含有苯并吡唑结构。如苄达明（benzydamine）是局部作用的非甾体抗炎药，具有局部麻醉和止痛性质，用于缓解疼痛和治疗炎症，可用于手术及外伤所致的各种炎症及关节炎、气管炎、咽炎等。格雷西隆（granisetron）则是一种含于血液中的复合胺受体拮抗药，可减轻有关化学疗法的反胃作用。

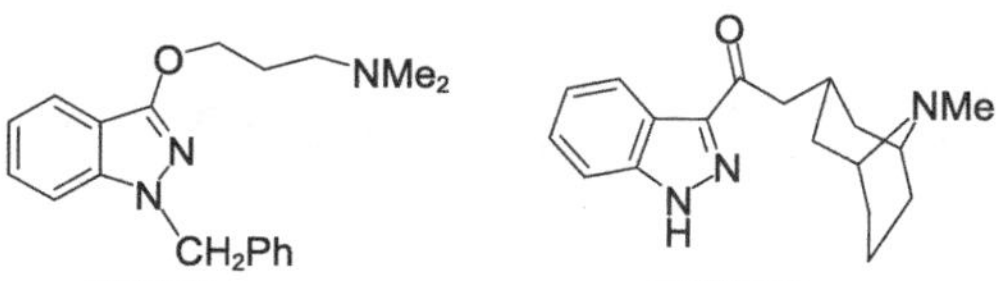

苄达明　　　　　　　　格雷西隆

8.7　苯并三唑

8.7.1　苯并三唑的结构

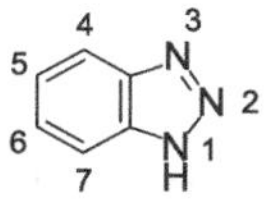

苯并三唑为无色晶体，熔点 99℃，但不能常压蒸馏，且在真空中蒸馏时能发生爆炸。苯并三唑溶于醇、苯、甲苯等溶剂，微溶于冷水、乙醇、乙醚。

8.7.2　苯并三唑的化学性质

苯并三唑碱性极弱，相应地，其 NH 的酸性比苯并吡唑、苯并咪唑和 1,2,3-三唑强，稠合的苯环使得其共轭碱更加稳定。

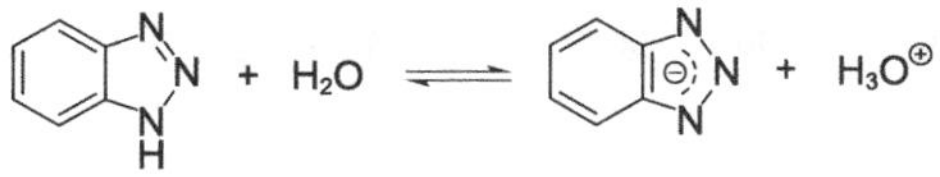

苯并三唑同 1,2,3-三唑类似，也存在三个互变异构体，即两个 1H-构型和一个 2H-构型。在溶液中，苯并三唑几乎完全以 1H-构型存在。

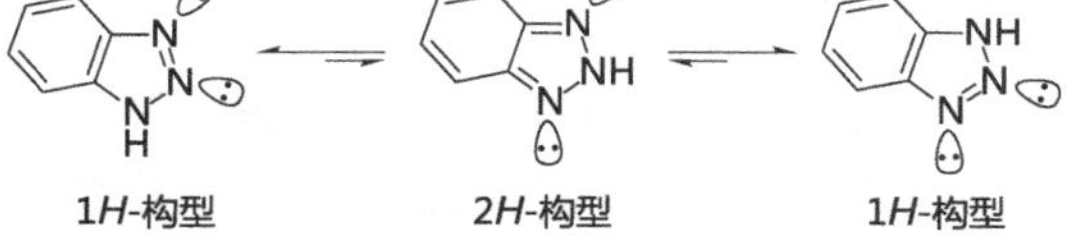

1H-构型　　　　　　2H-构型　　　　　　1H-构型

苯并三唑类化合物的烷基化反应生成 1-烷基和 2-烷基苯并三唑的混合物，烷基化试剂会影响产物的比例；但其酰化和磺酰化反应发生在 1-位上。

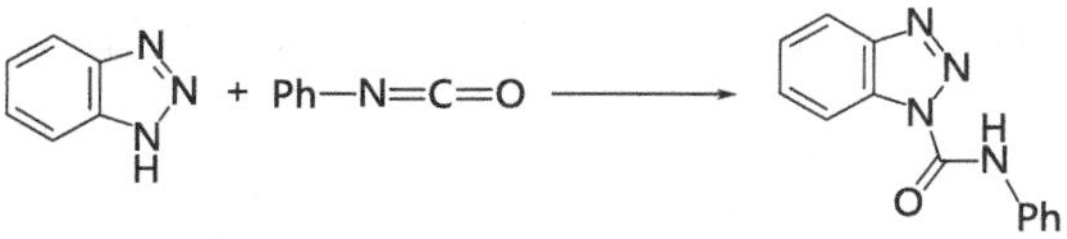

苯并三唑的亲电取代反应只发生在苯环上，苯并三唑用浓盐酸和硝酸的混合物氯化生成 4,5,6,7-四氯苯并三唑，硝化反应则主要生成 4-硝基苯并三唑。

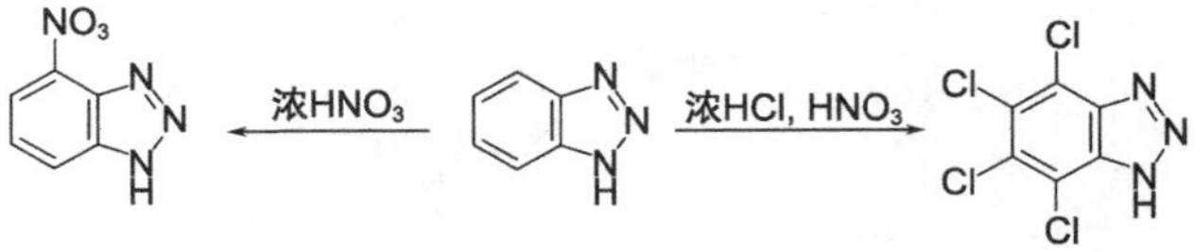

1-苯基苯并三唑也可发生脱重氮化反应形成咔唑，即 Graebe-Ullmann 反应，产率几乎定量：

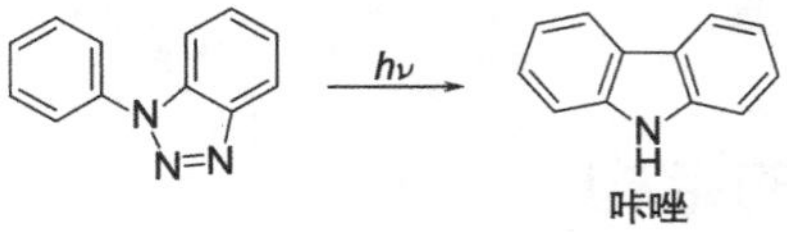

咔唑

8.7.3　苯并三唑的合成

苯并三唑可由邻苯二胺与亚硝酸钠在乙酸中缩合制得：

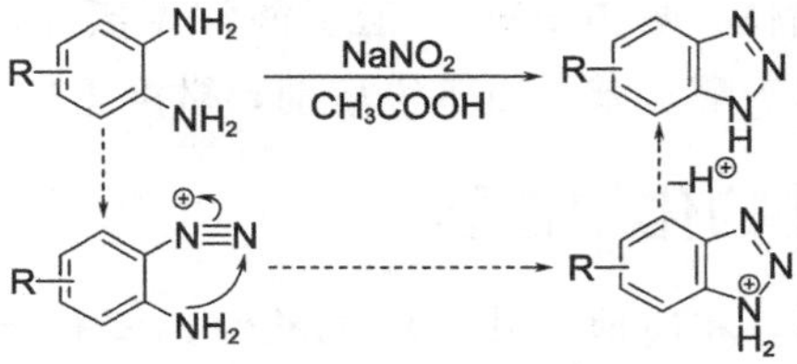

1-羟基苯并三唑是由 2-硝基氯苯与肼反应得到的，这是酰化反应中非常好的催化剂，可以直接将羧酸与胺、醇缩合成酰胺和酯，反应条件温和、产率高。

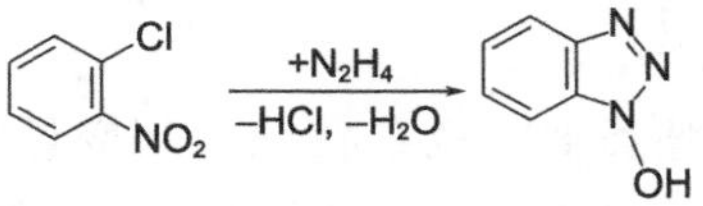

8.7.4　苯并三唑的衍生物

苯并三唑是一种有用的防蚀剂，在电镀中用于银、铜、锌表面防腐起到防变色作用。另外，苯并三唑为良好的紫外线吸收剂，可用作黑白胶片和相纸的显影防灰雾剂。

苯并三唑类衍生物在自然界中尚未发现，但其功能丰富，有多种用途。阿立必利（alizaprid）是多巴胺拮抗剂，可用于止吐；2-(2-羟基-5-甲基苯基)-苯并三唑（tinuvin P）可用作防晒剂，塑料、橡胶及化学纤维的防老化剂。

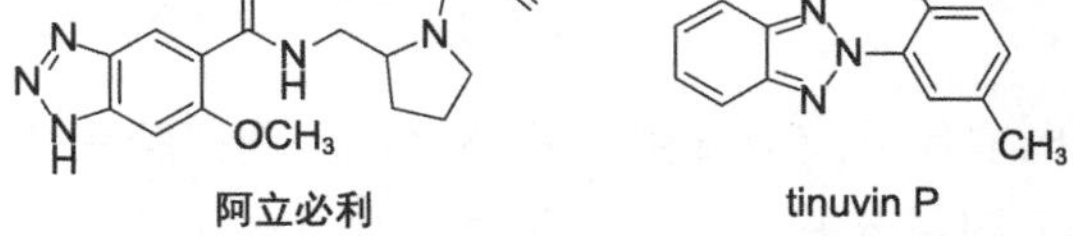

阿立必利

tinuvin P

8.8 2H-色原烯-2-酮

2H-色原烯-2-酮俗名为香豆素，其空间结构几乎成平面，与其母体结构 2H-吡喃-2-酮相似，其特征反应主要是内酯的亲核开环反应和烯烃的加成反应。香豆素的合成可通过苯酚与 2-酮酯发生环缩合反应、邻-羟基苯甲醛与活泼亚甲基化合物发生环缩合反应、水杨醛与乙酸酐发生环缩合反应等方法实现。

8.8.1 2H-色原烯-2-酮的结构

香豆素是无色晶体，熔点 68℃。香豆素是邻羟基肉桂酸的内酯，空间结构几乎呈平面分布。它的光谱学性质与母体 2H-吡喃-2-酮一致，其谱图数据反映它的烯醇内酯性质要强于芳杂环的性质，具体数据如下。

① IR（KBr），λ：1710cm^{-1}（C=O）；

② ^{1}H NMR（CDCl$_3$），δ：H-3（6.43），H-4（7.80），H-5（7.36），H-6（7.22），H-7（7.45），H-8（7.20）；

③ ^{13}C NMR（CH$_2$Cl$_2$），δ：C-2（159.6），C-3（115.7），C-4（142.7），C-4a（118.1），C-8a（153.1）。

8.8.2 2H-色原烯-2-酮的化学性质

8.8.2.1 与亲电试剂的反应

香豆素 C-3/C-4 位置的双键可以与溴发生加成反应生成二溴化合物，二溴化合物可在碱的作用下脱去 HBr 生成 3-溴香豆素。

香豆素的羰基氧可以结合一个阳离子而转化成苯并吡喃鎓盐的形式，但是需要活性很强的亲电试剂存在才可使反应发生，如 Meerwien 盐存在下香豆素生成 O-烷基化的苯并吡喃鎓盐。

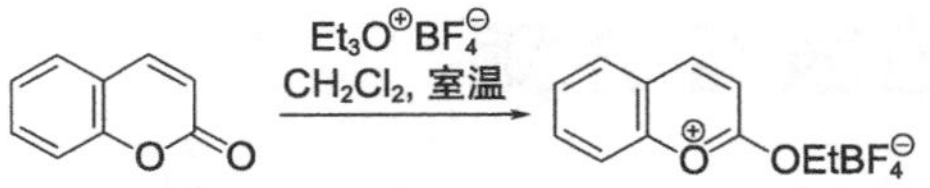

8.8.2.2 与亲核试剂的反应

在碱处理下，香豆素可定量水解为顺邻羟基肉桂酸盐，如再酸化则重新内酯化成香豆素；若长时间用碱处理，则会异构化为反邻羟基肉桂酸盐。

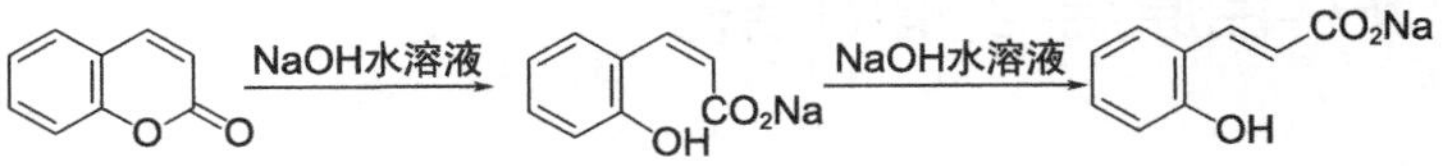

如果香豆素上含有其他取代基，则在碱性条件下开环后还会发生一系列的重排反应。例如，在水溶性碱的作用下 4-氯甲基香豆素首先开环生成双负离子，其后经环合、异构化得到重排产物香豆酮-3-乙酸。

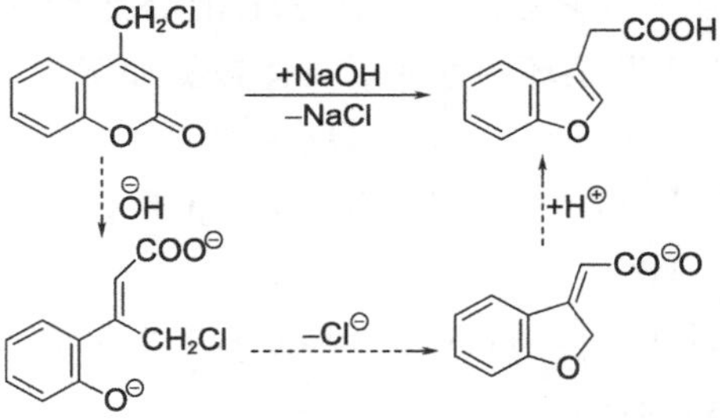

香豆素与格氏试剂的反应发生在内酯键上，需消耗 2 倍量的格氏试剂生成叔醇和其环合产物，如香豆素与甲基碘化镁的反应。

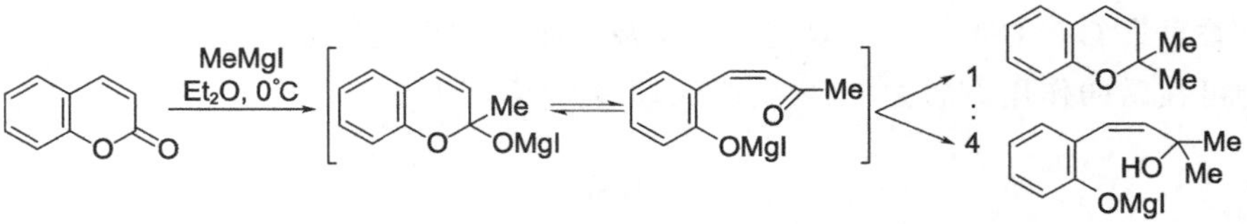

由于香豆素烯醇内酯的性质，其双键可被催化氢化还原，还可作为亲双烯体发生 D-A 反应，一般需要比较剧烈的反应条件。

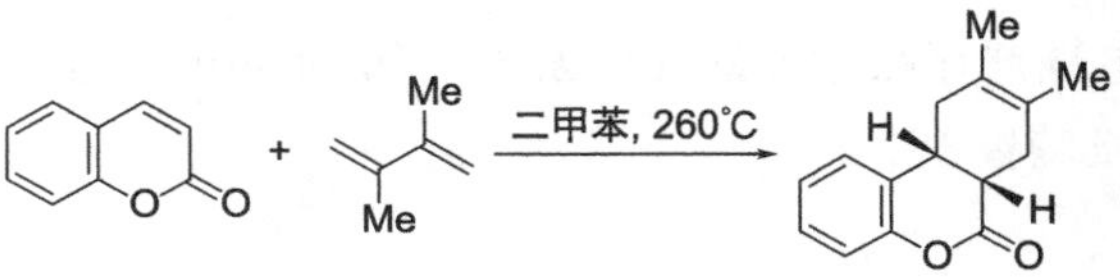

8.8.3　2H-色原烯-2-酮的合成

8.8.3.1　由苯酚和 β-酮酸酯合成

在强酸作用下，苯酚和 β-酮酸酯经环缩合反应生成 2H-色原烯-2-酮的方法叫作 Pechmann 合成法。常用的强酸包括浓硫酸、氢氟酸、氨基磺酸、阳离子交换树脂等。

该反应首先是 β-酮酸酯的羰基在酸的作用下质子化后与苯酚发生亲电取代反应生成醇，中间体再经内酯化和脱水后生成 2H-色原烯-2-酮。

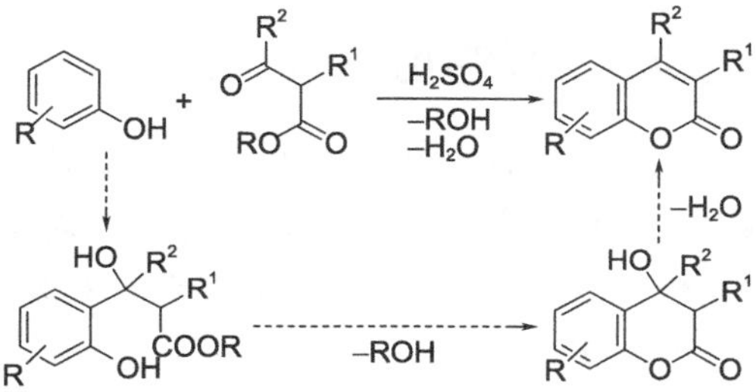

在 Lewis 酸[bimim]Cl-2AlCl₃（1-丁基-3-甲基咪唑鎓氯化铝）催化下也可以完成 Pechmann 反应合成香豆素。

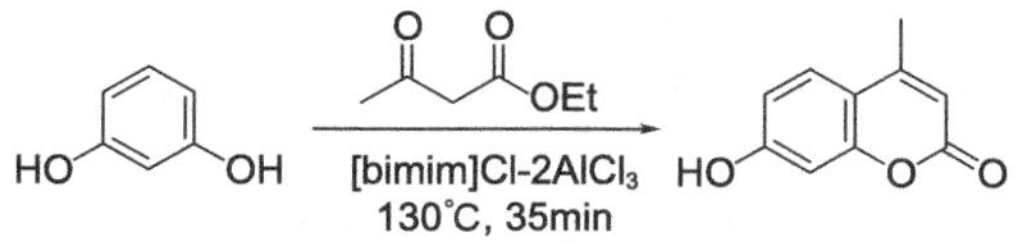

8.8.3.2　由邻羟基苯甲醛与活泼亚甲基酯合成

邻羟基苯甲醛与乙酸酐发生 Perkin 缩合或者与丙二酸二乙酯、丙二腈、氰基乙酸酯等活泼亚甲基化合物发生 Knoevenagel 缩合反应，也常用来合成 2H-色原烯-2-酮类化合物。

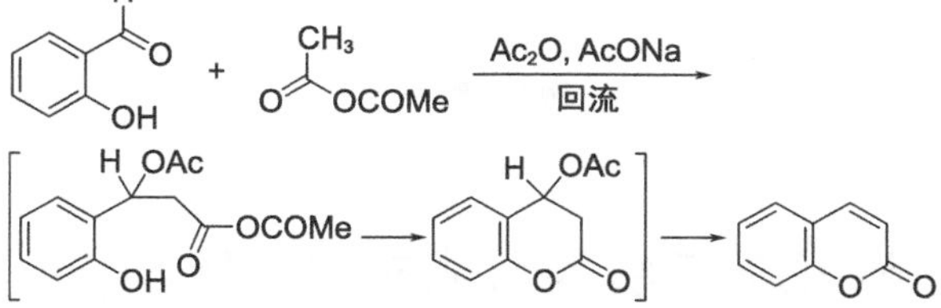

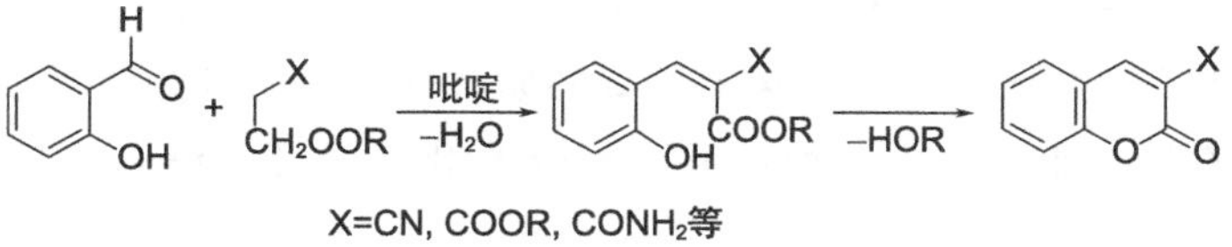

X=CN, COOR, CONH₂等

8.8.3.3　由炔酸酯与苯酚合成

在钯或铂的催化下，炔酸酯和具有供电子取代基的苯酚可经"一锅法"合成 $2H$-色原烯-2-酮类化合物，此法会得到较好的收率。但要注意的是因为关环位置不同，会生成两种产物。

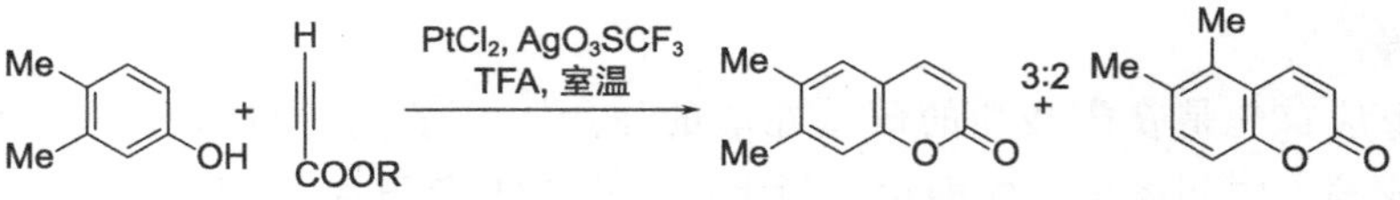

8.8.4　$2H$-色原烯-2-酮的衍生物

香豆素衍生物广泛存在于自然界中，具有抗菌、抗凝血等生理作用，有些还具有光化学活性、毒性和致癌性等。如从甜万寿菊中分离出的 6,7-二甲氧基香豆素不仅可抑制立枯丝核菌的生长，还是一种止咳药；双香豆素化合物具有抗凝血的作用，可用于血栓的治疗。

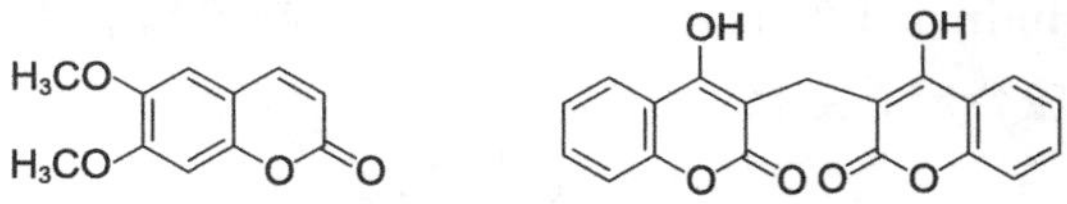

6,7-二甲氧基香豆素　　　　　　双香豆素

黄曲霉的次生代谢产物黄曲霉毒素 B_1 是黄曲霉毒素中毒性和致癌性最强的组分，为 1 类致癌物，可诱发肝癌、胃癌、肾癌、直肠癌、乳腺癌等多种癌症。

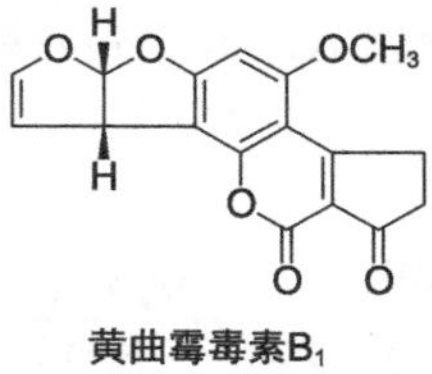

黄曲霉毒素B_1

8.8.5　$2H$-色原烯-2-酮的合成应用实例

丁香菌酯是一个含有香豆素结构的甲氧基丙烯酸酯类杀菌剂，对黄瓜霜霉病菌、小麦白粉病菌、水稻纹枯病菌有很好的防治效果，特别是对苹果腐烂病的防效优异。以乙酰乙酸乙酯为起始原料，经烷基化、合环、缩合等反应制得丁香菌酯。

丁香菌酯

8.9 4H-色原烯-4-酮

4H-色原烯-4-酮俗名色酮，是 4H-吡喃-4-酮与苯的稠合体，其重要的衍生物是黄酮和异黄酮类化合物；虽然色酮与 4H-吡喃-4-酮类似，可与强酸成盐、在 C-2 发生亲核反应，还能与格氏试剂等发生反应，但是也有不同之处，例如它可以与羟胺成肟，却很难与苯肼成腙，但是可以与 2,4-二硝基苯肼成腙；可在 C-3 位发生 Mannich 反应，而一般的亲电取代反应却发生在苯环上。色酮是一个潜在的 1,3-二羰基化合物，其合成也多起始于此类化合物。

8.9.1 4H-色原烯-4-酮的结构

4H-色原烯-4-酮为无色针状晶体，熔点 59℃。在红外光谱中，色酮的羰基特征吸收峰位于 $1660cm^{-1}$ 处；在其紫外光谱中，色酮，尤其是黄酮类化合物在 240～285nm 和 300～400nm 处有两条吸收带，其核磁数据如下。

① ^1H NMR（$CDCl_3$），δ：H-2（7.88），H-3（6.34），H-5（8.21），H-6（7.42），H-7（7.68），H-8（7.47）；

② ^{13}C NMR（$CDCl_3$），δ：C-2（154.9），C-3（112.4），C-4（176.9），C-5（124.0），C-8（156.0）。

8.9.2 4H-色原烯-4-酮的化学性质

4H-色原烯-4-酮类化合物与 4H-吡喃-4-酮类化合物的反应相似，即可以发生氧原子上的质子化和烷基化反应，也能够发生 C-3 位的亲电反应，还能够与亲核试剂发生反应。此外，还可以被过氧化氢等氧化剂氧化。

8.9.2.1　与亲电试剂的反应

色酮与香豆素相比更容易发生羰基氧的质子化反应，如色酮在氯化氢的作用下即可生成 4-羟基苯并吡喃鎓盐。

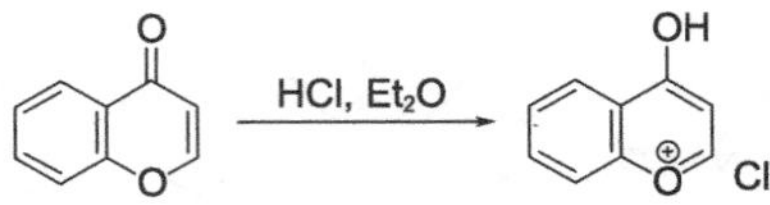

色酮的亲电取代反应既能够发生在苯环上，也能够发生在氧杂环上。若在强酸性条件下，可能由于氧杂环形成鎓盐而导致亲电取代反应发生在 C-6 位（苯环）上，如硝化反应。

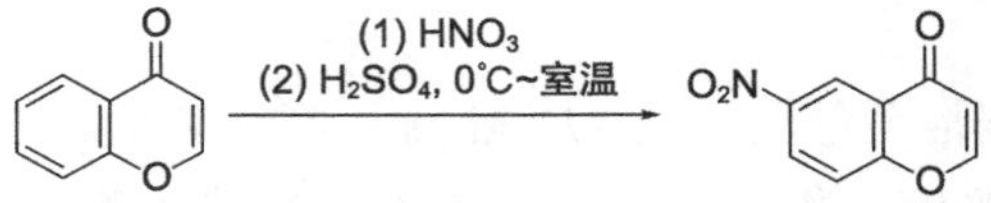

若在温和条件下不经历质子化的过程，亲电取代反应发生在氧杂环上，如 Mannich 反应。

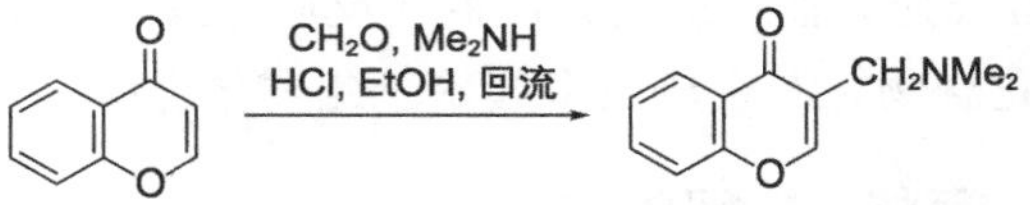

8.9.2.2　与亲核试剂的反应

色酮类似于 α,β-不饱和酮，可作为 Michael 加成反应的受体与亲核试剂在 C-2 位发生反应。例如，色酮在碱的作用下开环，生成 1,3-二羰基化合物。

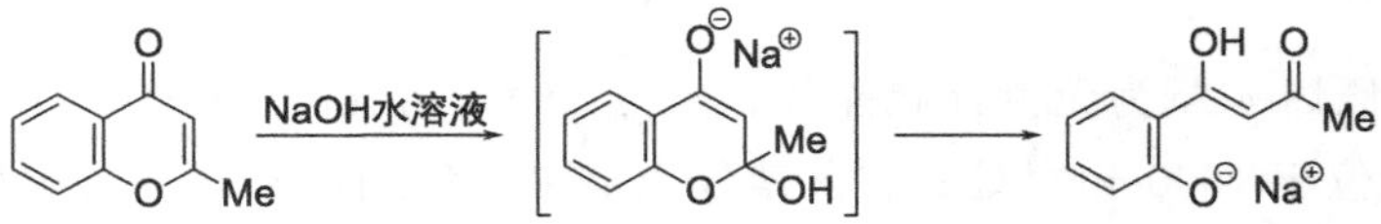

色酮与伯胺和仲胺也可发生开环反应，生成烯胺酮，如开环产物用酸处理会重新环合生成色酮。

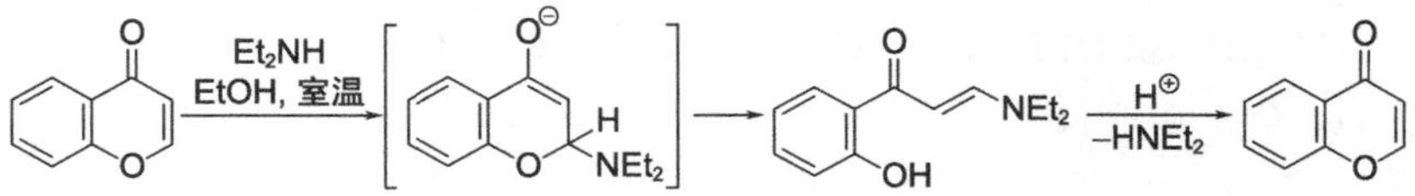

色酮与羟胺反应可在 4-位生成肟，但是与苯肼反应一般不生成腙而是形成其开环产物，生成的开环产物可失水环合生成吡唑环，可利用此反应制备吡唑类化合物；如反应在无溶剂状态下进行则生成腙类化合物，若与 2,4-二硝基苯肼则可顺利生成苯腙类化合物。

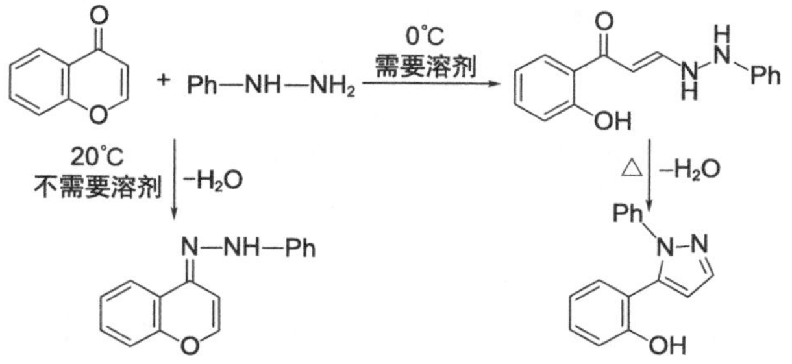

格氏试剂与色酮的反应发生在羰基碳上，生成的加成产物可在酸的作用下脱去一分子 H_2O 而生成苯并吡喃鎓盐。

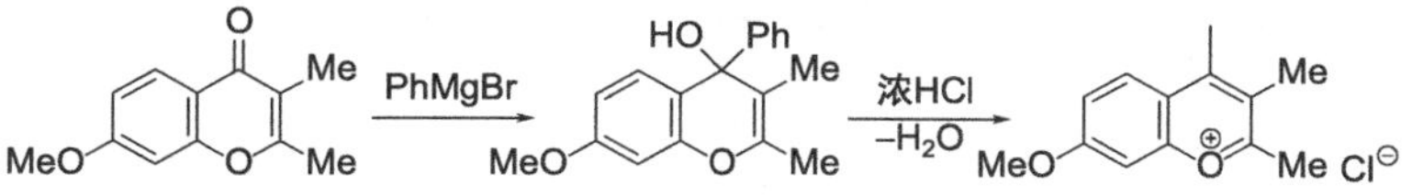

此外，色酮还可以生成有机金属化合物，如 2-苯基色酮与 LDA 反应可在 C-3 位锂化，其可与碳酸二甲酯生成色酮 3-羧酸类化合物。

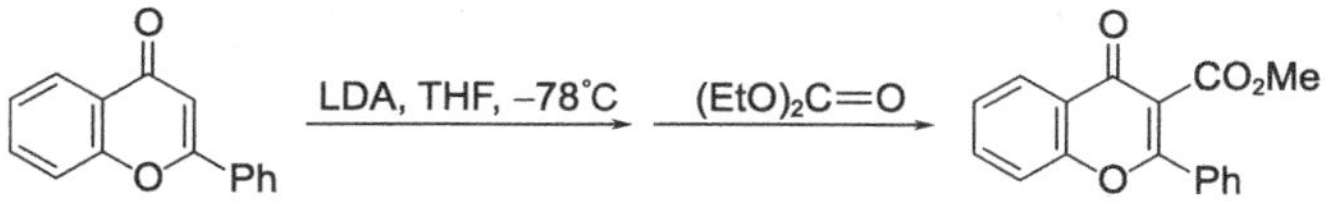

色酮与双烯体可发生 [4+2] 环加成反应。

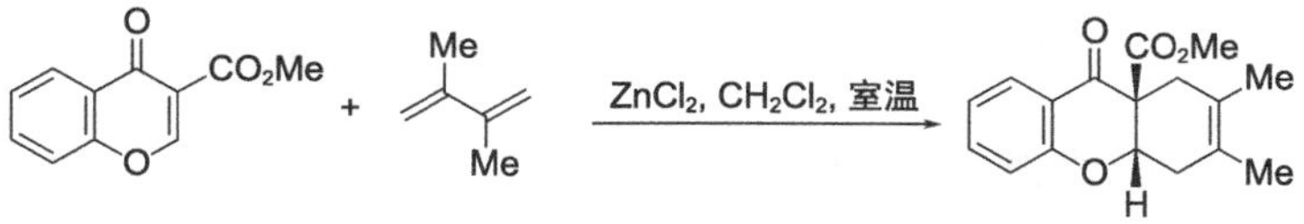

如果色酮 C-5 位有羟基取代时，可以在强酸作用下开环后再环化生成异构化产物（Weseley-Moser 重排），例如：

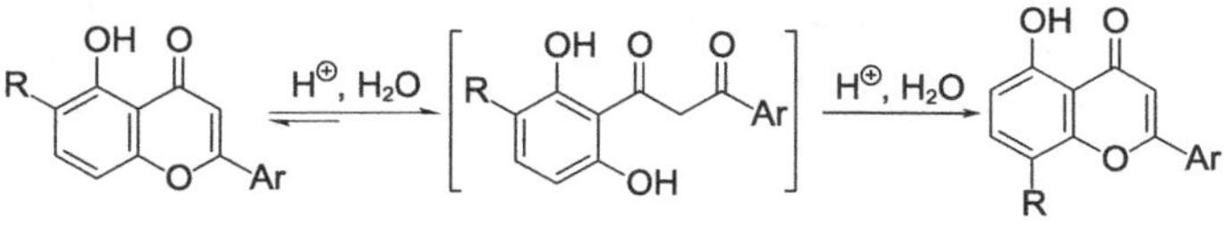

8.9.3　4H-色原烯-4-酮的合成

8.9.3.1　由邻羟基苯基-1,3-二酮合成

4H-色原烯-4-酮实际上是隐蔽的 1,3-二酮类化合物，因此从邻羟基-1,3-二酮类化合物出发合成 4H-色原烯-4-酮类化合物是最常用的方法。邻羟基-1,3-二

酮类化合物可由邻羟基苯乙酮，特别是 O-硅基保护的邻羟基苯乙酮经克莱森酯缩合反应得到。

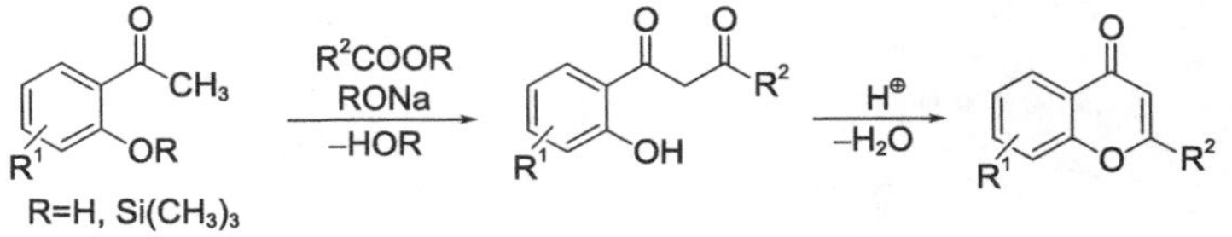

邻羟基-1,3-二酮类化合物也可由邻酰氧基苯乙酮在碱催化下的 Baker-Venkataraman 重排反应来构建。

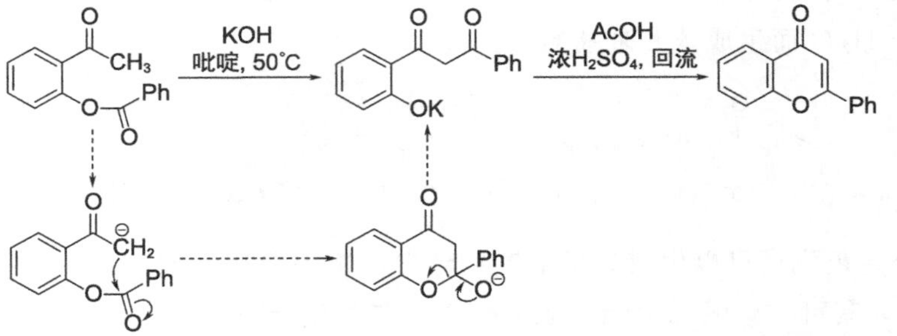

如果上述反应采用 DBU 为碱，则无须对生成的邻羟基-1,3-二酮进行分离即可完成反应。

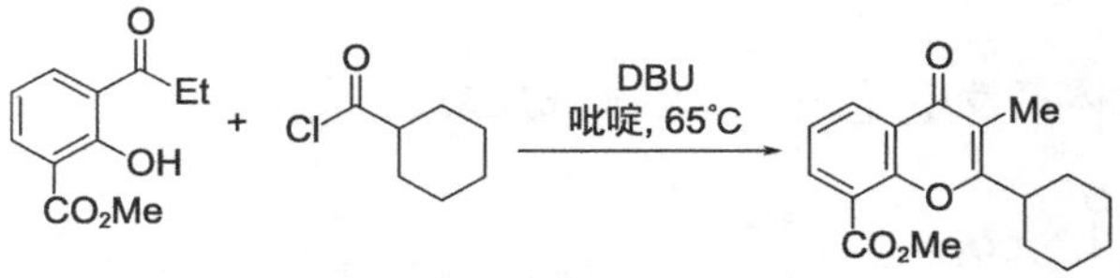

8.9.3.2 由邻取代苯基炔基酮合成

在 Pd(0) 的催化下，邻羟基或邻乙酰氧基碘苯与端炔在一氧化碳和乙二胺存在下发生羰基化偶联，进而环化生成目标产物。

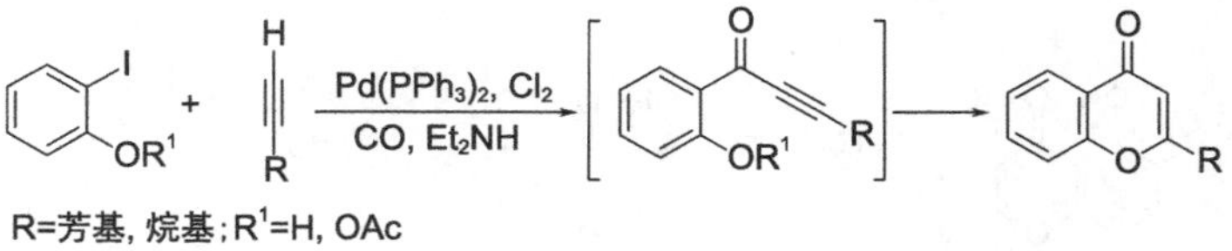

R=芳基，烷基；R¹=H，OAc

8.9.4　$4H$-色原烯-4-酮的衍生物

黄酮和异黄酮类化合物是 $4H$-色原烯-4-酮衍生物在天然产物中存在的主要形式，其差别在于苯环连接在色酮的位置不同，连接在 2-位的属黄酮类，连接在 3-位的则为异黄酮类。这类物质具有广泛的生物活性，如黄酮-8-乙酸有抗肿瘤活性；杜鹃素有止咳、祛痰的作用，可用于慢性气管炎的治疗。

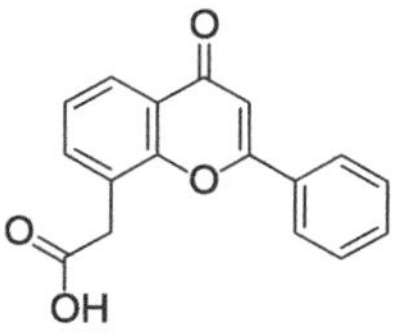

黄酮-8-乙酸

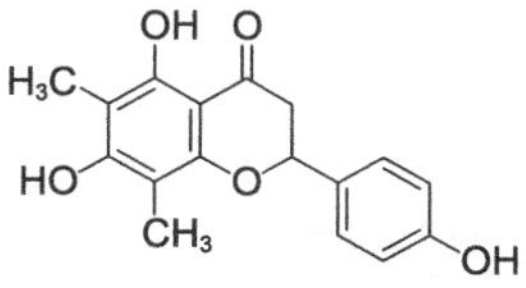

杜鹃素

立可定是选择性的动脉扩张剂，可用于治疗慢性冠脉机能不全、心绞痛等疾病，长期使用还能够预防心肌梗塞；含氮黄酮的化合物回苏灵能够兴奋中枢神经，可用于治疗中枢性呼吸衰竭、麻醉药、催眠药所致的呼吸抑制及外伤、手术等引起的虚脱和休克。

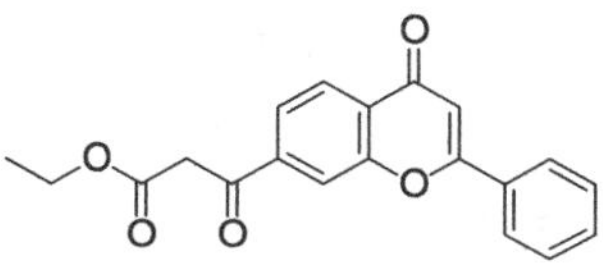

立可定

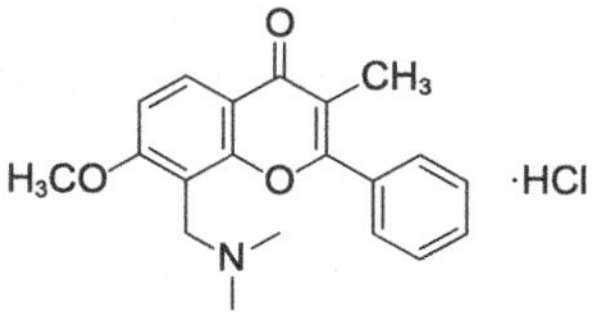

回苏灵

鱼藤酮是一种异黄酮类天然杀虫剂，可用于蚜虫、菜青虫等多种害虫的防治。

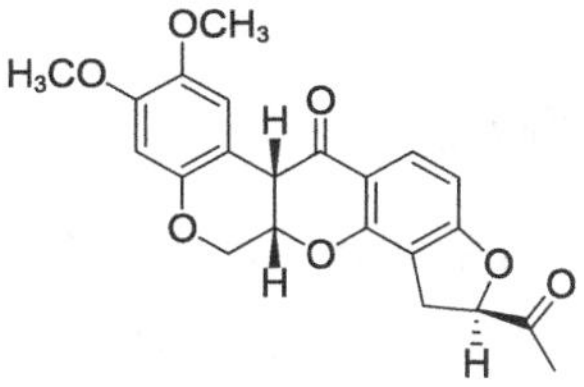

鱼藤酮

8.9.5 *4H*-色原烯-4-酮的合成应用实例

依普黄酮（ipriflavone）是一种异黄酮类衍生物，化学名叫作7-异丙氧基异黄酮，是抗骨质疏松的药物，最初是从三叶草或紫苜蓿中提取而得到的。其人工合成方法以间苯二酚为主要原料与苯乙酸酰化得到2,4-二羟基苯基苄酮，与2-溴丙烷反应得到4-异丙氧基-2-羟基苯基苄酮，然后与原甲酸三乙酯进行关环反应得到依普黄酮。

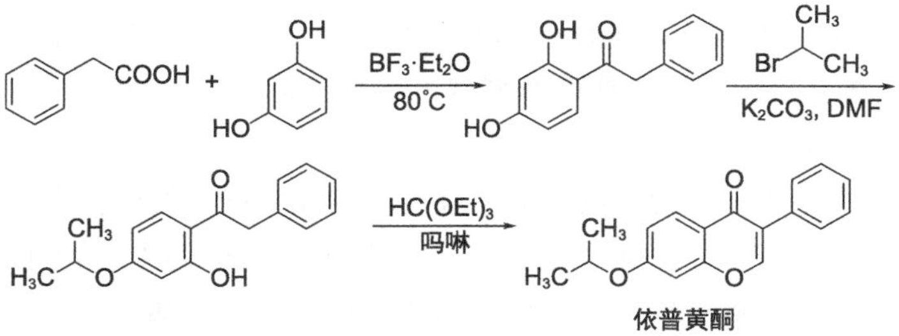

依普黄酮

8.10 喹啉

8.10.1 喹啉的结构

喹啉，即苯并[b]吡啶，又被称为氮杂萘，是吡啶与苯环的稠合产物，也可以看作是由萘中的一个α-CH基团被氮取代衍生而来的。因此，喹啉与萘在键参数、分子结构、光谱及能量数据上有许多相似之处。喹啉的核磁数据如下。

① ^{1}H NMR（CDCl$_3$），δ：H-2 (8.81)，H-3 (7.26)，H-4 (8.00)，H-5 (7.68)，H-6 (7.43)，H-7 (7.61)，H-8 (8.05)；

② ^{13}C NMR（CDCl$_3$），δ：C-2 (150.3)，C-3 (120.8)，C-4 (135.7)，C-5 (127.6)，C-6 (126.3)，C-7 (129.2)，C-8 (129.3)，C-4a (128.0)，C-8a (148.1)。

8.10.2 喹啉的化学性质

在喹啉分子中，苯环影响着吡啶环的反应活性，而吡啶环同样也影响着苯环的反应活性。喹啉与萘在反应上存在一定的相似性，如萘环上的亲电取代反应容易在α-位进行，而喹啉的5-位和8-位也同样容易发生亲电取代反应。

8.10.2.1 与亲电试剂的反应

与其他含氮类杂环芳香化合物类似，喹啉的氮原子上可以与亲电试剂发生加成反应，而其环上碳原子则可以发生亲电取代反应。

相对来说，喹啉环上碳原子发生的亲电取代反应活性要比吡啶高，且其优先发生在活性更强的苯环上，反应过程通常经过两步，即对氮原子的亲电加成（一般是质子化）和H$^+$的消除。反应存在一定的位置选择性，一般顺序是C-8＞C-5/C-6＞C-7＞C-3，这种位置选择性容易通过比较可能的反应中间体加以解释，对C-5/C-8的进攻使得电荷离域但不会破坏吡啶鎓离子环的芳香性共振，而对C-6/C-7的进攻则必定破坏为使电荷离域形成的共振。

（1）氮上的加成反应

喹啉发生在氮原子上的亲电加成反应与吡啶环的反应类似。主要是因为喹啉的碱性（pK$_a$＝4.94）与吡啶（pK$_a$＝5.2）相近，吡啶环上氮原子涉及的所有反应几乎都可以在喹啉氮原子上发生，如质子化反应、烷基化反应、酰基化反应等。喹啉也可以在氮原子上形成 N-氧化物和季铵盐。喹啉的 N-氧化物对它们与亲电试剂和亲核试剂的反应同样会起到促进作用，而当喹啉的氮原子形成季铵盐后，容易发生亲核加成反应。

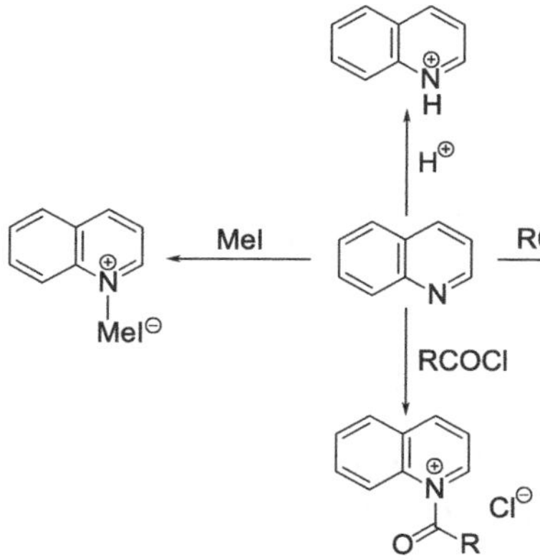

（2）碳上的质子交换反应

在硫酸等强酸条件下，喹啉可通过 N-质子化反应而后进行苯环上 C-质子化从而发生碳上的质子交换反应，正是利用这一点，通过 D_2SO_4 发生的酸催化的 H-D 质子交换反应可以确定喹啉环上每个位置在亲电取代反应中的相对活性关系。反应首先发生在 C-8 上，随后发生在 C-5 和 C-6 上，过程通常包括 N-质子化的杂环的去质子化，生成一个两性离子。

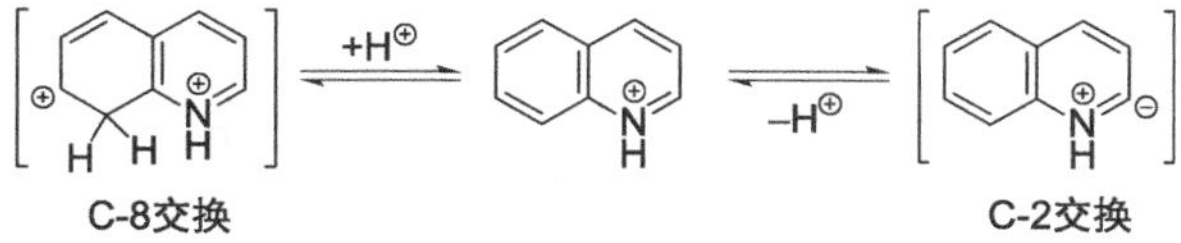

（3）碳上的硝化与磺化反应

喹啉环上碳原子发生的硝化与磺化反应也在一定程度上反映出碳上亲电取代反应的位置选择性。如喹啉的磺化反应主要发生在 C-8 上，喹啉-8-磺酸在高温下会异构化成喹啉-6-磺酸。

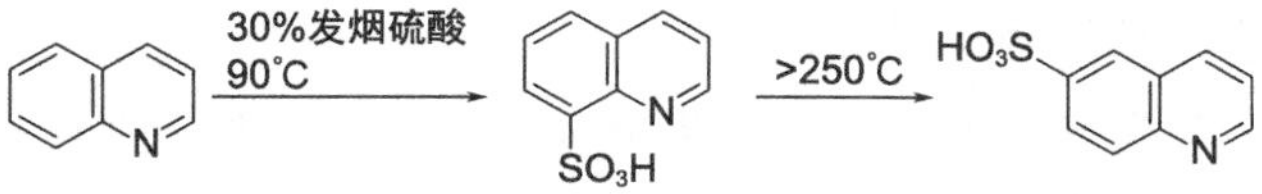

在强酸条件下，喹啉的硝化反应只发生在 C-5 和 C-8 上，反应在常温下就可进行，但在两个位置上的选择性差别并不明显，几乎生成等量的 5-硝基喹啉和 8-硝基喹啉。

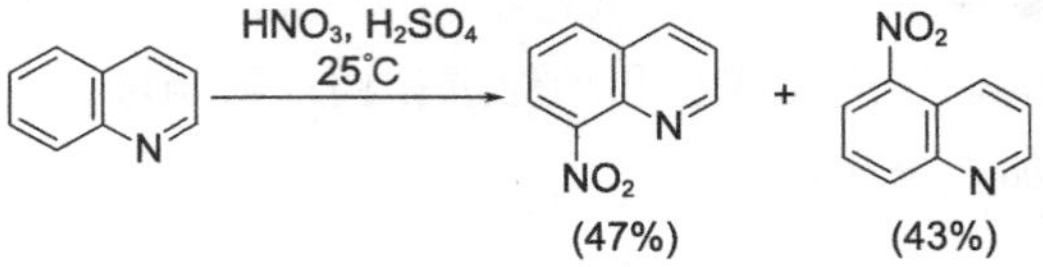

利用过渡金属可使喹啉发生定向的硝化反应，如用 $Zr(NO_3)_4$ 硝化，可获得喹啉的 7-硝基衍生物。

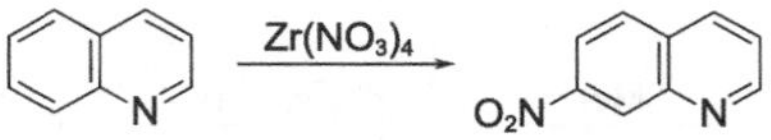

（4）卤代反应

喹啉的卤代反应比较复杂，反应条件的不同，会使得卤化反应通过不同的方法和机理进行，从而获得不同的产物。如在浓硫酸存在下，喹啉溴代生成 5-溴喹啉和 8-溴喹啉的混合物，两个单溴化产物的量几乎相等；而在氯化铝存在下，由于 8-位的立体位阻效应，溴与喹啉的氯化铝配合物反应则主要生成 5-溴喹啉。

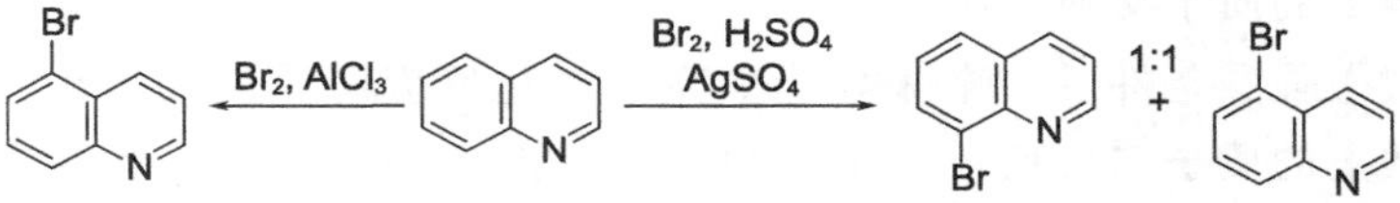

在吡啶存在下，喹啉与溴在室温下反应生成唯一产物 3-溴喹啉。这一反应过程可用加成/消除反应机理予以解释，在反应过程中，氮上的孤对电子首先受到亲电试剂的进攻，从而引发溴依次在 N、C-2、C-3 位加成，然后脱溴和溴化氢得到最终产物。

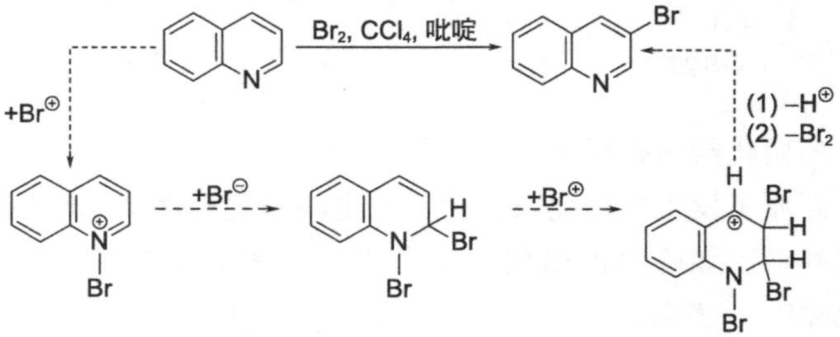

8.10.2.2　与亲核试剂的反应

喹啉的亲核取代反应可分为用氢化物转移和置换卤离子的亲核取代反应。反应一般在吡啶环上发生，位置通常是 2-位和 4-位。与吡啶相比，由于稠合的苯环通过共轭稳定了加成产物，所以喹啉的亲核取代反应要更快。

（1）烷基化和芳基化反应

喹啉可在吡啶环上发生烷基化和芳基化反应，但其与烷基及芳基格氏试剂或烷基及芳基锂试剂加成的直接产物是二氢喹啉，这也是喹啉的特征反应。而后经氧化在碳上取代，使得杂环恢复芳构化。如喹啉与有机锂化合物发生 Ziegler 反应，产物只存在 2-烷基（或 2-芳基）喹啉。具体反应过程如下：

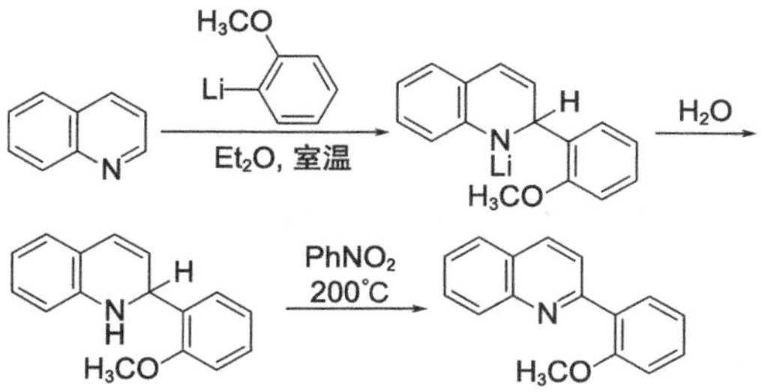

在 Ziegler 反应中，RLi 与喹啉的加成受到配位作用的控制，即使是 2-取代喹啉与锂试剂的加成也主要在 2-位发生反应。

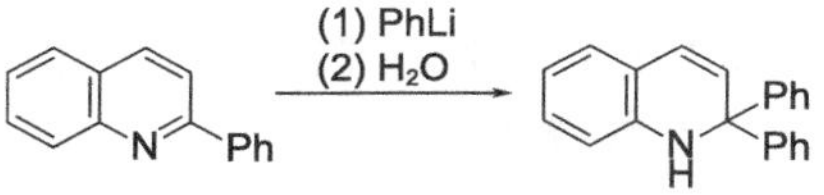

（2）氨基化反应

喹啉在氨基钾和液氨中或与氨基钠可发生 Chichibabin 胺化反应，反应得到 2-氨基喹啉和 4-氨基喹啉的混合物。具体的原理如下：

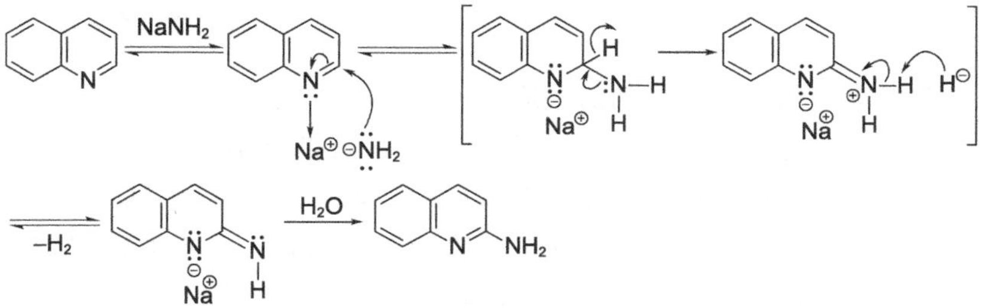

喹啉的氨基化反应进行迅速且完全，甚至在 $-45\,^{\circ}\!\text{C}$ 时就能获得二氢加成物。氨基主要进攻喹啉的 C-2，但也进攻喹啉的 C-4，且在较高温度下，喹啉的 2-加成物会重排成更稳定的 4-加成物，而后氧化获得氨基喹啉。

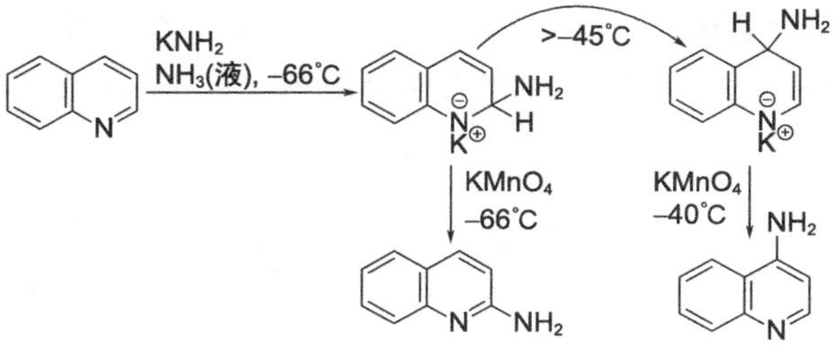

喹啉的氨基化反应位置选择性较强，一般只发生在喹啉的 C-2 和 C-4，当喹啉的 2-位有取代时，主要获得 4-氨基喹啉。

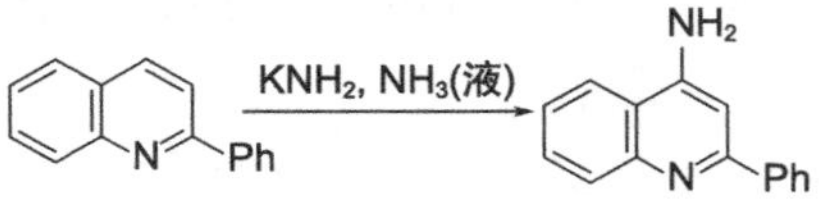

（3）羟基化反应

在高温条件下，通入氢气流后，喹啉可与氢氧化钾发生羟基化反应，反应经历亲核加成过程，最终获得 2-喹诺酮。

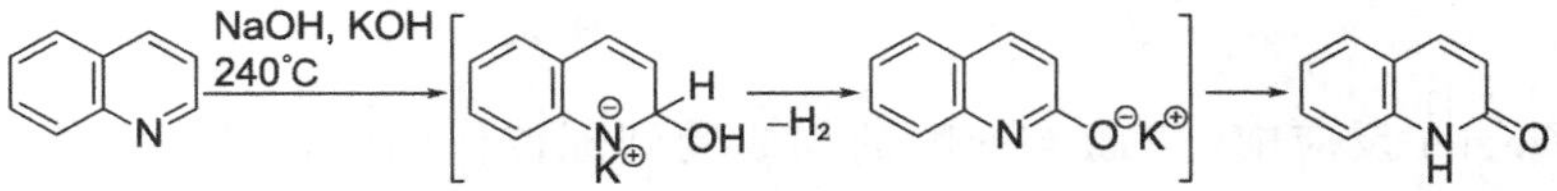

（4）卤素置换反应

与吡啶相同，当喹啉环上连有卤素等易离去基团时，卤离子容易被置换，而发生亲核取代反应。喹啉的卤素置换反应也存在一定的位置选择性，通常情况下，喹啉的 C-3 表现出和卤代苯相似的性质，不易被置换，而 C-2 和 C-4 所连卤素敏感性较高，容易发生亲核取代反应。

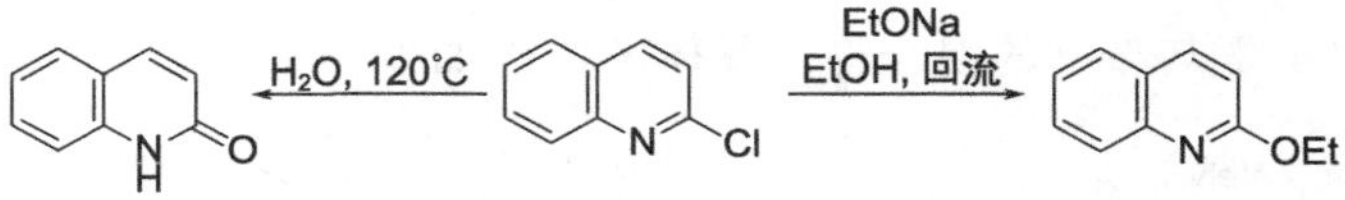

（5）喹啉季铵盐与亲核试剂的反应

喹啉氮原子上进行亲电加成形成季铵盐后，使得喹啉盐的 2-位容易受到氢氧化物、氢化物和有机金属试剂等亲核试剂的进攻，而发生亲核加成反应。如在酰化试剂 C_6H_5COCl 或 $RCOCl$ 存在下，喹啉与 KCN、$(CH_3)_3SiCN$ 等氰化物发生 Reissert 反应，生成 N-酰化-2-氰基-1,2-二氢喹啉。

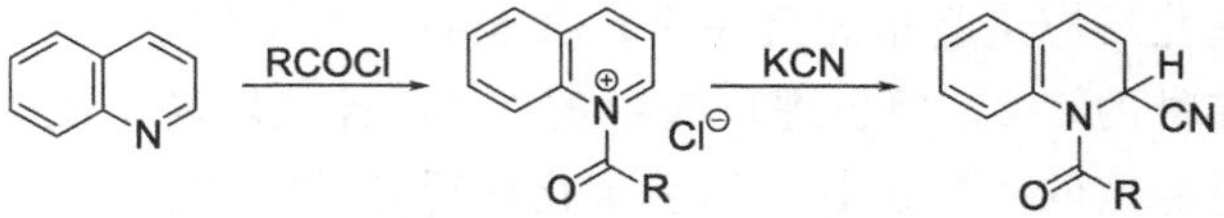

Reissert 反应产物用途广泛，其可发生去质子化、烷基化以及去掉酰基和氰基，从而生成相应的取代喹啉。如在酸性介质中，Reissert 反应的产物可水解生成醛和喹啉-2-羧酸。

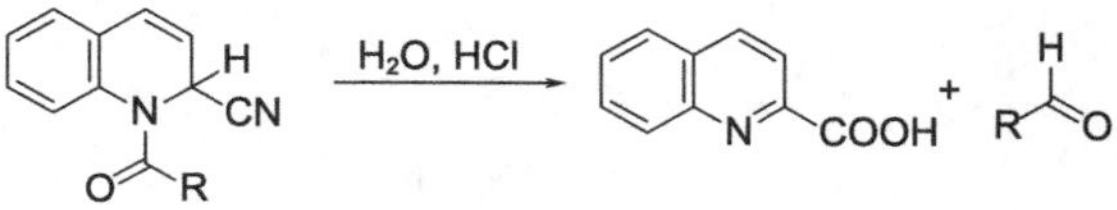

喹啉季铵盐最快的加成位置是 C-2，但通过可逆反应，在 C-4 上也可以获得热力学控制的加成产物，产物与碘反应又重新生成季铵盐。

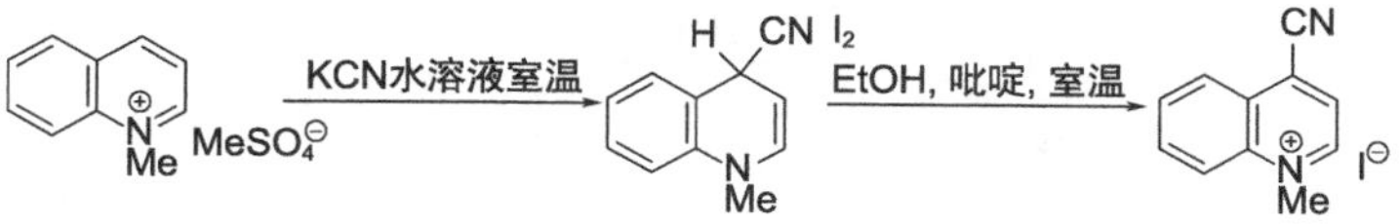

8.10.2.3 金属化反应

喹啉可以发生金属化反应，喹啉的直接锂化，即是碳的去质子化过程，需要其邻近基团含有氟、氯、烷氧基等这样的吸电子基团。4-位和 2-位二甲氨基羰氧基喹啉锂化在 3-位，4-三甲基乙酰胺基喹啉锂化反应由于位阻作用优先在 5-位发生，3-取代的喹啉锂化则在 4-位发生，而不是在 2-位。

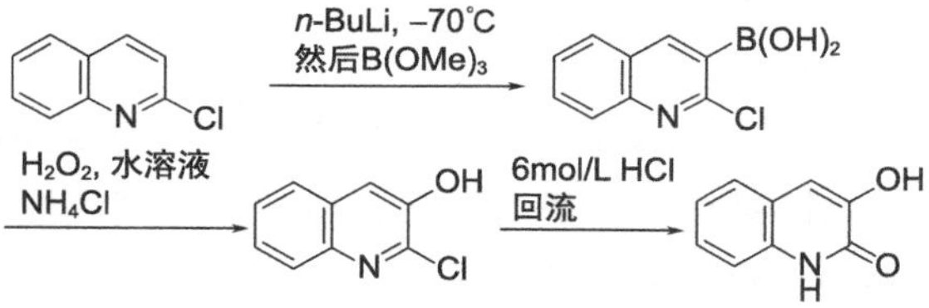

喹啉的锂化产物还可以通过金属与卤素之间的置换获得，反应在低温下进行，经常伴随着亲核加成。低温环境使得金属与卤素之间的交换既在喹啉的吡啶环上发生，也可以在苯环上发生，但苯环的锂化过程中丁基锂会与喹啉氮原子形成络合物，因此苯环的锂化需要两倍量的丁基锂。

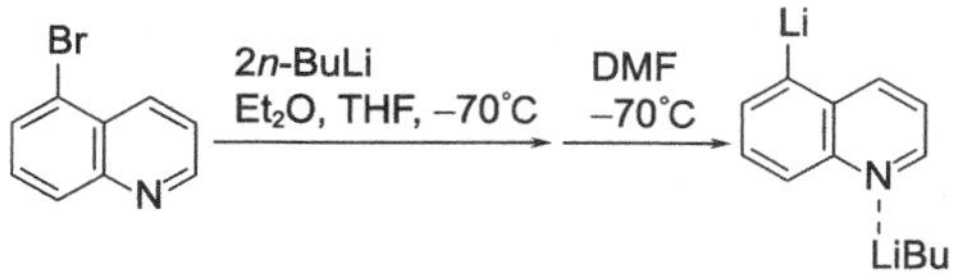

8.10.2.4 氧化反应

喹啉中苯环和吡啶环都可以被氧化，但需要剧烈的反应条件。使用臭氧可将喹啉分解生成吡啶二醛，而后用过氧化氢氧化则生成吡啶二酸，此外电解氧化是将喹啉氧化成吡啶-2,3-二羧酸（喹啉酸）的最好方法。利用高锰酸钾也可将喹啉环系降解，在碱性条件下，高锰酸钾可使苯环降解成吡啶二甲酸；而在酸性条件下，高锰酸钾则使喹啉中的吡啶环降解，生成 N-酰化的氨基苯甲酸。

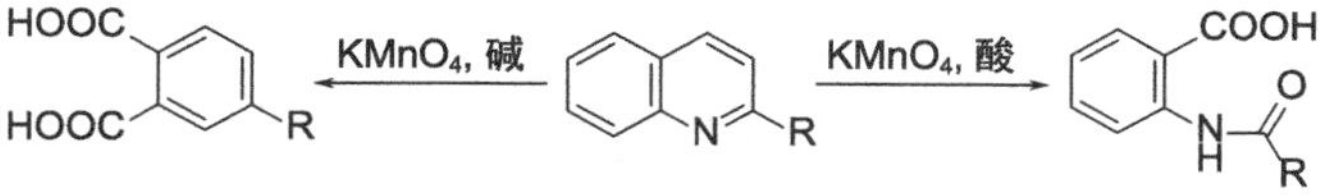

烷基喹啉可以被重铬酸钾/H_2SO_4氧化成相应的喹啉羧酸，SeO_2可以将喹啉环上 2-位和 4-位的甲基氧化成甲酰基，且这种侧链转化具有一定的位置选择性。

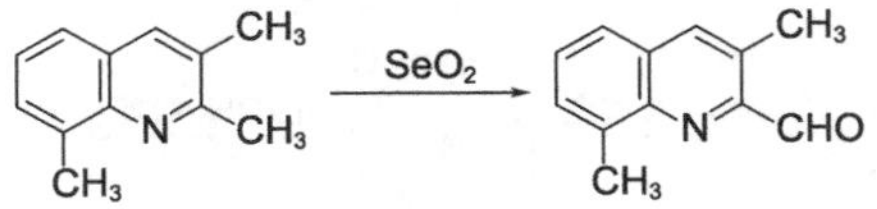

8.10.2.5　还原反应

应用不同反应条件可实现喹啉的选择性还原：在酸性溶液中用氰基硼氢化钠还原，或在二氧化镍存在下用硼氢化钠还原，或用硼氢化锌还原，或在室温常压条件下在甲醇溶液中催化氢化，都可将喹啉中的吡啶环还原成四氢化杂环。但在强酸溶液中，喹啉中的苯环会被选择性还原，延长反应时间还会导致十氢衍生物的生成。

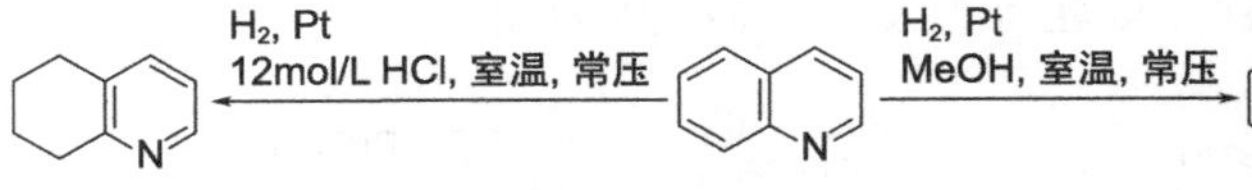

喹啉中的吡啶环也可以实现部分还原。在液氨中用锂或钠能将喹啉还原成 1,4-二氢喹啉，而氢化铝锂或二乙基铝氢化合物则能将其还原成 1,2-二氢喹啉，这些二氢化合物很容易氧化恢复成芳香体系。

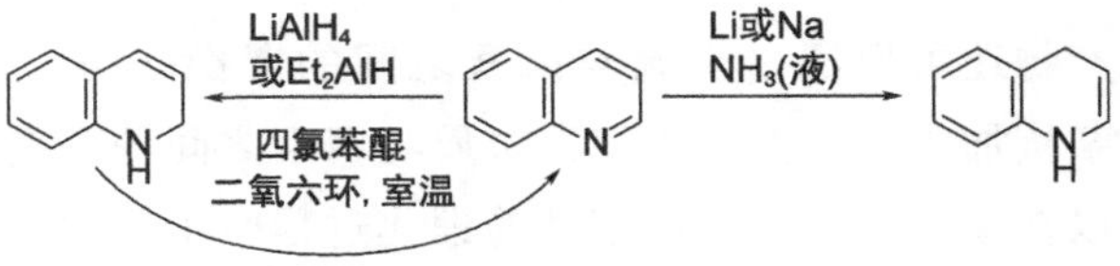

8.10.2.6　喹啉侧链的反应

喹啉中吡啶环上各位置所连甲基的酸性有一定差异。一般来说，C-3 所连甲基的酸性要远小于 C-2 和 C-4 所连甲基的酸性，C-4 所连甲基的酸性又要高于 C-2 所连甲基的酸性。因此，与吡啶类似，在活泼位置上烷基的缩合反应在酸性介质或碱性介质中都可发生。

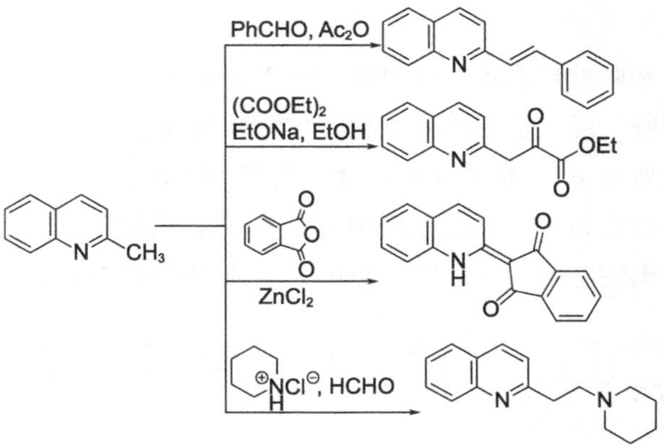

利用不同的碱性介质，还可实现多取代甲基喹啉区域选择性的缩合反应。如 2,4-二甲基喹啉与二苯甲酮反应，当用烷基锂作为碱性介质时，烷基锂会与喹啉的氮原子形成络合物，而使得 2-甲基的质子优先脱去；而当用二烷基氨基锂作为碱性介质时，则是 4-甲基优先发生脱质子化反应。

8.10.3　喹啉的合成方法

8.10.3.1　由芳胺和 1,3-二羰基化合物合成

（1）Combes 合成法

邻位无取代的一级芳胺与 β-二酮或 β-酮醛发生缩合反应首先生成 β-氨基烯酮，而后在强酸介质中发生闭环反应，进行分子内的羟基烷基化和脱水，最终生成喹啉类化合物。

当反应中使用不对称的 β-二羰基化合物时，反应的区域选择性和产物的生成受到反应介质的酸性和反应温度的影响。

（2）Conrad-Limpach-Knorr 合成法

反应中使用 β-酮酯作为 1,3-二羰基化合物与一级芳胺反应合成喹诺酮，反应过程受温度的影响，在不同温度下，经历的中间产物有所不同。在较低的温度下，苯胺与 β-酮酯反应得到动力学控制的产物 β-氨基丙烯酸酯，经过环化生成 4-喹诺酮。而在高温下，反应则经历中间产物 β-酮酯酰基苯胺，环化后生成 2-喹诺酮。

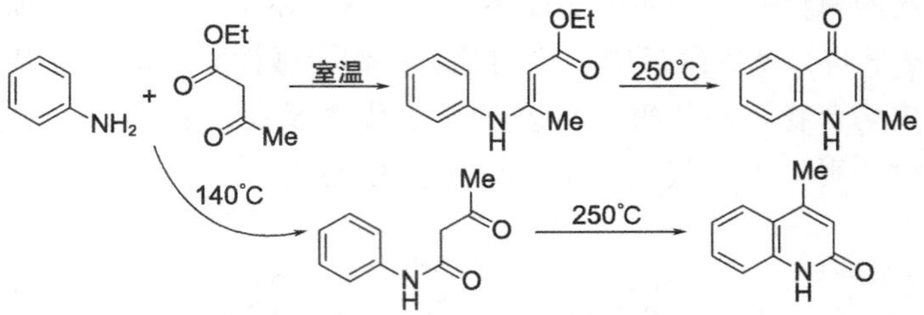

8.10.3.2 由芳胺和 α,β-不饱和羰基化合物合成

在酸性介质中，芳胺和 α,β-不饱和羰基化合物在氧化剂存在下生成喹啉化合物。反应过程首先经历胺与烯酮体系的 Michael 加成反应生成 β-氨基酮，而后在酸性条件下经历分子内羟基烷基化反应获得环合产物，再经脱水、脱氢生成喹啉化合物。

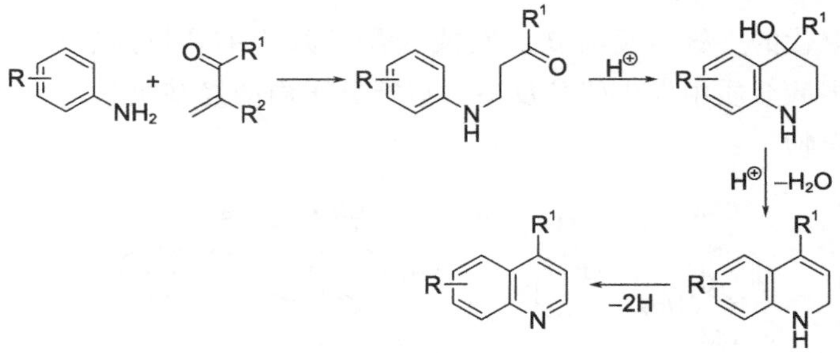

Skraup 合成法，即用苯胺、浓硫酸、甘油和温和的氧化剂一起加热生成喹啉的方法，是合成杂环上无取代基喹啉最好的方法。在该反应中，甘油先脱水生成丙烯醛，而后与苯胺进一步反应获得喹啉。在少量碘化钠存在下，硫酸也可用作氧化剂，但通常用硝基苯或砷酸作为氧化剂。

8.10.3.3 由邻位酰基芳胺和 α-亚甲基酮合成

（1）Friedländer 合成法

在酸或碱的催化作用下，邻位酰基芳胺与含 α-亚甲基的酮或醛缩合生成邻氨基肉桂酰衍生物，而后环化得到喹啉化合物。

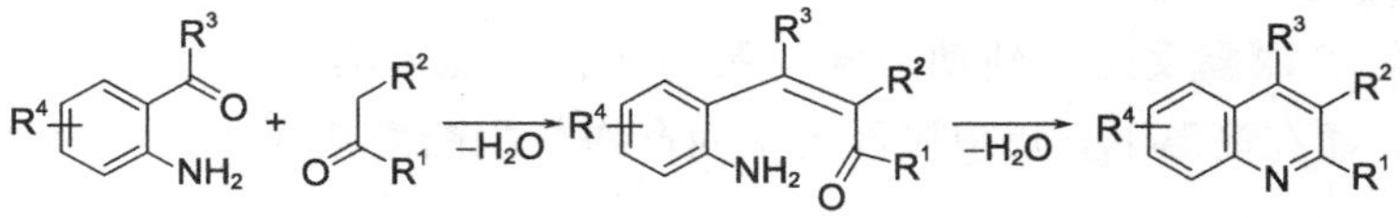

当使用不对称的含 α-亚甲基的酮或醛为原料时，反应存在区域选择性，缩合反应的定位取决于形成的是烯酯还是烯醇。如在碱催化下，甲基乙基酮与 2-苯甲酰苯胺经烯醇中间体反应生成 2-乙基-4-苯基喹啉；而在酸催化下，则经烯酯中间体反应生成 2,3-二甲基-4-苯基喹啉。

（2）Pfitzinger 合成法

由靛红（2,3-二氢吲哚-2,3-二酮）与亚甲基酮在碱性溶液中制备喹啉类化合物，是对 Friedländer 合成法的重要改进。靛红在碱性条件下分解成靛红酸盐，而后靛红酸盐作为羰基化合物与亚甲基酮发生环缩合生成喹啉-4-羧酸类化合物。

8.10.3.4 通过周环反应合成

通过周环反应构建喹啉环系的方法并不是常用的喹啉合成方法，不如前几种方法重要。在此方法中，N-芳基亚胺类化合物与炔烃、烯醇醚或烯胺发生环化/消除反应以合成喹啉化合物在有机合成中具有一定意义。

乙酰苯胺与三氯化磷和二甲基甲酰胺反应可制备 2-氯-3-甲酰基喹啉。这应该是涉及多个反应过程的合成方法。

8.10.3.5 由其他杂环体系合成

由其他杂环体系通过环转化也可制备喹啉类化合物，但在实际合成中应用较少。如 N-芳基丁内酰胺在酸催化下发生异构化，生成 1,2,3,4-四氢喹啉-4-酮。

噁唑和4,5-二氢噁唑类化合物也可通过环转化反应生成喹啉类化合物。如4,5-二氢噁唑在酸催化下与邻氯苯甲醛缩合生成3-取代的2-喹诺酮。

8.10.4 喹啉的衍生物

（1）喹啉

喹啉，常温下为具有强烈臭味的无色吸湿性液体，沸点273℃，蒸气易挥发。喹啉暴露在光下，会慢慢变成淡黄色，进一步变成棕色。喹啉最早于1834年首次从煤焦油中分离出来，而后于1842年，Gerhard由生物碱金鸡宁碱碱性降解得到。

喹啉有一定毒性，短时间暴露在喹啉蒸气中会导致鼻子、眼睛和呼吸道的腐蚀，也可能导致头昏和恶心。长时间暴露的影响还不确定，不过喹啉与肝损伤有一定的关系。

（2）羟基喹啉

当喹啉环上连有羟基时，会因氮的质子化和氧的去质子化而形成不同浓度的两性离子结构平衡。但当羟基不在C-2和C-4上时，羟基喹啉就相当于真正的酚类，具有一个羟基，它们表现出萘酚的典型反应性能，如8-羟基喹啉可用作络合剂和许多金属离子的沉淀剂。当羟基连在喹啉环的C-2和C-4上时，2-喹诺酮和4-喹诺酮以羰基互变异构体的形式存在。

喹诺酮亲电取代反应的位置取决于反应介质的酸碱度。喹啉的亲电取代反应都会在羰基氧上发生质子化，在强酸性介质中涉及进攻阳离子的反应机理，如作为中性分子，2-喹诺酮的氯代反应优先发生在C-6上，而后才是C-3上，其在强酸催化下的氢交换反应在C-6和C-8上反应最快；4-喹诺酮在不同酸度时的硝化反应发生的位置也不同。

和吡啶酮类似，喹诺酮也可通过与卤化磷的反应转变为卤代喹啉，反应条件温和，收率也较为理想。

（3）含喹啉结构的天然衍生物

含有喹啉环系的天然产物最为人熟知的是金鸡纳皮类生物碱，该类生物碱具有很好的抗疟活性，如奎宁（quinine）又名金鸡纳霜、金鸡纳碱，是茜草科植物金鸡纳树及其同属植物的树皮中的主要生物碱，是最古老的抗疟药之一。在其他类生物碱中，喹啉结构也见于其中，如喜树碱（camptothecin）是高毒性的多环喹啉生物碱，由中国喜树（*Camptotheca acuminate*，Nyssaceae）的树杆上分离得到。此外，喹啉结构也常见于其他天然产物结构中，如真菌鲜绿青霉分泌的鲜绿青霉素（viridicatin）等。

奎宁　　　　　　　喜树碱　　　　　　鲜绿青霉素

（4）含喹啉结构的药物

含喹啉环系的化合物在医药中占据重要地位，许多喹啉衍生物具有重要的生物活性，在医药领域应用广泛。在对疟疾的防御治疗中，喹啉类化合物发挥着重要作用，如氯喹（chloroquine）是目前最能控制症状的抗疟药，与另一种喹啉类抗疟药伯胺喹啉（primaquine）合用，效果较为理想，既能迅速制止临床发作，又能防止复发，达到根治。此外，氯喹对某些自身免疫性疾病，如类风湿关节炎、红斑狼疮、肾病综合征等亦有一定的作用。在抗生素类药物中，也有许多含喹啉结构的化合物，如环丙沙星（ciprofloxacin）是由德国拜耳医药研发的第三代喹诺酮类抗菌药，目前已成为世界上被广泛使用的氟代喹诺酮抗生素，是本类药物中体外抗菌活性最强的药物。

氯喹　　　　　　　伯胺喹啉　　　　　　环丙沙星

在农用化学品领域，喹啉类化合物也有一定应用，如激素型喹啉羧酸类除草剂二氯喹啉酸（quinclorac），在水稻田施用药物后，杂草中毒症状与生长素类作用相似，主要用于防治稗草且适用期很长，也可防治雨久花、田菁、水芹、鸭舌草、皂角等，对水稻安全性好；杀菌剂 8-羟基喹啉铜（copper quinolate）可用于防治苹果树轮纹病等。

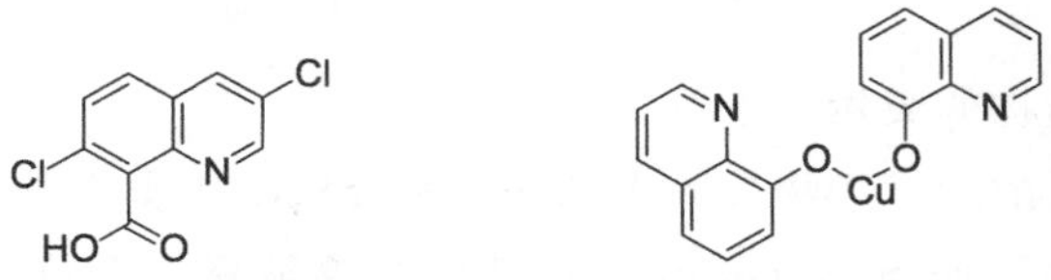

二氯喹啉酸   8-羟基喹啉铜

8.10.5 喹啉的衍生物与合成应用实例

吡咯喹啉醌（PQQ，pyrroloquinoline quinone），也称为美沙亭（methoxatin），是一种新辅基，是继黄素核苷酸和烟酰胺核苷酸之后，在膜束缚的细菌脱氢酶中发现的第三种辅基，世界医学界称为第十四种维生素。该化合物最先是从细菌中分出来的，随后相继在动、植物体内也发现了该物质。PQQ 作为一种新型水溶性维生素，是一种氧化还原酶辅基，它非常稀少，存在于一些微生物、植物和动物组织中，不仅参与催化生物体内氧化还原反应，而且还具有一些特殊的生物活性和生理功能。微量的 PQQ 就能提高生物体组织的代谢和生长机能，极其珍贵。吡咯喹啉醌的全合成过程包含了靛红的合成、吲哚的合成和喹啉的合成，具有特别的意义。

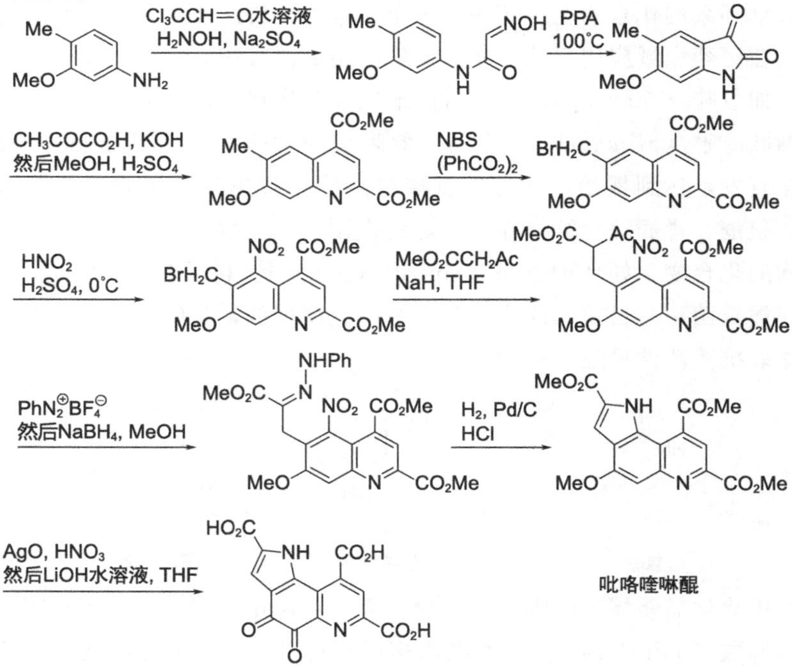

吡咯喹啉醌

8.11 异喹啉

8.11.1 异喹啉的结构

异喹啉，即苯并[c]吡啶，和喹啉同为杂环芳香性有机化合物。异喹啉与萘和吡啶具有相似的结构和光谱性质。异喹啉的核磁数据如下。

① ^1H NMR（$CDCl_3$），δ：H-1（9.15），H-3（8.45），H-4（7.50），H-5（7.71），H-6（7.57），H-7（7.50），H-8（7.87）；

② ^{13}C NMR（CH_2Cl_2），δ：C-1（152.5），C-3（143.1），C-4（120.4），C-5（126.5），C-6（130.6），C-7（127.2），C-8（127.5），C-4a（135.7），C-8a（128.8）。

8.11.2 异喹啉的化学性质

异喹啉和喹啉在结构上基本相同，都是由苯环与吡啶环稠合而成，在反应上也和喹啉及吡啶非常相似。异喹啉与亲电试剂的加成反应如质子化、烷基化、N-氧化反应等都发生在氮原子上，而一些亲电取代反应和亲核取代反应则在碳原子上进行。同样地，苯环也会影响异喹啉的反应位点和反应活性。异喹啉在许多反应上都和喹啉基本相同，因此对异喹啉反应的介绍不再赘述过多。

8.11.2.1 与亲电试剂的反应

异喹啉结构中氮原子不再与苯环直接相连，所以异喹啉的碱性（$pK_a = 5.2$）比喹啉（$pK_a = 4.94$）稍强。其氮原子涉及的与亲电试剂的加成反应和喹啉基本相同，如质子化反应、烷基化反应、酰基化反应等。

异喹啉的亲电取代反应活性要高于喹啉，其环上碳原子发生的亲电取代反应也存在一定的位置选择性，优先发生在活性更强的苯环上，且在 C-5 上的反应要比 C-8 上快；异喹啉的硝化反应、磺化反应及卤代反应等都体现了这种反应位置的选择性。

8.11.2.2　与亲核试剂的反应

异喹啉的亲核取代反应优先发生在 C-1 上，如与正丁基锂发生的 Ziegler 反应生成 1-取代产物，反应经历中间体 1,2-二氢异喹啉，且由于稠合苯环的稳定作用，该中间体可被分离出来，而后经硝基化合物氧化脱氢生成。

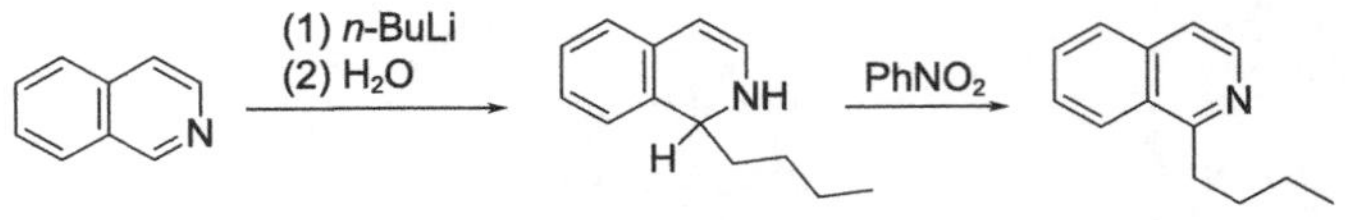

异喹啉与氨基钠在液氨中发生的 Chichibabin 胺化反应得到 1-氨基喹啉，反应对低温环境的要求并不苛刻，与氨基钾在液氨中的反应甚至在室温下就可进行。此外，异喹啉在苯环上还可发生氧化氨基化反应，引入硝基会对亲核加成反应起到促进作用。

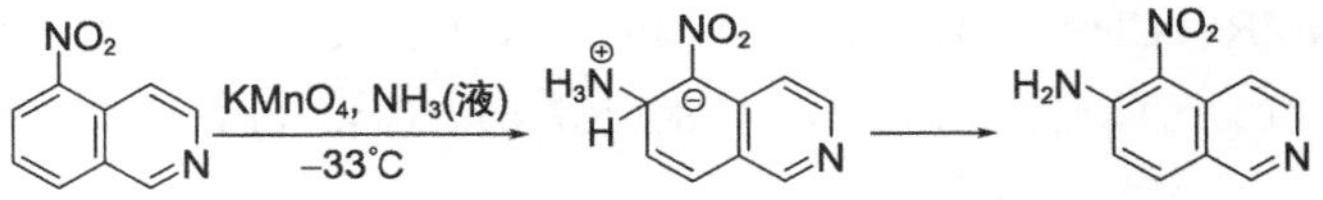

利用硝基对杂环的亲核加成反应还可以在异喹啉的 C-1 上引入硝基，反应中使用亚硝酸钾、乙酸酐与二甲基亚砜的混合物，先经二甲基亚砜和乙酸酐与杂环上氮的络合过程。

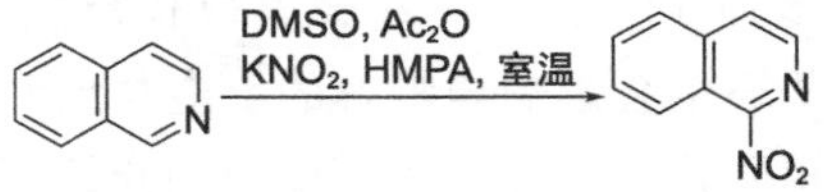

同喹啉相同，当异喹啉环的碳原子上连有卤素等易离去基团时，卤离子容易被置换，而发生亲核取代反应。异喹啉的卤素置换反应优先发生在 C-1 上，其 C-3 上卤原子相对来说反应敏感性较低。

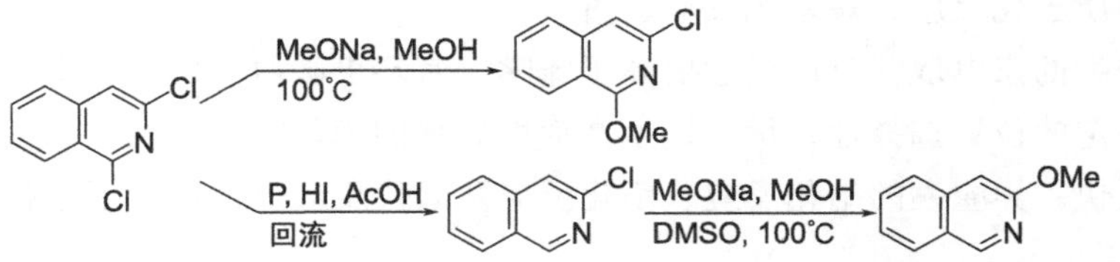

3-溴异喹啉与氨基钠反应生成 3-氨基异喹啉，表面上看是直接发生了卤素置换，但实际上，反应过程是经历了先前提及过的 ANRORC 机理（亲核加成、开环、关环），异喹啉杂环上的氮原子变成了取代基上的氮原子。

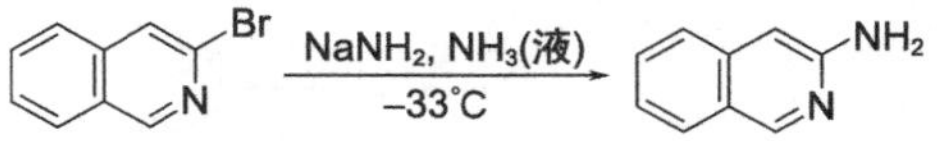

利用盐酸盐与溴的反应，可在异喹啉的吡啶环中引入卤素，反应过程与喹啉和溴在吡啶中的亲电反应有所不同，是由溴负离子对盐酸盐的亲核进攻而引发的，具体反应过程如下：

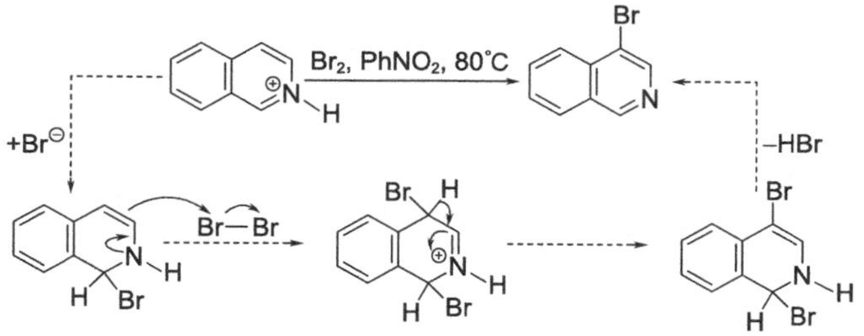

异喹啉的氮原子上进行亲电加成形成季铵盐后，使得其更易受到氢氧化物、氢化物和有机金属试剂等亲核试剂的进攻，而发生亲核加成反应，生成的二氢化芳香性产物容易被歧化或氧化，需要小心处理。

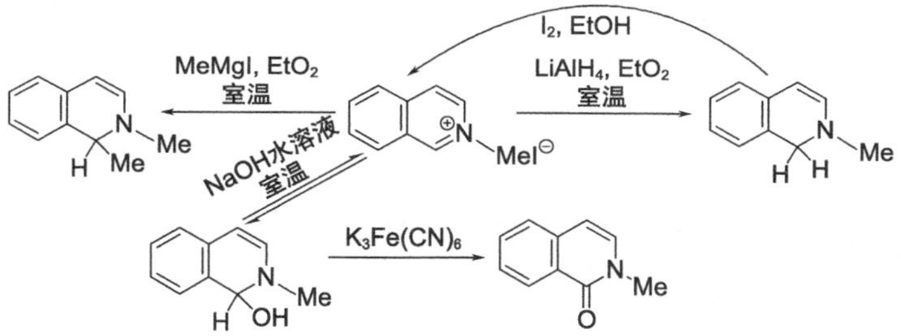

异喹啉也可发生 Reissert 反应，反应涉及 N^+-酰基异喹啉鎓盐氰化物的动力学，在酰基化试剂的存在下，通常在水/二氯甲烷的两相介质中制备 Reissert 化合物。

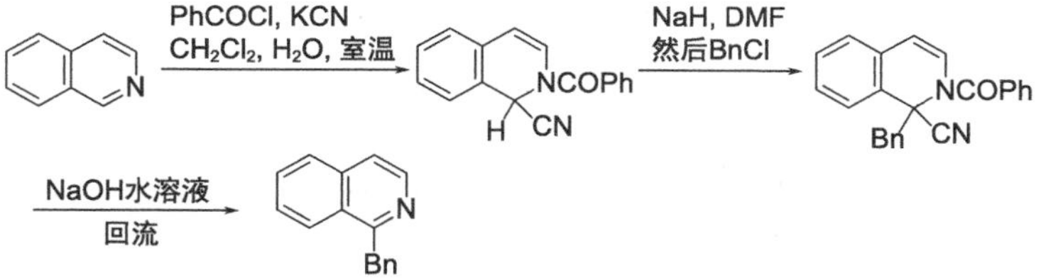

Reissert 化合物在酸性介质中可以水解成异喹啉-1-羧酸和醛，因此其在合成中可以用于醛的制备。此外，Reissert 化合物在合成上还可以发生一系列有用的转换。如在强酸介质中，Reissert 化合物可脱去 H-1 生成负离子，该负离子可与卤代烷等亲电试剂发生反应来获得异喹啉类衍生物。

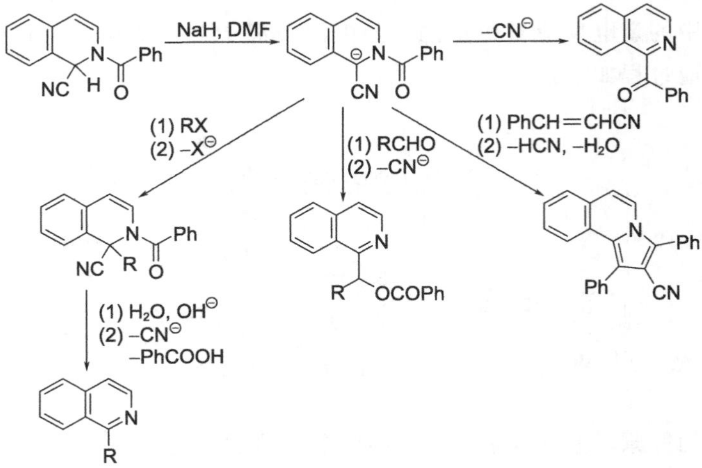

8.11.2.3　异喹啉的氧化反应

　　异喹啉环的降解需要剧烈的反应条件。在碱性介质中，高猛酸钾可将异喹啉氧化成吡啶-3,4-二羧酸和邻苯二甲酸的混合物；而在中性介质中，高锰酸钾则不氧化苯环，只生成邻苯二甲酰亚胺。

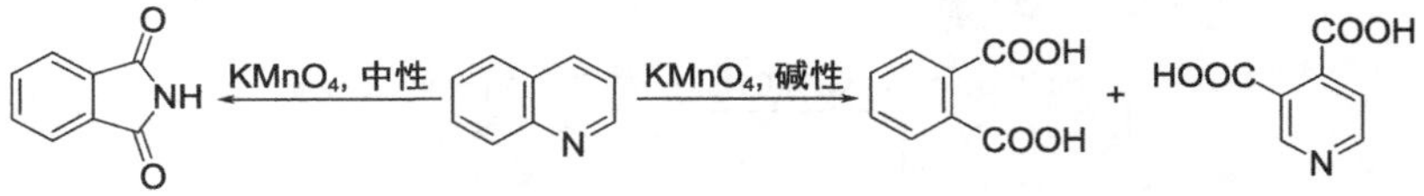

　　苯环上取代基会对异喹啉的氧化产生影响，如用高锰酸钾氧化 5-氨基异喹啉会产生吡啶-3,4-二羧酸，而氧化 5-硝基异喹啉则获得 3-硝基-1,2-苯二甲酸。

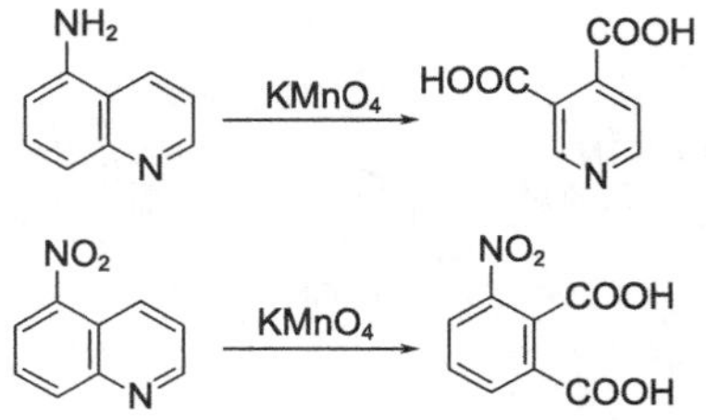

8.11.2.4　异喹啉的还原反应

　　异喹啉的选择性还原可通过催化氢化、金属还原或氢化试剂来实现。异喹啉的催化氢化受反应介质的影响，如在乙酸中，吡啶环会被选择性地还原成 1,2,3,4-四氢化合物；而在浓盐酸中，则苯环被选择性地还原生成 5,6,7,8-四氢化合物，反应进一步会生成十氢加成物。

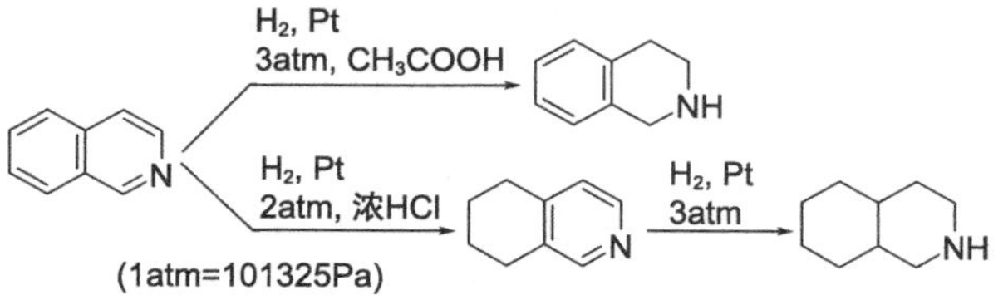

异喹啉的鎓盐易于在杂环部分进行还原，反应既可以利用催化氢化，也可以在质子型溶液中用硼氢化物还原。

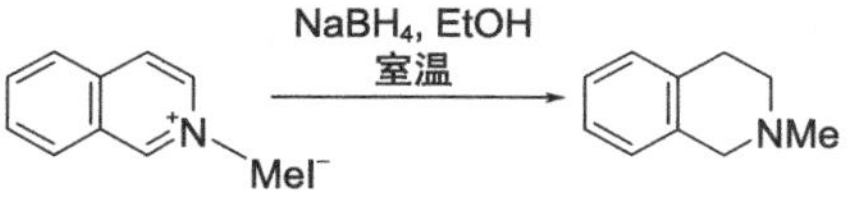

8.11.2.5　异喹啉侧链的反应

异喹啉吡啶环上所连侧链甲基也具有 CH 酸性，且 C-1 上所连甲基的酸性要远大于 C-3 上所连甲基的酸性。因此，异喹啉的侧链上也能发生酸或碱催化的 C—C 键生成反应。

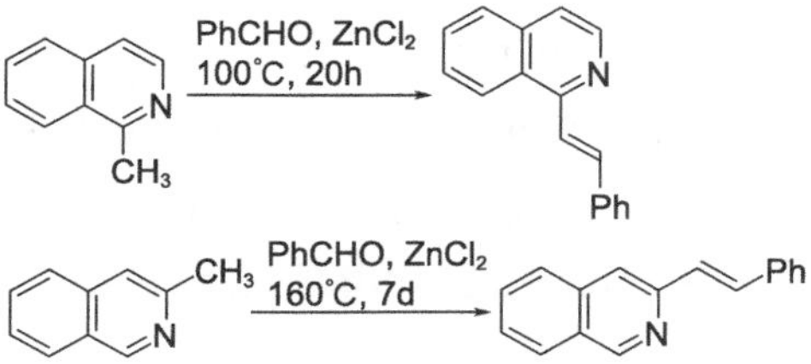

异喹啉中氮原子的季铵化会进一步加强 C-1 上甲基的酸性，N-烷基异喹啉鎓离子脱质子可得到稳定的无水碱。

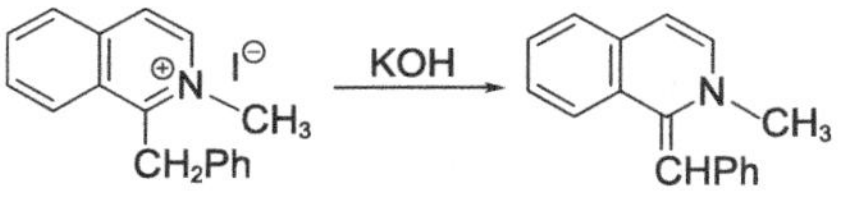

8.11.3　异喹啉的合成方法

8.11.3.1　由 2-邻甲酰苯基乙醛与胺类化合物合成

2-邻甲酰苯基乙醛可与胺类化合物发生环化反应生成异喹啉类化合物，如与氨气反应生成异喹啉；与羟胺反应获得异喹啉 N-氧化物；与伯胺反应生成 N-取代的异喹啉鎓盐；与肼反应则获得异喹啉 N-内铵盐。

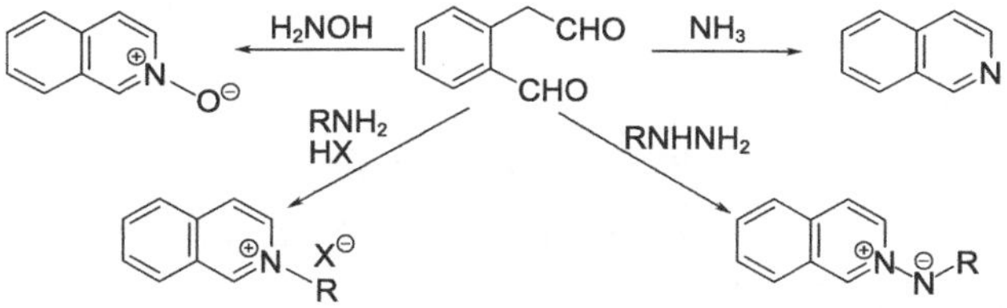

按照合成原理，类似于2-邻甲酰苯基乙醛这样的带有双亲电功能基且具有高氧化态体系也可以与胺类化合物发生反应生成异喹啉类衍生物，如邻氰基苯基衍生物。

8.11.3.2　由 2-芳基乙胺合成

由 2-芳基乙胺与羧酸衍生物或醛反应生成的酰胺或亚胺经环化脱氢后获得异喹啉类化合物。

（1）Bischler-Napieralski 合成法

2-芳基乙胺与酸酐或酰氯反应生成酰胺，酰胺通过失水环化生成 3,4-二氢异喹啉，而后在 Pd、硫或二苯基二硫化物的作用下脱氢生成异喹啉，该过程中使用的环化试剂通常是五氧化二磷、五氯化磷或三氯氧磷。

（2）Pictet-Spengler 合成法

芳基乙胺与醛反应可高产率地产生亚胺。而后在酸存在下环化生成 1,2,3,4-四氢异喹啉。相比于 Bischler-Napieralski 反应的环化过程，亚胺质子化后生成的 Mannich 型亲电试剂的亲电性比在 Bischler-Napieralski 环化中的中间体的亲电性小，因此，要使环化反应有效地进行，就要求在苯环的适当部位必须有强的活性基团。取代基团的活性越高，环化反应越容易进行。

（3）Pictet-Gams 改进法

不饱和的芳基乙胺如 2-甲氧基或 2-羟基-2-芳基乙胺的酰胺通过实施 Bischler-Napieralski 程序，可以直接获得完全芳构化的异喹啉，反应在通常的环化催化剂三氯氧磷存在下加热即可。

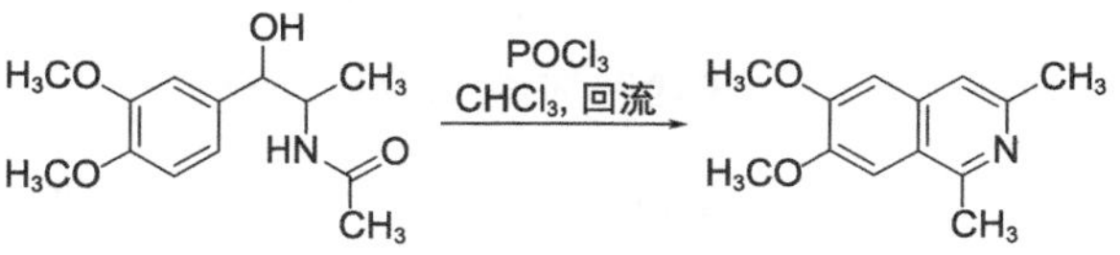

8.11.3.3 由芳醛和氨基乙缩醛合成

从芳醛和氨基乙缩醛缩合合成异喹啉的方法为 Pomeranz-Fritsch 合成法。反应通常分两步进行：首先，在温和的环境下，芳醛与氨基乙缩醛缩合可高产率地生成芳基亚胺醛；其次，在强酸存在下，亚胺醛环化。在第二步反应过程中，亚胺的水解会与环化产生竞争，因此要使用三氟乙酸或三氟化硼防止水解。当芳香醛的间位和对位连有给电子取代基时，有利于亲电环化反应的进行；而当连有吸电子取代基时，则发生另一种关环和脱氢反应生成噁唑类化合物。

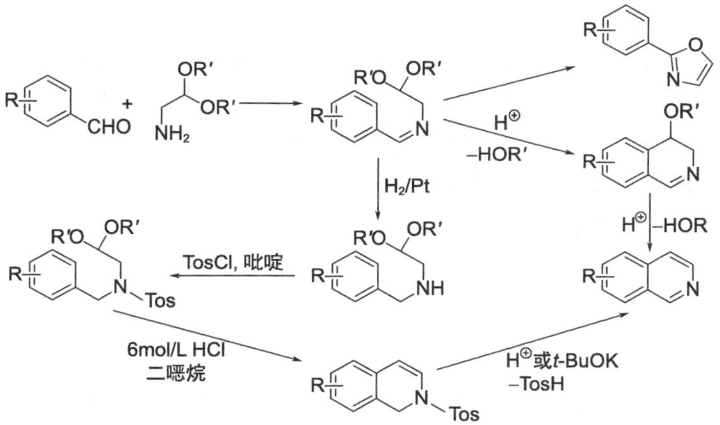

改进的 Pomeranz-Fritsch 合成法，反应依然由芳醛与氨基乙缩醛缩合生成芳基亚胺醛，但有所不同的是，芳基亚胺醛经催化加氢后生成仲胺，而后与对甲苯磺酰氯反应生成磺酰胺，再在酸性介质中环化生成 1-对甲苯磺酰基-1,2-二氢异喹啉，经脱去对甲苯亚磺酸获得异喹啉类化合物。

Pomeranz-Fritsch 合成法不容易合成在 C-1 取代的异喹啉，但通过苄胺与乙二醛二乙缩醛的反应可得到 C-1 取代的异喹啉。

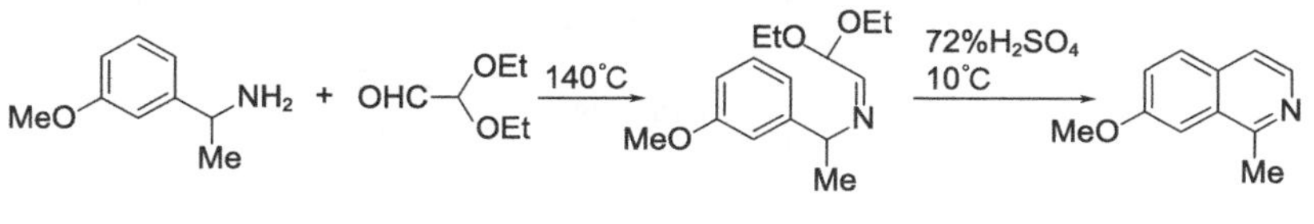

8.11.3.4 由其他杂环体系合成

异喹啉也可由其他杂环体系通过环转化来制备，如由邻苯二甲酸酐与异氰酸乙酯反应生成的噁唑-4-甲酸酯可在酸性介质中转化为 1-异喹啉酮-3-甲酸甲酯，反应过程会经历噁唑环的水解生成烯胺羧酸，而后环合。

8.11.4　异喹啉的衍生物

（1）异喹啉

异喹啉，无色固体，熔点 26℃，沸点 243℃，有类似茴香油和苯甲醚的令人愉快的气味。异喹啉能与多种有机溶剂混溶，溶于稀酸，微溶于水，具有吸水性，碱性较喹啉强，长时间存放后，其颜色会变黄。

（2）羟基异喹啉

同喹啉类似，当异喹啉环上连有羟基时，会因氮的质子化和氧的去质子化而形成不同浓度的两性离子。但当羟基不在 C-1 和 C-3 时，羟基异喹啉就相当于真正的酚类，具有一个羟基，它们表现出萘酚的典型反应性能。而当羟基在 C-1 时，1-异喹诺酮是以羟基互变异构体的形式存在的，其羟基异构体缺乏一个能量更低的极性共振结构式。

3-氧代异喹啉的情形比较有趣：其两种互变异构体稳定性相当。在无水醚中，3-异喹啉醇占优势；而在水溶液中，则是 3-异喹诺酮占优势。将 3-异喹啉醇的醚溶液中加入少许甲醇，溶液颜色会由无色变为黄色，这是因为有少量羰基互变异构体生成。

2H-异喹啉-3-酮　　　　　异喹啉-3-醇
（黄色）　　　　　　　　（无色）

类似于吡啶酮，1-异喹诺酮可通过与卤化磷的反应转化为卤代异喹啉。

（3）含异喹啉结构的天然产物

异喹啉类物质在基础代谢中发挥着重要作用，含有异喹啉的次级代谢物相对较多，其衍生物在自然界中广泛存在，异喹啉生物碱是已知生物碱中最大的一类，目前已知的已有 600 多种。根据该类生物碱的基本结构类型，可分为二十多类。如简单的异喹啉类鹿尾草定（salsolidine）也称为萨苏里丁，是从鹿尾草中分离获得的；苯酞异喹啉类的那可汀（narcotine），是 1804 年从罂粟属植物鸦片中提取得到的，在临床上可用于镇咳药。

鹿尾草定   那可汀

（4）含异喹啉结构的药物

异喹啉类衍生物在医药中发挥着重要作用，许多异喹啉类天然衍生物都可直接用于临床，对多种疾病的治疗效果显著。如罂粟碱（papaverine）是重要的解痉药，对血管、支气管、胃肠道、胆管等平滑肌有松弛作用，主要用于脑血栓形成、肺栓塞、肢端动脉痉挛症及动脉栓塞性疼痛等。而经对异喹啉类天然衍生物的改造，也获得了许多在临床上应用价值很高的药物。如诺米芬辛（nomifenison）可用于抗抑郁症，吡喹酮（praziquantel）则是抗血吸虫药。

罂粟碱   诺米芬辛   吡喹酮

8.12 1,5-苯并二氮杂环庚三烯

8.12.1 1,5-苯并二氮杂环庚三烯的结构

8.12.2 1,5-苯并二氮杂环庚三烯的化学性质

1,5-苯并二氮杂环庚三烯，其结构中，两个氮原子都直接与苯环相连，而使

得 N 原子上电子密度降低，碱性相比于其脂肪族同系物弱（pK$_a$≈ 4，5）。用酸处理后，它们容易形成有色的单阳离子。当两个 N 原子都被强酸质子化后，形成无色的双鎓离子。

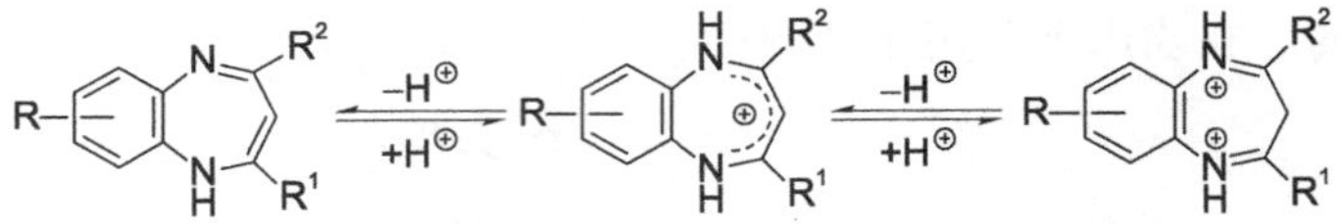

8.12.3　1,5-苯并二氮杂环庚三烯的合成

1,5-苯并二氮杂环庚三烯可通过 1,2-二氨基芳烃与 1,3-二酮缩合得到。

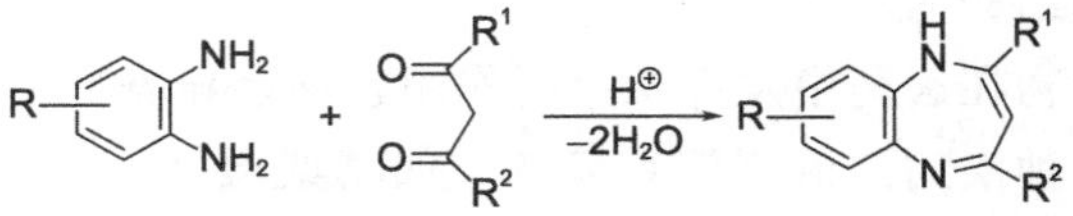

8.12.4　1,5-苯并二氮杂环庚三烯的衍生物

二苯并-1,5-二氮杂环庚三烯衍生物是安定类药物重要的构建模块，如氯氮平（clozapine）是强安定药物之一，对急、慢性精神分裂症均有良好的治疗效果。也可用于躁狂发作和改善顽固睡眠障碍。此外，尚有抗胆碱作用、NE 能阻滞作用、交感神经阻滞作用、肌松作用和抗组胺作用。

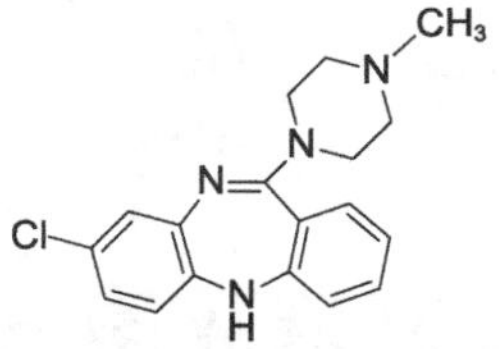

氯氮平

8.13　1,4-苯并二氮杂环庚三烯

8.13.1　1,4-苯并二氮杂环庚三烯的结构

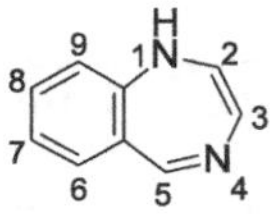

8.13.2　1,4-苯并二氮杂环庚三烯的化学性质

$1H$-1,4-苯并二氮杂环庚三烯与乙酸酐在碱性条件下反应生成 1-酰基化合物。

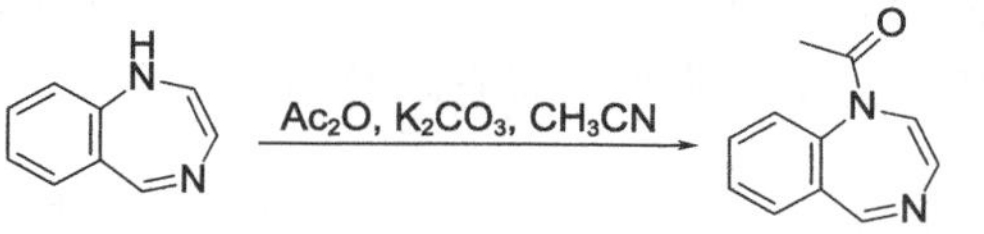

2-氨基-4-氧化物在温和条件下碱水解可得到内酰胺，用无水酸酐处理，功能基 CH_2 发生 Polonovski 反应得到相应的 1,2-二羰基化合物，其重排生成的是喹唑啉-2-甲醛。

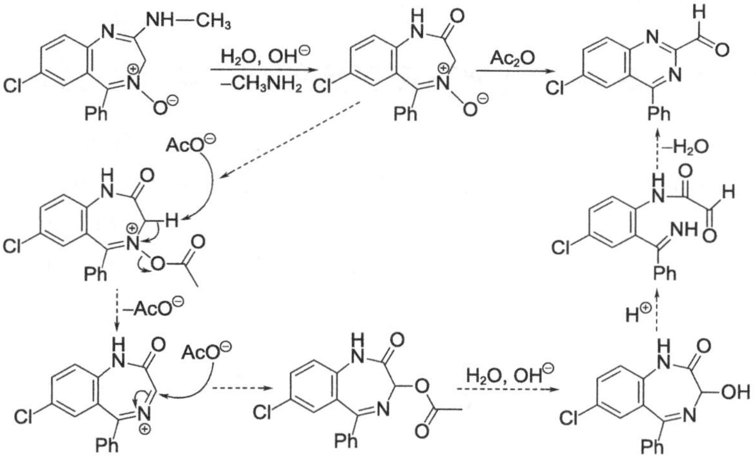

8.13.3　1,4-苯并二氮杂环庚三烯的合成

1,4-苯并二氮杂环庚三烯是镇定药和抗抑郁类药物的重要结构单元。

8.13.3.1　由邻氨基二苯甲酮与氨基酸酯合成

在碱催化下，邻氨基二苯甲酮与氨基酸酯直接环合可得到 2,3-二氢-$1H$-1,4-苯并二氮杂庚环-2-酮类化合物。

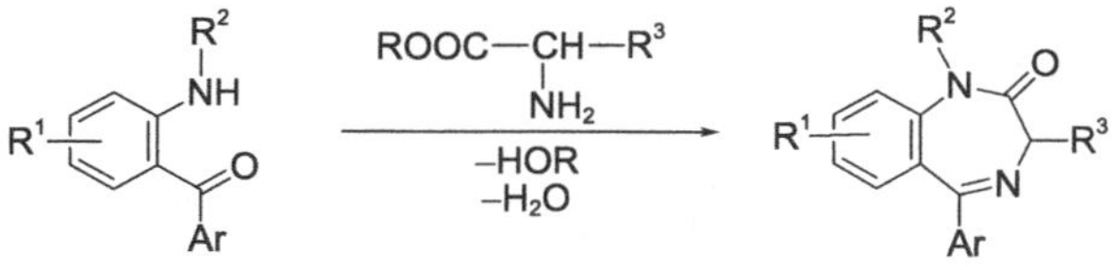

8.13.3.2 由 2-(氯甲基)喹唑啉-3-氧化物与 NH₃ 或伯氨合成

带有邻氨基苯基的二芳基甲酮肟与氯乙酰氯反应可以制备喹唑啉-3-氧化物，其与 NH_3 或伯氨反应首先在 C-2 位发生亲核加成，而后脱氯并发生 1,2-迁移形成一个外消旋的脒盐中间体，再脱去质子生成化合物 2-氨基-1,4-苯并二氮杂环庚三烯-4-氧化物。例如，利眠宁（chlordiazepoxide）的合成，其主要用于治疗焦虑症、强迫性神经官能症、神经衰弱失眠及高血压等。

8.13.4 1,4-苯并二氮杂环庚三烯的衍生物与合成应用实例

在医药中，1,4-苯并二氮杂环庚三烯类衍生物应用较多。如地西泮（diazapam）为弱安定药，具有镇静、催眠、抗焦虑、抗惊厥、抗癫痫及肌肉松弛作用。主要用于治疗焦虑症和一般性失眠，还用于抗癫痫和抗惊厥。可由 5-氯-2-氨基二苯甲酮与甘氨酸酯为原料，关环反应生成苯并-1,4-二氮杂环庚三烯-2-酮，经甲基化后制得地西泮。

思考题

1. 影响苯并杂环化合物化学性质的因素有哪些？

2. 比较一下单杂环与苯并杂环之间的化学性质有哪些异同点。

3. 苯并杂环的合成方法有哪些？

4. 总结苯并杂环的应用有哪些。

5. 苯并吡唑和苯并三唑的互变异构体分别有几种，哪种是稳定的，为什么？

6. 含一个杂原子和含两个、含三个杂原子的苯并杂环在亲电取代反应中有什么区别？

7. 比较一下苯并咪唑、苯并吡唑、苯并三唑的酸碱性，其与什么相关？

8. 比较 2H-色原烯-2-酮和 4H-色原烯-4-酮的异同点。

9 杂环并杂环

杂环并杂环化合物属于稠杂环类化合物,按照稠合键的类型分为两类,一类是稠合键为碳-碳键,另一类是稠合键为碳-杂键,其中杂原子以 N 原子居多。这类杂环化合物的化学性质与单杂环化合物的性质相似,所以重点介绍其合成方法和衍生物部分内容。

9.1 青霉素

9.1.1 青霉素的结构

青霉烷的英文名字是 penam,7-氧代青霉烷是青霉素类药物的核心骨架。它是由氮杂环丁烷与噻唑烷组成的桥杂环。该化合物为手性化合物。

9.1.2 青霉素的化学性质

因为青霉素中含有 β-内酰胺结构,在酸、碱性条件下或生物体内的 β-内酰胺水解酶作用下,容易发生水解和分子重排,一旦 β-内酰胺结构被破坏,就失去了杀菌活性。β-内酰胺环中羰基和氮上的未共用电子对不能共轭,加之四员环

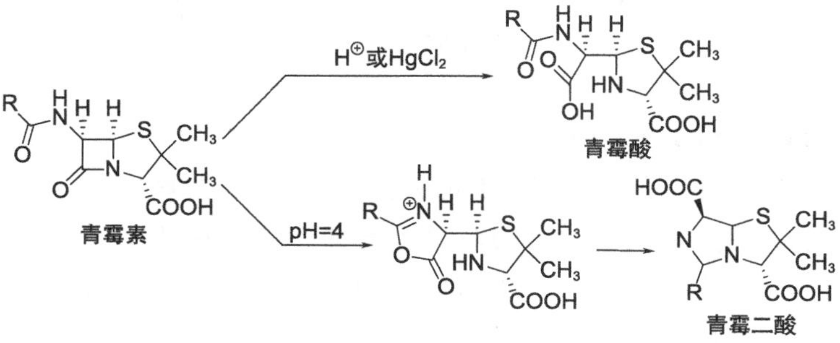

的张力，造成 β-内酰胺环具有高度化学反应活性。在弱酸（pH＝4）的室温条件下，侧链上羰基氧原子上的孤对电子作为亲核试剂进攻 β-内酰胺环，再经重排生成青霉二酸（penillic acid）；在强酸条件下或氯化汞的作用下，β-内酰胺环发生裂解，生成青霉酸（penicillic acid）。

9.1.3 青霉素的衍生物

1929 年，英国的医生弗莱明（Fleming）发现霉菌青霉素可以抑制革兰阳性菌的生长。1941 年，Florey 和 Chain 成功地分离到了活性物质——青霉素钠盐。1945 年，用 X 射线衍射分析证实了青霉素 G（苄基青霉素）的结构，并在临床中广泛应用。该化合物的结构为（3S,5R,6R)-6-酰氨基-2,2-二甲基-7-氧代青霉烷-3-羧酸。天然的青霉素共 7 种，不同的青霉素的主要区别是酰氨基中的 R 不同，其中青霉素 G 的抑菌作用最强，临床应用价值最大。由于 7-位为羰基，所以青霉素又叫 β-内酰胺类抗生素。这类抗生素通过抑制 D-丙氨酰-D-丙氨酸转肽酶（黏肽转肽酶），来抑制细菌细胞壁的合成。

青霉素G:R= —H₂C—Ph

9.1.4 青霉素的合成

9.1.4.1 青霉素的生物合成

天然的青霉素主要是从霉菌中提取获得的，也可以基于生物合成的方法获得。青霉素的生物合成以半胱氨酸和缬氨酸制得的肽作为起始原料。首先，半胱氨酸残基在酶催化下，形成 C—N 键，得到与酶相连的中间体。然后，通过缬氨酸残基上的 C—H 键断裂及 C—S 键的形成制得青霉素。

9.1.4.2 青霉素的半合成

天然青霉素的缺点是不耐酸、不耐酶、抗菌谱窄、过敏反应严重。为解决以上问题，以从青霉发酵液中获得的 6-氨基青霉烷酸（6-APA）为原料，进行结构修饰，得到半合成的青霉素，能提高药物的活性，消除其缺点。目前应用的品种有 40 多种。半合成青霉素的常用合成方法有酰氯法、DCC 法和酸酐法等。

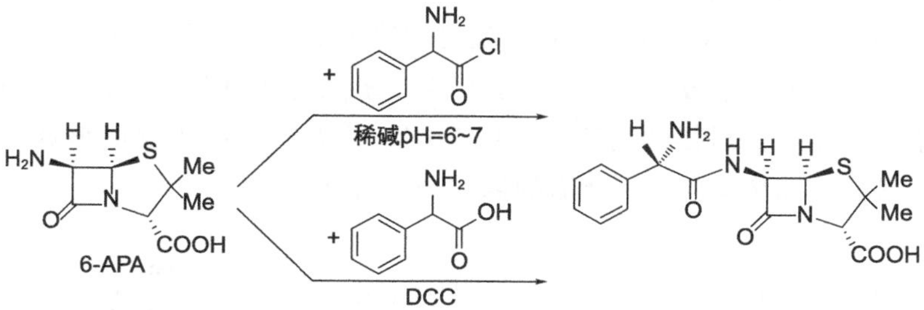

6-APA

稀碱pH=6~7

DCC

9.2 头孢烯

9.2.1 头孢烯的结构

头孢烯是氮杂环丁烷与1,3-噻嗪环的稠合体系,为桥杂环化合物,分子具有手性。8-氧代头孢烯是头孢菌素类化合物的核心结构。

9.2.2 头孢烯的衍生物

头孢菌素也属于β-内酰胺类抗生素,与青霉素一样,抗菌机理相同。其中头孢菌素C于1955年由Newton和Aberaham首次分离得到。1961年通过化学方法和X射线衍射确证其结构。它可以看成是由(R)-α-氨基己二酸与7-氨基头孢烷酸缩合而成的。

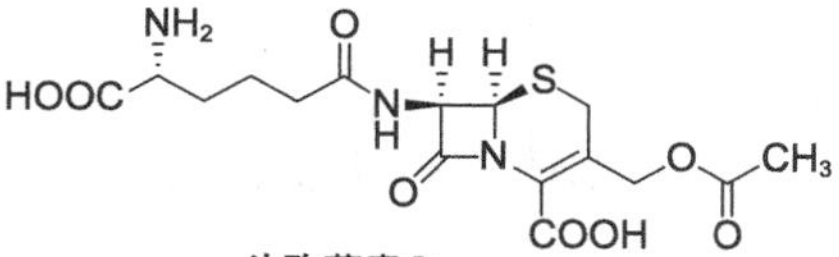

头孢菌素C

9.2.3 头孢菌素的合成

9.2.3.1 头孢菌素的全合成

头孢菌素C的全合成由Woodward完成,这是复杂天然产物合成史上的一个里程碑。全合成共有 16 步，反应由半胱氨酸开始，主要的反应特征：选择（+）-(R)-半胱氨酸作为初始物决定了最终产物上 7-位碳原子的 R-构型。氨基和巯基与丙酮的环缩合生成噻唑烷，而后用叔丁氧羰基将氨基保护起来。在噻唑烷的 5-位引入氨基，之后得到氮杂环丁烷-2-酮；接着经过两步反应形成二氢 1,3-噻嗪环，最后的几步反应引入所需的取代基，得到终产物。

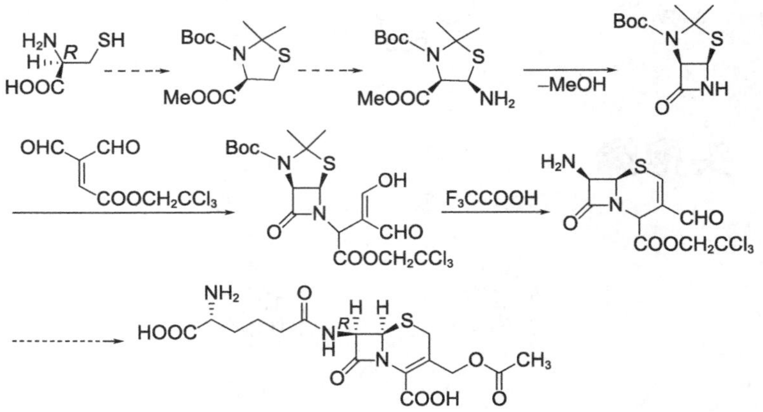

9.2.3.2　头孢菌素的半合成

工业上由霉菌提取或是半合成的方法是获得头孢菌素的常用方法。

（1）由头孢菌素 C 生成 7-氨基头孢烷酸

以头孢菌素 C 为原料，在无水甲醇和惰性溶剂中，在亚硝酰氯作用下，头孢菌素 C 生成亚氨基环醚，该 C =N 键比 β-内酰胺活性更高，经水解以较高的产率生成 7-氨基头孢烷酸（7-ACA）。

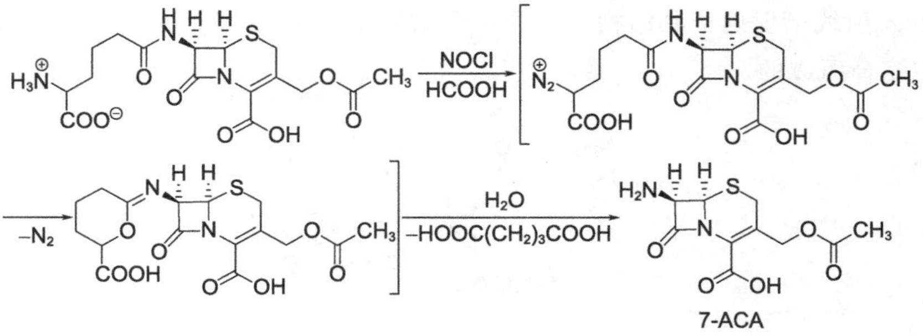

以三甲基氯硅烷为保护剂，将头孢 C 的两个羧酸保护起来，而后用五氯化磷将 7-位的酰胺羰基氯化成氯亚胺，与正丁醇反应生成亚胺醚，最后经水解和去保护反应得到 7-ACA。

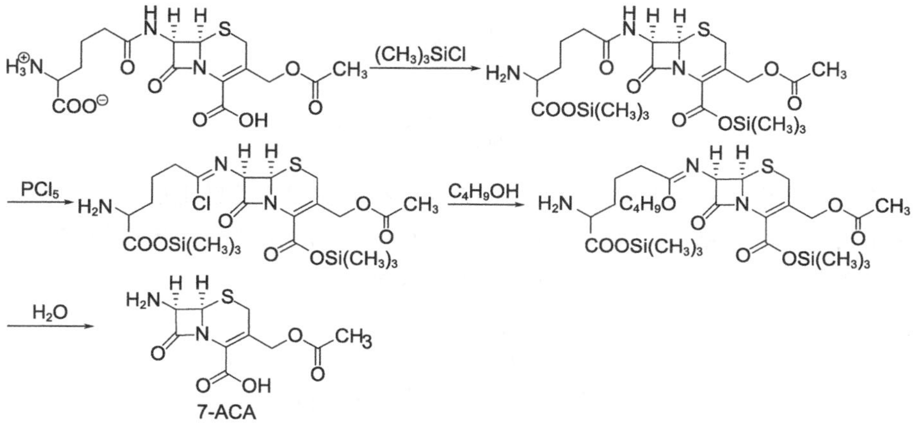

（2）由青霉素合成

半合成青霉素可转化为化合物头孢菌素，叫作青霉素重排反应（Morin 反应）。以青霉素 G 钾盐为原料，用氯甲酸三氯乙酯将羧基保护起来，再将硫氧化生成亚砜，用磷酸或乙酸酐处理经扩环反应生成头孢烷，而后用五氯化磷处理得到偕氯亚胺，再经过甲醇、水处理后获得 7-氨基头孢烷酸。

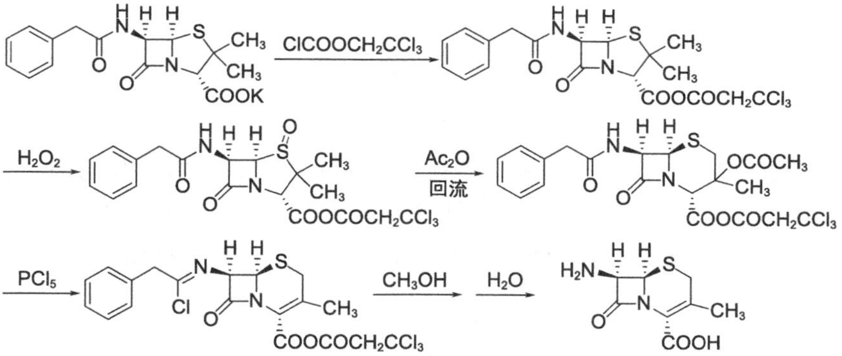

因为原料青霉素更加容易获得，所以比由头孢菌素为原料进行半合成更经济。通过结构改造，对 R^1、R^2、R^3 进行变化，可以获得比头孢菌素 C 的活性更强的药物。目前已经有四代头孢菌素问世。

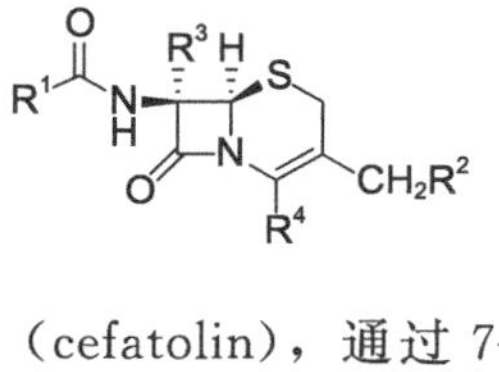

第一代头孢菌素头孢噻吩（cefatolin），通过 7-ACA 与（2-噻吩基）乙酰氯的酰化反应制得。该药物对抗青霉素的金黄色葡萄球菌和革兰阳性球菌和某些革兰阴性球菌都具有活性。但是，该类药物对 β-内酰胺水解酶不够稳定。

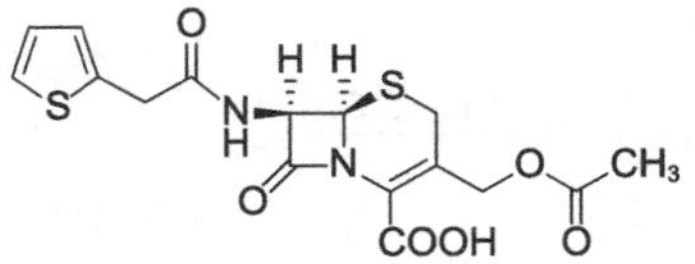

头孢噻吩

第二代头孢菌素头孢呋辛（cefuroxime）在 7-位氨基侧链上引入了 2-呋喃-α-甲氧亚氨基乙酰基结构，3-位侧链上发生改变，该化合物对 β-内酰胺水解酶稳定，抗菌谱比第一代广，对革兰阴性菌作用更强。

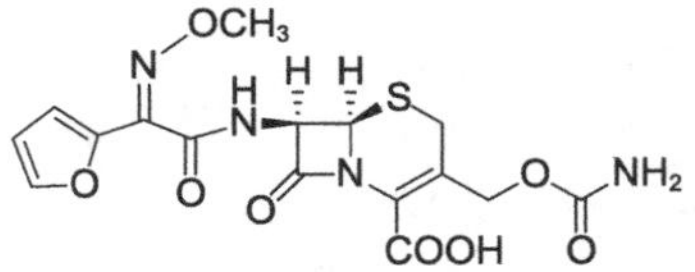

头孢呋辛

第三代头孢菌素头孢克肟（cefixime）的 7-位氨基侧链上为 2-氨基噻唑-α-甲氧亚氨基乙酰基结构，其顺式构型对 β-内酰胺水解酶稳定性更高，抗菌谱更广，对革兰阴性菌活性强。

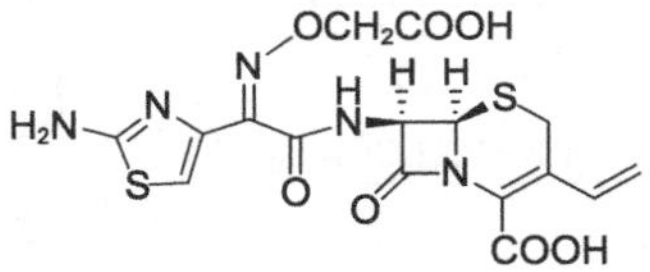

头孢克肟

而头孢匹罗（cefpirome）则属于第四代头孢菌素，与第三代药物相比，在 3-位上引入了季铵盐结构，它抗菌活性进一步增强，甚至对绿脓假单细胞也具有活性，在 β-内酰胺酶和体内新陈代谢的条件下仍然保持高稳定性。

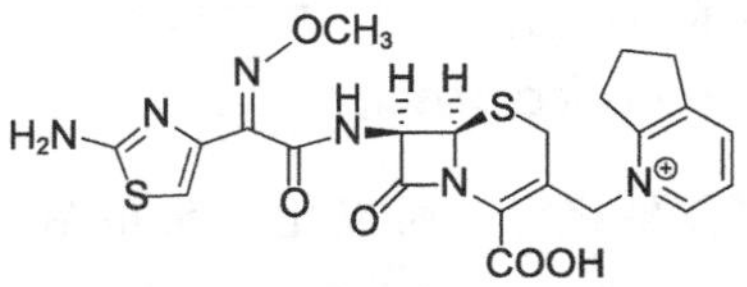

头孢匹罗

β-内酰胺类抗生素药物在全球一年销售额为 70 亿美元，占抗生素的 60%，其中头孢菌素占 40%、青霉素占 20%。

9.3 吡唑并吡啶

9.3.1 吡唑并吡啶的结构

吡唑并吡啶化合物是一类非常重要的稠杂环，其具有广泛的生理活性。吡唑并吡啶衍生物主要有吡唑并[1,5-a]吡啶、1H-吡唑并 [3,4-b]吡啶、1H-吡唑并 [3,4-c]吡啶、1H-吡唑并 [4,3-c]吡啶等几类，其中以前两类杂环化合物较为常见。与其他几类杂环相比，吡唑并[1,5-a]吡啶环有一个桥头氮原子。1H-吡唑并 [3,4-b]吡啶为淡橙色固体，熔点 99~101℃。

吡唑并[1,5-a]吡啶　　1H-吡唑并[3,4-b]吡啶　　1H-吡唑并[3,4-c]吡啶　　1H-吡唑并[4,3-c]吡啶

9.3.2　吡唑并吡啶的合成

吡唑并吡啶杂环合成时可以以吡啶环化合物为原料，也可以以吡唑环化合物为原料。

9.3.2.1　吡唑并[1,5-a]吡啶的合成

2-甲基-N-氨基吡啶碘化合物在碱催化下与苯甲酰氯反应得到较为稳定的叶立德后，再经加热脱水反应，生成 3-酰基-吡唑并[1,5-a]吡啶衍生物。N-氨基吡啶可以由羟胺-O-磺酸或 2,4,6-三甲基苯磺酰羟胺在碱性条件下对吡啶氮进行氨基化，再与 HI 反应得到。

在碱催化下，2-羟甲基-N-氨基吡啶盐和乙酸酐或原甲酸三乙酯作用关环生成 3-羟基吡唑并[1,5-a]吡啶衍生物。

吡啶 2-位无甲基时，N-氨基吡啶盐和吡喃鎓离子在碱性环境中反应，首先发生亲核开环反应，而后再关环生成 3-酮烯基吡唑并[1,5-a]吡啶衍生物。

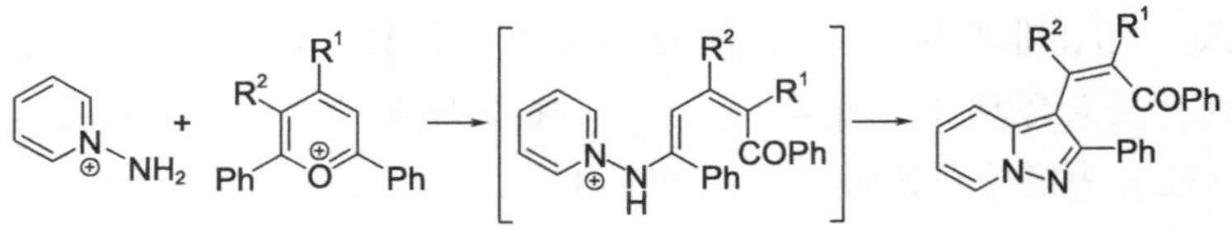

2,2-二溴乙烯基苯和碘化-1-氨基吡啶作为原料,在乙醇钠的催化作用下,可以合成 3-溴-2-苯基吡唑并[1,5-a]吡啶。

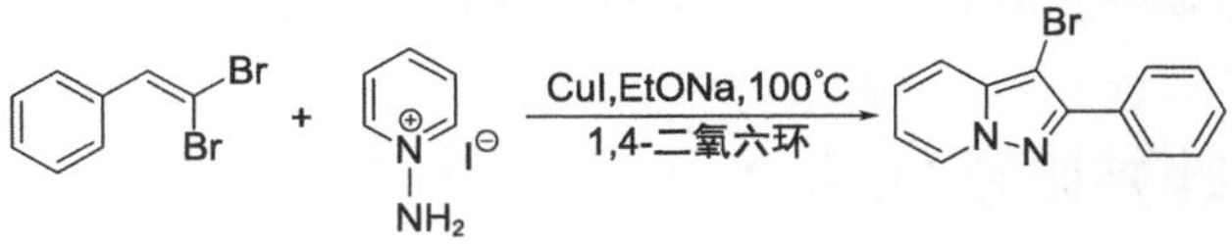

N-氨基吡啶盐还可以和炔烃衍生物发生 1,3-偶极的 [3+2] 环加成反应,关环生成吡唑并吡啶化合物。这是制备吡唑并[1,5-a]吡啶衍生物的常用方法。例如,碘化 1-氨基吡啶在 DMF 中在无水碳酸钾的作用下发生偶极化,再和丙炔酸乙酯发生环加成反应得到吡唑 [1,5-a] 吡啶-3-羧酸酯,然后经酯水解、脱羧反应,生成吡唑并[1,5-a] 吡啶,经溴代得到 3-溴吡唑并[1,5-a] 吡啶。

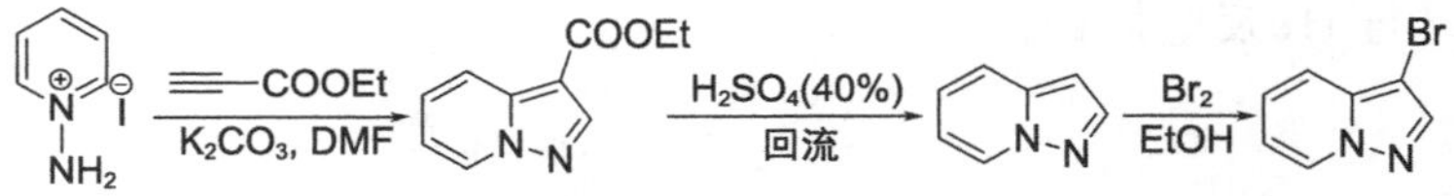

9.3.2.2 吡唑并 [3,4-b] 吡啶的合成

(1) 由吡啶合成

以吡啶环为母环合成吡唑并吡啶化合物时,一般使用肼或取代肼关环。如用 2-氯代-3-氰基吡啶与肼作用就可以制备 3-氨基吡唑并[3,4-b] 吡啶,反应会生成两种产物。

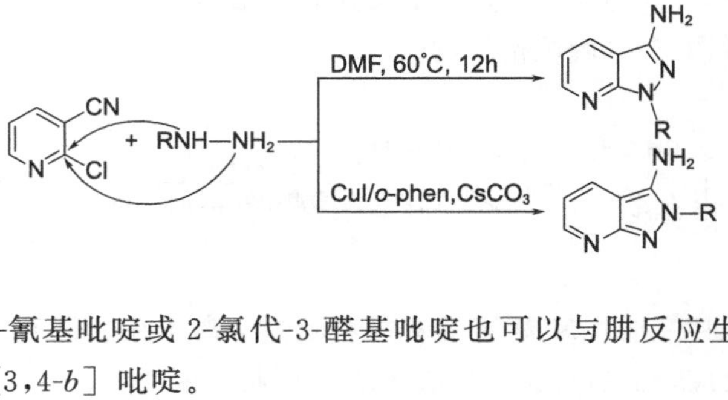

2-烷氧基-3-氰基吡啶或 2-氯代-3-醛基吡啶也可以与肼反应生成中等收率的 3-氨基吡唑并 [3,4-b] 吡啶。

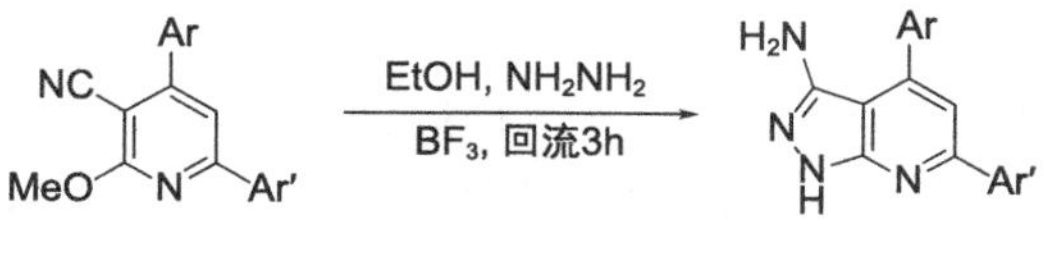

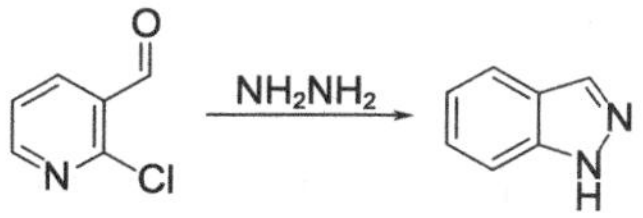

应用微波加热法合成吡唑并吡啶化合物时，可以大大地缩短反应时间，并且收率高。例如，用羟胺代替肼进行关环，整个过程可以避免使用溶剂，这是一个典型的绿色化学反应。

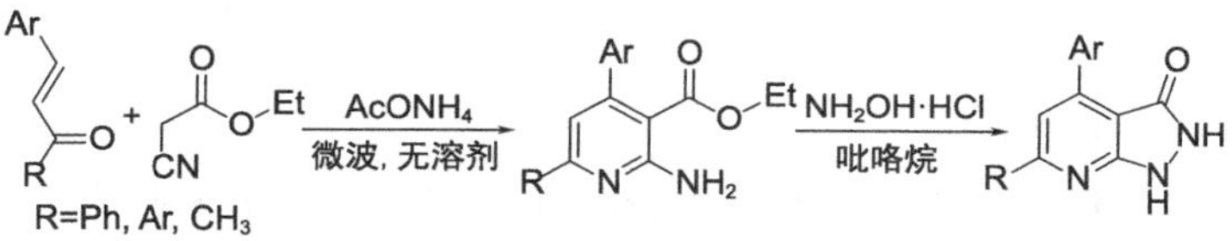

（2）由 5-氨基吡唑合成

5-氨基吡唑可以与 1,3-二羰基化合物或 α,β-不饱和羰基化合物缩合，生成吡唑并[3,4-b]吡啶衍生物。首先是羰基与氨基之间缩合生成亚胺，而后再发生类似 Michael 加成和消除反应生成目标物。

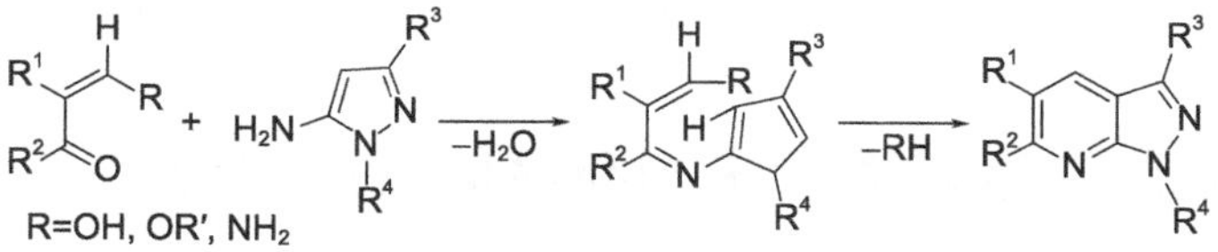

如果 5-氨基吡唑环上 4-位具有羰基或氰基等，可以和 1,3-二羰基化合物反应，生成 4-氨基-5-酰基吡唑并[3,4-b]吡啶衍生物。此类反应大多比较容易发生，一般稍微加热即可。

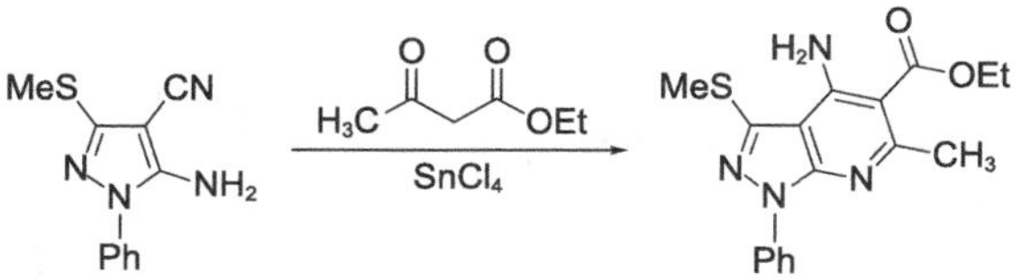

以色酮类化合物和 1,3-二取代-5-氨基吡唑化合物为原料，在分子碘催化下可以制备高收率的多取代吡唑并[3,4-b]吡啶衍生物。

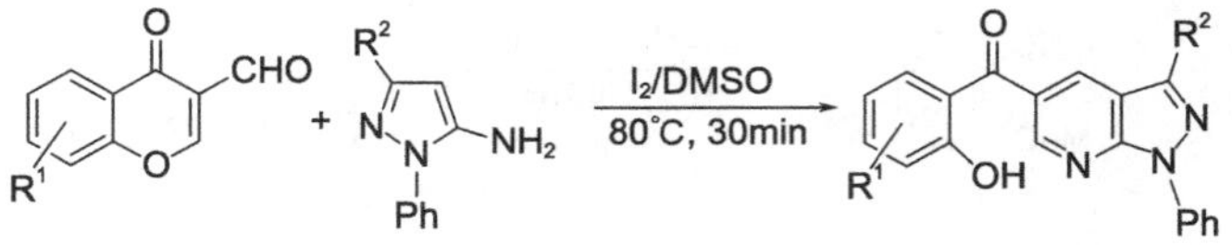

（3）由 3-氨基吡唑合成

3-氨基吡唑与乙酰乙酸乙酯长时间回流，可制备吡唑并 [3,4-*b*] 吡啶-7-酮类化合物。3-氨基吡唑不及 5-氨基吡唑活泼，反应收率一般较低。

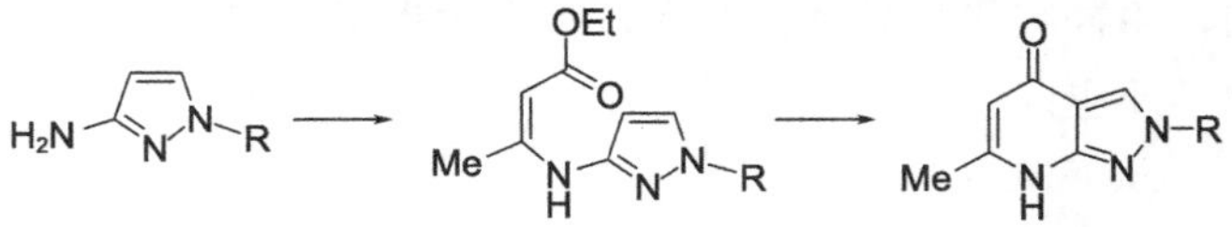

（4）由膦亚胺合成

由烯键上带有硝基或羰基的膦亚胺与异氰酸酯在甲苯中回流，先反应生成碳二亚胺中间体，再进一步发生成环反应，最终生成 5-硝基吡唑并[3,4-*b*]吡啶。

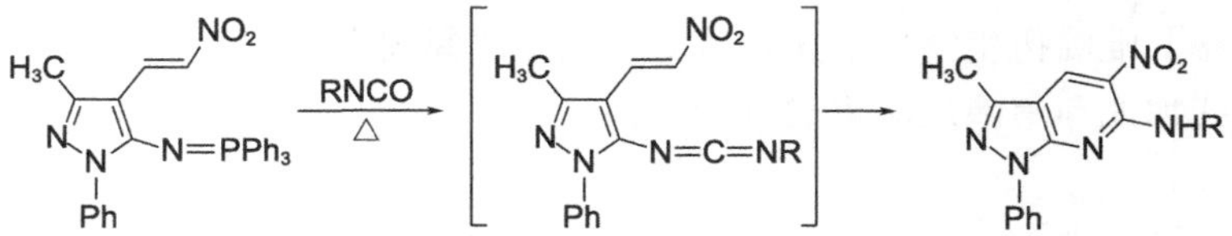

9.3.3　吡唑并吡啶的衍生物与合成应用实例

异丁司特（ibudilast）为白色粉末，是一种白三烯受体拮抗剂，它通过抑制白三烯炎性介质作用而起到抗哮喘作用。其合成方法如下：由羟胺-*O*-磺酸与 2-甲基吡啶在碳酸钾催化下反应，生成的 1-氨基-2-甲基吡啶与氢碘酸反应生成碘盐，最后与异丁酸酐在高温下回流反应生成异丁司特。

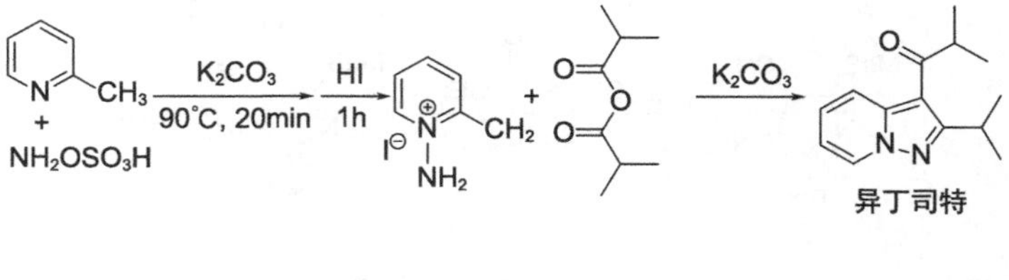

9.4 咪唑并吡啶

9.4.1 咪唑并吡啶的结构

咪唑并吡啶类化合物在医药、农药和染料工业有着广泛的应用。该类化合物和吲哚在结构上类似，常见的咪唑并吡啶类化合物主要有咪唑并[1,2-a]吡啶、咪唑并[1,5-a]吡啶、咪唑并[4,5-b]吡啶和咪唑并[4,5-c]吡啶等类型，其中以前两种化合物最多，应用也最为广泛。

咪唑并[1,2-a]吡啶   咪唑并[1,5-a]吡啶

9.4.2 咪唑并吡啶的合成

咪唑并吡啶可用吡啶或咪唑类化合物为原料来合成，目前用吡啶环化合物合成为主。

9.4.2.1 咪唑并[1,2-a]吡啶的合成

（1）由 2-氨基吡啶与醛类化合物合成

2-氨基吡啶与醛加成首先形成吡啶衍生物，羟基被取代后得到的吡啶化合物很容易再经过一个取代和分子内环化过程生成咪唑并吡啶化合物。使用常用的化学试剂 NH_4Cl/CH_3OH 作催化剂，室温下反应 3h 也可得产物咪唑并吡啶。2-氨基吡啶、芳醛和腈混合，在水中加热到 70℃，合成了高产率的咪唑并[1,2-a]吡啶化合物。这是首次在水相中和无催化剂条件下合成稠杂环衍生物的报道，是一个典型的绿色合成反应。利用微波加热可以合成咪唑并[1,2-a]吡啶化合物，能够提高反应收率和缩短反应时间。

（2）由 2-氨基吡啶与 α-卤代羰基化合物合成

2-氨基吡啶与 α-卤代羰基化合物反应形成吡啶盐，再脱去 1 分子水，生成咪唑并[1,2-a]吡啶-3-羧酸类化合物。

（3）由 2-氨基吡啶与叠氮酮类化合物合成

该反应在铜催化剂的作用下可以生成 2-取代咪唑并[1,2-*a*]吡啶化合物，反应条件较为温和，产物收率高，而且有专一的立体选择性。

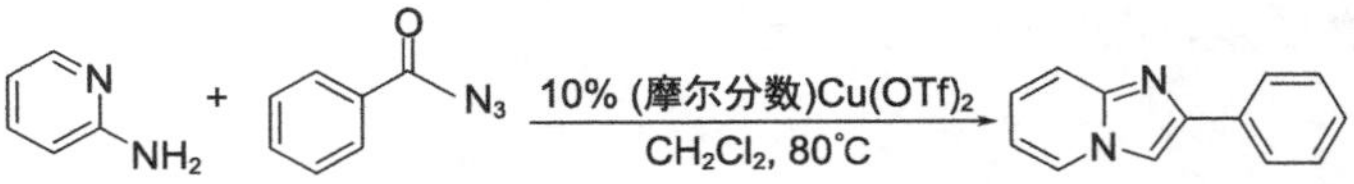

（4）由 2-氯吡啶合成

2-氯吡啶与 α-卤代羰基化合物等反应形成 2-氯代吡啶盐，然后在碳酸钾存在下用氰胺处理，生成另一吡啶衍生物，再加入 LDA 等回流，最后得到 2-氨基咪唑并[1,2-*a*]吡啶化合物。

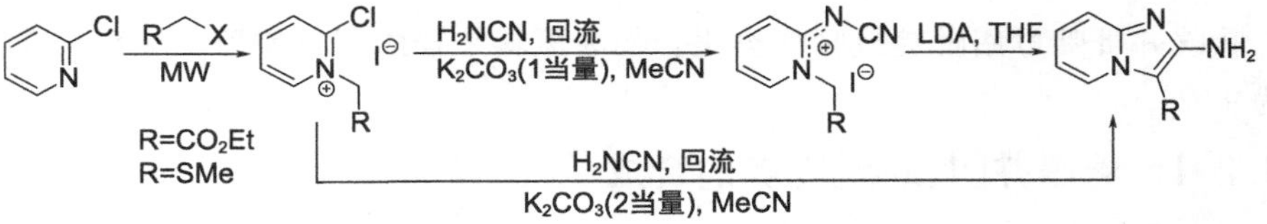

9.4.2.2　咪唑并[1,5-*a*]吡啶的合成

（1）由 2-氰基吡啶、膦叶立德和醛合成

2-氰基吡啶与膦叶立德反应生成的膦亚胺与醛作用即可生成咪唑并[1,5-*a*]吡啶衍生物，该反应具有较高的收率。

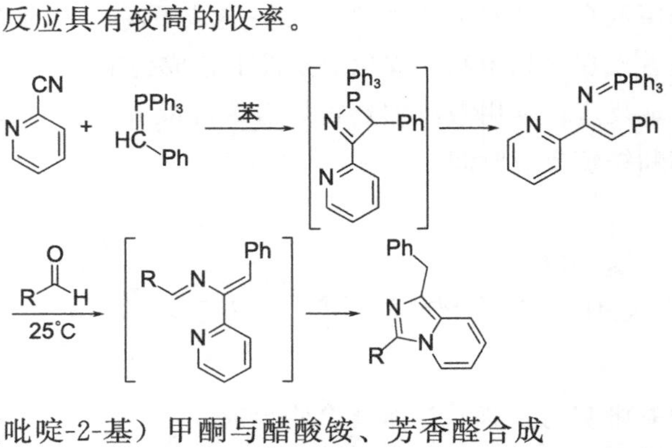

（2）由二（吡啶-2-基）甲酮与醋酸铵、芳香醛合成

该反应在乙酸溶剂中进行，生成 3-芳基咪唑并[1,5-*a*]吡啶，如果利用微波加热，仅几分钟就可以完成反应。

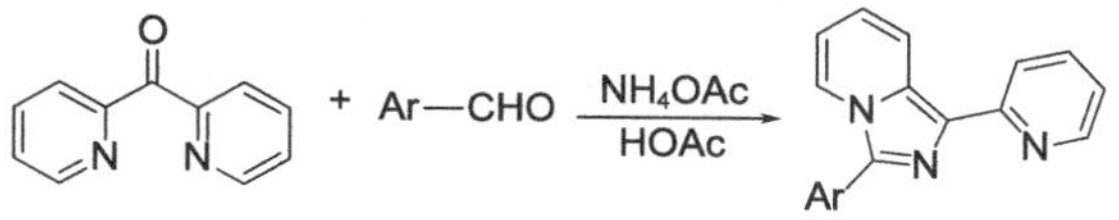

（3）由含吡啶的硫代酰胺和 I_2 合成

在很温和的条件下生成咪唑并[1,5-a]吡啶。可能的反应机理为：硫代酰胺在吡啶作用下脱去一个质子，接着硫被碘化得到的中间体被进一步碘化得到亲核中间体。吡啶环上氮亲核进攻亚胺碳关环，关环产物再脱去质子生成咪唑并[1,5-a]吡啶。该反应过程中会生成二聚体，与产生的二碘化硫有关。

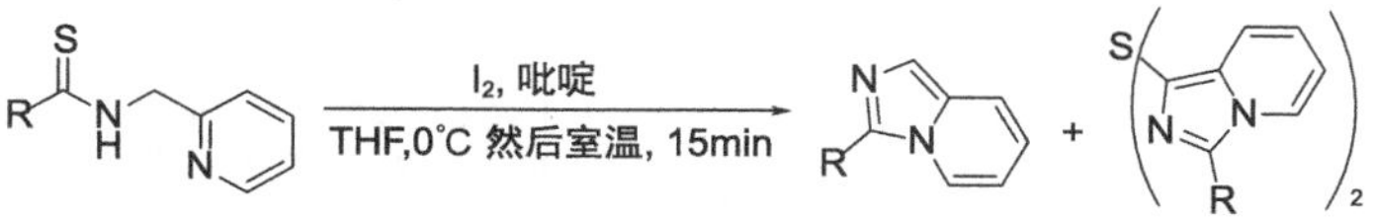

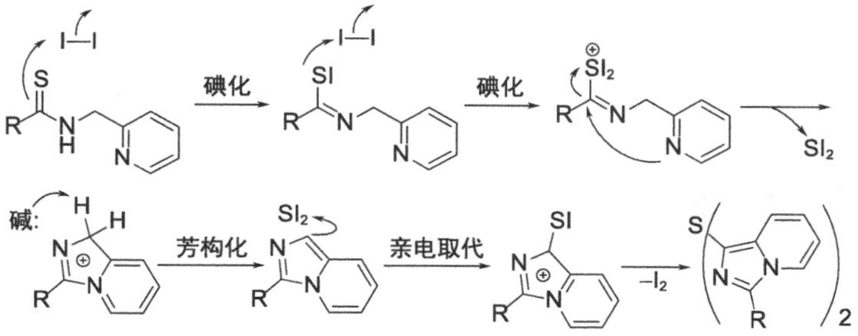

（4）由 5-咪唑甲醛与 γ-溴代巴豆酸酯合成

5-咪唑甲醛与 γ-溴代巴豆酸酯在弱碱条件下首先生成亲核取代产物，继而生成 γ-碳负离子并转移到 α-位，然后进行分子内亲核进攻成环，脱水即得到咪唑并[1,5-a]吡啶-7-羧酸酯衍生物。

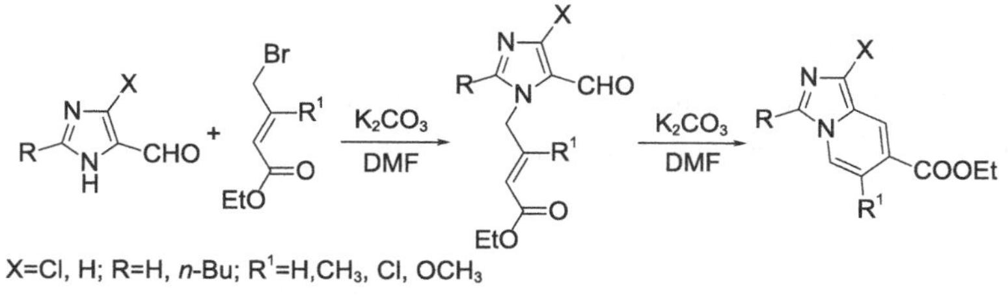

X=Cl, H; R=H, n-Bu; R¹=H,CH₃, Cl, OCH₃

9.4.3 咪唑并吡啶的衍生物与合成应用实例

唑吡坦为咪唑并[1,2-a]吡啶类药物，其酒石酸盐是典型的非苯并二氮杂䓬类镇静催眠药，特点是起效快、效果明显、不良反应小。在世界各地作为镇静催眠药广泛使用。其合成路线有多种，其中之一以甲苯为起始原料，经傅-克酰基化反应、溴化反应得 3-溴-4-对甲基苯基-4-氧代丁酸，其直接与 2-氨基-5-甲基吡啶缩合得 2-[6-甲基-2-(对甲基苯基)咪唑并[1,2-a]-吡啶-3-基]乙酸，与二甲胺经酸胺缩合反应得唑吡坦。

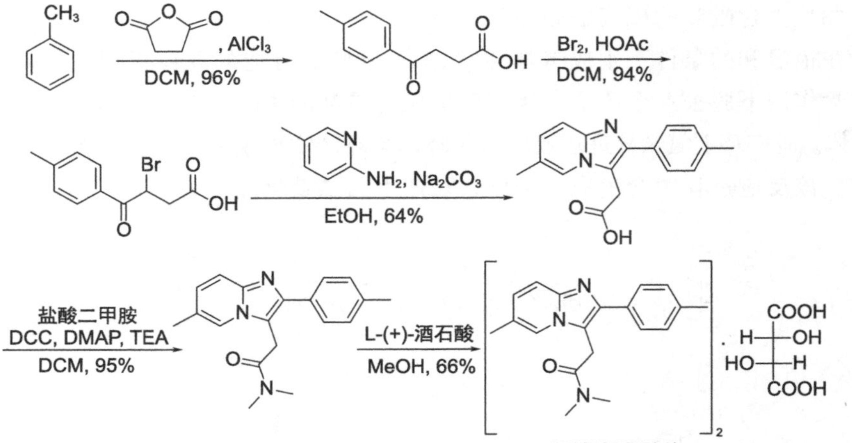

唑吡坦酒石酸盐

9.5 嘌呤类杂环

9.5.1 嘌呤的结构

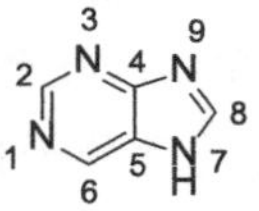

嘌呤，即咪唑并[4,5-d]嘧啶，可以看作是嘧啶的衍生物，其研究起源于令人感兴趣的天然存在的衍生物。因此，嘌呤的编号并不完全遵守 IUPAC 规则，而是按照人们已经习惯的通俗的命名法。X 射线衍射表明，嘌呤中咪唑环具有平面结构，但与之稠合的嘧啶环略偏离咪唑环所在平面。

从理论上来讲，嘌呤的 N—H 可能存在互变异构现象。嘌呤晶体以 7H-互变异构的形式存在，但在溶液中，7H-和 9H-互变异构的比例大致相等，但嘧啶环上的 1H-和 3H-互变异构体则不明显。嘌呤的核磁数据如下。

① ^{1}H NMR（CDCl$_3$），δ：H-2（8.99），H-6（9.19），H-8（8.68）；

② ^{13}C NMR（CH_2Cl_2），δ：C-2（152.1），C-4（154.8），C-5（130.5），C-6（145.5），C-8（146.1）。

9.5.2 嘌呤的化学性质

嘌呤与亲电和亲核试剂的反应都能发生，正如苯并吡唑的化学性质可以由吡唑和苯的性质来了解，嘌呤的相关反应则可以根据咪唑和嘧啶的反应来推测。比如，嘌呤的五员环上碳原子可以进行亲电和亲核反应，但六员环上碳原子只能进行亲核反应。

9.5.2.1 与亲电试剂的反应

（1）氮上的质子化反应

嘌呤是一个弱碱（$pK_a=2.5$），其相比于嘧啶（$pK_a=1.3$）碱性有所增强，但却远弱于咪唑（$pK_a=7.1$）的碱性。根据核磁碳谱的相关研究，嘌呤在溶液中有三种质子化形式，但主要的质子化的阳离子在 N-1 上形成，即嘌呤的质子化反应发生在 N-1 上。而且，在强酸溶液中，嘌呤可以在 N-1 和五员环上形成双阳离子。

嘌呤环上氧官能团的存在对嘌呤的碱性似乎影响不大，如 6-羟基嘌呤（$pK_a=2.0$）；而氨基则会增加嘌呤化合物的碱性，如腺嘌呤（$pK_a=4.2$）。当氨基嘌呤上增加新的含氧基团时，氨基嘌呤的碱性又会降低，如鸟嘌呤（$pK_a=3.3$）。这种取代基和杂环间的相互作用，会影响嘌呤质子化反应的位置，如固体鸟嘌呤的质子化发生在五员环上，虽然鸟嘌呤上 2-氨基取代基增加了嘌呤的碱性，但这并不一定意味着 N-3 是质子化的。

6-羟基嘌呤　　　　　腺嘌呤　　　　　鸟嘌呤

嘌呤在酸中不稳定，会缓慢地分解。在酸性溶液中，羟基嘌呤的稳定性变化很大，如 2,6-二羟基嘌呤（黄嘌呤）在 100℃、1mol/L 硫酸中是稳定的，而 2-羟基嘌呤在相同条件下可以在 2h 内完全转化为嘧啶。

（2）氮上的烷基化与酰基化反应

嘌呤环系上具有四个氮原子，其 N-烷基化的情况比较复杂，但一般情况下，嘌呤的 N-烷基化反应发生在 N-7 或 N-9 上，如嘌呤与硫酸二甲酯、碘甲烷和乙烯乙酸酯的反应。

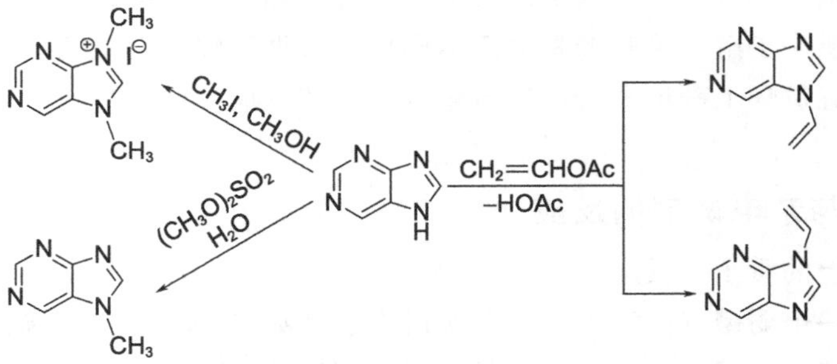

嘌呤的 *N*-烷基化反应受反应条件的影响。在中性条件下，腺嘌呤主要生成 3-烷基化产物；但在碱性条件下，腺嘌呤的 *N*-烷基化反应则主要获得 N-7 或 N-9 产物。但是，腺嘌呤碱基糖衍生物腺苷的 *N*-烷基化反应通常获得 1-烷基化产物，原因可能是 9-核糖取代基对 N-3-取代基的空间位阻作用。

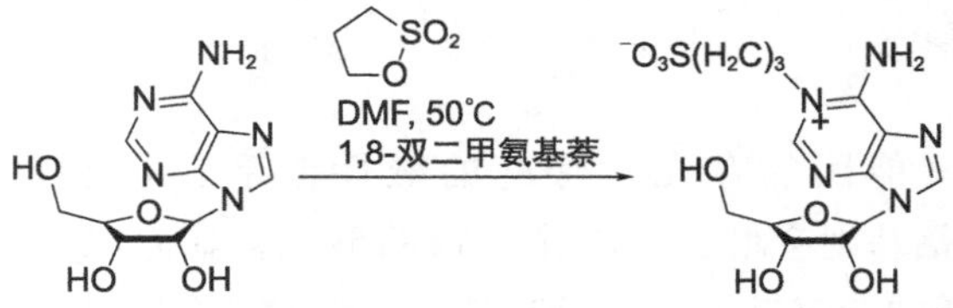

6-氨基腺苷的 *N*-烷基化反应所获得的 1-烷基化产物可在碱性溶液中异构化，经过 Dimroth 重排而实现环上所连氨基的烷基化。这种重排反应可以通过对环上氨基氮原子同位素标记的方法来判断其重排过程：

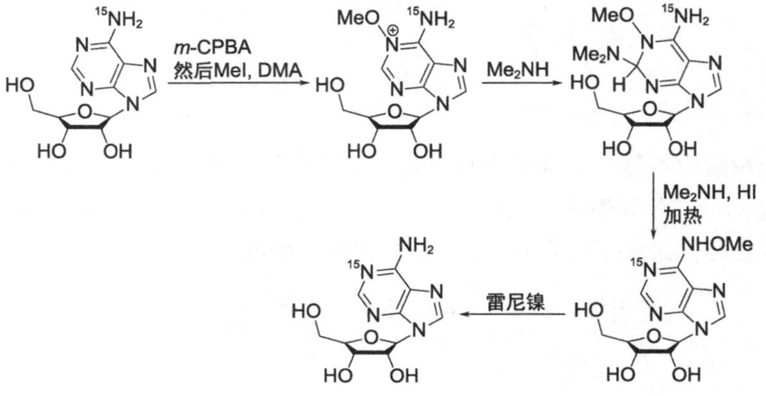

在碱性介质中，氧代嘌呤如 6-羟基嘌呤的 N-烷基化反应可以在酰胺氮上和五员环上发生，有选择性的问题。在中性条件下，黄嘌呤可生成 7,9-二烷基季铵盐。6-氯嘌呤的 N-烷基化反应如在碱性溶液中进行，其 N-7-和 N-9-取代的反应都会发生，而与碳阳离子的反应则选择性地发生在 N-9 上。

嘌呤的 N-烷基化反应发生在 N-7 或 N-9 上的比例受到 C-6 取代基大小的影响，当 C-6 上连接的基团较大时，会增加 N-9 上发生烷基化反应的百分比。

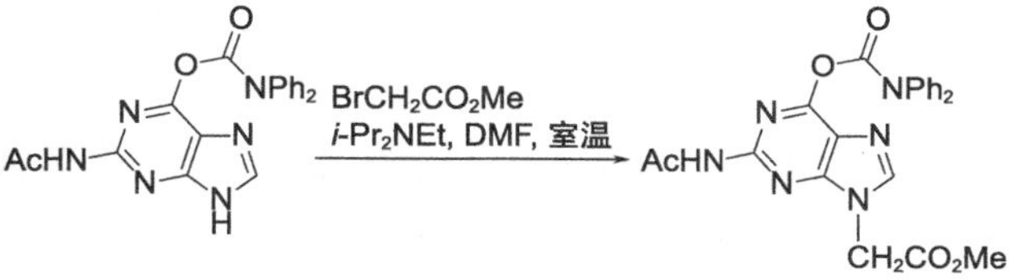

嘌呤与氯甲酸酯或焦碳酸乙酯等酰基化试剂的反应生成不必分离的酰基 N^+ 盐，而后进行亲核加成得到开环产物，也会形成再环化的产物。

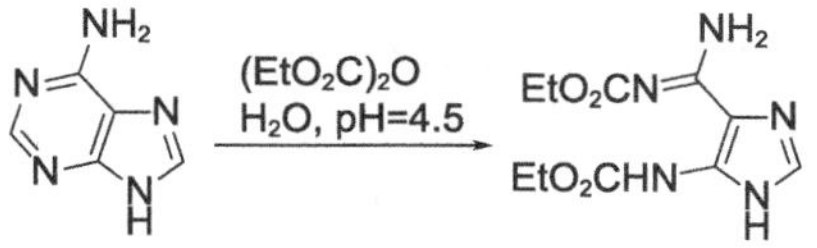

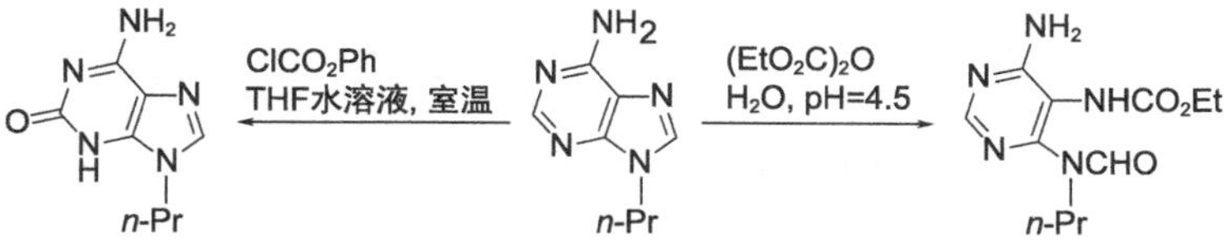

（3）氮上的氧化反应

嘌呤可以与过氧化物在氮上发生氧化反应获得 N-氧化物，但反应具体生成 N-1-或是 N-3-氧化物要取决于严格的条件。如腺嘌呤和腺苷的氧化生成 1-氧化物，而鸟嘌呤氮上的氧化反应则获得的是 3-氧化物。6-氰基嘌呤的氮氧化作用也会在 N-3 上发生，而后经过水解和脱酸可制得嘌呤-3-氧化物本身。

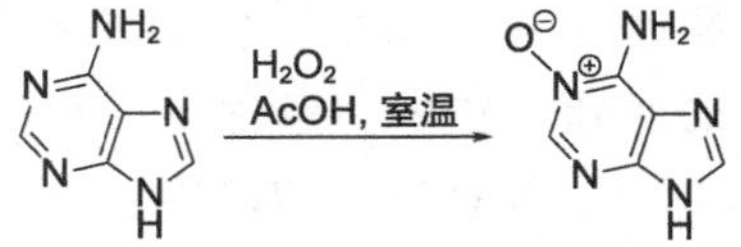

（4）碳上的亲电取代反应

结合嘧啶与咪唑的相关化学性质可以推测，嘌呤碳上的亲电取代反应只能在五员环上发生，而实际上嘌呤及其简单烷基衍生物的典型芳香族亲电取代反应尚未报道。嘌呤本身只是形成 N⁺-卤素复合物，但不进行 C-取代，而腺苷、6-羟基嘌呤和黄嘌呤衍生物可以在 C-8 进行氟代、氯代和溴代。而具体反应过程可能是经由 N-卤代嘌呤季铵盐、溴化物阴离子在碳上亲核加成，而后消除卤化氢的过程。

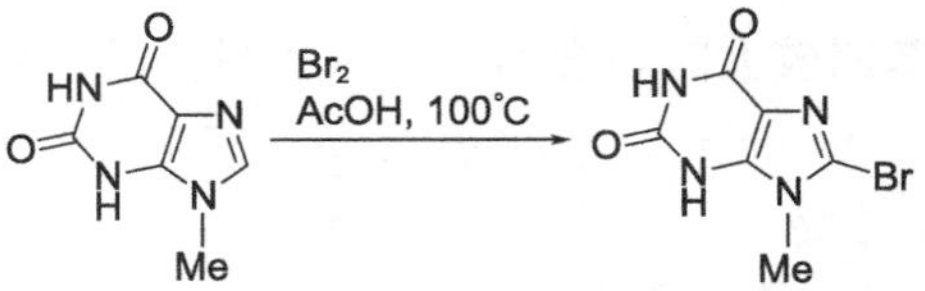

嘌呤环上连有氧官能团时，推测会对环上碳原子起到一定的活化作用，如黄嘌呤在强烈的条件下也可进行 C-8 的硝化反应。

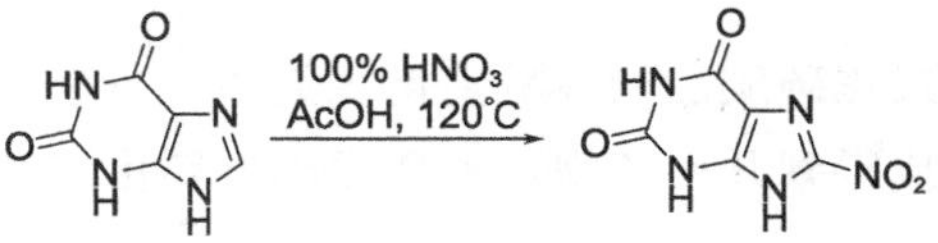

氨基和羟基嘌呤可与重氮盐发生偶合反应，反应一般在 C-8 发生。在弱碱性介质中，参与反应的可能是一个阴离子。

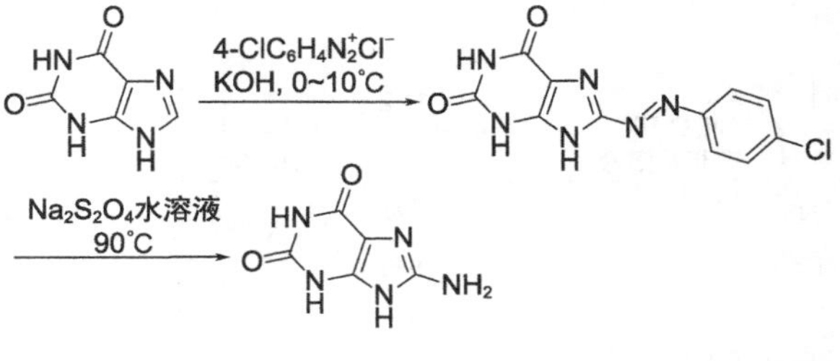

2-和 6-氨基与亚硝酸的重氮化反应与 2-氨基吡啶类似，所得重氮盐与苯基重氮盐相比是不稳定的。重氮盐的放氮反应可用于引入卤素等基团，或者水解放氮引入氧。但是，8-重氮盐相对来说比较稳定。

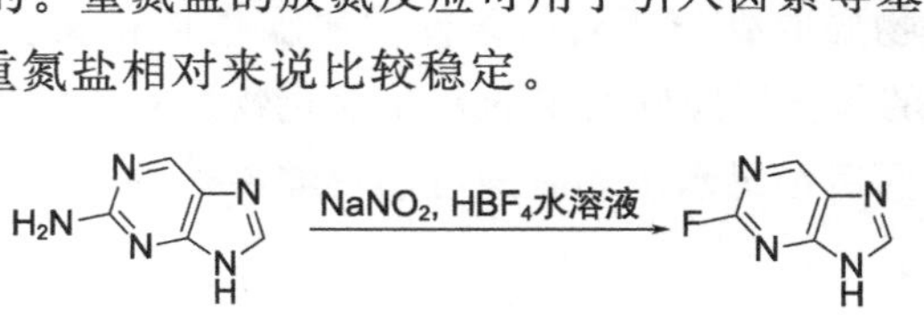

9.5.2.2　与亲核试剂的反应

嘌呤与亲核试剂的反应较容易发生，嘌呤、卤代嘌呤、烷氧基嘌呤和烷硫基嘌呤都可以发生亲核取代反应，如嘌呤可以在 C-6 发生 Chichibabin 反应，在液氨中，嘌呤与 KNH_2 发生反应，几乎可以百分之百地转化为 6-氨基嘌呤（腺嘌呤）。

卤代嘌呤在嘌呤合成中占有重要地位，其可发生亲核置换反应，经加成/消除过程能在所有的三个位置与各种各样的亲核试剂反应，从而向嘌呤环上引入各种官能团，例如与硫化物、胺、叠氮化物、氰化物和丙二酸酯以及有关的碳负离子等反应。

卤代嘌呤可由氧代、氨基或硫代嘌呤制得，8-异构物可由直接卤代或经锂化中间物制备。氧代嘌呤中氧官能团被氯置换的反应是制备氯代嘌呤非常重要的途径，它可以用于引入亲核试剂，包括进行氢的置换。

在卤代嘌呤中，卤素种类对亲核置换反应有一定影响，氯代嘌呤是最常用的，溴代和碘代嘌呤也能发生类似的反应。氟代嘌呤在亲核置换反应中表现最为活泼，但在实际操作上并没有很大的优越性。卤素在嘌呤环上的位置也会影响其反应活性，9-取代嘌呤的反应活性是 8-位＞6-位＞2-位，但 9-H-嘌呤却是 6-位＞2-位＞8-位，C-8 的活性降低与五员环阴离子的形成有关。但是，在酸性介质中，C-8 亲核置换反应活性会增加，这是由五员环的质子化促进亲核加成造成的。以鸟嘌呤合成路线为例，可以阐释卤素位置不同而带来的反应活性的差异：

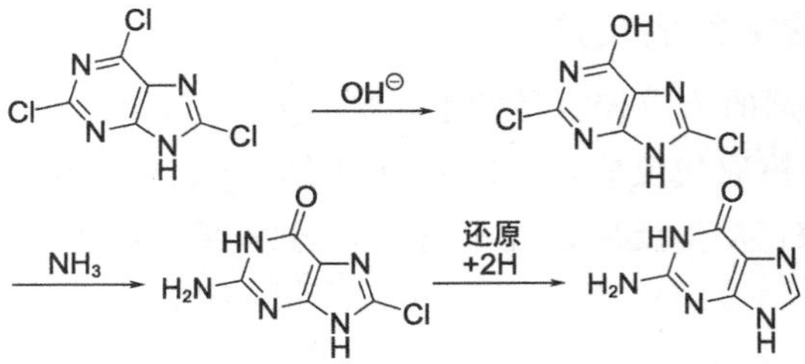

从反应条件的差异上也可以看出卤素位置不同所带来的反应活性的差异。如 2-氯嘌呤和 6-氯嘌呤分别在不同的条件下被肼取代，6-氯嘌呤与肼在室温下就可以反应，且产率较高；而 2-氯嘌呤则需加热反应才能进行，产率相对较低。

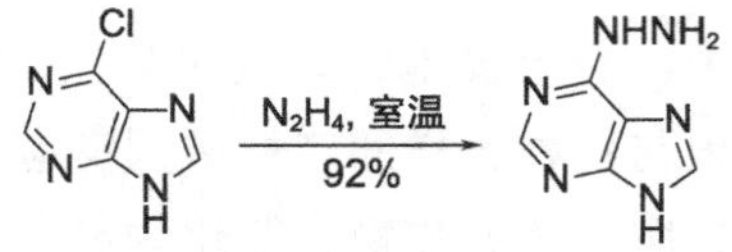

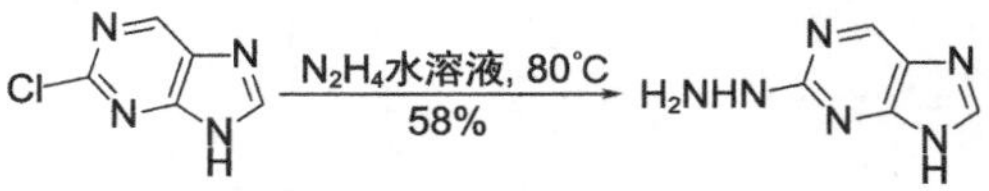

环上的其他取代基也会对卤素置换反应的活性产生影响，如 2,6-二氯嘌呤中 C-6 的反应活性高于 6-氯嘌呤，二氯化物由于另一个氯原子的诱导作用，与简单的胺在室温下就可以反应，而一氯化物则需在异丙醇中加热才能反应。且一般情况下，供电子取代基如氨基在一定程度上会降低卤素置换反应的活性。但是，氧代嘌呤与此相反，因为羰基互变异构体结构的影响使反应容易进行。

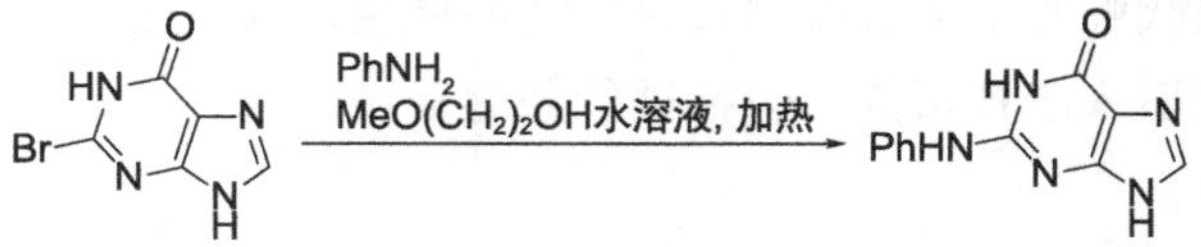

在某些情况下，8-氯嘌呤的亲核置换反应会得到 6-取代产物。如 8-氯嘌呤与氨基钠反应经五员环脱质子生成 N-阴离子后生成 6-氨基嘌呤，这是由于 C-8 上的位阻使加成在 C-6 上进行，且成为主要产物。

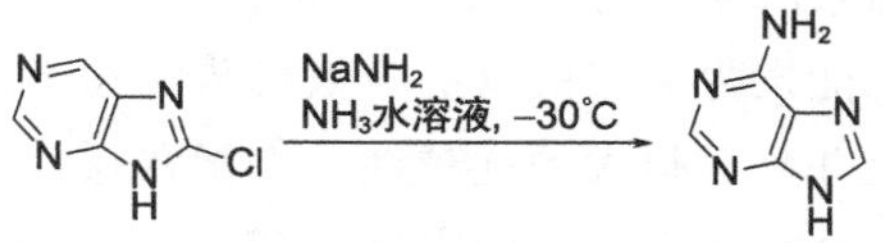

此外，不仅卤素可以发生亲核置换反应，亚砜、三氟甲基磺酸、芳硫基、烷硫基都是较好的离去基团。砜在某些亲核取代反应中具有高活性，并且是亚磺酸盐催化卤素置换的反应中间体。

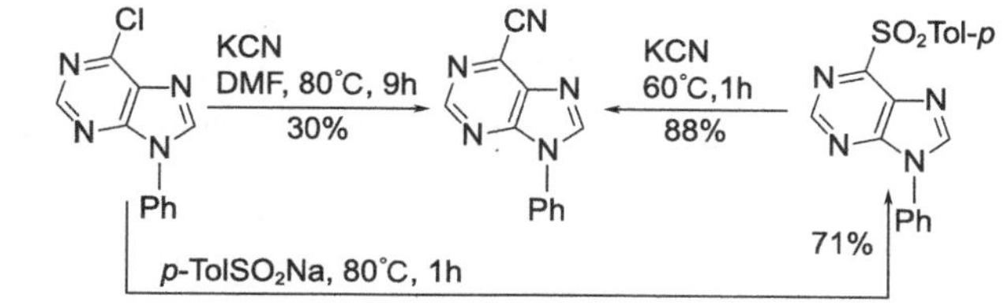

9.5.2.3 金属化反应

嘌呤环上碳原子可以发生 C-金属化反应。制备锂代嘌呤一般需要将 N-7 或 N-9 保护起来，锂化反应发生在 C-8 位。在强碱中，例如二异丙基氨基锂，即使环中存在 N—H，9-位存在位阻的嘌呤依然能在 C-8 去质子化，而后与各种各样的卤素给予体反应高收率地获得 8-卤代嘌呤。

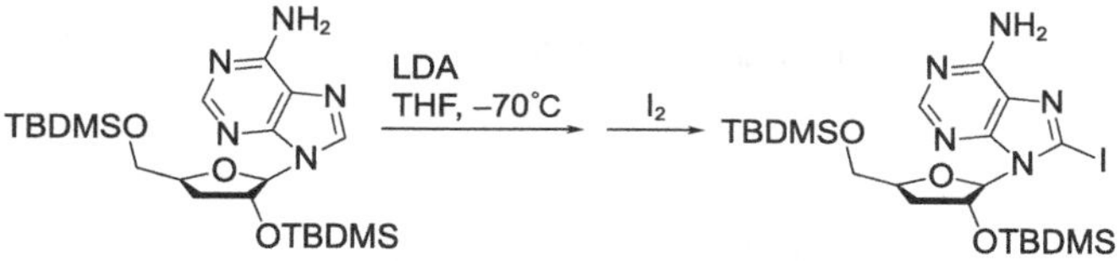

嘌呤在 C-2 或 C-6 的锂化可通过卤素与烷基锂的交换而实现，但需注意的是，反应需要控制在低温条件下，以免生成更稳定的 8-锂化物。

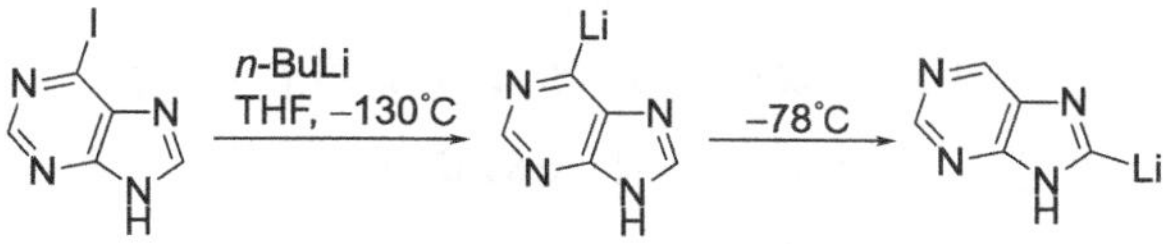

9.5.3 嘌呤的合成方法

嘌呤的天然来源较多，常用的取代嘌呤的合成主要是利用这些天然资源，但也有一些常用方法用于嘌呤环的合成。

9.5.3.1 由 4,5-二氨基嘧啶与羧酸合成

Traube 合成法是由 4,5-二氨基嘧啶与甲酸或甲酸衍生物发生环缩合反应制取嘌呤的方法，羧基的碳成为相应的 C-8，反应经历甲酰胺类中间体环化脱水过程。甲酰胺、甲脒、原甲酸酯、乙酸二乙氧基甲酯、二硫代甲酸以及 DMF-POCl$_3$（Vilsmeier 试剂）都可以作为甲酸衍生物参加反应。

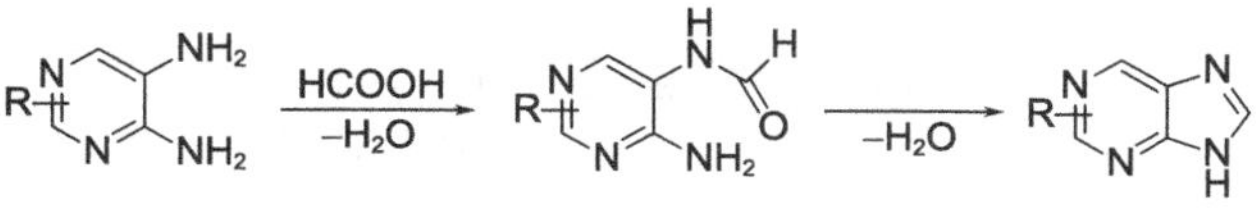

反应中使用 4,5-二氨基嘧啶甲酰胺的效果会更好，因为最初使用甲酸的话，通常需要多个加压步骤，而用甲酰胺则可以在原位发生反应。8-取代嘌呤可用酰基化试剂制备，而且在大多数情况下，酰胺中间体可分离出来关环。

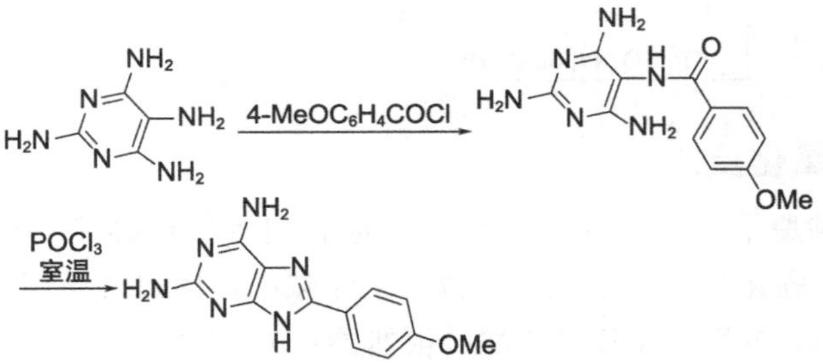

9.5.3.2 由 5-氨基咪唑-4-甲酰胺或腈合成

由 5-氨基咪唑-4-甲酰胺或腈与氧化性的甲酸生成 6-氧代嘧啶，羧酸的羰基成为相应的 C-2。

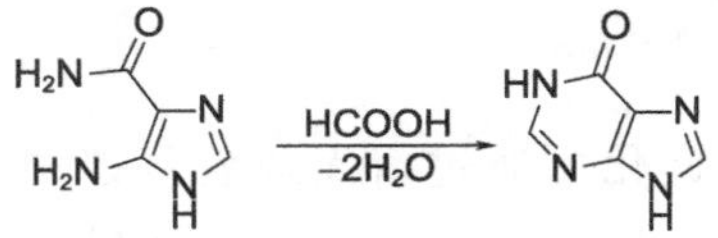

在嘌呤的生物合成中，也是通过咪唑环来合成嘌呤。首先由氨基乙酸和甲酸酯生成咪唑环，然后获得 6-羟基嘌呤和其他的天然衍生物。在实验室，大多数基于咪唑的嘌呤合成是以 5-氨基咪唑-4-羧酸衍生物出发，尤其是它的酰胺化合物和来源于商品的生物资源核苷。

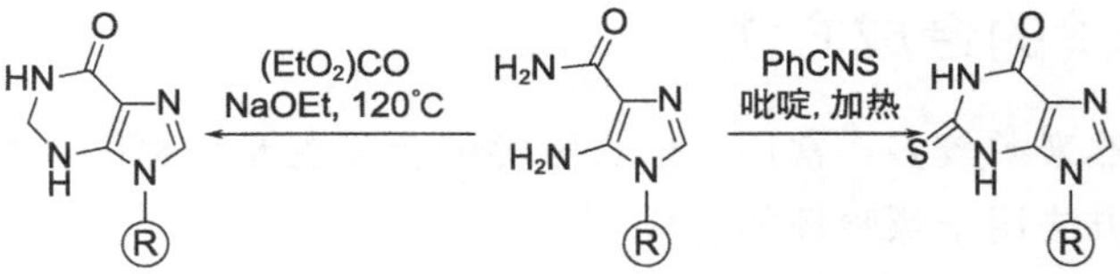

9.5.3.3 由氢氰酸聚合或甲酰胺缩合合成

嘌呤可通过简单的非环组分经"一步"合成法反应得到。例如腺嘌呤形式上是氢氰酸的五聚体，在实验室中可以用氢氰酸与胺的反应制备，但是这种方法并不是特别有效，而利用甲酰胺的脱水则可以有效地制备腺嘌呤。

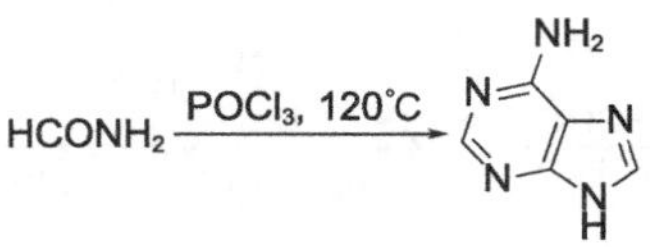

9.5.4 嘌呤的衍生物

（1）嘌呤

嘌呤，无色针状结晶或白色粉末，熔点 216℃，易溶于水，而难溶于有机溶剂。嘌呤存在共轭双键，表现为芳香性，相当稳定。嘌呤本体不存在于自然界中，其单体的获得最早是在 1899 年由 E. Fischer 通过对 2,6,8-三氯嘌呤还原得到的。

（2）含嘌呤结构的天然衍生物

虽然在自然界中并不存在嘌呤的本体，但嘌呤的衍生物广泛存在于自然界中，并在生物体内发挥着重要作用。嘌呤与核糖形成 N-苷类化合物核苷，如腺苷、鸟苷、肌苷等。作为核苷和核苷酸，它们起到激素和神经传导物质的作用，也存在于一些辅酶中。单、二、三核苷磷酸酯的相互转换是许多新陈代谢体系能量转移的核心。也参与到细胞信号的运输中。

腺苷　　　　　鸟苷　　　　　肌苷

5′-磷酸腺苷(AMP)

5′-二磷酸腺苷(ADP)

5′-三磷酸腺苷(ATP)

通常天然存在的嘌呤是含氨基或含氧的物质，如腺嘌呤（6-氨基嘌呤）和鸟嘌呤（2-氨基-6-羟基嘌呤），其都可以通过核酸水解得到。腺嘌呤、鸟嘌呤通过与亚硝酸作用脱氨分别转化为次黄嘌呤和黄嘌呤。作为嘌呤天然衍生物的咖啡因、可可碱和茶碱都可以看作是以内酰胺形式存在的黄嘌呤衍生物。咖啡因存在于茶和咖啡中，是一种广为人知的兴奋剂；茶碱存在于茶叶中，在临床上可用作利尿剂和冠状血管扩张剂；而可可碱则是一种更强效的利尿剂。

黄嘌呤　　　　咖啡因　　　　可可碱　　　　茶碱

其他的嘌呤的重要天然衍生物还包括尿酸，它是鸟和爬行动物核酸新陈代谢的最终产物，是最早分离出的、纯的杂环化合物之一，在 1774 年由 Scheele 首次从胆结石中获得。植物激素类细胞分裂素是腺嘌呤的 6-氨基被取代的衍生物，如玉米素作为一种天然的促细胞分裂素可以从玉米中分离得到。从链霉菌属中可以分离得到许多核苷类衍生物，可以视为嘌呤的等配体，如奥那辛（oxanosine）和特博西啶（tubercidin），具有抗微生物和抗癌活性。

尿酸　　　　玉米素　　　　奥那辛　　　　特博西啶

（3）含嘌呤结构的药物

嘌呤类化合物在医药领域应用广泛，包括许多天然存在的嘌呤衍生物，在临床医药中扮演着重要角色。如 6-巯基嘌呤是干扰嘌呤核苷酸合成的药物，即抗代谢药物，具有抗肿瘤活性。无环鸟苷（阿昔洛韦，acyclovir）是最常用的抗病毒药物之一，主要用于单纯疱疹病毒所致的各种感染，可用于初发或复发性皮肤、黏膜、外生殖器感染及免疫缺陷者发生的 HSV 感染，是治疗 HSV 脑炎的首选药物。嘌呤的电子等排体也是药物中的重要结构单元，如别嘌呤醇（allopurinol）有抑制利黄嘌呤氧化酶的作用，进而使尿酸合成受阻，降低血中尿酸浓度，减少尿酸盐在骨、关节及肾脏的沉着，临床用于痛风及痛风性肾病。

6-巯基嘌呤　　　　无环鸟苷　　　　别嘌呤醇

许多核苷类抗生素也有着极其优异的临床活性，嘌呤霉素是细菌和哺乳类动物细胞进行蛋白质生物合成的抑制剂。核苷的环状类似物同样具有生物活性，阿巴卡韦（abacavir）通过竞争性抑制反转录酶的作用及抑制核心蛋白的合成，并终止病毒 DNA 链的延长，适用于与其他抗病毒药物联用治疗 HIV 感染，是目前人工合成的抗 HIV 病毒效果最好的抑制剂之一，可选择性地抑制 HIV-1 和 HIV-2 病毒的复制。

嘌呤霉素　　　　　　　　　　　　　　　　　阿巴卡韦

嘌呤衍生物在农用化学品领域也有一定应用，目前主要集中在植物生长调节剂方面，如上文提及的玉米素，其能促进植物细胞分裂，阻止叶绿素和蛋白质降解，减慢呼吸作用，保持细胞活力，延缓植株衰老。相比于玉米素，6-苄氨基嘌呤具有更高的活性，属广谱性植物生长调节剂，主要作用是促进芽的形成，也可以诱导愈伤组织发生，可用于提高茶叶、烟草的质量和产量及叶片的品质，还可用于蔬菜、水果的保鲜和无根豆芽的培育。

6-苄氨基嘌呤

9.6　吡啶并嘧啶

9.6.1　吡啶并嘧啶的结构

吡啶并嘧啶类化合物主要分为三类：吡啶并[2,3-*d*]嘧啶类化合物、6*H*-吡啶并[1,2-*a*]嘧啶类化合物、吡啶并[4,3-*d*]嘧啶类化合物。

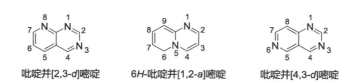

吡啶并[2,3-*d*]嘧啶　　　6*H*-吡啶并[1,2-*a*]嘧啶　　　吡啶并[4,3-*d*]嘧啶

9.6.2　吡啶并嘧啶的合成

9.6.2.1　吡啶并[2,3-*d*]嘧啶的合成

相比来说在这三类吡啶并嘧啶类化合物中，吡啶并[2,3-*d*]嘧啶的合成是人们研究最多的，其合成方法主要是从吡啶环出发关环或从嘧啶环出发关环。

（1）由 2-氨基-3-氰基吡啶合成

2-氨基-3-氰基吡啶与原甲酸三甲酯在三氟乙酸催化下生成 1-甲氧基-N-(3-氰基吡啶-2-基-)-甲亚胺，再与稍过量的甲基肼反应，关环生成 4-甲基肼基吡啶并[2,3-d]嘧啶。采用原甲酸三甲酯生成脒中间体再与各种亲核小分子关环。这是制备杂环化合物的一条重要途径。

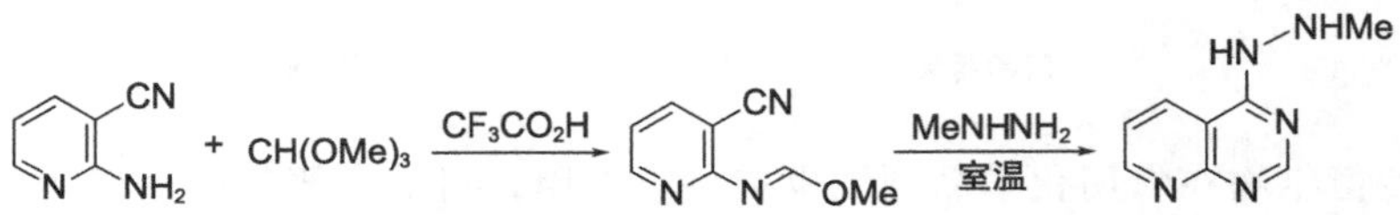

2-氨基-3-氰基吡啶与盐酸胍在丁醇钠催化下发生 Michael 加成关环，生成 2，4-二氨基吡啶并[2,3-d]嘧啶。

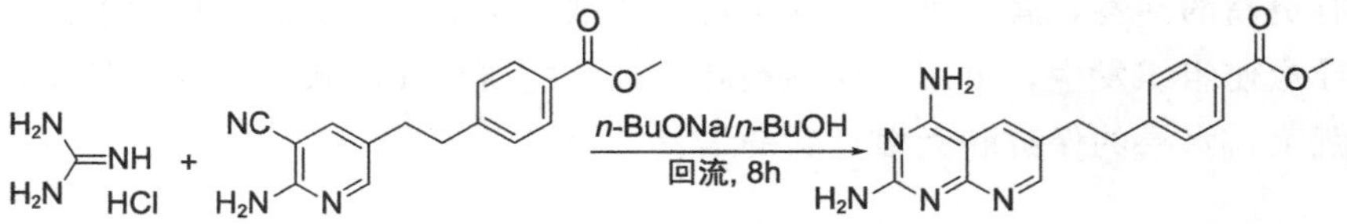

采用硫脲与 2-氨基-3-氰基吡啶加热反应，得到 4-氨基吡啶并[2,3-d]嘧啶-2(1H)-硫酮类化合物。

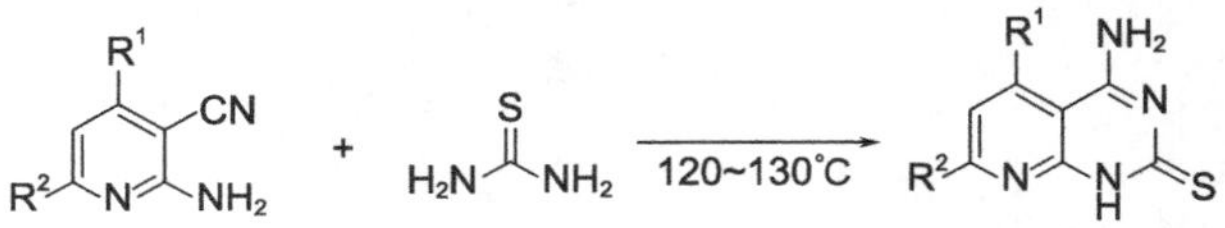

2-氨基-3-氰基吡啶与二氯亚甲基二甲基氯化亚铵反应，经分子内关环得到吡啶并[2,3-d]嘧啶类化合物，该方法的收率较高。

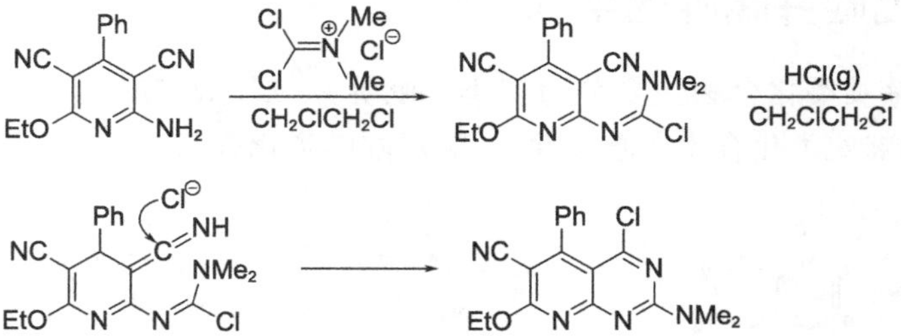

（2）由 2-氨基吡啶-3-甲酸酯与胍合成

2-氨基吡啶-3-甲酸酯与胍反应可一步制得吡啶并[2,3-d]嘧啶类化合物。

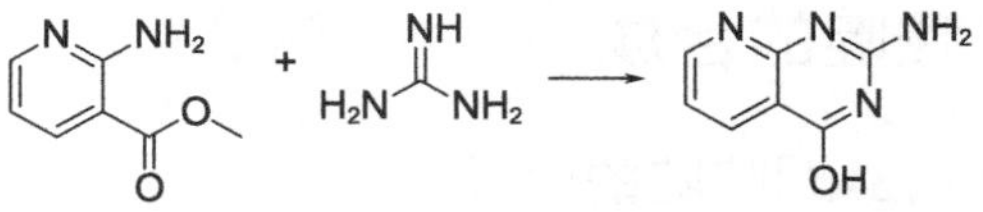

膦亚胺叶立德是合成杂环化合物的重要试剂，它可由胺与三苯基膦制备得到。例如，2-氨基吡啶-3-甲酸酯与三苯基膦反应制得膦亚胺叶立德，然后与异氰

酸酯反应得碳二亚胺，再与各种胺发生成环反应，从而制备出吡啶并[2,3-d]嘧啶化合物。

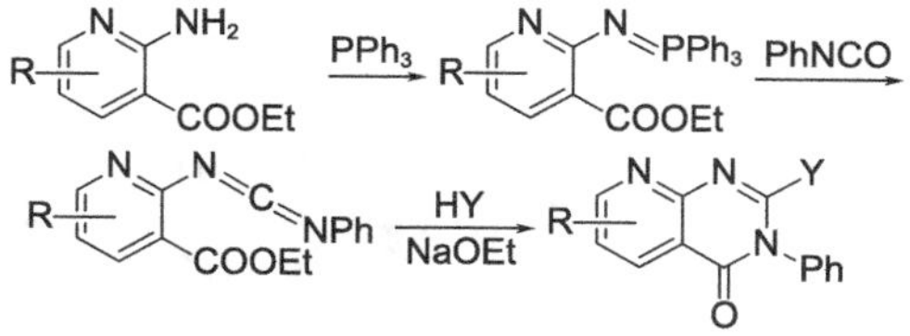

（3）由 2,4,6-三氨基嘧啶与 β-二醛合成

2,4,6-三氨基嘧啶与溴丙二醛反应关环，即可生成 2,4-二氨基-6-溴代吡啶并[2,3-d]嘧啶化合物。反应先形成亚胺，而后 C-5 对醛羰基发生亲核进攻环合，再经脱水制备得到目标物。

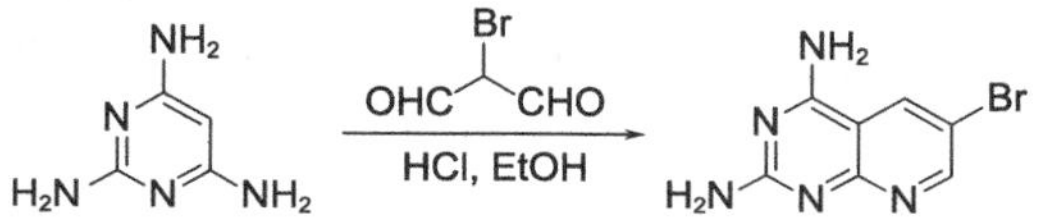

（4）由嘧啶酮合成

嘧啶-2,4-二酮类化合物的 C-5 具有亲核性，它能进攻许多亲电试剂，发生缩合反应生成吡啶并[2,3-d]嘧啶化合物。

6-氨基-1,3-二甲基嘧啶-2,4-二酮与 α,β-不饱和烯酮（醛）化合物反应，在碱如 NaOEt 的催化下能得到收率较高的 4a,8a-二氢吡啶并[2,3-d]嘧啶-2,4(1H,3H)-二酮类化合物。

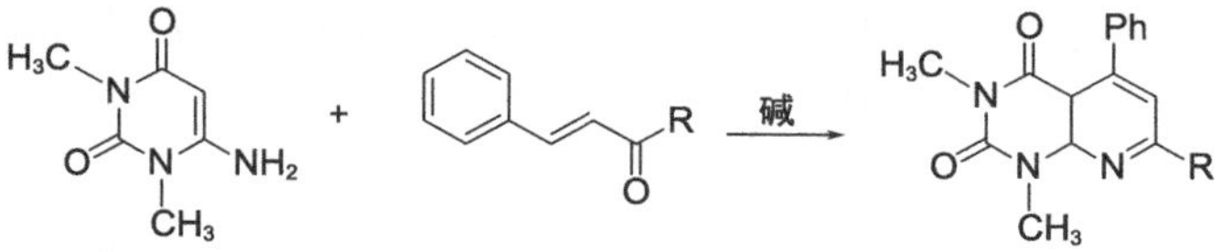

4-氨基-6-羟基-2-巯基嘧啶与 α,β-不饱和酮形成的中间体在沸腾 DMF 中反应，首先生成不饱和关环产物，再经氧化得到 2-硫代-2,3-二氢吡啶并[2,3-d]嘧啶-4(1H)-酮类化合物。

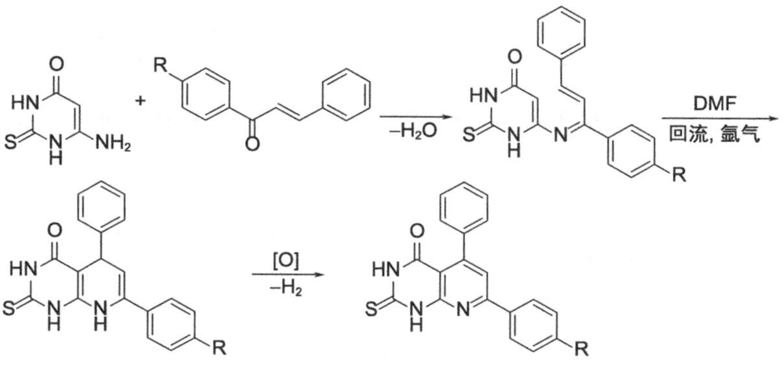

6-氨基-嘧啶-4-酮与 Mannich 碱 3-二甲基氨基丙酰苯盐酸盐发生环缩合反应，得到区域选择性较高的 7-芳基吡啶并[2,3-d]嘧啶。Mannich 碱可以看作是 α,β-不饱和烯酮化合物的前体。

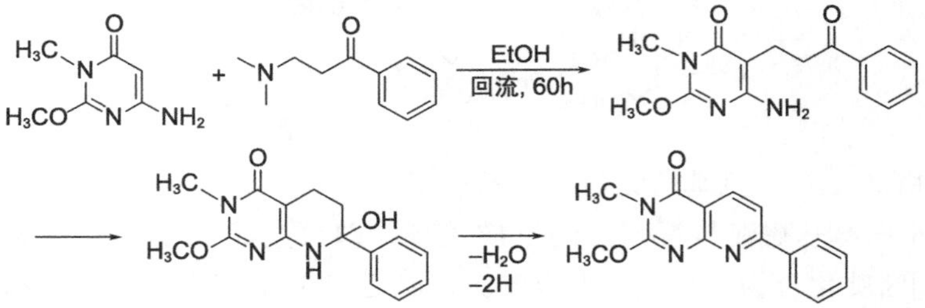

2,6-二氨基嘧啶-4-酮与丁炔酮发生 Michael 加成、环化脱水反应，能合成吡啶并[2,3-d]嘧啶。该反应的区域选择性好、收率高，是一种新的合成该类化合物极为有效的方法。

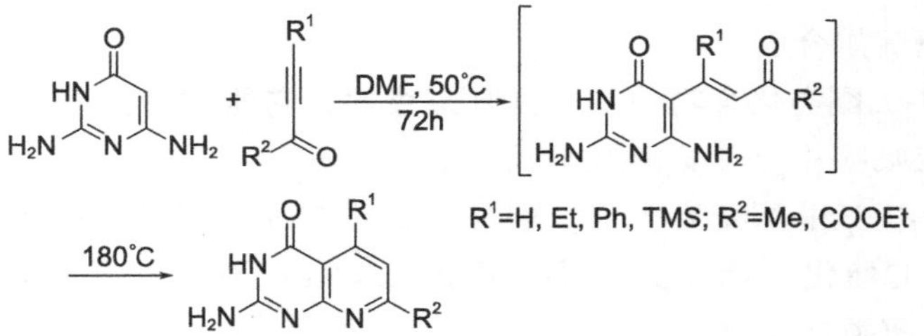

R^1=H, Et, Ph, TMS; R^2=Me, COOEt

氨基嘧啶酮与取代芳亚甲基 Meldrum 酸在乙酸中回流反应一步制得吡啶并[2,3-d]嘧啶-4,7-二酮类化合物。

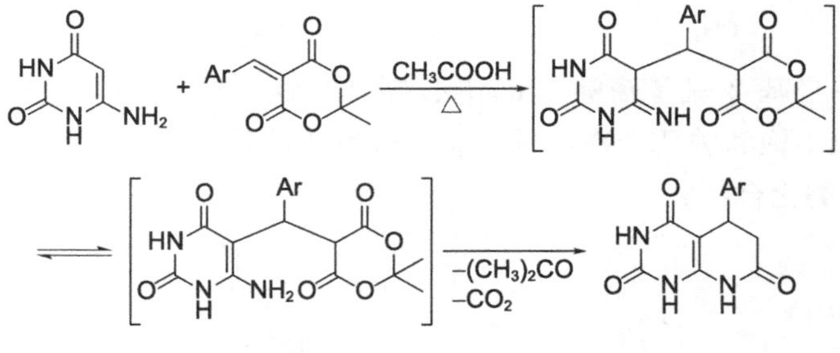

尿嘧啶与强亲电试剂芳亚甲基丙二腈发生 Michael 加成反应，一步生成 7-氨基吡啶并[2,3-d]嘧啶-2,4-二酮类衍生物。

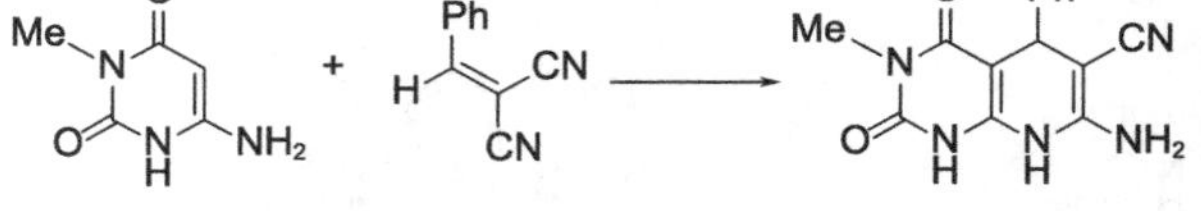

9.6.2.2　吡啶并[1,2-a]嘧啶的合成

吡啶并[1,2-a]嘧啶主要是以 2-氨基吡啶作为基本原料，通过环化反应制得。

2-氨基吡啶和亚烷基丙二酸酯热缩合形成吡啶并嘧啶环的方法应用十分广泛，反应应该是通过双酰化过程完成。

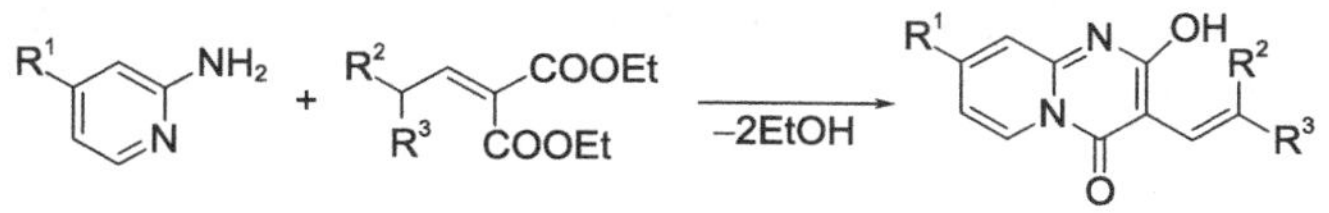

由化合物 5-甲硫亚甲基-1,3-二噁烷-4,6-二酮与 2-氨基吡啶反应，生成 5-吡啶胺亚甲基-1,3-二噁烷-4,6-二酮，当加热至熔点后，二噁烷环开环失去一分子丙酮，再经脱羧、酰化成环，得到吡啶并[1,2-a]嘧啶类化合物。

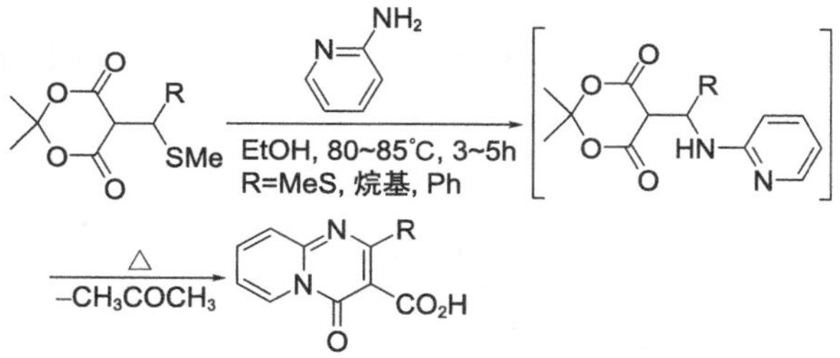

2-氨基吡啶与 2-取代乙酰乙酸乙酯在高温下反应成环得到相应的吡啶并[1,2-a]嘧啶-4-酮类化合物。

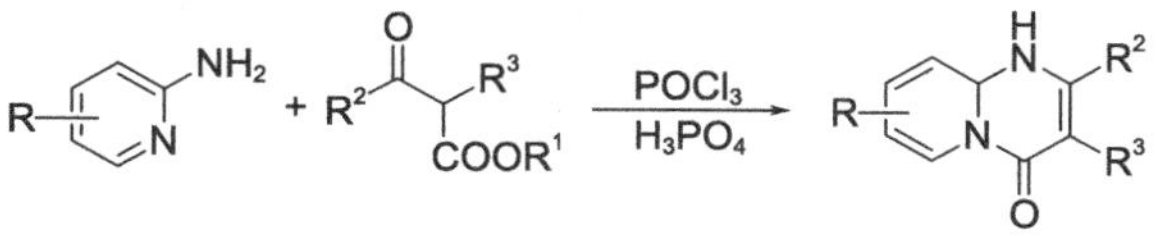

2-氨基吡啶与 2-丁炔酸酯室温反应即可得到吡啶并[1,2-a]嘧啶-2-酮类化合物。吡啶环上的 N 先发生 Michael 加成，然后 2-位氨基与羧酸酯作用形成内酰胺而得到目标物，该反应的收率很高。

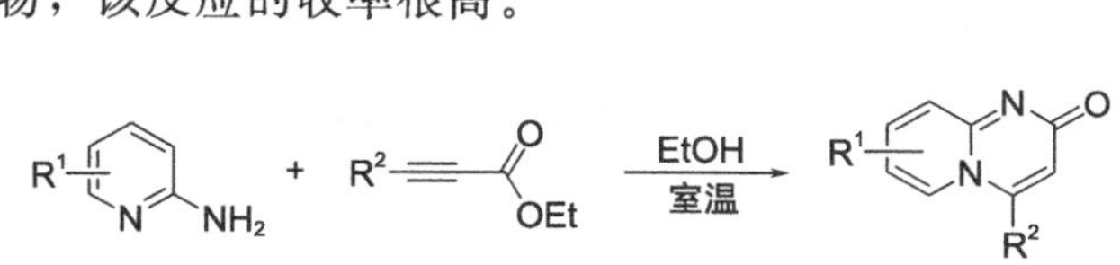

9.6.2.3　吡啶并[4,3-d]嘧啶的合成

吡啶并[4,3-d]嘧啶类化合物的合成研究相对较少。主要的原料是 4-氨基-3-酰氨基吡啶类化合物。4-氨基-3-酰氨基吡啶可与原甲酸三乙酯反应得到吡啶并

[4,3-d]嘧啶-4-酮类化合物。

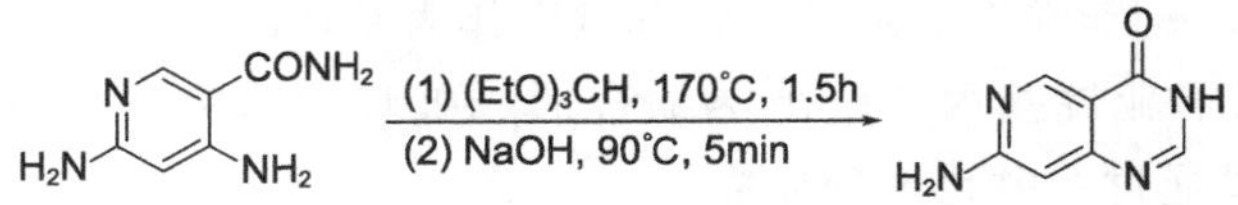

如果用 4-氨基-3-硫代酰氨基吡啶与原甲酸三乙酯反应，可得到吡啶并[4,3-d]嘧啶-4-硫酮类衍生物。

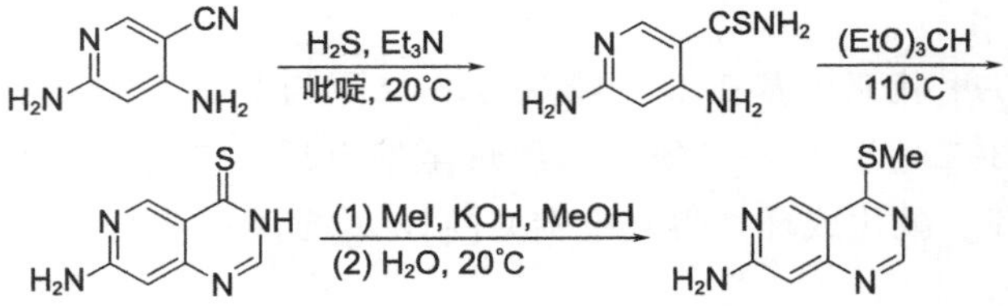

4-乙酰氨基吡啶-3-甲酸乙酯与胺或羟氨反应，可关环制得吡啶并[4,3-d]嘧啶-4-酮类化合物。

R¹=H, Me, Ph, 4-MeC₆H₄
R²=H, OH, (CH₂)₂OH

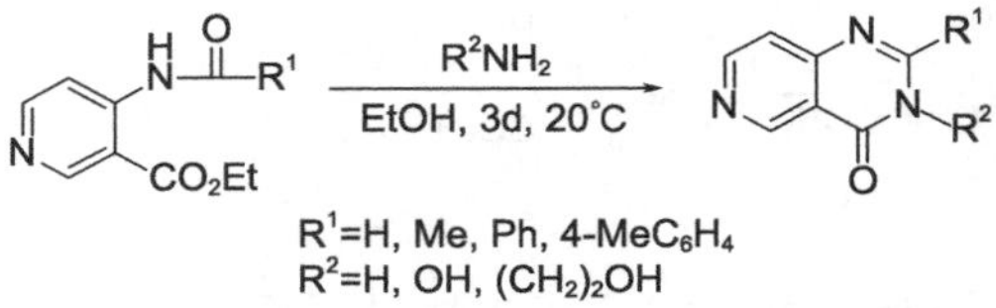

4-氨基吡啶-3-甲酸酯经膦亚胺叶立德中间体，与异氰酸酯反应生成碳二亚胺，而后在碱性条件下与酚、胺等发生关环反应，可制得高产率的吡啶并[4,3-d]嘧啶衍生物。

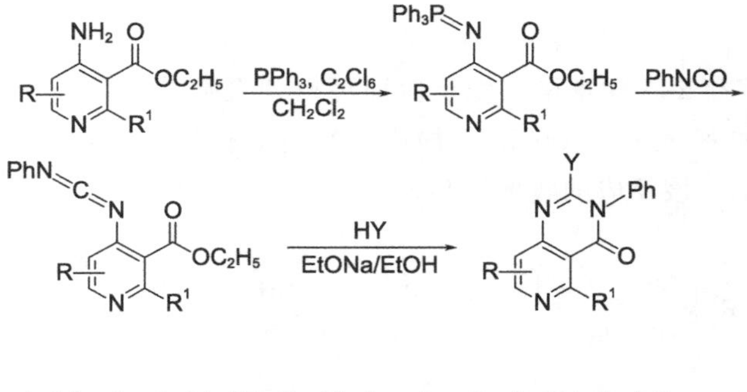

9.6.3　吡啶并嘧啶的衍生物与合成应用实例

吡啶并[1,2-a]嘧啶类药物吡嘧司特钾（pemirolast），可用于过敏性结膜炎和春季卡他性结膜炎的治疗。以氰乙酸乙酯为起始原料，与原甲酸三乙酯缩合得到 2-氰基-3-乙氧基丙烯酸乙酯，再经与 2-氨基-3-甲基吡啶环合，进而成盐得到吡嘧司特钾。

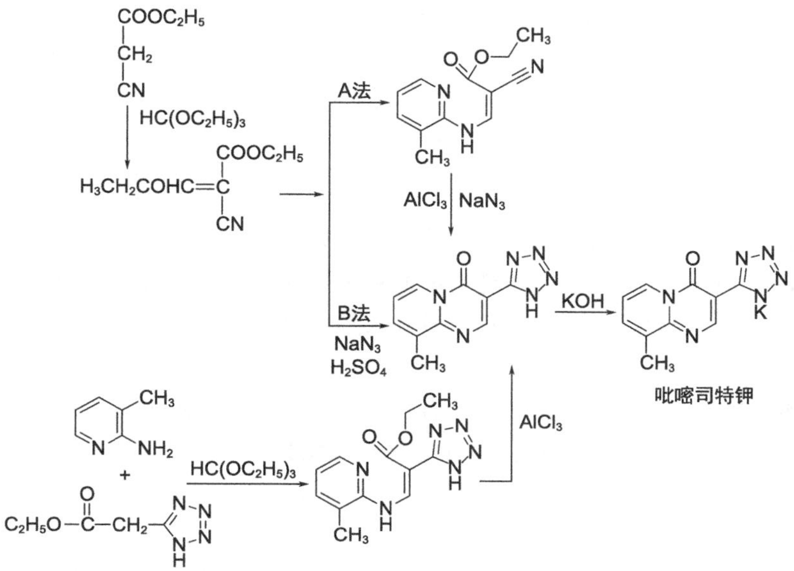

吡啶并[2,3-*d*]嘧啶类药物吡哌酸（pipemidic acid）对绿脓杆菌、大肠杆菌、痢疾杆菌等革兰阴性杆菌有较强的抗菌作用。吡哌酸的合成路线之一如下：以 2-甲氧基-4-羟基-嘧啶-5-羧酸乙酯为原料，与二氯亚砜氯化后再与 β-乙氨基丙酸乙酯（β-EAPE）发生亲核取代反应，经分子内克莱森反应环化，经溴代、脱溴化氢反应引入双键，后经哌嗪取代反应生成吡哌酸。

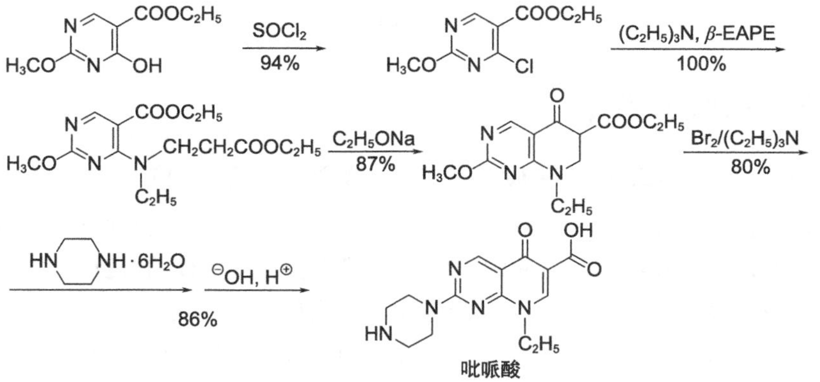

9.7 蝶啶

9.7.1 蝶啶的结构

蝶啶的系统名称为吡嗪并[2,3-d]嘧啶，两个稠合在一起的六员环是共平面的，它的 C—C 键和 C—N 键的键长数据和嘧啶环以及吡嗪环很接近。蝶啶为黄色结晶，熔点 139℃，可溶于从石油醚到水等常见溶剂，在水溶液中既是弱酸也是弱碱。

波谱学数据表明，蝶啶作为一个强缺 π-电子的杂芳香体系，环上的碳和氢的化学位移均明显向低场移动。蝶啶的核磁数据如下。

① ^{1}H NMR（CDCl$_3$），δ：H-2（9.65），H-4（9.80），H-6（9.15），H-7（9.33）；

② ^{13}C NMR（CH$_2$Cl$_2$），δ：C-2（159.2），C-4（164.1），C-6（148.4），C-7（153.0），C-9（154.4），C-10（135.3）。

9.7.2 蝶啶的化学性质

蝶啶不与亲电试剂反应，但可以与亲核试剂发生反应。水可以对蝶啶环上的 N-3/C-4 双键发生可逆加成反应。

9.7.3 蝶啶的合成

9.7.3.1 由 4,5-二氨基嘧啶与 1,2-二羰基化合物合成

4,5-二氨基嘧啶与 1,2-二羰基化合物反应生成蝶啶的反应叫作 Gabriel-Isay 合成法。4,5-二氨基嘧啶与对称的 1,2-二羰基化合物发生环缩合反应，生成单一的蝶啶类化合物。不对称的 1,2-二羰基化合物则生成混合物。例如，α-酮醛类化合物苯甲酰甲醛与 2,5,6-三甲基-2,5-二氢嘧啶-4(3H)-酮反应生成 6-苯基蝶啶和 7-苯基蝶啶。

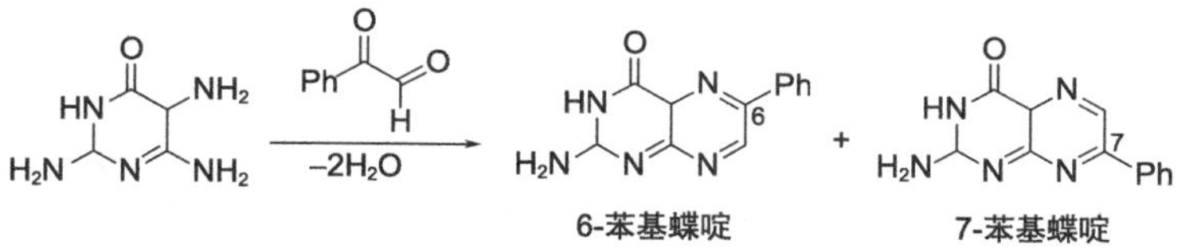

6-苯基蝶啶   7-苯基蝶啶

9.7.3.2 由 4-氨基-5-亚硝基嘧啶与活化的亚甲基化合物合成

在碱催化下，4-氨基-5-亚硝基嘧啶类化合物与活化的亚甲基化合物发生环缩合反应生成蝶啶类化合物，叫作 Timmis 合成。反应过程中，活化亚甲基与亚硝基发生缩合形成亚胺，而后，氨基与羰基缩合关环生成蝶啶。Timmis 合成的区域选择性可以由 4-氨基-5-亚硝基尿嘧啶的两个缩合反应得到证明，与苯乙醛反应生成 1,3-二甲基-6-苯基二氧代四氢蝶啶，而与苯乙酮反应则生成 7-位的异构体。

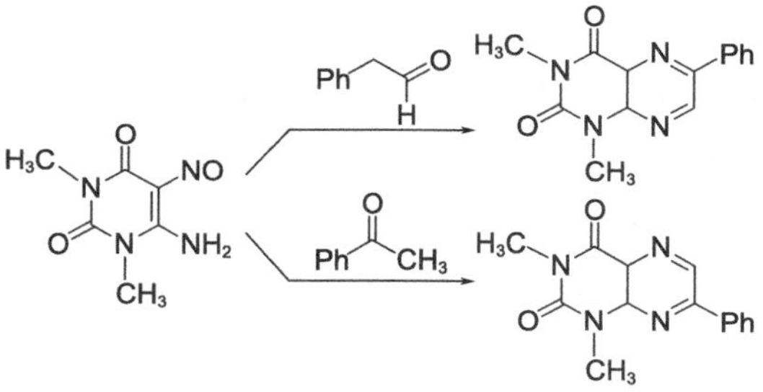

9.7.4 蝶啶的衍生物

（1）含蝶啶结构的天然产物

许多天然产物含有蝶啶的结构。例如，2-氨基-4-羟基蝶啶叫作蝶呤，一般以内酰胺形式存在。作为蝴蝶色素的化合物有黄蝶呤、白蝶呤和红蝶呤。蝶啶类化合物作为色素存在于蝴蝶和其他昆虫的翅膀和眼睛中，也分布在鱼类、两栖动物和爬行动物的皮肤内。

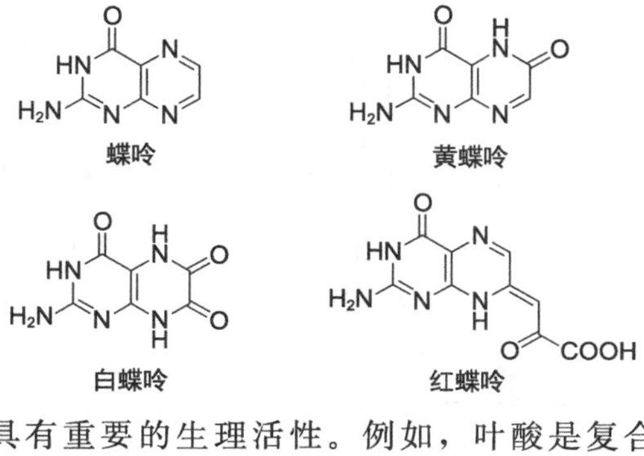

蝶呤   黄蝶呤

白蝶呤   红蝶呤

蝶啶类化合物具有重要的生理活性。例如，叶酸是复合维生素 B 的一种，它对于氨基酸、蛋白质、嘌呤类化合物和嘧啶类化合物的代谢具有重要的作用，可用于治疗贫血病。叶酸在菠菜中的含量很高。

叶酸 核黄素

含有苯并[*b*]蝶啶结构的核黄素也叫作维生素 B₂，它是人体必需的 13 种维生素之一，是牛奶的上层乳清中存在的一种黄绿色的荧光色素。1933 年，美国科学家哥尔倍格等从 1000 多千克牛奶中得到 18mg 这种物质，后来人们因为其分子式上有一个核糖醇，命名为核黄素。

（2）含蝶啶环的药物

蝶啶类化合物也可用作临床治疗药物，如氨苯蝶啶（triamterene）由于具有排钠保钾的作用，在临床上用作利尿剂。叶酸拮抗剂氨甲叶酸（methotrexate）是一种重要肿瘤化疗药物。

氨苯蝶啶 氨甲叶酸

9.8 嘧啶并嘧啶

9.8.1 嘧啶并嘧啶的结构

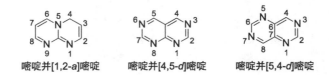

嘧啶并[1,2-*a*]嘧啶 嘧啶并[4,5-*d*]嘧啶 嘧啶并[5,4-*d*]嘧啶

依据其结构特点，嘧啶并嘧啶类化合物主要分为三类：嘧啶并[1,2-*a*]嘧啶、嘧啶并[4,5-*d*]嘧啶和嘧啶并[5,4-*d*]嘧啶。

9.8.2 嘧啶并嘧啶的合成

9.8.2.1 嘧啶并[1,2-*a*]嘧啶的合成

从起始原料看，从氨基嘧啶出发关环和从氰基出发关环是嘧啶并[1,2-*a*]嘧

啶化合物的主要合成方法。

（1）由氨基嘧啶和 α,β-不饱和羰基化合物合成

由苯甲酰基乙酸乙酯、苯甲醛和胍三种物质为原料，加热即可合成嘧啶并 $[1,2\text{-}a]$ 嘧啶化合物。反应首先生成的 α,β-不饱和羰基化合物 2-亚甲基-β-酮酸酯与胍缩合可以得到 2-氨基-1,4-二氢嘧啶-5-羧酸酯化合物，其再与 2-亚甲基 β-酮酸酯缩合即可得到目标化合物，该方法的产率较低。2-氨基-1,4-二氢嘧啶-5-羧酸酯与 $4H$-色原烯-4-酮-3-甲醛用微波加热，不用任何物质作溶剂，可以合成高收率的嘧啶并 $[1,2\text{-}a]$ 嘧啶，产物为 $2H$-构型和 $4H$-构型两种。

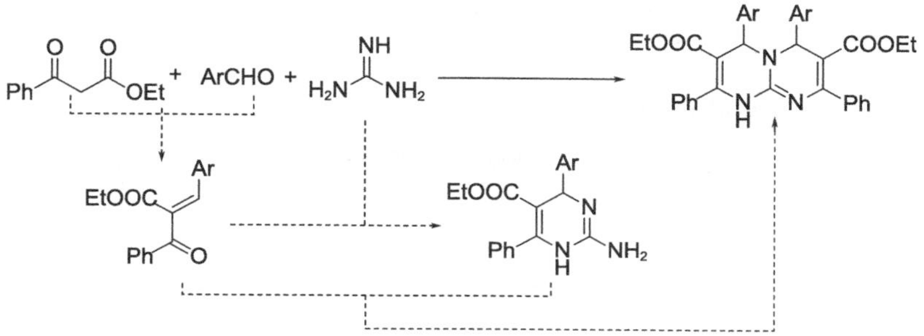

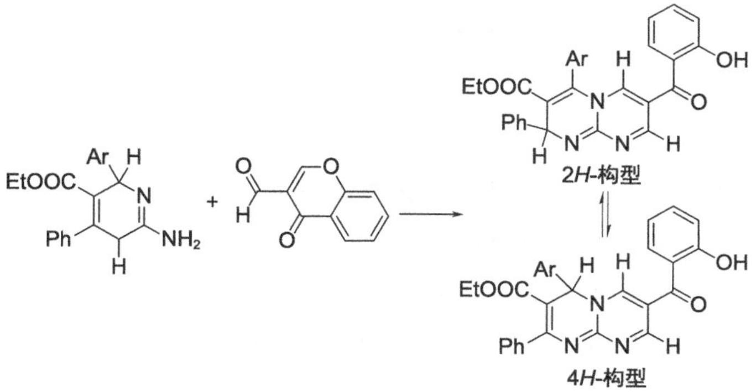

（2）由氨基嘧啶和酰氯反应关环

用 2-氨基嘧啶和 2,3,4,5,6-五氟苯甲酰氯为原料，在二氯甲烷作溶剂下反应得到苯并嘧啶并 $[1,2\text{-}a]$ 嘧啶化合物。

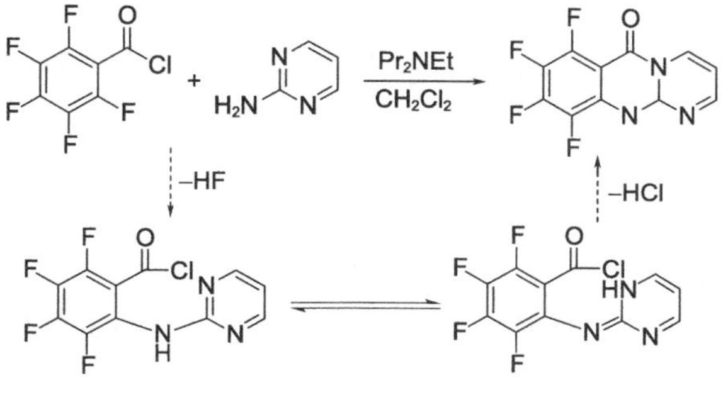

（3）由氨基嘧啶酮合成

以2-氨基嘧啶酮为中间体与DMF/DMA反应生成2-亚氨基嘧啶酮，然后再与酰氯加热回流反应，得到高收率的嘧啶并[1,2-*a*]嘧啶-2,5-二酮化合物。

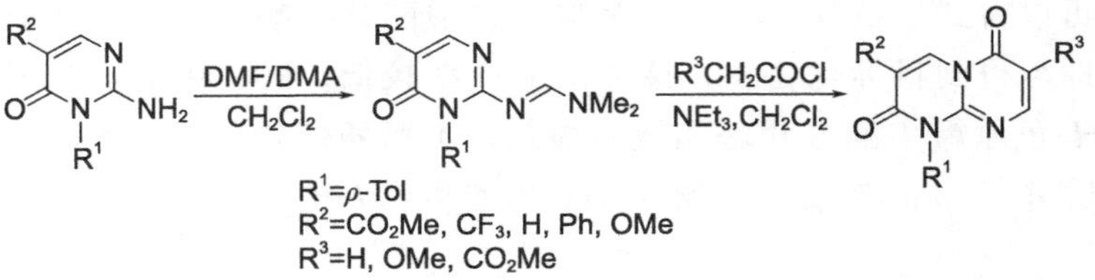
DMF/DMA
CH2Cl2
R3CH2COCl
NEt3,CH2Cl2
R1=p-Tol
R2=CO2Me, CF3, H, Ph, OMe
R3=H, OMe, CO2Me

（4）由异腈和嘧啶环合成

用异腈、α,β-不饱和酯和2-氨基嘧啶为原料可以合成4*H*-嘧啶并[1,2-*a*]嘧啶化合物。

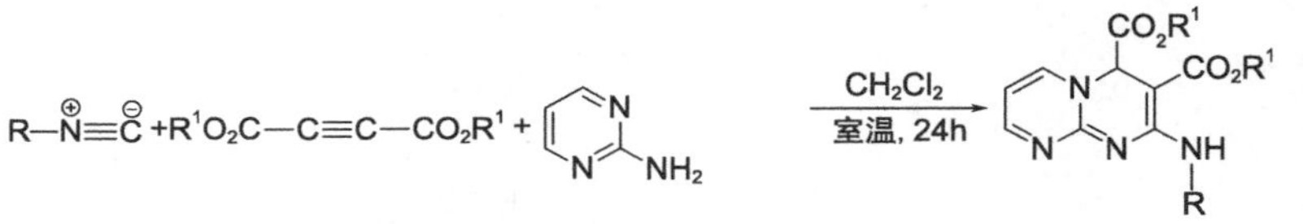
CH2Cl2
室温, 24h

9.8.2.2 嘧啶并[4,5-*d*]嘧啶化合物的合成

（1）由酰氨基嘧啶和酰氯合成

由亚甲基丙二腈和亚胺为原料，关环得到4-氨基-5-氰基嘧啶，然后将氰基水解得酰胺，4-位氨基再与酰氯反应生成酰胺，最后再进行分子内关环得到嘧啶并[4,5-*d*]嘧啶产物。

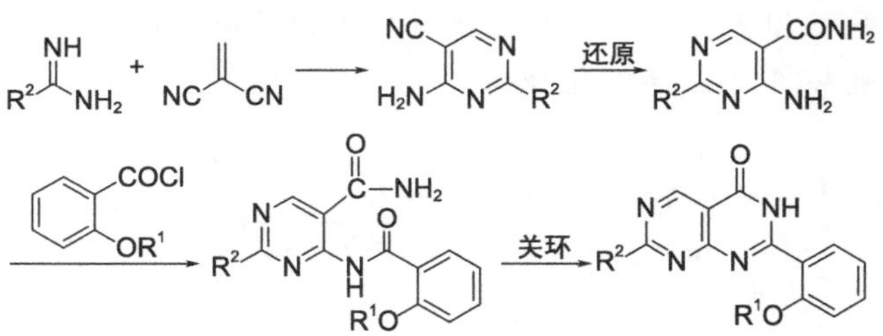
还原
关环

以丙二氰、苯甲醛和硫脲为原料，在碱性条件下反应生成4-氰基-5-氨基嘧啶-2-硫酮，其再和甲酸加热回流反应，经由氰基水解和氨基甲酰化，即可得到嘧啶并[4,5-*d*]嘧啶化合物。

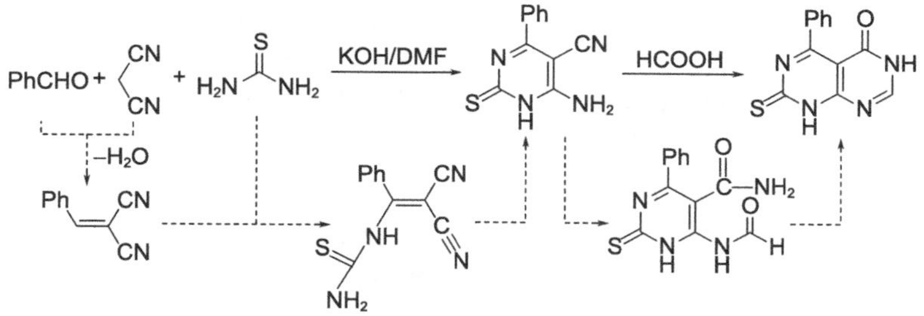

（2）由酰氨基嘧啶合成

用 2-苯基-4-氨基-5-酰氨基嘧啶为原料，与酰化试剂反应关环得到 7-苯基嘧啶并 $[4,5-d]$ 嘧啶-2,4($1H$,$3H$)-二酮，再经卤代生成 2,4-二卤代嘧啶并 $[4,5-d]$ 嘧啶化合物。

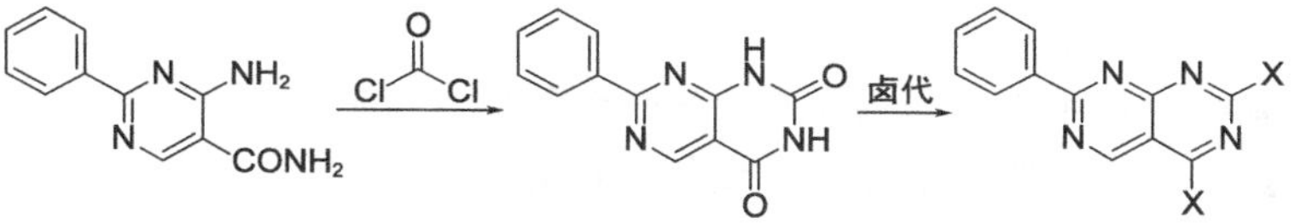

9.8.3 嘧啶并嘧啶的衍生物与合成应用实例

双嘧达莫是一种治疗心血管疾病的药物，具有扩张血管和抗血栓作用。还具有抗病毒作用，用于上呼吸道感染和肠炎的治疗。双嘧达莫的合成路线：尿素与乙酰乙酸乙酯在乙醇和盐酸液中合成 β-脲基巴豆酸乙酯，然后环合生成 6-甲基尿嘧啶，在干燥反应锅中加入氢氧化钠，空气氧化，再经硝酸硝化生成硝酸乳清酸钠，而后再还原、环合、氯化，再分别与哌啶、二乙醇胺缩合，得到双嘧达莫。

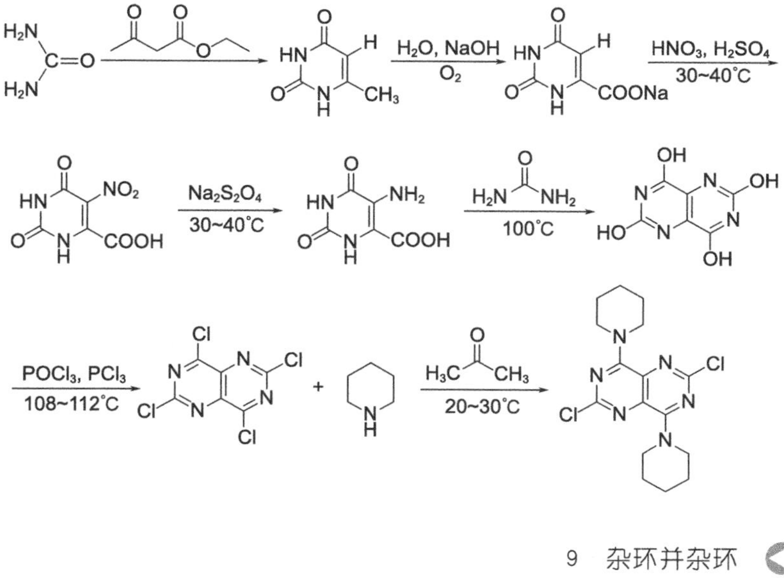

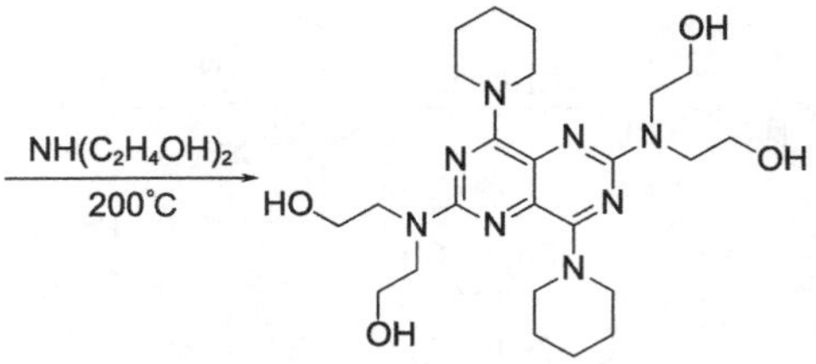

双嘧达莫

思考题

1. 杂环并杂环与苯并杂环在合成方法上有哪些区别？
2. 总结杂环并杂环化合物的应用有哪些。
3. 查阅叶酸的合成方法。
4. 查阅核黄素的合成方法。
5. 2-氨吡啶可用于哪些杂环并杂环化合物的合成？
6. 2-氨基嘧啶主要用于什么杂环化合物的合成？
7. 总结各种杂环并杂环化合物的同价异构现象。

杂环化合物列表

分类	重要的杂环
三员杂环	ethylene oxide 氧杂环丙烷　ethylene sulfide 硫杂环丙烷　2H-azirines 2H-氮杂丙烯啶　aziridines 氮杂环丙烷 dioxirane 二氧杂环丙烷　oxaziridine 氧氮杂环丙烷　3H-diazirine 3H-二氮杂环丙烯　diaziridine 二氮杂环丙烷
四员杂环	oxetane 氧杂环丁烷　thietane 硫杂环丁烷　azete 氮杂环丁二烯　azetidine 氮杂环丁烷　1,2-dioxetane 1,2-二氧杂环丁烷 1,2-dithiete 1,2-二硫环丁烯　1,2-dihydro-1,2-diazete 1,2-二氢-1,2-二氮杂环丁烯　1,2-diazetidine 1,2-二氮杂环丁烷
五员杂环	furan 呋喃　tetrahydrofuran 四氢呋喃　thiophene 噻吩　2,5-dihydrothiophene 2,5-二氢噻吩 tetrahydrothiophene 四氢噻吩　tetrahydro-selenophene 硒杂环戊二烯　pyrrole 吡咯 pyrrolidine 四氢吡咯　phosphene 磷杂环戊二烯　1,3-dioxolane 1,3-二氧杂环戊烷　1,2-dithiole 1,2-二硫杂环戊烯

分类	重要的杂环
五员杂环	 1,2-dithiolane 1,3-dithiole 1,3-dithiolane oxazole 1,2-二硫杂环戊烷 1,3-二硫杂环戊烯 1,3-二硫杂环戊烷 噁唑 4,5-dihydroxazole isoxazole 4,5-dihydroisoxazole 4,5-二氢噁唑 异噁唑 4,5-二氢异噁唑 2,3-dihydroisoxazole thiazole isothiazole imidazole 2,3-二氢异噁唑 噻唑 异噻唑 咪唑 imidazolidine pyrrazole 4,5-dihydropyrazole pyrazolidine 咪唑烷 吡唑 4,5-二氢吡唑 吡唑烷 1,2,3-oxadiazole 1,2,5-oxadiazole 1,2,3-thiadiazole 1,2,3-噁二唑 1,2,5-噁二唑 1,2,3-噻二唑 1,2,4-thiadiazde 1,2,3-triazole 1,2,4-triazole 1,2,3,4-tetrazole 1,2,4-噻二唑 1,2,3-三唑 1,2,4-三唑 1,2,3,4-四唑
六员杂环	 pyrylium cation 2H-pyran 2H-pyran-2-one 3,4-dihydro-2H-pyran 吡喃鎓离子 2H-吡喃 2H-吡喃-2-酮 3,4-二氢-2H-吡喃 tetrahydropyran 4H-pyran 4H-pyran-4-one pyridine 2-pyridone 四氢吡喃 4H-吡喃 4H-吡喃-4-酮 吡啶 2-吡啶酮

分类	重要的杂环

4-pyridone　piperidine　phosphorine　1,4-dioxine
4-吡啶酮　　哌啶　　　磷杂苯　　1,4-二氧杂环己二烯

1,4-dithiine　　1,4-oxathiine　　1,4-dioxane
1,4-二硫杂环己二烯　1,4-氧硫杂环己二烯　1,4-二氧杂环己烷

2H-1,2-oxazine　4H-1,2-oxazine　6H-1,2-oxazine　2H-1,3-oxazine
2H-1,2-噁嗪　　4H-1,2-噁嗪　　6H-1,2-噁嗪　　2H-1,3-噁嗪

4H-1,3-oxazine　6H-1,3-oxazine　2H-1,4-oxazine　4H-1,4-oxazine
4H-1,3-噁嗪　　6H-1,3-噁嗪　　2H-1,4-噁嗪　　4H-1,4-噁嗪

morpholine　　1,3-dioxane　　1,3-dithiacyclohexane　pyridazine
吗啉　　　1,3-二氧杂环己烷　1,3-二硫杂环己烷　　哒嗪

pyrimidine　pyrazine　piperazine　1,2,3-triazine
嘧啶　　　吡嗪　　　哌嗪　　　1,2,3-三嗪

1,2,4-triazine　1,3,5-triazine　1,2,4,5-tetrazine
1,2,4-三嗪　　　1,3,5-三嗪　　　1,2,4,5-四嗪

六员杂环

分类	重要的杂环

七员杂环

oxacycloheptatriene
氧杂环庚三烯

thiacycloheptatriene
硫杂环庚三烯

azepine
氮杂环庚三烯

1,2-diazepine
1,2-二氮杂环庚三烯

1,3-diazepine
1,3-二氮杂环庚三烯

1,4-diazepine
1,4-二氮杂环庚三烯

2,3-dihydro-1,4-diazepine
2,3-二氢-1,4-二氮杂环庚三烯

苯并杂环

benzofuran
苯并[b]呋喃

isobenzofuran
异苯并呋喃

dibenzofuran
二苯并呋喃

benzothiophene
苯并[b]噻吩

benzo[c]thiophene
苯并[c]噻吩

indole
吲哚

isoindole
异吲哚

carbazole
咔唑

benzoxazole
苯并噁唑

benzothiazole
苯并噻唑

1H-benzimidazole
苯并咪唑

1H-indazole
吲唑

benzotriazole
苯并三唑

2H-chromene
2H-色烯

coumarin
香豆素

benzo[b]pyrylium
1-苯并吡喃鎓离子

4H-chromene
4H-色烯

分类	重要的杂环

苯并杂环

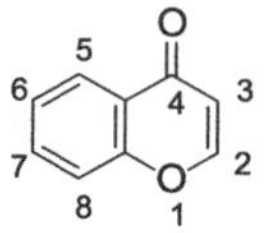

chromone 色酮   chroman 色满   quinoline 喹啉   isoquinoline 异喹啉

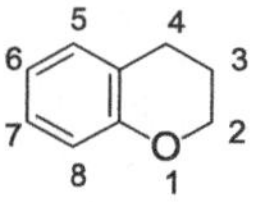

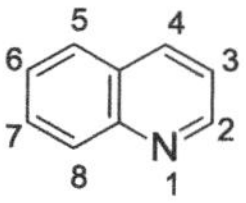

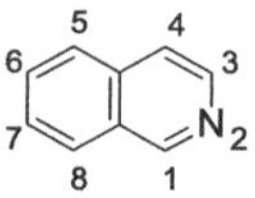

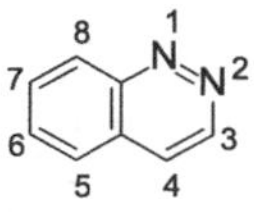

cinnoline 噌啉   2,3-naphthyridine 2,3-二氮杂萘   quinazoline 喹唑啉   quinoxaline 喹喔啉

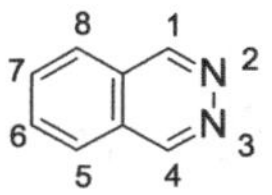

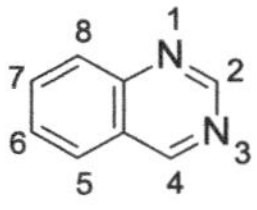

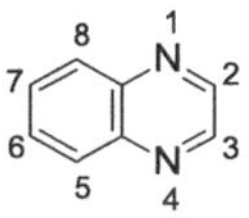

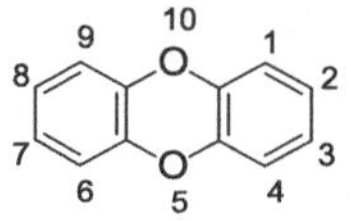

dibenzo-p-dioxin 二苯并[1,4]二氧杂环己二烯   thianthrene 噻蒽   phenoxathiine 吩噁噻

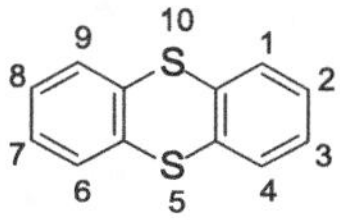

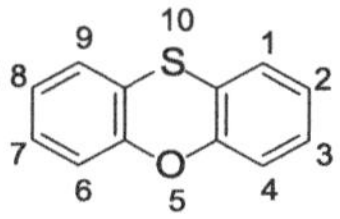

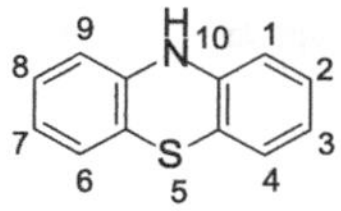

phenothiazine 吩噻嗪   phenazine 吩嗪   acridine 吖啶

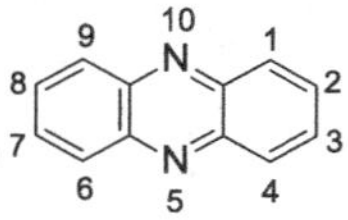

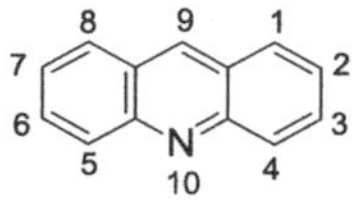

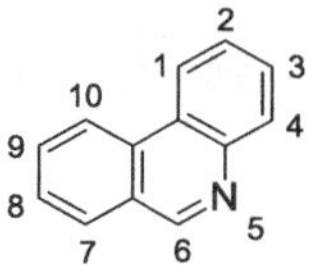

phenanthridine 菲啶   1H-1,5-benzodiazepine 1,5-苯并二氮杂环庚三烯   1,4-benzodiazepine 1,4-苯并二氮杂环庚三烯

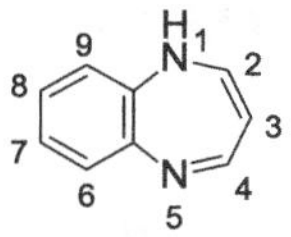

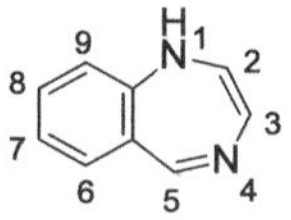

杂环并杂环

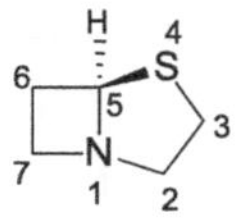

penam 青霉烷   cepham 头孢烷   purine 嘌呤   pteridine 蝶啶

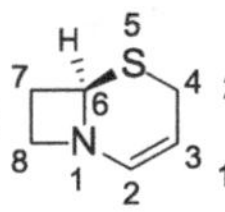

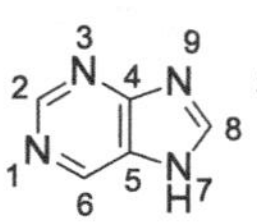

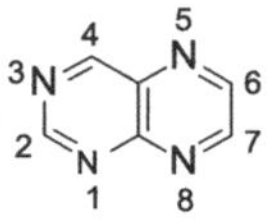

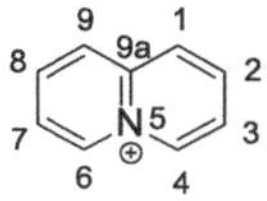

quinolizinium 喹嗪鎓离子   indolizine 中氮茚   4H-quinolizine 4H-喹嗪   3H-pyrrolizine 3H-吡咯里嗪

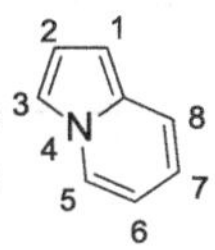

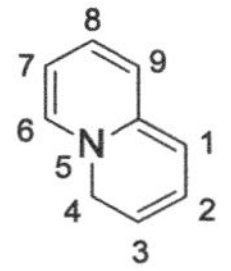

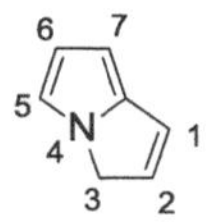

分类	重要的杂环
杂环并杂环	 imidazo[1,2-*a*]pyridine　imidazo[1,5-*a*]pyridine 咪唑并[1,2-*a*]吡啶　　咪唑并[1,5-*a*]吡啶 pyrazolo[1,5-*a*]pyridine　1,2,3-triazolo[1,5-*a*]pyridine 吡唑并[1,5-*a*]吡啶　　[1,2,3]-三唑并[1,5-*a*]吡啶 1,2,4-triazolo[1,5-*a*]pyridine　1,2,4-triazolo[4,3-*a*]pyridine [1,2,4]-三唑并[1,5-*a*]吡啶　　[1,2,4]-三唑并[4,3-*a*]吡啶 imidazo[1,5-*c*]pyrimidine　imidazo[1,5-*d*][1,2,4]triazine 咪唑并[1,5-*c*]嘧啶　　咪唑并[1,5-*d*][1,2,4]三嗪 pyrrolo[1,2-*a*]pyrazine 吡咯并[1,2-*a*]吡嗪　　[2.2.2]azacyclazine　[3.2.2]cyclazine hexa-aza-analogue [3.3.3]cyclazine　of [3.3.3]cyclazine

参考文献

[1] 艾歇尔，豪普特曼. 杂环化学——结构、反应、合成与应用 [M]. 第2版. 李润涛，葛泽梅，王欣译. 北京：化学工业出版社，2005.

[2] Jie-Jack Li. Name Reactions in Heterocyclic Chemistry [M]. Chichester：A John Wiley & Sons. INC.，Publication 2010.

[3] Joule J A，Mills K. Heterocyclic Chemistry [M]. 5th ed. Hoboken：A John Wiley & Sons. Ltd.，Publication，2005.

[4] 尤启东. 药物化学 [M]. 第3版. 北京：化学工业出版社，2016.

[5] [英] Joule J A，Mills K. 杂环化学 [M]. 第4版. 由业诚，高大彬等译. 北京：科学出版社，2004.